Dr. Andreas Mücklich

Das verständliche Universum

Wie unsere Wirklichkeit entsteht

Das Buch

In zwei Durchgängen begleiten Sie Andreas Mücklich auf seiner Reise durch unsere Welt. Im ersten Teil seines Buches *entdecken* Sie das Universum mit den Augen eines Physikers und Astronomen. Sie starten in unserer bekannten Alltagswelt und dringen bis in den Bereich der allerkleinsten Teilchen vor. Danach richtet sich Ihr Blick auf die unermesslichen Weiten des Kosmos bis hin zu den Grenzen des Universums. Dabei begegnen Sie allen Bestandteilen unserer Welt und allen Kräften, die zwischen ihnen wirken. Und Sie gelangen zu der verblüffenden Erkenntnis, dass von der gewohnten Materie am Ende gar nichts Fassbares übrig bleibt.

Im zweiten Buchteil geht es darum, die Welt als Ganzes zu begreifen und zu *verstehen*. Was sind die Grundaussagen und Gemeinsamkeiten der wichtigsten physikalischen Theorien? Auch hier stellt sich heraus, dass etwas ganz Abstraktes das Fundament unseres Universums bildet. Nicht Materie, sondern *Information* ist die Basis für ein neues Weltbild, das sich gerade erst abzuzeichnen beginnt. Und diese Sichtweise hat Folgen, wenn man sich auf die Ideen und Argumente von Andreas Mücklich einlässt. Er zeigt Ihnen, wie man den rätselhaften Inhalt des Kosmos möglicherweise ganz anders erklären kann. Aber auch das herkömmliche Bild von der Entstehung und Existenz unserer gesamten Welt gerät mit dieser Sichtweise ins Wanken. Wie entsteht das, was wir Wirklichkeit nennen? Und welche Bedingungen sind daran geknüpft?

Der Autor

Dr. Andreas Mücklich studierte Physik und Astronomie an der Universität Heidelberg. Als Mitarbeiter des Max-Planck-Instituts für Kernphysik promovierte er im Bereich Elementarteilchenphysik mit Nebenfach Kosmologie. Seine Forschungsaufenthalte führten ihn an die Teilchenbeschleuniger des CERN bei Genf und des DESY in Hamburg. Seit 15 Jahren entwickelt er vorwiegend betriebswirtschaftliche Programme bei großen deutschen Softwareunternehmen.

Privat ist Andreas Mücklich gerne auf Reisen, wo er oft unter Wasser abtaucht oder durch die Berge wandert. Man trifft ihn aber auch in Museen, im Theater und auf Konzerten. Sogar auf dem Ratestuhl von Günther Jauch hat er schon erfolgreich Platz genommen. Er ist 45 Jahre alt, lebt mit seiner Familie in Mannheim und schrieb dieses Buch größtenteils während einer längeren Elternzeit.

Dr. Andreas Mücklich

Das verständliche Universum

Wie unsere Wirklichkeit entsteht

FSC
www.fsc.org
MIX
Papier aus verantwortungsvollen Quellen
Paper from responsible sources
FSC® C105338

Bibliografische Information der Deutschen Nationalbibliothek:
Die Deutsche Nationalbibliothek verzeichnet diese Publikation in der Deutschen Nationalbibliografie; detaillierte bibiografische Daten sind im Internet über dnb.d-nb.de abrufbar.

Originalausgabe mit 50 Abbildungen
Den vollständigen Bildnachweis finden Sie im Anhang.

Website: das-verstaendliche-universum.de oder das-verständliche-universum.de
E-Mail: info@das-verstaendliche-universum.de oder
info@das-verständliche-universum.de, das_verstaendliche_universum@yahoo.de

Herstellung und Verlag: Books on Demand GmbH, Norderstedt
ISBN: 978-3-8423-7782-0

Für Markus
und
meinen Vater

Inhalt

Vorwort

Lange Zeit glaubten die Physiker und Astronomen, dass die Welt einfach da ist und existiert. Man muss nur hingehen und sie beobachten und erforschen. Daran hat auch die Entdeckung ihres Anfangs nichts geändert. Zwar ist mit dem Urknall die gesamte Materie zusammen mit Raum und Zeit erst entstanden, doch seitdem besteht unser Universum mehr oder weniger einfach vor sich hin.

Doch nach den neueren Forschungsergebnissen im Bereich der Teilchenphysik ist dieses Bild nicht mehr zu halten. Das Universum ist längst nicht so fest gefügt, wie es uns unsere Alltagswelt glauben macht. In Wirklichkeit erschafft es sich ständig neu, indem es sich gewissermaßen selbst beobachtet. Doch was ist überhaupt die Wirklichkeit, in der wir leben, und wie entsteht sie?

Mit dieser zentralen Frage möchte ich Sie zu den wichtigsten Resultaten der aktuellen Forschung hinführen. Dabei begegnet uns mit dem Begriff der *Information* eine neue Größe in der Physik, die mindestens genauso wichtig ist wie die Energie. Die Entstehung von Information und ihre Ausbreitung sind durch die fundamentalen Naturgesetze der beiden wichtigsten physikalischen Theorien geregelt: der Quantentheorie und der allgemeinen Relativitätstheorie. Doch obwohl diese Theorien noch nicht erfolgreich zu einer einzigen Weltformel vereinigt werden konnten, lassen sie sich unter dem Blickwinkel der Information viel besser verstehen und vor allem gemeinsam betrachten.

Noch ist dieses neue Weltbild unter den Physikern nicht etabliert, geschweige denn in unserem Allgemeinwissen angekommen. Doch gerade dazu möchte ich mit diesem Buch beitragen, denn ich erwarte von Ihnen keine physikalischen Vorkenntnisse. Wir werden uns alles Nötige gemeinsam Schritt für Schritt erarbeiten und uns dabei nicht in technischen Details und Formeln verlieren. Mein Hauptaugenmerk liegt vielmehr auf einer schlüssigen und verständlichen Gesamtbetrachtung, die die wesentlichen Aussagen zur Geltung bringt. Also bitte keine Angst vor zu viel Wissenschaft!

Mein Buch besteht aus zwei Teilen. Im ersten konzentriere ich mich darauf, unsere Welt zu *entdecken*. Er beschreibt, wie sie aufgebaut ist, woraus sie besteht und nach welchen Gesetzen sie funktioniert. Hier reisen Sie mit mir bis in die Welt der kleinsten Teilchen und an die Grenzen unseres Universums. Wir schauen uns alle Bestandteile unseres Kosmos an: die Elementarteilchen, die Atome, unsere vertrauten Alltagsgegenstände, die Planeten und Sterne, ganze Galaxien und schließlich riesige Ansammlungen von Galaxien. Dabei lernen wir auch alle fundamentalen Kräfte kennen, die diese Bestandteile zusammenhalten. Wir sehen uns die Unterschiede und die Entwicklung der physikalischen Theorien an, mit deren Hilfe wir heute unsere Welt beschreiben.

Im zweiten Teil meines Buches vertiefe ich dieses Wissen. Hier geht es mir darum zu *verstehen*, was die zentralen Aussagen der Physik bedeuten. Was sagen uns die fundamentalen Naturgesetze, die auf den ersten Blick eher wenig mit unserer Alltagswelt zu tun haben? Verbirgt sich hinter ihnen ein tieferer Sinn, und um was geht es in unserem Universum überhaupt?

Zunächst werfen wir einen langen und prüfenden Blick auf zwei grundlegende Experimente der Quantentheorie. Sie zeigen uns, dass man die uns umgebende Wirklichkeit nicht ohne den Begriff der Information verstehen kann. Tatsächlich ist *Information* der zentrale Dreh- und Angelpunkt unserer gesamten Welt. Danach beschäftige ich mich mit der Zusammensetzung und der Entstehung des Universums. Gibt es die rätselhaften dunklen Bestandteile des Kosmos wirklich oder lassen sich ganz andere Erklärungsmöglichkeiten finden? Was wissen wir über den Beginn unserer Welt, den Urknall? Wie begann die Zeit? Und warum vergeht die Zeit überhaupt?

Zum Schluss wende ich mich den geheimnisvollsten Fragen der Physik zu: Warum ist das Universum gleichsam zugeschnitten auf die Entstehung von Leben? Spielt das Leben darin eher eine Haupt- oder eine Nebenrolle? Wir gelangen bei diesen Betrachtungen über den Ursprung unserer Welt fast zwangsläufig zu einer verblüffenden und einfachen Antwort: Das Leben spielt im Universum die tragende Rolle, denn ohne das Leben würde unser Universum gar nicht existieren.

Nun möchte ich Sie herzlich einladen, mich auf diesem doppelten Rundgang durch unsere Welt zu begleiten. Jederzeit werde ich auf dem Teppich der physikalischen Tatsachen bleiben, aber trotzdem meine eigene Sichtweise klar zum Ausdruck bringen. Ich werde Ihnen nichts verschweigen, nicht einmal die Schwächen meiner eigenen Argumente. Denn ich halte Offenheit und Ehrlichkeit für die wichtigsten Merkmale der Naturwissenschaften.

Und jetzt wünsche ich Ihnen beim Lesen ebenso viele Aha-Erlebnisse, wie ich sie beim Schreiben hatte. Gute Unterhaltung!

Dr. Andreas Mücklich
Mannheim, im Oktober 2011

Teil 1
Entdecken

1 Warum Physik?

Wissenschaft, die nicht vermittelt wird, ist tot.
Ranga Yogeshwar, Physiker

Jedes Neugeborene besitzt den unwiderstehlichen Drang, die Welt zu entdecken. Zunächst ist dieses Verlangen absolut lebensnotwendig, denn als Erstes gilt es, eine Nahrungsquelle und Geborgenheit zu finden. An unserem Lebensanfang ist unsere Welt noch sehr begrenzt. Sie umfasst gerade einmal Mama, Papa und den engsten Familienkreis. Alle Bedürfnisse sind elementar und werden prompt eingefordert.

Doch schon bald beginnt das Baby, seine Wahrnehmung zu erweitern. Es will nun alles anschauen, betasten, beschnuppern, in den Mund nehmen und überall mit dabei sein. Jeder Tag bringt erstmalige Erlebnisse, die es förmlich in sein kleines Köpfchen hinein saugt.

Nach wenigen Monaten versucht das Kleinkind mit aller Macht, seine eigenen Bewegungen in den Griff zu bekommen. Es dreht sich anfangs nur mühsam auf den Bauch, beginnt alsbald das Krabbeln und steht schließlich tapsend, aber stolz auf seinen eigenen Beinchen. Während dieser Zeit hat es nicht nur seinen Bewegungsradius gewaltig ausgedehnt, sondern auch seinen Blickwinkel auf die Welt verändert. Unser kleiner passiver Entdecker hat sich zu einer handelnden Person entwickelt, die die neue Freiheit genießt und den Eltern überall hin folgen will.

Etwa im selben Alter haben wir alle auch einen immensen geistigen Schritt nach vorne getan. Nach langem und aufmerksamem Zuhören ist es uns endlich gelungen, die Sprache unserer Eltern zu entschlüsseln. Selbst zu reden ist zwar anfangs genauso herausfordernd wie das Laufen, aber mit unseren eigenen Worten können wir erneut auf Entdeckungsreise gehen. Ab einem bestimmten Alter wollen wir buchstäblich alles wissen. Wo immer es geht, fragen wir warum, und wollen alles genau erklärt bekommen. Und oft sind es die ganz einfachen Fragen, die gar nicht so leicht zu beantworten sind:

- Wie groß ist die Welt?
- Woraus besteht sie?
- Wie funktioniert sie?
- Wie alt ist sie?
- Wieso hat sie diese und keine anderen Eigenschaften?
- Und wie und warum ist sie überhaupt entstanden?

Es gibt Kinder, die von diesen Fragen so gefesselt sind, dass sie auch als Erwachsene nie mehr davon loskommen. Ich bin eines dieser Kinder. Wegen dieser Fragen habe ich Physik und Astronomie studiert und in der Forschung gearbeitet. Doch obwohl ich mich später beruflich der Informationsverarbeitung zugewandt habe, habe ich diese Grundfragen nie aus den Augen verloren.

Gerade der Fokus auf den Begriff der *Information* hat mir im Laufe der Jahre sehr geholfen, einige grundlegende Dinge in der Physik in einem neuen Licht und damit klarer zu sehen. Während meiner Elternzeit habe ich versucht, diese Sichtweise in der physikalischen Literatur wiederzufinden. Doch leider bin ich auf kein hinreichend allgemein verständliches Buch gestoßen. Deshalb möchte ich mit diesem Buch diese Lücke schließen und Sie auf meine eigene Reise zu den Grenzen unseres Universums und unseres Wissens mitnehmen.

Mittlerweile haben die Physiker und Astronomen größere Teile der ersten vier Fragen beantwortet. Wir wissen relativ genau, wie groß und wie alt unsere Welt ist. Doch selbst bei der vergleichsweise simplen Frage, woraus die Welt besteht, tappt man im wahrsten Sinne des Wortes zu 95% im Dunklen. Auch bei der Frage, wie die Welt im Innersten funktioniert, ist man sich seit mehr als 80 Jahren uneins. Die letzten beiden Fragen jedoch stellen uns vor das bisher größte Rätsel. Wartet hier ein tiefes Geheimnis auf seine Entdeckung oder bleibt am Ende nur das Schulterzucken, das manche Wissenschaftler für sie übrig haben?

In meinem Buch werde ich keiner dieser Fragen ausweichen und sie alle so ehrlich beantworten, als hätte sie mir mein eigener Sohn gestellt. Denn noch heute weiß ich ganz genau, was eine Frage dieser Tragweite in einem Kind alles auslösen kann. Es war meine eigene Frage nach der Größe des Universums, die ich an meine Mutter richtete. Sie antwortete mir damals, dass man sich nicht sicher sei, ob es unendlich groß ist. Doch wenn dies stimmen sollte, wie kann man sich das am besten vorstellen? Wenn das Universum wirklich unendlich groß ist, dann muss es dort auch Orte geben, die unendlich weit von uns entfernt sind. Aber wie weit weg ist das? Ich wollte dafür unbedingt ein anschauliches Bild haben und so fing ich mit einer halbwegs vertrauten Strecke an.

Bis zum Mond waren die Astronauten, die während meiner Kindheit dort jedes Jahr herumspazierten, etwa 3 Tage unterwegs. Sie befanden sich knapp 380 000 km von mir entfernt. Dies konnte ich mir noch recht gut vorstellen, denn schließlich sieht man den Mond ja am Himmel. Als Nächstes bin ich in Gedanken von der Erde zehn Mal weiter weggegangen. Allerdings war mir klar, dass das für unendlich nicht weit genug ist. Also ging ich noch einmal zehn Mal weiter weg. Jetzt war die Erde fast gar nicht mehr zu sehen. Doch das reichte noch immer nicht. Dieses Spiel wiederholte ich noch etliche Male, bis ich es endlich begriffen hatte.

Keine Zeit der Welt, auch mein ganzes Leben nicht, würde ausreichen, um jemals unendlich weit wegzugehen. Selbst wenn man in jeder Sekunde den Abstand verzehnfachen könnte, würde man trotzdem niemals dort ankommen. Noch heute verwende ich dieses Bild für unendlich, denn mir ist es nicht gelungen, eine bessere Vorstellung für diese mathematische Ungeheuerlichkeit zu entwickeln. Damals war mir beim Blick in diesen gedanklichen Abgrund richtiggehend schwindlig, doch ich hatte Blut geleckt. So eine einfache Frage hat es in sich, und die anderen waren nicht minder packend.

Bis zu meinem Physikstudium war es zwar noch ein weiter Weg, doch war er auch wirklich schon vorgezeichnet? Geholfen hat mir bei dieser Entscheidung ganz sicher ein Zufall, der mich damals ausgesprochen beeindruckte. Und da Zufälle in diesem Buch eine zentrale Rolle einnehmen, möchte ich diese Geschichte kurz erzählen: Nach der Grundschule besuchte ich als weiterführende Schule das Albert-Einstein-Gymnasium. Die ersten Jahre nahm ich den Namenspatron meiner Schule so gut wie gar nicht zur Kenntnis, denn alle Schüler nannten sie sowieso nur kurz AEG. Doch dann gab es zum 100. Geburtstag von Albert Einstein in unserer Aula eine Ausstellung über sein Lebenswerk. Hier las ich zum ersten Mal im Vorbeigehen sein Geburtsdatum. Es dauerte ein paar Sekunden, bis die Zahlen in meinem Kopf angekommen waren: Ich habe am selben Tag wie er Geburtstag.

Ziemlich überrascht wollte ich auf einmal mehr über diesen Mann wissen und kaufte mir bald danach eine kurze Biografie. Durch sie lernte ich Einstein und andere berühmte Physiker überhaupt erst kennen. Nun konnte ich wenigstens erahnen, womit sich diese Menschen beschäftigt haben und was sie über die Natur dachten. Wieder hatte sich eine neue Welt aufgetan. Heute weiß ich, dass ein jeder von uns mit berühmten Persönlichkeiten zusammen Geburtstag hat. Trotzdem werde ich diese Tatsache aber niemals aus meinem Gedächtnis verdrängen können.

Jedenfalls war mein ernsthaftes Interesse an der Physik geweckt. Als Schulfach befriedigte sie gerade so weit meinen Wissensdurst, dass ich unbedingt weiter lernen wollte. Mir war inzwischen längst klar geworden, dass Fragen nach dem Ursprung und dem Zusammenhalt unserer Welt am besten über die Physik zugänglich sind. Nur durch möglichst exaktes Beobachten und Experimentieren eröffnet sich ein Weg zu nachprüfbaren Antworten. Allein mit bloßem Nachdenken oder Philosophieren lassen sie sich nicht geeignet angehen. Ohne gezielt durchgeführte Versuche fehlt sozusagen die nötige Bodenhaftung zur realen Welt.

2 Naturgesetze und Theorien

Eine der größten und vielleicht erstaunlichsten Entdeckungen der Physik ist die Tatsache, dass sich das gesamte Universum gemäß relativ einfacher Prinzipien verhält. Diese Prinzipien lassen sich zudem noch leicht durch mathematische Formeln ausdrücken. Weil die Natur diese allgemeinen Regeln anscheinend wie Gesetze strikt befolgt, werden sie in der Physik als Naturgesetze bezeichnet.

Noch während meines Studiums vor mehr als 20 Jahren wurde uns diese Gegebenheit meist mit den Worten geheimnisvoll und rätselhaft nahegebracht. Warum sollte sich gewöhnliche Materie nach mathematischen Regeln richten? Könnte sich das Universum nicht auch ganz anders verhalten? Und woher kennt die Natur denn die Mathematik und die physikalischen Formeln?

Heute dagegen besitzen wir eine recht gute Vorstellung davon, warum dies so sein muss. Bestärkt durch Grundlagenexperimente der letzten drei Jahrzehnte hat man neue Vorstellungen von dem entwickelt, was die Bestandteile von Materie letztendlich ausmacht. Die fundamentalsten Bausteine unserer Welt, die Elementarteilchen, lassen sich unter dem Gesichtspunkt des Informationsbegriffs viel besser verstehen als zuvor. Damit liegen sie wesentlich näher an der abstrakten Mathematik als an der bisherigen Auffassung von Materie, die von unseren Alltagserfahrungen geprägt ist. Wenn aber diese neuartige Denkweise korrekt ist, so kann sich ein Elementarteilchen kaum anders als mathematisch korrekt verhalten. Es ist sozusagen fleischgewordene Mathematik.

Doch immer der Reihe nach. Bevor wir uns diesem zentralen Punkt ausführlich zuwenden können, müssen wir erst einmal einige Hausaufgaben erledigen. Woraus besteht unsere Materie? Was ist ein elementares Teilchen? Und vor allem: Was ist ein Naturgesetz?

Ein *Naturgesetz* oder physikalisches Gesetz wird aus einer Reihe von Beobachtungen abgeleitet. Diese Beobachtungen müssen unter kontrollierten Bedingungen vorgenommen werden, damit sie wiederholbar und nachprüfbar sind. Nur so können sich andere Forscher von der Richtigkeit der Resultate überzeugen und beispielsweise die Versuchsanordnung nachbauen und verfeinern.

Die Kunst beim Entdecken von Gesetzmäßigkeiten liegt darin, in einem Experiment einerseits die richtigen Fragen an die Natur zu stellen und andererseits aus den Messdaten die korrekten Folgerungen zu ziehen. Nicht nur der Aufbau und die saubere Durchführung der Versuche, sondern auch die Auswertung der gewonne-

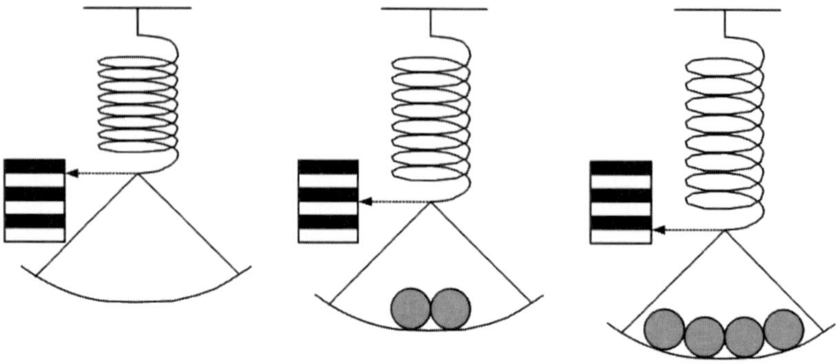

1 Eine Feder wird um so mehr gedehnt, je stärker sie belastet wird. Ihre Dehnung ist proportional zur Belastung.

nen Daten ist entscheidend für den Erfolg eines Experiments. Hierbei kommt es darauf an, geeignete Regelmäßigkeiten zu finden, die dann üblicherweise zur Abkürzung des Sachverhalts mit einer mathematischen Gleichung ausdrückt werden.

Machen wir als Beispiel einen ganz einfachen Versuch und fragen uns, wie stark sich eine Feder unter einer Belastung dehnt. Wir könnten mit verschiedener Kraftanstrengung selbst an der Feder ziehen und jeweils die Änderung ihrer Länge bestimmen, doch leider ist unser Zug an der Feder eine rein subjektive Angelegenheit und damit unbrauchbar. Wir entschließen uns daher, die Feder mit dem Gewicht von annähernd gleichen Gegenständen zu belasten und dabei jeweils ihre Ausdehnung zu messen. Dazu befestigen wir die Feder an der Decke und hängen mit Bindfäden eine Schale daran. Nun legen wir in die Schale etwa gleich große Äpfel hinein und bestimmen, wie stark sich die Feder jeweils dehnt. Dabei stellen wir fest, dass die Dehnung bei jedem weiteren Apfel um denselben Betrag anwächst. Eine doppelte oder dreifache Menge von Äpfeln bewirkt also eine doppelte oder dreifache Änderung der Federlänge. Wir haben damit eine einfache Gesetzmäßigkeit gefunden: Die Dehnung einer Feder steigt im selben Verhältnis an wie ihre Belastung. Die Ausdehnung ist demnach *proportional* zur Belastung.

Nun gilt es, diese Beobachtung noch in eine griffige Formel zu überführen. Die Belastung der Feder entsteht durch das Gewicht der Äpfel, genauer gesagt, durch deren Gewichtskraft. Dabei verlassen wir uns im Moment auf unseren gesunden Menschenverstand und klären erst in einem nachfolgenden Kapitel, was eine Kraft überhaupt ist. Doch die Feder könnte nicht nur durch die Gewichtskraft von Äpfeln gedehnt werden, sondern auch dadurch, dass wir mit einer gleich großen Kraft an ihr ziehen. Es kommt also nur auf die Stärke der Kraft an und nicht darauf, wie sie ausgeübt wird. Damit sind wir so weit und können eine Gleichung für das Dehnungsverhalten einer Feder aufstellen:

$$Kraft = Federkonstante \cdot Dehnung$$

Dieses Federgesetz besteht wie fast alle physikalischen Gesetze aus einem allgemeinen Teil, der die Abhängigkeit zwischen der Dehnung und der Größe der Kraft angibt und einem speziellen Teil, der von der verwendeten Feder abhängt. Dieser spezielle Anteil, die Federkonstante, muss für jede Art von Feder erst gemessen werden. Wir können ihre Größe nicht im Voraus aus anderen Überlegungen ableiten, sondern nur im Nachhinein feststellen. Sobald wir dies aber durchgeführt haben, können wir unsere nun geeichte Federwaage zum Wiegen verwenden. Die Federkonstante ist also zunächst eine unbekannte Größe in unserer Gleichung, ein sogenannter *freier Parameter*.

Die obige Gleichung ist demnach nichts anderes als eine Kurzschreibweise für alle unsere Beobachtungen, und meistens werden die darin enthaltenen Begriffe noch durch Buchstaben abgekürzt:

$$F = D \cdot x$$

Eine solche Formel hat nicht nur den Vorteil, dass sie kurz und prägnant ist, sondern man kann mit ihr auch rechnen und muss nicht mehr alle Messungen selbst durchführen. Beispielsweise können wir nun ausrechnen, wie stark die Feder gedehnt wäre, wenn wir viereinhalb Äpfel in die Schale legen würden. Die Voraussetzung dafür aber ist, dass wir durch unsere Messungen genügend Vertrauen in unsere Gleichung entwickelt haben, sodass wir der Rechnung auch glauben können. Dieses Vertrauen wird am höchsten in dem Bereich sein, in dem wir unsere Beobachtungen gemacht haben. Es wird um so geringer werden, je weiter wir über diesen Bereich hinausgehen. Vielleicht glauben wir noch einer Rechnung für 10 Äpfel, aber kaum einer für 100 Äpfel, denn wir wissen, dass dies die Feder nicht mehr verkraften wird. Weil eine Feder eben nicht beliebig stabil ist, verliert diese Gleichung irgendwann ihre Gültigkeit. Hier versagt nicht die Mathematik, sondern ihre Anwendung auf unseren Versuch.

Mit Naturgesetzen verbinden wir vor allem Objektivität und Verlässlichkeit. Wir mussten weder voraussetzen, wer die Messungen mit der Feder durchführt, noch wann oder wo dies stattfindet. Alles andere würde unserer Erfahrung auch völlig zuwiderlaufen. Ohne diese Verlässlichkeit könnten wir uns in unserer Umwelt nämlich gar nicht zurechtfinden, denn sie ist das Fundament, auf dem wir durchs Leben gehen. Trotzdem habe ich im letzten Abschnitt mit Absicht die Begriffe Vertrauen und Glaube verwendet. Entfernen wir uns nämlich bei den Berechnungen zunehmend von den Messungen, so verlieren wir den sicheren Hafen unserer Beobachtungen. Wir müssen diesen Verlust durch das Vertrauen ersetzen, das wir den Gleichungen entgegen bringen. Obwohl wir in diesen Regionen keinen direkten Beweis für ihre Gültigkeit haben, glauben wir trotzdem an sie. In letzter Zeit haben meines Erachtens allerdings einige Physiker den Bogen in dieser Richtung ziemlich überspannt. Doch davon mehr zu gegebener Zeit.

Eine andere Form des Vertrauens bringen wir den Naturgesetzen ständig entgegen. Wir können nämlich nicht beweisen, ob eine Gesetzmäßigkeit morgen noch dieselbe ist wie heute. Wir sehen nur tagtäglich, dass es sich so verhält, und vertrauen darauf, dass dies auch weiterhin der Fall sein wird. Tatsächlich sind die grundlegenden Gesetze der Physik nach unseren Erkenntnissen absolut unveränderlich. Sie bestimmen ohne Ausnahme das Geschehen im gesamten Universum, von Anfang an bis jetzt. Ihre Gleichungen sind meist von bestechender Einfachheit, was allerdings noch lange nicht heißt, dass sie sich leicht auf eine gegebene Situation anwenden lassen. Oft sind die Berechnungen so komplex, dass sie sich nur mit Zusatzannahmen und damit nur näherungsweise durchführen lassen.

Ein Naturgesetz allein, wie beispielsweise das Federgesetz, liefert noch kein umfassendes Bild unseres Universums. Dies leistet erst eine physikalische *Theorie*. Sie versucht, alle gefundenen Gesetzmäßigkeiten zu sammeln und weiter zu verallgemeinern oder sie aus noch grundlegenderen Prinzipien abzuleiten. Theorien bilden heute die eigentliche Basis der Physik. Idealerweise werden sie von vielen experimentellen Tatsachen gestützt und mit allgemeinen physikalischen Überlegungen untermauert. Sie bilden die Wirklichkeit in einem mathematischen Modell ab, das möglichst viele Naturphänomene auf eine einheitliche Weise beschreibt.

Eine neue Theorie gilt immer dann als erfolgreich, wenn sie auf der einen Seite die bestehenden Resultate von Experimenten besser erklären kann als ihre Vorgänger und andererseits neue Vorhersagen macht, die wiederum überprüft werden können. Was eine bessere Erklärung ausmacht, ist aber gar nicht so eindeutig zu beantworten. Die neue Theorie könnte mehr Phänomene erklären als die alte, oder sie könnte dies mit weniger Annahmen bewerkstelligen. Ebenso muss die neue Theorie die alte mit einschließen und aufzeigen, warum jene nur eine beschränkte Gültigkeit hat. Allerdings gilt eine Theorie gilt so lange als Spekulation, bis sich ihre Prognosen auch bewahrheitet haben. Dies scheitert heutzutage aber leider viel zu oft an den verfügbaren technischen Mitteln.

Knifflig wird es immer dann, wenn verschiedene Modelle der Wirklichkeit im Rahmen der Messgenauigkeit dasselbe vorhersagen. Welchem Modell soll man nun glauben? Eine andere Gefahr ist oftmals eine fast erschreckende Flexibilität, die gewisse Theorien an den Tag legen. Ihre Gleichungen enthalten meist zahlreiche freie Parameter, also Größen, die man nicht oder nur sehr ungenau kennt. Weicht dann ein Experiment deutlich von den Vorhersagen einer solchen Theorie ab, so ist es oft sehr leicht die Parameter derart anzupassen, dass die Theorie im Rahmen der Messfehler immer noch zutreffend ist. Lassen sich Theorie und Experiment am Ende aber gar nicht unter einen Hut bringen, so kann man immer noch einige Grundannahmen und damit die Struktur der Gleichungen verändern. Aber ist dies dann noch dieselbe Theorie?

Vielleicht klingt dies für Sie überraschend negativ, doch hat sich die Physik in einigen Bereichen verhältnismäßig weit von einem wohldosierten Wechselspiel zwischen Theorie und Experiment entfernt. Manche neuere Theorien liefern kaum handfeste Vorhersagen und bei anderen liegen die Möglichkeiten zu ihrer Testbarkeit für uns so weit weg wie die Mondrückseite für einen Steinzeitmenschen. Wie soll man die Korrektheit einer solchen Theorie abschätzen? Oder mit welchen Argumenten soll man sie widerlegen?

Trotzdem liegt der Schlüssel zu neuen erfolgreichen Theorien fast immer in Beobachtungen, die nicht im Einklang mit den Vorhersagen der bisherigen Theorien stehen. Man könnte nun meinen, dass solch eine neue Erklärungsmöglichkeit in der Regel freudig begrüßt wird. Doch meist ist das Gegenteil der Fall, und es beginnt ein regelrechter Abwehrkampf. Die etablierten Forscher wehren sich, weil sie sich gezwungen sehen, von ihrem lieb gewonnenen und vertrauten Gedankengebäude Abschied zu nehmen. Wie leicht einem solch ein Übergang fällt, hängt stark vom Naturell der betreffenden Person ab. Manchmal ist dies auch eine Generationenfrage.

Einige Naturauffassungen früherer Zeiten erscheinen uns heute ziemlich naiv. So glaubte man noch im 18. Jahrhundert an die Phlogistontheorie. Mit ihr beschrieb man damals einen Verbrennungsvorgang. Phlogiston war nach dieser Theorie ein fester Bestandteil aller brennbaren Stoffe und wurde bei einer Verbrennung einfach freigesetzt. Diese Vorstellung war aus damaliger Sicht jedoch gar nicht so abwegig, denn man hatte noch keine Kenntnis von chemischen Reaktionen und der damit verbundenen Wärmeentwicklung. Sobald sich aber dieses neuartige Wissen durchsetzte, löste sich das Phlogiston buchstäblich in Nichts auf und ward nie mehr gesehen.

Ein anderes Beispiel ist das ptolemäische Weltbild mit einer ruhenden Erde im Zentrum. Um die Bewegungen der Planeten und der Sonne auch nur annähernd beschreiben zu können, mussten in umständlicher Art und Weise vielfach ineinander geschachtelte Kreisbahnen konstruiert werden. Schuld an diesem für uns heute merkwürdigem Weltbild waren religiös motivierten Vorstellungen, die keinerlei wissenschaftlichen Fortschritt duldeten. Die Erde war von Gott als Mittelpunkt der Welt auserkoren. Und für die Umlaufbahnen der Planeten kamen lediglich Kreisbahnen infrage, weil nur sie dem göttlichen Ideal der Vollkommenheit am nächsten standen. Erst im 17. Jahrhundert sorgten präzise Beobachtungsdaten für eine radikale Korrektur dieses Bildes und stellten die Sonne in den Mittelpunkt der Welt, zumindest vorübergehend.

Anhand eines dritten Beispiels sehen wir, warum es ganze Jahrhunderte dauern kann, bis man endlich in der Lage ist, das Offensichtliche nicht nur zu erkennen, sondern auch zu rechtfertigen. Jede Weltkarte zeigt uns eine frappierende Ähnlichkeit der Küstenlinie des westlichen Afrikas und des östlichen Südamerikas. Dies war auch schon im 17. Jahrhundert bekannt. Im 18. Jahrhundert gab es dann die ersten Vermutungen über das Auseinanderbrechen eines großen Urkontinents und ein anschließendes Auseinanderdriften der Kontinente. Doch erst im Jahr 1915 schlug Alfred Wegener (1880–1930) seine Theorie der Kontinentalverschiebung vor, konnte deren Anerkennung aber nicht mehr erleben. Ein erster Nachweis der mittlerweile etablierten Plattentektonik gelang schließlich in den 1960er Jahren durch Altersmessungen an Tiefseegesteinen. Aber gerade einmal seit den 1990er Jahren sind wir in der Lage mittels Satellitenpeilungen die Wanderungsgeschwindigkeiten der Kontinente, direkt zu bestimmen. Sie bewegen sich in etwa so schnell, wie unsere Fingernägel wachsen, also ein paar Zentimeter pro Jahr.

Neben der technologischen Entwicklung, die für die Bestätigung der Kontinentaldrift nötig war, ist noch ein anderer Faktor für den langen Zeitraum von der ersten nebulösen Vermutung bis zum Übergang ins Standardschulwissen verantwortlich. In den früheren Jahrhunderten war in den Köpfen der Forscher einfach nicht genug Zeit für einen solchen Naturvorgang vorhanden. In Europa galt die Zeitrechnung der Bibel und die Welt war weniger als 10 000 Jahre alt. Höchstens die Sintflut könnte Anlass zu einem katastrophalen Auseinanderbrechen von Kontinenten gegeben haben. Zeiträume mit Hunderten von Millionen Jahren, die für heutige Geologen selbstverständlich sind, standen für die damaligen Vorstellungen einfach nicht zur Verfügung. Auch der innere Aufbau der Erde, die ja scheinbar fest und unbeweglich ist, war noch unbekannt. Somit konnte selbst Wegener keine korrekte Erklärung für seine These liefern. Heute wissen wir, dass die Kontinente auf einem zähflüssigen Erdmantel schwimmen und dass ihre Bewegungen Vulkanismus und Erdbeben hervorrufen. Doch vor 300 Jahren war das alles schlichtweg unvorstellbar.

Wenn wir also auf unsere Wissenschaftsgeschichte zurückblicken, finden wir immer wieder Weltbilder, die sich später als nicht haltbar erwiesen haben. Und da dies zu allen Zeiten der Fall war, bin ich der festen Überzeugung, dass wir auch heute mindestens eine grundlegende Modellvorstellung besitzen, die in Zukunft zurückgenommen werden muss. Wir sollten deshalb nicht zu sehr über die früheren Weltbilder und Theorien schmunzeln, sondern uns stattdessen an die eigene Nase fassen. Auch wir sind mit ziemlicher Sicherheit gerade auf irgendeinem Holzweg unterwegs, aber welcher ist das? Da wir dies nur vermuten können, sollten wir zumindest bei unbewiesenen wissenschaftlichen Behauptungen entsprechend vorsichtig sein. Über welche unserer heutigen Theorie wird man in hundert Jahren nur noch lächeln?

3 Zahlen

Versuchen Sie bitte einmal, sich Ihr Leben ohne Zahlen vorzustellen. Ich glaube nicht, dass Ihnen das auch nur ansatzweise gelingen wird. Zahlen bestimmen unser Leben, von unserem Geburtsdatum ab, über die Mengenangaben unserer Nahrungsmittel bis zu unserem Kontostand bei der Bank. Dabei sind Zahlen eine erstaunliche Abstraktionsleistung, denn sie ermöglichen uns, Dinge zu beziffern und damit berechenbar zu machen. Wir behaupten zum Beispiel, dass wir fünf Finger haben oder dass drei Äpfel in einer Schale liegen. Und das, obwohl diese Finger oder Äpfel ganz gewiss nicht alle gleich aussehen. Beim Zählen blenden wir nämlich jeweils alle Unterschiede zwischen den verschiedenen Objekten so weit aus, dass wir sie unter einem Begriff als gleichartig betrachten können. Erst durch diesen Trick sind wir in der Lage, Dinge zu zählen.

Die Menschheit hat im Laufe ihrer Geschichte verschiedene Zahlensysteme entwickelt. Unser heutiges *Dezimalsystem,* das Zehnersystem, hat sich gegenüber den anderen durchgesetzt, weil es am praktischsten ist. Mit ihm lässt sich beispielsweise viel besser rechnen als mit römischen Ziffern. Dabei ist das Dezimalsystem nichts anderes als eine bequeme Kurzschreibweise. Wenn wir mit eins anfangen zu zählen und bei zehn ankommen, so benutzen wir für die 10 keine eigene Ziffer mehr. Wir nehmen statt dessen wieder die 1, verschieben diese um eine Stelle nach links, und füllen die rechte Seite sodann mit einer 0 auf.

Mit dieser Schreibweise können wir auch sehr große Zahlen exakt und gleichzeitig kompakt aufschreiben: $573 = 5 \times 100 + 7 \times 10 + 3$. Niemand möchte es hier mit einem System zu tun bekommen, in dem 573 durch ein eigenes Zeichen dargestellt wird oder vielleicht sogar durch 573 Punkte, die abgezählt werden müssen.

Die Zahl Null machte diese Schreibweise erst möglich. Sie stellt den Gipfel der Abstraktion dar, denn sie bezeichnet etwas, das gar nicht vorhanden ist. Wenn unsere Schale ganz leer ist und wenn wir wirklich darauf Wert legen, so können wir auch feststellen, dass sich gerade null Äpfel darin befinden. Im Prinzip ist das aber fast schon absurd, denn es ist ja gar kein Apfel da.

Weitere Geheimnisse hat das Dezimalsystem nicht aufzuweisen. Viele andere Schreibweisen sind denkbar und werden beispielsweise in der Informatik auch verwendet. Dass wir genau bei der Zehn einen Sprung zur nächsten Ziffer machen, liegt nur an unseren zehn Fingern. Hätten wir dagegen acht Finger, würden wir sicherlich im Achtersystem rechnen. Und könnten wir nicht so leicht unsere beiden Hände nebeneinander halten, so würden wir vermutlich im Fünfersystem zählen.

Bisher haben wir nur vollständige, also *ganze Zahlen* betrachtet. Wir können einen Apfel aber auch zerteilen, zum Beispiel in vier gleich große Stücke. Dann besteht jedes Stück nur noch aus ¼ oder 0,25 Apfel. Für Bruchteile von ganzen Zahlen, den sogenannten reellen Zahlen, geht man üblicherweise zu einer Kommaschreibweise über. Nicht nur links vom Komma, das wir bei den ganzen Zahlen gar nicht mitgeschrieben haben, sondern auch rechts davon wird im Dezimalsystem gerechnet: $0{,}25 = 0\times1 + 2\times1/10 + 5\times1/100$. Probleme macht diese Schreibweise allerdings bei Zahlen, die man so nicht vollständig hinschreiben kann, weil man dazu unendlich viel Platz bräuchte. Dies gilt beispielsweise für viele Brüche wie 1/3 oder 1/7.

Die Mathematik kennt weitere Arten von Zahlen, die sich in keinem denkbaren Zahlensystem exakt notieren lassen. Das Verhältnis des Umfangs eines Kreises zu seinem Durchmesser, die Zahl π (Pi = 3,14159...), ist solch eine irrationale Zahl. Sie lässt sich nicht als Bruch darstellen. Eine Rechenvorschrift, wie π zu ermitteln ist, kann man allerdings in wenigen Zeilen aufschreiben. Aber diese Vorschrift verrät einem nicht direkt, welche Ziffer beispielsweise an der 573. Stelle von π steht. Wenn wir das wissen wollen, so bleibt uns nichts anderes übrig, als alle 573 Stellen nach dem Komma auszurechnen. Eine Abkürzung für diese Fragestellung gibt es nicht.

Diesem Muster werden wir noch öfter begegnen: Zwar kennen wir eine vollständige Formel zur Berechnung einer Größe, aber sie nützt uns häufig nur etwas in einem begrenzten Umfang. Hier bei der Berechnung von π ist das direkte Ausrechnen einer bestimmten Stelle nicht möglich. Und dies liegt nicht daran, dass wir eine solche Formel noch nicht gefunden hätten. Vielmehr sind sich die Mathematiker sehr sicher, dass es diese Formel einfach nicht gibt. Nicht einmal in der abstrakten Zahlenwelt der Mathematik haben also alle Fragen eine auch direkte Antwort.

Bildlich gesehen liegen zwischen zwei ganzen Zahlen jeweils unendlich viele *Kommazahlen* dicht gepackt nebeneinander. Zwischen 3 und 4 befinden sich nicht nur π, 3¼ und 3½, sondern unendlich viele weitere Zahlen. Selbst wenn wir uns zwei ganz eng beieinanderliegende Zahlen vorstellen, so können wir doch jederzeit in Gedanken die Vergrößerung unseres Bildes erhöhen. Dadurch finden wir zwischen zwei Kommazahlen stets unendlich viele weitere Kommazahlen.

Aber gilt dieses mathematische Verhalten auch für physikalische Größen? Kann man beispielsweise den Abstand zwischen zwei Objekten beliebig verkleinern? Kann man etwa den Ort eines Objekts mit einer unendlichen genauen Präzision bestimmen? Existiert dieser Ort überhaupt mit einer unendlichen Genauigkeit oder gibt es in der Natur Beschränkungen, die nicht durchbrochen werden können? Wir wenden uns später diesen interessanten Fragen zu, doch möchte ich hier schon so viel vorwegnehmen: Nicht alles, was prinzipiell denkbar ist, muss sich auch so in der Natur wiederfinden.

Die bisherige einfache Kommaschreibweise ist leider für ein wissenschaftliches Arbeiten meist unbrauchbar. Wenn es in der Physik oder Astronomie wirklich um kleine oder große Abstände geht, dann wird diese Schreibweise sehr schnell unhandlich. Die Größe eines Atoms liegt zum Beispiel im Bereich von 0, 000 000 000 1 Meter. Obwohl ich die Nullen schon in Dreiergruppen zusammengefasst habe, ist es mühsam und fehleranfällig ihre Anzahl festzustellen. Noch schlimmer wird es, wenn man zwei Größen dieser Art vergleichen möchte. Die Zahlen sehen zwar oftmals beeindruckend aus, aber der Blick auf das Wesentliche geht verloren. Man sieht sozusagen die Zahlen vor lauter Nullen nicht mehr. Zur Vermeidung dieser Nachteile hat sich daher eine weitere Kurzschreibweise eingebürgert, die ich im Folgenden auch verwenden möchte.

Mit der *Exponentialschreibweise* lassen sich viele Zahlen ganz leicht lesen und einschätzen. Die obige, sehr kleine Zahl mit der Eins an der 10. Stelle nach dem Komma wird so zu 10^{-10} (gesprochen: 10 hoch minus 10). Jeder kann sofort sehen, dass hier 10 Stellen nach dem Komma im Spiel sind. Genauso leicht geht dies auch mit großen Zahlen. Die Entfernung zu unserem nächsten Nachbarstern beträgt ziemlich genau 40 000 000 000 000 Kilometer. Abgekürzt sind das $4{\times}10^{13}$ km. Die Stellen vor dem Komma werden positiv, die nach dem Komma negativ gezählt. Wir können somit auf den ersten Blick die Größenordnung von Zahlen erfassen.

Den Begriff der *Größenordnung* benutzen Physiker übrigens auch noch in einem strengeren Sinn. Wenn sich zum Beispiel zwei Messgrößen um einen Faktor 2000 = $2{\times}10^3$ unterscheiden, so beträgt der Unterschied für einen Physiker in etwa 3 Größenordnungen. Man rundet zur nächsten Zehnerpotenz auf oder ab, lässt die 10 ganz einfach weg und beschränkt sich nur auf den hochgestellten Exponenten.

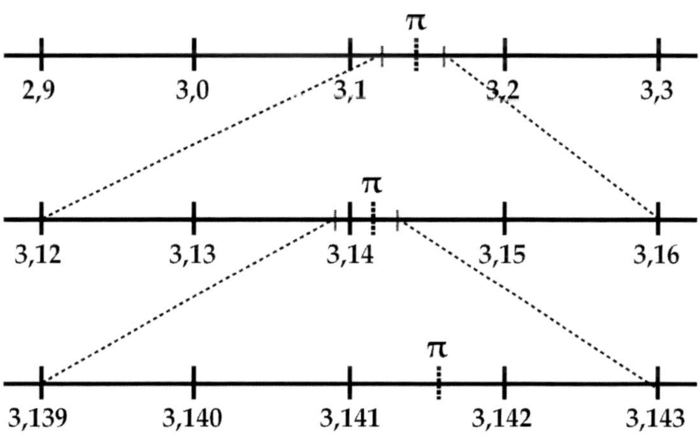

2 Zwischen zwei Kommazahlen liegen immer beliebig viele weitere reelle Zahlen.

Diese erneute Abkürzung mag Ihnen eventuell übertrieben erscheinen, aber für grobe Abschätzungen ist sie äußerst nützlich. Der Unterschied zwischen dem Durchmesser eines Atoms und der Distanz zu dem Stern macht demnach 23 Größenordnungen aus. Wir sparen uns auf diese Weise auch das Lernen von Zahlennamen und reduzieren unsere Ausdrucksweise wieder einmal auf das Wesentliche. Immerhin gibt es in der Physik Beispiele, wo sich Zahlen um mehr als unvorstellbare 120 Größenordnungen unterscheiden, also um eine Zahl mit 120 Nullen.

Physiker und Astronomen werden immer wieder gefragt, wie sie mit diesen kleinen beziehungsweise großen Zahlen zurechtkommen. Mir persönlich helfen da vor allem zwei Dinge: Vergleiche und Gewöhnung. Zum Beispiel gibt es ein wunderschönes Bild, mit dem man sich die Größe von Atomen veranschaulichen kann. Ein kleiner Apfel verhält sich zur gesamten Erde ungefähr genauso wie ein Atom zu dem gesamten Apfel. Mit solch griffigen Vergleichen kann man sich über viele Größenordnungen hinweg hangeln. Die zweite Hilfe ist die Gewohnheit, die nach einiger Zeit unweigerlich aufkommt, wenn man sich gedanklich ständig in exotischen Bereichen tummelt. Die Zahlen, mit denen man es täglich zu tun hat, werden mit der Zeit immer ganz normal.

Auch Sie, liebe Leser, haben sich mittlerweile an Größenordnungen gewöhnt, die Sie sich eigentlich nicht richtig vorstellen können. Wenn Sie mir das nicht glauben, so denken Sie bitte an die Speicherkapazität der Festplatte Ihres Computers. Sie bemisst sich heute typischerweise in Hunderten von Gigabyte, also mehr als hundertmal eine Milliarde Bytes. Mit der abgekürzten Schreibweise sind das $100 \times 10^9 = 10^{11}$ Byte. Wir alle gehen wie selbstverständlich mit diesen Zahlen um, aber anschaulich sind sie deshalb nicht unbedingt.

Eine physikalische Größe ist stets mit einer *Maßeinheit* verknüpft. Eine Länge wird immer in Metern und eine Masse stets in Kilogramm gemessen. Ohne diese Maßeinheiten wüssten wir nicht, womit wir es zu tun haben. Stellen Sie sich vor, Sie fragen jemanden in einer fremden Stadt, wie weit es zum Bahnhof ist. Falls er nur »drei« antworten sollte, werden Sie sich vielleicht fragen, ob er damit drei Kilometer, drei Minuten zu Fuß oder aber drei Straßenzüge meint. Obwohl sich die Einheiten oft aus dem Zusammenhang erschließen, sollte man sie dennoch nie weglassen, da die Zahlenwerte für Messgrößen erst durch die entsprechenden Einheiten ihre eigentliche Bedeutung erhalten.

Während meiner Diplomarbeit habe ich dahin gehend einmal ein ziemliches Durcheinander erlebt. Physiker verschiedener Nationen haben zusammen ein Laserexperiment mit etlichen optischen Komponenten wie Linsen und Spiegeln aufgebaut. Da die Kosten auf verschiedene Institute aufgeteilt werden sollten, wurden mehrere Bestellungen aufgegeben. Die Deutschen und Russen haben alles mit der Aufschrift in Zentimetern bestellt, aber die Bauteile der Amerikaner waren in Zoll beschriftet. Das Umrechnen war zwar klar definiert, musste aber immer wieder vorgenommen werden und war entsprechend ärgerlich.

Zum Abschluss dieses Kapitels möchte ich Ihnen die gebräuchlichsten Zahlennamen und Vorsilben beziehungsweise Buchstaben für Maßeinheiten auflisten. Wir verwenden sie oft im Alltag, sind uns aber nicht immer sicher, was sie tatsächlich bedeuten.

Zahl	Name	Vorsilbe	Buchstabe
10^{15}	Billiarde	Peta	P
10^{12}	Billion	Tera	T
10^{9}	Milliarde	Giga	G
10^{6}	Million	Mega	M
10^{3}	Tausend	Kilo	k
$10^{0} = 1$	Eins		
10^{-3}	Tausendstel	Milli	m
10^{-6}	Millionstel	Mikro	µ
10^{-9}	Milliardstel	Nano	n
10^{-12}	Billionstel	Piko	p
10^{-15}	Billiardstel	Femto	f

Ein Kilometer sind also lediglich 1000 Meter und keine neue Einheit, was mir als Kind beispielsweise lange nicht klar war. Nanotechnologie handelt von Bauteilen mit Abmessungen im Bereich von 10^{-9} Metern. Wenn wir auf dem Markt gehen und dagegen ein Kilo und nicht ein Kilogramm Äpfel verlangen, so ist das eine umgangssprachliche Nachlässigkeit, die wirklich jeder versteht. Wenn der Verkäufer allerdings pedantisch sein sollte, so könnte er uns fragen, ob wir wirklich 1000 Äpfel mit nach Hause tragen möchten?

4 Mechanik und Schwerkraft

Wenn wir verstehen wollen, wie unser Universum aufgebaut ist, müssen wir uns einerseits seine Bestandteile genauer ansehen und andererseits die Kräfte betrachten, die zwischen ihnen wirken. Wir müssen die Welt also in Teilbereiche zerlegen und schauen, wie diese Teilbereiche miteinander wechselwirken.

Das Zerlegen hat in der Physik eine lange Tradition und hat zu vielen Entdeckungen geführt. Es setzt allerdings unausgesprochen voraus, dass es auch Sinn macht gewisse Bestandteile als getrennt voneinander anzusehen. In unserer Alltagswelt ist dies normalerweise hinreichend gegeben. Die Äpfel in einer Schale liegen zwar eng beisammen, können aber sehr wohl als voneinander getrennte Objekte betrachtet werden. Nehmen wir einen Apfel aus der Schale und legen ihn auf den Tisch, so ist es immer noch der gleiche Apfel, der sich nun aber an einem anderen Ort befindet.

Ohne irgendwelche Kräfte zwischen den Bestandteilen der Welt würde buchstäblich nichts passieren. Kein Objekt würde die Anwesenheit eines anderen spüren und wäre folglich vollkommen isoliert. Auch in diesem Bereich ist es den Physikern gelungen, Ordnung in die umfangreichen Beobachtungen zu bringen. Übrig geblieben sind dabei lediglich vier Kräfte. Ich werde sie Ihnen in der Reihenfolge ihrer Entdeckung vorstellen und Ihnen gleichzeitig einen Überblick über unser gesamtes Universum geben. Dieser Weg führt uns auch zu den physikalischen Theorien und den damit verbundenen Weltbildern.

Die erste umfassende und mathematisch präzise Abbildung für physikalische Vorgänge stammt von Isaac Newton (1643–1727). In einem monumentalen Werk veröffentlichte er im Jahre 1687 die Bewegungsgesetze der Mechanik und das Gravitationsgesetz zur Erklärung der Schwerkraft. Er hat damit den Grundstein zur theoretischen Physik gelegt, die eine mathematische Beschreibung der Welt anstrebt. Wegen dieser Verdienste wird die Mechanik auch oft als newtonsche Mechanik bezeichnet. In diesem Modell werden alle ausgedehnten Dinge durch mathematische Punkte idealisiert, die als Körper bezeichnet werden. Alle Körper, von den Äpfeln bis zu den Planeten, sind denselben *drei newtonschen Gesetzen* unterworfen:

- Solange keine Kraft auf einen Körper wirkt, verbleibt er in seiner Bewegung. Wenn er sich nicht bewegt, so bleibt er in Ruhe, und falls er sich bewegt, dann setzt er diese Bewegung gleichförmig fort.

- Jede Kraft wirkt in eine bestimmte Richtung und verursacht eine Geschwindigkeitsänderung eines Körpers in dieser Richtung. Bei gleicher Kraft ist diese Änderung um so größer, je kleiner die Masse des Körpers ist.
- Kräfte treten immer paarweise auf. Übt ein Körper auf einen anderen eine Kraft aus, so erfährt der andere Körper stets eine Gegenkraft in umgekehrter Richtung.

Das erste Gesetz geht auf Galileo Galilei (1564–1642) zurück, der mit seinen zahlreichen Versuchen als Begründer der Experimentalphysik gilt. Für die damalige Zeit war es aber alles andere als offensichtlich, dass ein Körper nicht von alleine zur Ruhe kommt. Denn dies ist genau das, was wir im Alltag ständig beobachten. Galilei fiel aber als Erstem auf, dass Reibungskräfte hierfür verantwortlich sind. Das natürliche Bestreben eines Körpers jedoch ist es, seine Bewegung beizubehalten. Er verhält sich gewissermaßen träge, weshalb dieses Gesetz auch Trägheitsprinzip genannt wird. Ohne eine Krafteinwirkung bewegt sich ein Körper daher auf ewig mit derselben Geschwindigkeit in dieselbe Richtung fort.

Das zweite Gesetz legt die Dynamik von Bewegungen fest. Eine Kraft bewirkt bei einem Körper eine Änderung seiner Geschwindigkeit, also eine Beschleunigung. Daher ist wegen der Geschwindigkeitsänderung auch das Abbremsen eines Körpers für einen Physiker ein Beschleunigungsvorgang. Der Effekt einer Kraft hängt dabei von der Trägheit des Körpers ab, also seiner Masse. Mit dem dritten newtonschen Gesetz wird ausgedrückt, dass keine Kraft aus dem Nichts entsteht. Wirkt eine Kraft auf einen Körper, so ist dafür immer ein anderer Körper verantwortlich. Beide Körper beeinflussen sich somit gegenseitig.

Ist ein Körper mehreren Kräften aus verschiedenen Quellen ausgesetzt, so überlagern sich diese Kräfte ungestört und addieren sich. Bei der Berechnung der resultierenden Kraft müssen wir allerdings die Richtungen der Kräfte berücksichtigen. Gerichtete Größen wie Kräfte und Geschwindigkeiten werden wie in der Mathematik als Vektoren bezeichnet und ebenso behandelt. Bildlich ist ihre Addition nichts anderes als das Aneinanderlegen von Pfeilen. Im Gegensatz dazu gibt es auch ungerichtete Größen wie beispielsweise die Temperatur.

Eine wichtige Folgerung aus den newtonschen Gesetzen sind die *Erhaltungssätze* für Impuls und Drehimpuls. Da Erhaltungssätze eine absolut zentrale Rolle in der Physik einnehmen, müssen wir uns näher anschauen, was ein solcher Satz bedeutet.

Der *Impuls* eines Körpers ist das Produkt aus Masse mal Geschwindigkeit. Unter einem Impuls stelle ich mir immer die Heftigkeit einer Bewegung vor. Betrachten wir dazu den Zusammenstoß von Billardkugeln oder etwas uneleganter den von Autos. Ein schwerer oder schneller Körper wird einen leichten oder langsamen immer in seine Richtung wegschieben. Haben beide Autos jedoch denselben Impuls, aber mit entgegengesetzter Richtung, so bewegen sie sich nach dem Stoß gar nicht mehr. Ihr Gesamtimpuls war vor und nach dem Zusammenstoß gleich null und hat sich somit überhaupt nicht verändert. Generell bleibt ohne eine Krafteinwirkung die Geschwindigkeit eines Körpers, und damit sein Impuls, für immer konstant. Dies gilt auch für ein System, das aus mehreren Körpern zusammengesetzt ist. Solange keine Kraft von außen auf die Autos wirkt, bleibt ihr Gesamtimpuls stets der gleiche. Er verändert sich nicht und bleibt somit erhalten.

Dasselbe gilt auch für Drehbewegungen. Hier bleibt der sogenannte *Drehimpuls* erhalten. Ihn kennen Sie von den Pirouetten beim Eiskunstlauf. Legt die Läuferin ihre Arme enger an den Körper, so wird ihre Drehbewegung schneller. Der Drehimpuls jedoch, ein Produkt aus dem Impuls der Körperteile und deren Abstand zur Drehachse, bleibt konstant. Beide Arten von Impuls können innerhalb eines Systems von Körpern also weder entstehen noch verschwinden. Sie sind immer gleich groß, solange das System nicht von außen beeinflusst wird. Dabei gilt natürlich auch der Umkehrschluss: Falls sich der Impuls oder Drehimpuls eines Systems von Körpern ändert, so ist dieses System nicht isoliert, sondern steht in Wechselwirkung mit einem weiteren Körper.

Diese Erhaltungssätze sind nicht die Einzigen, die uns im Laufe dieses Buches begegnen werden. Sie vermitteln uns Grundtatsachen über unsere Welt und machen das Universum berechenbarer. Und zwar nicht nur in dem Sinn, dass wir mit ihrer Hilfe unbekannte Größen in einem Experiment ermitteln können. Vielmehr sind sie Ausdruck der Verlässlichkeit, die uns das Universum als Lebensraum bietet. Ohne diese Gesetze wäre eine Milliarden Jahre andauernde Evolution, die einigermaßen Sinnvolles hervorbringt, kaum denkbar. Innerhalb dieses Prozesses haben schließlich Lebensformen die Gesetze entdeckt, die ihre Lebensgrundlage bilden. Zumindest sieht es so aus: Zuerst waren die Gesetze da, und dann kamen wir.

Die zweite große Leistung Newtons war die Aufstellung des *Gravitationsgesetzes*, das erst durch Einstein neu formuliert wurde. Mit einer einzigen Gleichung hat Newton die Ursache für so unterschiedliche Bewegungen wie das Fallen eines Apfels und den Umlauf des Mondes um die Erde beschrieben. Ob Newton seinen Geistesblitz wirklich unter einem Apfelbaum hatte, lässt sich heute nicht mehr klären. Entscheidend war jedoch das Zurückführen der Fall- und Planetenbewegung auf eine gemeinsame Ursache, wodurch die Naturbeschreibung stark vereinfacht wurde.

Als Kind dachte ich bestimmt wie viele andere auch, dass uns die Erde auf eine besondere Art und Weise anzieht. Erst spät lernte ich in der Schule eine Begründung für diese Schwerkraft kennen. Nicht die Erde ist etwas Besonderes, sondern *alle Massen ziehen sich an.* Und zwar immer, denn es gibt keine Abstoßung zwischen Massen. Die Massenanziehung oder Gravitation ist hierbei um so stärker je schwerer die beiden Massen sind und je näher sie sich beieinander befinden. Sie ist also proportional zu beiden Massen und umgekehrt proportional zu deren Abstand, genauer zum Quadrat des Abstands. Wird eine der Massen verdoppelt, so verdoppelt sich auch die Kraft. Wird der Abstand um einen Faktor zwei verkleinert, so vergrößert sich die Kraft auf das Vierfache. Wie beim Federgesetz gibt es noch einen freien Parameter, der die eigentliche Stärke der Kraft bestimmt. Im Gegensatz zur Feder ist diese *Gravitationskonstante G* jedoch universell. Sie hat im gesamten Universum überall und zu jeder Zeit denselben Wert.

Die Erde zieht uns also mit derselben Kraft an, mit der auch wir die Erde anziehen. Da aber die Erde viel schwerer ist als wir, können wir diesen Effekt nicht bemerken. Die Massen der Körper sind demnach nicht nur ein Ausdruck für ihre Trägheit, sondern auch für ihre Schwere. Bei der allgemeinen Relativitätstheorie werden später wir auf diese beiden Eigenschaften von Massen zurückkommen.

Mit dem Gravitationsgesetz vollendete Newton die Forschungen von Galileo Galilei und Johannes Kepler (1571–1630). Galilei hatte die Fallgesetze und Kepler die Gesetze der Planetenbewegungen entdeckt. Für beide Vorgänge konnte Newton nun eine einheitliche Erklärung präsentieren. Sowohl Mond und Erde als auch Apfel und Erde ziehen sich gegenseitig an. Wegen seiner kleineren Masse jedoch fällt der Apfel beschleunigt zu Boden. Doch dabei bewegt er sich nicht nur auf die Erde zu, sondern die Erde kommt ihm auch unmerklich ein Stück entgegen.

Auch der Mond fällt streng genommen auf die Erde zu. Er hat bei seiner Entstehungsgeschichte vor mehr als 4 Milliarden Jahren allerdings eine hohe Bahngeschwindigkeit und damit einen hohen Drehimpuls erhalten. Da der Weltraum jedoch so leer ist, dass im Prinzip keine Reibungskraft auf den Mond wirkt, besitzt er diesen Drehimpuls auch heute noch. Er zieht deswegen noch immer seine Bahn um die Erde. Dies ist ganz typisch für Planeten- und Sternensysteme. Ein anfänglicher Drehimpuls kann sich nicht mit der Zeit in Luft auflösen, weshalb diese Systeme meist für alle Zeiten rotieren. Warum ein Drehimpuls jedoch bei der Entstehung eines solchen Systems fast immer vorhanden ist, schauen wir uns später an.

3 Mond und Apfel unterliegen dem gleichen Gravitationsgesetz.

Newton gelang es mit den Bewegungsgesetzen und dem Gravitationsgesetz, einen Großteil seiner damals bekannten Welt zu erklären. Er hatte aber auch, ohne es vielleicht zu beabsichtigen, ein *Weltbild* geprägt. Wendet man die Bewegungsgleichungen der Mechanik auf einen Körper an, so kann man seinen Bewegungszustand, also seinen Ort und seine Geschwindigkeit, für einen beliebigen Zeitpunkt berechnen. Das heißt, dass die Bahn eines Körpers und seine Geschwindigkeit nicht nur für die Zukunft festgelegt sind, sondern dass sie sich auch in die Vergangenheit zurückverfolgen lassen. Und dies mit scheinbar minimalen Voraussetzungen: Man muss lediglich den Ort und die Geschwindigkeit eines Körpers zu einem einzigen Zeitpunkt kennen, die sogenannten Anfangsbedingungen. Als weitere Zutat müssen noch die Kräfte bekannt sein, die auf den Körper einwirken. Nach diesem Rezept können wir beispielsweise berechnen, wo der Mond in 1000 oder vor 1000 Jahren am Himmel stehen wird oder stand.

Die Gleichungen der Mechanik enthalten keinerlei Spielraum für Abweichungen von diesem Verhalten. Sie sperren das Universum in ein Korsett, aus dem es kein Entrinnen gibt. Die Bewegungen aller Körper sind für alle Zeit besiegelt. Würde jemand gar den Bewegungszustand *aller* Körper zu einem bestimmten Zeitpunkt feststellen, so wäre ihm der komplette Ablauf der Welt bekannt. Hier gibt es keinen Platz für Zufälligkeiten oder, wie es oft kritisiert wurde, für einen freien Willen. Die newtonsche Mechanik führte zu dem fatalen Bild von der Welt als Uhrwerk. Gott hat als Schöpfer die Welt wie eine Uhr gebaut und anschließend aufgezogen. Mit dem festgelegten Anfangszustand läuft die Uhr los, und Gott braucht nur zuzuschauen, denn er hatte ja schon alles geplant. So mächtig dieses Modell auch ist, so erdrückend ist es gleichzeitig, und so falsch.

Auch heute noch verdankt die Physik diesem Modell den Ruf, eine Wissenschaft zu sein, die alles berechnen und vorhersagen kann. Und ich denke, dass dieses Weltbild von den Physikern zumindest unterschwellig auch gepflegt wurde, denn es verleiht ihnen die Macht über die Zukunft. Erst in den 1920er Jahren wurde es durch die Quantentheorie entscheidend korrigiert, dafür aber gleich so heftig, dass wir die Nachbeben dieser Revolution auch heute noch spüren. Sie krempelte die Physik in weiten Teilen so stark um, dass wir heute die früheren Theorien als *klassisch* bezeichnen. Der Begriff klassisch bezieht sich dabei auf den Aspekt, dass der Weltenlauf völlig festgelegt ist. Demnach wird auch die newtonsche Mechanik als klassische Theorie bezeichnet.

Das Geschehen in der klassischen Mechanik lässt sich mit einer Aufführung in einem Theater vergleichen. Das Theaterstück liegt fix und fertig vor und der Regisseur duldet keine Abweichungen vom vorgegebenen Ablaufplan. Die Bühne wird gebildet aus Raum und Zeit, die beide von Newton als unveränderlich angenommen wurden. Raum und Zeit bilden den Hintergrund der Inszenierung und können von der Handlung auf keinerlei Weise beeinflusst werden. Da sie einfach nur vorhanden sind, spricht man auch vom *absoluten Raum* und von der *absoluten Zeit*. Egal, welche Akteure sich durch den Raum bewegen, der Raum merkt davon nichts. Und auch die Zeit fließt immer gleichmäßig dahin und nimmt nicht am Geschehen teil.

Auf dieses Bild werde ich jedes Mal zurückkommen, wenn ich das Wesentliche einer Theorie verdeutlichen möchte. Mit seiner Hilfe möchte ich die Unterschiede zwischen den Theorien herausarbeiten, wobei Sie alle diese Abschnitte auch im Anhang finden. Hier noch einmal in Kurzform:

> *Klassische Mechanik:*
> Das Geschehen im Universum ist im Vorhinein in allen Einzelheiten festgelegt. Von diesem Ablauf gibt es keine Abweichungen. Als Hintergrund dient eine unveränderliche Bühne aus Raum und Zeit.

Diese klassischen Vorstellungen prägen ganz stark unser Denken. Schon als Kleinkinder erleben wir geregelte Abläufe, die eine Ordnung in unser Denken bringen. Auch in der Schule und ebenso im Studium kommen wir wieder als Erstes mit den klassischen Gesetzen in Berührung. Sie sind zwar einfach zu verstehen, gelten aber nur näherungsweise. Genau genommen sind sie schlicht und ergreifend falsch. Mühsam und unter Protest müssen wir später unsere Vorstellungen korrigieren, zumindest wenn wir es genauer wissen wollen. Ich hielte es für wünschenswert, wenn wir in unserem Bildungssystem etwas früher gegensteuern würden. Warum können wir unseren Kindern nicht erklären, dass dieses klassische Modell nur die halbe Wahrheit ist? Und warum können wir nicht zumindest umreißen, worin die volle Wahrheit besteht, die wir uns später ausführlich ansehen werden?

Das Weltbild der klassischen Mechanik enthält noch einen weiteren wichtigen psychologischen Aspekt, den man nicht unterschätzen sollte: *die Berechenbarkeit zukünftiger Ereignisse*. Ist sie gegeben, so fühlt man sich zumindest unbewusst mächtig und einflussreich, denn man ist ja in die Geheimnisse der Natur eingeweiht. Falls diese Vorhersagekraft in neueren Weltmodellen nicht mehr vorhanden ist, so kann es leicht passieren, dass man sich instinktiv dagegen zur Wehr setzt.

Aber schon die newtonsche Mechanik hat ihre liebe Not mit der Berechenbarkeit der Zukunft. Zwar ist sie prinzipiell immer gegeben, aber längst nicht bei allen Problemstellungen auch von praktischem Wert. Tatsächlich kann man nur für ganz einfache Konstellationen das Verhalten von mehreren Körpern auch mit einer mathematischen Formel beschreiben. Für die Bewegung des Mondes um die Erde ist dies möglich. Als Lösung für dieses Problem erhält man eine keplersche Ellipsenbahn. Versucht man dieselben Gleichungen aber auf drei gleich schwere Körper anzuwenden, so lässt sich keine allgemeine Lösung mehr aufstellen. Nur mit zusätzlichen Vereinfachungen ist dieses sogenannte Dreikörperproblem über eine Formel lösbar.

Wenn man mit diesen direkten, sogenannten analytischen Mitteln nicht mehr weiterkommt, hilft nur noch der Umweg über numerische Verfahren. Hierbei bildet man die Fragestellung mathematisch in einem Computer ab. Ausgehend von einer festgelegten Anfangskonstellation rechnet man in kleinen Zeitschritten vorwärts. Bei jedem Schritt wendet man die wirkenden Kräfte auf die Körper an und verändert dementsprechend ihre Geschwindigkeiten. Mit diesen Geschwindigkeiten lässt man dann die Körper bis zum nächsten Zeitschritt fliegen. Auf diese Weise simuliert man einen Bewegungsablauf. Sind die Zeitschritte klein genug gewählt, so ergibt sich eine nahezu durchgängige Bewegung, die der Realität sehr nahe kommen sollte. Dabei stößt man allerdings auf das nächste Problem, das sich für die Berechnung etlicher Naturvorgänge als K.-O.-Kriterium herausstellt.

Je nach Problemstellung können sich bereits aus kleinsten Abweichungen von der Ausgangskonstellation der Körper nach einer gewissen Zeit riesige Unterschiede im Verlauf der Bahnen ergeben. Auch die Größe der gewählten Zeitschritte spielt dann für das Ergebnis eine entscheidende Rolle. Ein Vorgang, den wir alle kennen, soll uns dies verdeutlichen: die Ziehung der Lottozahlen. Selbst wenn alle Kugeln immer auf die gleiche Art und Weise losgelassen werden, so wird doch stets ein anderes Ergebnis dabei herauskommen. Die Zusammenstöße der 49 Kugeln ergeben ein so komplexes Spiel, dass uns selbst die Einbeziehung der Schwerkraft *zwischen* den Kugeln bei einer Computersimulation nicht weiterhilft. Nach wenigen Sekunden wird jede Rechnung unweigerlich so weit vom wirklichen Geschehen abweichen, dass nur noch Abwarten und Zuschauen zum korrekten Ziehungsergebnis führen werden. Doch warum ist dies so? Gelten die newtonschen Gleichungen etwa nicht exakt?

Selbst wenn wir dies einmal annehmen, so ist das eigentliche Problem doch ein ganz anderes. Um eine exakte Vorhersage machen zu können, müssen wir dazu auch die Ausgangsbedingungen aller beteiligten Körper mit absoluter Genauigkeit kennen. Dies ist aber in der Praxis nie möglich. Alles, was wir über die Lage und die Geschwindigkeit eines Körpers in Erfahrung bringen können, besitzt eine gewisse Ungenauigkeit. Und diese Ungenauigkeit wirkt sich bei vielen Fragestellungen fatal aus. Egal, wie klein und unbedeutend die Abweichung zwischen der wahren Position eines Körpers und die, mit der wir rechnen, anfangs auch sein möge, sie verstärkt sich im Laufe der Rechnung so weit, dass am Ende ein ganz anderes Ergebnis dabei herauskommt. Die Vorhersagekraft der Gleichungen bricht für manche Probleme zusammen, weil wir die Ausgangsbedingungen niemals genau genug kennen können. Ob dies nur an unserem Wissen liegt oder ob es für Positionen und Geschwindigkeiten eine prinzipielle Genauigkeitsgrenze in der Natur gibt, sehen wir uns im zweiten Teil dieses Buches an.

Obwohl die Gleichungen zwar exakt festlegen, wie sich die Körper bewegen, so nützt uns dies oft nichts, da wir die Ausgangsbedingungen nicht mit absoluter

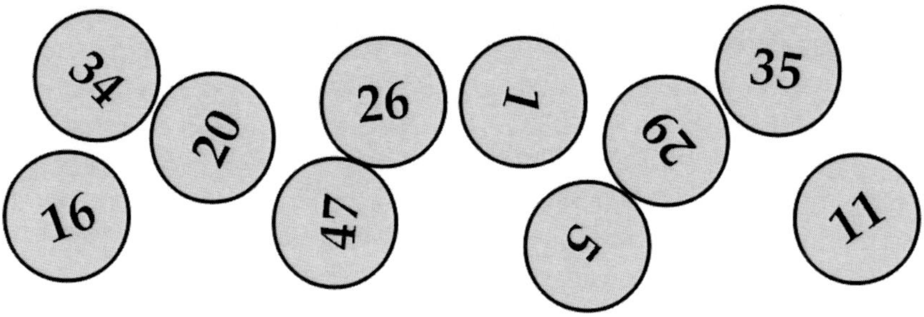

4 Die Ziehung der Lottozahlen lässt sich zwar im Prinzip berechnen, aber die Vorhersagekraft dieser Rechnung ist gleich null.

Genauigkeit kennen. Betrachtet man bei einem Körper zwei mögliche Bahnen, die anfangs unendlich nahe beieinanderliegen, so laufen diese mit der Zeit so weit auseinander, dass wir nichts mehr daraus schließen können. Man kann beispielsweise ein Dreikörperproblem oder die Ziehung der Lottozahlen numerisch simulieren, aber welchen Wert hat diese Rechnung? Dabei ist es völlig egal, ob wir einen Computer mit den Daten füttern oder selbst mit Bleistift und Papier arbeiten. Verlässliche Rechnungen für diese Art von Fragestellungen sind einfach nicht möglich.

Man bezeichnet solch ein Verhalten als festgelegtes oder *deterministisches Chaos.* Dabei bedeutet Chaos aber alles andere als Regellosigkeit, sondern die Unmöglichkeit, den zukünftigen Zustand eines Systems vorherzubestimmen. Deterministisches Chaos tritt in der Natur öfter auf, als uns das meist bewusst ist. Schon ein stark tropfender Wasserhahn kann sich chaotisch verhalten. Jede turbulente Strömung, sei es in einem rauschenden Bach oder bei der Bildung einer Gewitterwolke, ist ebenfalls chaotisch.

Meines Erachtens weist uns das deterministische Chaos auf ein tiefes Geheimnis unserer Welt hin. Wir können die Welt zwar verstehen und begreifen, in dem wir ihre Gesetzmäßigkeiten aufdecken, aber das heißt noch lange nicht, dass sie deshalb auch berechenbar ist. Ich gehe aber noch weiter und halte sie prinzipiell für unberechenbar. Zwischen dem Verständnis und der Berechenbarkeit des Universums liegen buchstäblich Welten. Oder anders ausgedrückt: Die Natur lässt sich bei künftigen Ereignissen nicht in die Karten sehen. Wir können sie verstehen und beobachten, aber nicht vorhersagen. Später wird uns die Quantentheorie noch viel deutlicher diese Grenzen aufzeigen.

Ein meiner Freunde hat einmal halb im Scherz gefragt, was uns ein Naturgesetz eigentlich nützt, wenn wir damit nichts berechnen können. Macht dieses Gesetz dann überhaupt Sinn? Ich habe wohl geantwortet, dass ein Naturgesetz ja nicht unbedingt darin begründet sein muss, dass wir damit etwas berechnen können. Es regelt einen Ablauf in der Natur, und darauf kommt es an. Ob dies immer zu einer mathematisch einfachen Lösung führt, die auch sicher die Zukunft beschreibt, ist völlig zweitrangig. Wir können demnach die Natur verstehen und begreifen, aber bei vielen Fragestellungen entzieht sie sich unseren Bemühungen, sie zu berechnen. Und dies liegt nicht etwa an unseren begrenzten mathematischen Techniken, sondern an den Naturvorgängen selbst. Auch wenn es uns nicht leicht fällt, so sollten wir uns damit abfinden, dass wir nicht alles vorausberechnen können. Was sollte uns denn wichtiger sein: *Verständnis oder Vorhersagekraft?*

Obwohl wir die Lottozahlen nicht im Voraus berechnen können, so würde doch niemand behaupten, dass wir die Ziehung der Lottozahlen nicht verstanden hätten. Alle beteiligten Körper und alle Kräfte, die zwischen ihnen wirken, sind uns bekannt. Aber erst die praktische Unmöglichkeit der Vorhersage stellt die Chancengleichheit aller Spieler sicher.

Trotz dieser Einschränkungen halte ich Simulationsrechnungen für ausgesprochen wichtig. Beim Wetter und Klima sind sie unabdingbar, und ich habe großen Respekt vor denjenigen, die sie durchführen. Natürlich kosten die dafür notwendigen Supercomputer eine Menge Geld, doch werden die physikalischen Modelle fortwährend verfeinert und damit die Vorhersagekraft gesteigert. Ungeachtet dessen haben aber viele Modelle unüberwindbare Grenzen. Obwohl wir beispielsweise bei der Wettervorhersage in den letzten Jahrzehnten immense Fortschritte gemacht haben, wird kein Meteorologe jemals vorhersagen können, ob es in einem Monat an einem bestimmten Ort regnet oder nicht. Eine solche Prognose lässt das Wetter nicht zu, weil das Wetter ein chaotisches Geschehen ist und weil der Zeitraum dafür einfach zu lang ist.

5 Elektrizität und Magnetismus

Nach der Gravitation begegnen wir nun der nächsten fundamentalen Kraft im Universum. Sie wird nicht durch die Masse eines Körpers verursacht, sondern durch seine elektrische Ladung beziehungsweise durch ein Magnetfeld. Sie besitzt deswegen einen elektrischen und einen magnetischen Anteil. Wir betrachten diese Kraft zunächst rein klassisch, das heißt in einem vollkommen vorherbestimmten Rahmen. Wenn wir später in atomare Größenordnungen vordringen, müssen wir sie allerdings quantentheoretisch beschreiben. Nur so können wir die Atome und deren Bestandteile angemessen verstehen.

Was eine Kraft wirklich ist, können wir niemals sagen. Wenn eine Masse beschleunigt wird, so muss dafür eine Kraft verantwortlich sein. Wir können dabei aber lediglich die Auswirkungen der Kraft feststellen. Ihre Ursache bezeichnen wir bei der Schwerkraft ebenfalls als Masse und bei der elektrischen Kraft als elektrische Ladung. Genauer begründen, was eine Masse oder eine elektrische Ladung ist, können wir allerdings nicht. Mittels der Kräfte sehen wir nur, was sie bewirken, aber nicht was sie sind. Wenn Sie nun denken, Sie wüssten doch, was eine Masse ist, so haben Sie vollkommen recht, wenn Sie an deren Eigenschaften wie Trägheit und Schwere denken. Was Sie aber damit meinen, ist die Tatsache, dass Ihnen bekannt ist, wie sich eine Masse *verhält*. Was sie aber *an sich ist*, ist meines Erachtens eine nicht beantwortbare Frage. Masse ist genau wie die elektrische Ladung die *Eigenschaft* eines Objekts. Ob diese Eigenschaft jedoch einen tieferen Ursprung hat, ist bei der Masse, wie wir noch sehen werden, ein aktueller Forschungsschwerpunkt.

Der *elektromagnetischen Kraft* habe ich bisher absichtlich noch keinen Namen gegeben, denn leider geschieht dies auch in der Literatur etwas uneinheitlich. Oft wird ihr elektrischer Anteil als Coulombkraft bezeichnet und ihr magnetischer als Lorentzkraft. Manchmal wird letzter Name aber auch für beide Anteile verwendet.[1] Um Sie nicht weiter zu verwirren, werde ich es bei elektromagnetischer Kraft belassen und zunächst beide Anteile getrennt betrachten.

Elektrizität kennen wir vor allem als Strom aus der Steckdose. Er wird in Kraftwerken erzeugt und versorgt uns mit Energie. Mit seiner Hilfe drehen sich Motoren oder wird Wärme erzeugt, wie beispielsweise in einem Wasserkocher. Elektrischer Strom macht unsere Nacht zum Tag, und das gerade einmal seit den 1880er Jahren.

1 Gerthsen (2006) und Wikipedia ›Lorentzkraft‹

Durch ihn erzeugen wir Licht zum Lesen, Fernsehen und Autofahren. In Lausprechern wandeln wir ihn in Schallwellen um, sodass wir jederzeit Musik genießen können. Und ohne elektrischen Strom könnte ich dieses Buch auch nicht auf einem Computer schreiben.

Gehen wir aber hinaus in die Natur, so ist von Elektrizität nichts mehr zu bemerken. Sie scheint außerhalb unserer technisierten Welt gar nicht zu existieren. Nur wenn wir uns einen Pullover über den Kopf streifen, so hören wir es gelegentlich knistern. Durch die Reibung wird er elektrisch aufgeladen, und wir bekommen eventuell einen leichten Schlag. Dasselbe geschieht auch in Gewitterwolken, dort allerdings durch die Bewegung der gefrorenen Wassertropfen und wesentlich heftiger.

Elektrische Ladungen sind überall in der Materie vorhanden, heben sich normalerweise aber perfekt gegeneinander auf. Sie kommen in zwei verschiedenen Ausführungen vor, positiv und negativ. Zwei gleiche Ladungen stoßen sich ab, und zwei verschiedenartige ziehen sich an. Dabei hat das Kraftgesetz, das dies beschreibt, genau dieselbe Form wie das Gravitationsgesetz. Die *elektrische Kraft* ist proportional zur Größe der beiden Ladungen und umgekehrt proportional zum Quadrat ihres Abstands. Lediglich die Größe der beiden Kräfte könnte unterschiedlicher kaum sein. Im atomaren Bereich ist die elektrische Kraft zwischen zwei Teilchen um fast 40 Größenordnungen stärker als die Schwerkraft, und das bei gleichem Abstand. Zur Erinnerung: Dies ist eine Zahl mit 40 Nullen.

Elektrische Ladungen entstehen also nicht erst bei einem Gewitter, sondern werden währenddessen nur räumlich voneinander getrennt. Die Gewitterwolke lädt sich allmählich gegenüber dem Erdboden auf, weil die dazwischen liegende Luft wie ein Isolator das Fließen eines Stroms verhindert. Die elektrische Spannung zwischen Wolke und Boden wird schließlich so groß, dass der Widerstand überwunden werden kann und sich die Luft bei dem plötzlich einsetzenden Stromfluss explosionsartig erhitzt. Es blitz, donnert, und in gerade einmal 0,05 Sekunden hat sich das Ladungsungleichgewicht weitgehend aufgehoben. Dies geht allerdings so vehement vonstatten, dass durch zwölf durchschnittliche Blitze der Jahresstromverbrauch eines Einfamilienhauses fließt.

Elektrischer Strom ist also nichts anderes als das Fließen von elektrischen Ladungen. Und weil dies fast immer gut funktioniert, finden wir in der Natur normalerweise keine elektrisch geladenen Objekte. Aber es gibt noch einen ganz naheliegenden Bereich, in dem elektrischer Strom eine entscheidende Rolle spielt. Um dies zu erkennen, müssen wir uns nur selbst anschauen. Dabei nehmen wir mit unseren Augen das Licht wahr, das von unserer Haut reflektiert wird. Unsere Sinneszellen in der Netzhaut wandeln es in Nervenimpulse um, die in unserem Gehirn dann einen Seheindruck hervorrufen. Diese Nervenimpulse sind nichts anderes als elektrische Ströme. Die Länge der Stromstöße beträgt allerdings nur

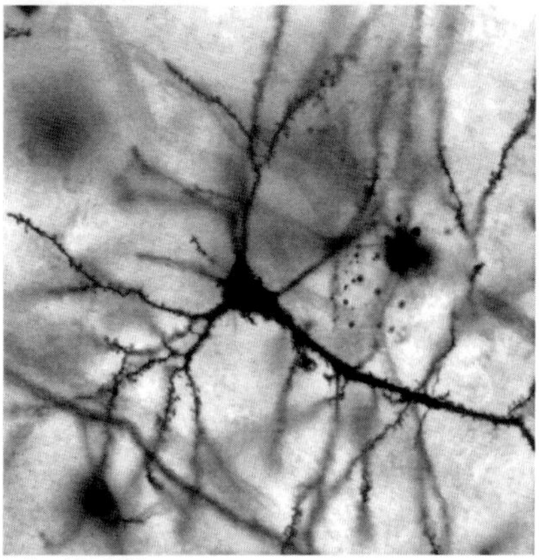

5 In Blitzen und Nervenzellen fließt elektrischer Strom.

zwei tausendstel Sekunden, und ihre Spannung ist 2000-mal schwächer als in unserem Stromnetz.

Trotzdem arbeitet die Steuerung unseres Körpers in weiten Teilen mit elektrischem Strom. Alle Mitteilungen unserer Sinnesorgane und alle Muskelbefehle werden über kleine Stromstöße abgewickelt. In unserem Gehirn befinden sich etwa 100 Milliarden Nervenzellen, die vielfach miteinander vernetzt sind. Ihr ständiges Feuern von elektrischen Signalen bildet die Grundlage unseres Bewusstseins. Das Leben nutzt also zumindest im Tierreich die Elektrizität ausgiebig zur Informationsverarbeitung.

Mit dem *Magnetismus* kommen wir im Zeitalter von Satellitennavigationsgeräten kaum noch bewusst in Berührung. Früher jedoch war ein Kompass als Richtungsanzeiger in der Seefahrt oder bei der Orientierung im unwegsamen Gelände geradezu lebenswichtig. Seine Nadel ist ein kleiner Magnet, der bestrebt ist, sich parallel zum Verlauf des Erdmagnetfelds auszurichten. Deshalb pendelt die Nadel so lange hin und her, bis sie in Richtung des magnetischen Nordpols der Erde zeigt.

Im vorigen Absatz habe ich zum ersten Mal den physikalischen Begriff *Feld* verwendet. Man benutzt ihn immer dann, wenn man die räumliche Verteilung einer Größe charakterisieren möchte. Ein Magnetfeld kennzeichnet somit nichts anderes als diejenige Kraft, die an einem bestimmten Punkt auf einen Körper wirkt, zum Beispiel auf eine Kompassnadel. Auch bei elektrischen Ladungen gebraucht man fast immer das anschauliche Bild eines Feldes, welches sie umgibt. Dieses elektrische Feld vermittelt die Abstoßung beziehungsweise Anziehung zwischen gleichen oder unterschiedlichen Ladungen. Den Feldbegriff verwendet man ebenfalls bei der Gravitationskraft und spricht beispielsweise vom Schwerefeld der Erde. Alle diese Kraftfelder sind nichts anderes als ein räumliches Bild für die Kräfte, die zwischen

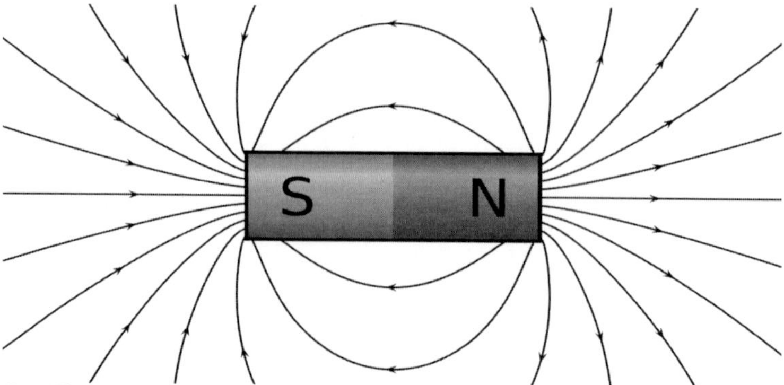

6 Ein Magnet ist von einem magnetischen Feld umgeben. Je dichter die Feldlinien verlaufen, desto stärker ist das Feld.

Körpern wirken. Die Richtung eines Feldes wird oft mit Feldlinien dargestellt, die man um so dichter zeichnet, je größer die Kraftwirkung des Feldes ist.

Magnetische Pole treten immer nur paarweise auf. Einen einzelnen Nord- oder Südpol hat man dagegen noch nie gefunden. Wie die Erde besitzt demzufolge auch eine Magnetnadel zwei magnetische Pole. Analog zu elektrischen Ladungen ziehen sich auch verschiedenartige Magnetpole gegenseitig an. Diese Kraft ist nun allerdings gerade *nicht* der magnetische Anteil der elektromagnetischen Kraft. Da es im Gegensatz zu elektrischen Ladungen keine magnetischen Ladungen oder isolierte Magnetpole gibt, kann man diesen Vorgang nicht mittels eines Kraftgesetzes beschreiben. Die Erklärung der Kraft zwischen Magnetpolen würde den Rahmen dieses Buches sprengen, denn sie lässt sich erst quantentheoretisch durch das Zusammenspiel sehr vieler Teilchen verstehen.

In unserer Alltagswelt kommen Magnete meist versteckt vor. Man findet sie auf Metalltafeln zum Festhalten von Notizen, in magnetischen Verschlüssen von Handtaschen und in Lautsprechern. Im Gegensatz zu den natürlichen Dauermagneten, die quasi ein eingefrorenes Magnetfeld enthalten, gibt es aber auch Elektromagnete, die mit elektrischem Strom betrieben werden. Sie kommen unter anderem ebenfalls in Lautsprechern und in der Zentralverriegelung von Autos zum Einsatz. Die Elektromagnete geben uns einen deutlichen Hinweis, dass elektrische Ströme und Magnetfelder zusammengehören.

Tatsächlich erzeugt ein elektrischer Strom, also bewegte elektrische Ladungen, auch immer ein Magnetfeld, das den Strom gleichsam umschließt. Aber es gibt auch den umgekehrten Vorgang: Nicht nur ein Strom kann ein Magnetfeld erzeugen, sondern auch ein Magnetfeld kann einen Strom hervorrufen, also eine Beschleunigung von elektrischen Ladungen. Auf diesen beiden Effekten beruht unsere gesamte Elektrotechnik. Ohne sie gäbe es keine Generatoren und Transformatoren und somit auch keinen Strom aus der Steckdose.

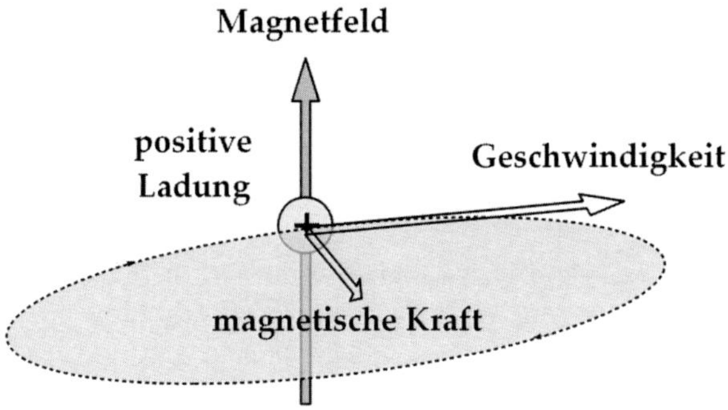

7 Eine waagerecht fliegende elektrische Ladung wird von einem senkrechten Magnetfeld zur Seite hin abgelenkt. Bei einem einheitlichen Magnetfeld ergibt sich eine Kreisbahn.

Betrachtet man das Zusammenspiel zwischen Elektrizität und Magnetismus genauer, so zeigt sich auch die gesuchte *magnetische Kraft*. Ein Magnetfeld kann eine Beschleunigung also eine Kraftwirkung auf eine elektrische Ladung ausüben. Dabei muss sich jedoch die Ladung gegenüber dem Magnetfeld bewegen. Eine ruhende Ladung erfährt also keine Kraft. Diese Kraft wirkt nun nicht in Richtung des Magnetfelds oder in Richtung der sich bewegenden Ladung, sondern *senkrecht* zu beiden. Mit der obigen Skizze möchte ich Ihnen dies verdeutlichen (Abbildung 7).

Nehmen wir ein einheitliches senkrechtes Magnetfeld und einen waagerecht fliegenden elektrisch geladenen Körper. Nun wirkt die magnetische Kraft so, dass der Körper zur Seite hin abgelenkt wird. Ist der räumliche Bereich des Magnetfelds groß genug, so wird der Körper dauernd zur Seite gelenkt, was schließlich zu einer Kreisbahn führt. Mit genau dieser Kraft werden die Teilchen in einem ringförmigen Teilchenbeschleuniger auf Kurs gehalten, was wir uns genauer in Kapitel 13 ansehen werden.

Die systematische Untersuchung von Elektrizität und Magnetismus begann etwa im 17. Jahrhundert und erreichte 1864 ihren Höhepunkt. In diesem Jahr gelang es James Clerk Maxwell (1831–1879) alle elektrischen und magnetischen Effekte mit nur vier Gleichungen und einem Kraftgesetz zu beschreiben. Seine maxwellschen Gleichungen und die elektromagnetische Kraft bilden die Grundlagen der sogenannten Elektrodynamik.

Maxwell leitete aus seinen Gleichungen auch ein neues Phänomen ab. Elektrische und magnetische Felder sollten sich gemeinsam wellenartig durch den Raum ausbreiten können. Zu seiner Verblüffung entsprach die Vorhersage für die Geschwindigkeit dieser Wellen ziemlich genau dem damaligen Wert der Lichtgeschwindigkeit. Maxwell zog daraus die richtige Schlussfolgerung und behauptete, dass Licht nichts anderes sei als eine elektromagnetische Welle.

6 Licht

Licht ist unsere wichtigste Energie- und Informationsquelle. Wenn wir es nicht gerade selbst erzeugen, so stammt das Licht um uns herum fast ausschließlich von der Sonne. Der Rest wird durch Feuer, Vulkanismus und Blitze erzeugt. Aber auch im Tierreich und bei manchen Pilzen sind Leuchterscheinungen zu finden. Glühwürmchen, Tiefseefische oder Quallen halten sich Leuchtbakterien, deren Licht sie für die Kommunikation mit Artgenossen oder zum Anlocken von Beute nutzen. Erst in der Nacht bemerken unsere Augen schließlich, dass das Universum vollständig von Licht erfüllt ist.

Die Sonne ist für die Erde sozusagen der Generalunternehmer in Sachen Energieversorgung. Wir werden von ihrem Licht buchstäblich am Leben gehalten. Würden wir die Sonne in Gedanken einmal völlig abschalten, wäre es auf der Erde nicht nur ziemlich dunkel, sondern in Kürze auch bitterkalt. Wenn wir von der Wärme im Erdinneren absehen, ergäbe sich eine Temperatur von minus 270 Grad Celsius. Das sind gerade einmal drei Grad über dem absoluten Nullpunkt der Temperaturskala. Und dies entspricht der durchschnittlichen Temperatur unseres Universums.

Für irgendeine Form von Leben wären diese Verhältnisse auf keinen Fall ausreichend. Nicht nur die Erdoberfläche und die Ozeane wären komplett durchgefroren, auch die Luft wäre zu Eis geworden. Über dem gefrorenen Sauerstoff und Stickstoff befände sich direkt das Vakuum des Weltalls. Allerdings wird in ein paar Milliarden Jahren nicht dieses Szenario Realität werden, sondern das genaue Gegenteil: Die Sonne wird sich am Ende ihres Sternendaseins so weit aufblähen, dass es auf der Erde unerträglich heiß wird und schließlich unsere Ozeane verdampfen.

Das Energieangebot der Sonne übersteigt unseren eigenen Bedarf um das Mehrtausendfache. Sie stellt über die Fotosynthese die Nährstoffproduktion der Pflanzen sicher. Von der kleinsten Alge bis zu den höchsten Bäumen beliefern Pflanzen wiederum nahezu das gesamte Tierreich mit Nahrung und Sauerstoff. Ohne Licht gäbe es daher für uns weder etwas zu essen noch zu atmen. Die einzigen Lebewesen, die nicht von der Sonne abhängen, sind Bakterienarten, die ihren Energiebedarf auf chemischem Wege decken. Sie leben zum Beispiel an heißen Quellen in der Tiefsee oder in hermetisch abgeschlossenen Höhlen. An diesen Orten haben sich im Lauf der Jahrmillionen einzigartige Lebensgemeinschaften herausgebildet.

Aber nicht nur das Leben, sondern auch die globalen Energieströme an der Erdoberfläche werden vom Sonnenlicht angetrieben. Durch den unterschiedlichen Winkel, mit dem es auf die Erde trifft, erhalten die Äquatorregionen wesentlich mehr Energie als die polaren Bereiche. Dieses ständige Ungleichgewicht ist der Motor für das Wetter und die Meeresströmungen. Ein Temperaturausgleich kann aber wegen der Rotation der Erde nicht einfach auf einem geraden Weg erfolgen. Der Drehimpuls der Luft- und Wassermassen ist am Äquator maximal und an den Polen gar nicht vorhanden. Wegen der Drehimpulserhaltung kann somit warme Luft aus den Tropen nicht direkt zu den Polen strömen.

Daher bilden sich drehende Luftmassensysteme heraus, die wir als Hoch- und Tiefdruckgebiete kennen. Diese sind wiederum nicht gleichmäßig verteilt, da sich Land und Wasser unterschiedlich leicht erwärmen. Insgesamt bildet sich ein chaotisches Wettergeschehen heraus, das sich langfristigen Vorhersagen entzieht. Mittelt man aber die täglichen Variationen über einen längeren Zeitraum, so betrachtet man nicht mehr das Wetter, sondern das Klima. Dessen Verlauf lässt sich auch langfristig wieder mit Modellen beschreiben. Die wichtigsten Wärmetransportsysteme für das Klima sind jedoch nicht die Luft-, sondern die Meeresströmungen, denn Wasser kann pro Kubikmeter etwa 4000-mal mehr Wärme aufnehmen als Luft.

Licht versorgt das Leben aber auch mit einer Unmenge an Informationen. Eine schnelle und sichere Fortbewegung hängt im Tierreich weitgehend vom Sehen ab. Erst der direkte Blickkontakt auf Hindernisse, Artgenossen, Beute und Fressfeinde ermöglicht das Reagieren, Planen und Kommunizieren über größere Distanzen. Wir sind optische Wesen, die mit den Augen mehr Sinnesreize aufnehmen und verarbeiten als mit allen anderen Sinnesorganen zusammen. Egal ob beim Lesen, Autofahren oder am Computer, immer ermöglicht Licht die schnelle Erfassung einer beträchtlichen Datenmenge. Dabei sind unsere Augen nur in einem relativ kleinen Wellenlängenbereich für Licht empfindlich. Sie registrieren nur dasjenige Licht, das wir als *sichtbares Licht* bezeichnen. Alle anderen Arten von Licht können wir nicht sehen, und dies sind eine ganze Menge.

Sichtbares Licht umfasst in etwa die Farben eines Regenbogens. Es erstreckt sich über Violett, Blau, Grün, Gelb und Orange bis hin zum Rot. Dabei entspricht jeweils eine Farbe einer ganz bestimmten Wellenlänge des Lichts. Ähnlich wie bei Wasserwellen ist auch bei Licht die Wellenlänge gerade der Abstand zwischen zwei Wellenbergen. Nur werden die Berge und Täler dieser Welle von elektrischen und magnetischen Feldern gebildet. Doch möchte ich diesen Vergleich nicht überstrapazieren, denn schon bei der Wellenhöhe werden wir Probleme bekommen.

Licht einer bestimmten Wellenlänge ruft in den farbempfindlichen Sehzellen unserer Augen immer die gleiche Reaktion hervor. Drei Arten dieser Zellen sind jeweils für unterschiedliche Wellenlängenbereiche zuständig. Die eigentliche Farbinformation entsteht jedoch erst im Gehirn durch die nachgelagerte Signalverarbeitung aller Nervenreize. Schauen wir beispielsweise eine rote Rose an, so entsteht ein für Rot typisches Reizmuster. Ob wir dabei aber alle denselben Farbeindruck haben, weiß niemand. Wie soll ich wissen, ob Ihr Rot genauso aussieht wie meines oder völlig anders?

Sichtbares Licht belegt Wellenlängen zwischen 380 und 780 milliardstel Meter oder kurz Nanometer. Dieser Bereich ist aber lediglich durch unser Sehvermögen begrenzt. Verlassen wir ihn in Richtung Rot zu noch größeren Wellenlängen, so gelangen wir ins Infrarot. Wir befinden uns nun im Abschnitt der Wärmestrahlung, die jeder Körper gemäß seiner Temperatur abstrahlt. Lassen wir die Wellenlänge noch weiter anwachsen, so erreichen wir nach den Mikrowellen, dem Bereich für Mobilfunk und Radar schließlich die Radiowellen, deren Wellenlängen bis zu Kilometern erreichen können.

Bewegen wir uns in entgegengesetzter Richtung über das Violett zu kürzeren Wellenlängen hinaus, so kommen wir zur ultravioletten Strahlung, kurz UV-Strahlung. Erweitern wir den Bereich erneut, so erreichen wir über die Röntgenstrahlung und Gammastrahlung am Ende den Bereich der kosmischen Gammastrahlung, die in den Tiefen des Universums erzeugt wird. Ihre kürzesten Wellenlängen liegen mit 10^{-15} Metern in derselben Größenordnung wie ein Atomkern.

Für alle diese Bereiche besteht außer der Wellenlänge keinerlei Unterschied zum sichtbaren Licht. Deshalb spricht man auch ganz allgemein von elektromagnetischer Strahlung. Auf der langwelligen und auf der kurzwelligen Seite sind bislang keine Einschränkungen der Wellenlänge bekannt, sodass es auch Licht jenseits der erforschten 20 Größenordnungen geben sollte.

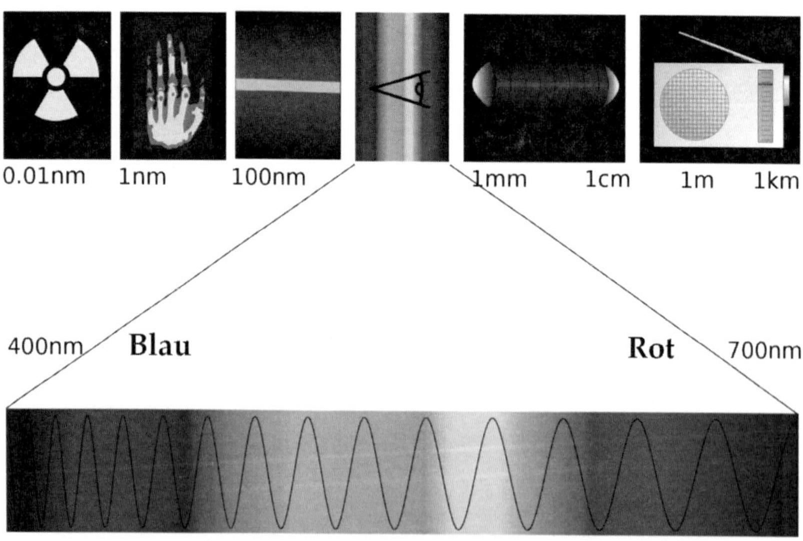

8 Das Spektrum von Licht reicht von der Gamma- und Röntgenstrahlung, über das Ultraviolett, das sichtbare Licht und das Infrarot bis hin zur Radiostrahlung.

Licht bewegt sich immer mit einer endlichen Geschwindigkeit, der Lichtgeschwindigkeit. Das klingt zunächst einmal ziemlich banal, denn Schall bewegt sich ja auch immer mit Schallgeschwindigkeit. Vielmehr ist jedoch damit gemeint, dass sich zumindest im luftleeren Raum alle Lichtarten immer mit genau der gleichen Geschwindigkeit fortbewegen. Es gibt keine Abhängigkeit der Lichtgeschwindigkeit von der Wellenlänge und egal, welche Messung wir auch durchführen, wir erhalten immer denselben Wert für die Lichtgeschwindigkeit. Auch das klingt noch nicht besonders aufregend, wird uns aber trotzdem überraschende Konsequenzen bescheren, wenn wir später die spezielle Relativitätstheorie betrachten.

Die Lichtgeschwindigkeit ist für unsere Alltagsbegriffe mit fast genau 300 000 Kilometern pro Sekunde sehr schnell. Trotzdem bewirkt sie, dass wir alles niemals so sehen, wie es genau jetzt ist, sondern immer nur so, wie es einmal war. Normalerweise bemerkt man diese Zeitdifferenz überhaupt nicht. Doch telefonieren wir zum Beispiel über eine Satellitenverbindung mit einem anderen Kontinent, so ist der Weg dorthin schon etwa 80 000 km lang, also eine Viertelsekunde mit Lichtgeschwindigkeit. Wir registrieren dies an den verzögerten Reaktionen unseres Gesprächspartners und wegen unseres Echos auf der Leitung. Der Mond hingegen ist mit seinen 380 000 km schon ganze 1,3 Lichtsekunden von uns entfernt. Und wenn wir die Sonne anschauen, so sehen wir sie dort, wo sie vor 8 Minuten geschienen hat. Ihr Licht hat in dieser Zeit 150 Millionen Kilometer zu uns zurückgelegt.

Wir haben *keine* Möglichkeit diese Zeitschluchten zu überbrücken oder zu verkürzen. Niemand auf der Erde weiß, wie sich die Sonne genau jetzt verhält. Wir erfahren es immer erst im Nachhinein. Demzufolge ist ein Blick in die weite Ferne des Weltalls auch immer ein Blick in die Vergangenheit, der sogar viele Milliarden Jahre zurückreichen kann. In der Astronomie und auch beim Verständnis der Relativitätstheorie wird dies noch sehr wichtig sein.

In einem Medium wie Glas oder Wasser ist Licht langsamer unterwegs als im Vakuum. Auch ist hier die Geschwindigkeit nicht mehr für alle Wellenlängen genau gleich. Dieser Effekt ist die Ursache für die Aufspaltung des Sonnenlichts in seine unterschiedlichen Farbanteile. Dies geschieht beispielsweise beim Durchlaufen eines Glasprismas oder in den Wassertröpfchen eines Regenbogens. Die unterschiedlichen Laufzeiten der verschiedenen Wellenlängen, also Farben, führen zu einem jeweils anderen Brechungswinkel, da Licht stets den Weg der kürzesten Laufzeit einschlägt. Deshalb liegen die Farben des Regenbogens, des sogenannten Spektrums, nun nicht mehr übereinander, sondern nebeneinander.

Bisher bin ich die ganze Zeit stillschweigend davon ausgegangen, das Licht eine Wellenerscheinung ist. Tatsächlich gibt es sehr viele optische Versuche, die dies nahelegen. Beugungseffekte an Linsen, Kanten oder Spalten lassen sich nur mit dem Vorhandensein einer Lichtwelle erklären. Ein klassischer Versuch dazu ist das

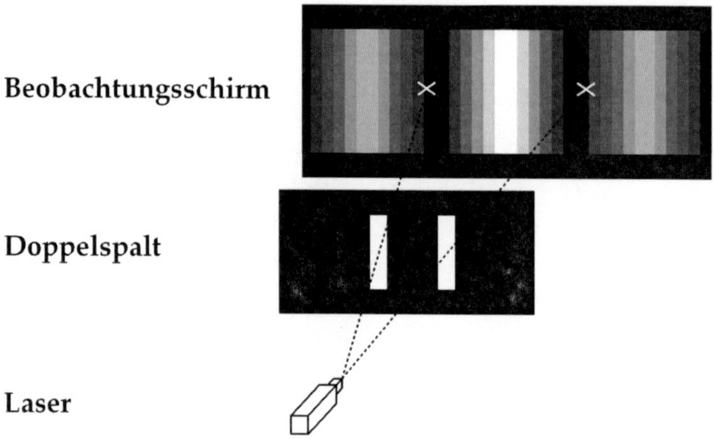

9 Beim Doppelspaltexperiment mit Licht entsteht ein Überlagerungs- oder Interferenzmuster. Die Kreuze markieren den direkten Lichtweg durch die Spalte.

Doppelspaltexperiment von Thomas Young (1773–1829), das wir später im Rahmen der Quantentheorie ausgiebig unter die Lupe nehmen werden.

Eine Lichtquelle beleuchtet zwei nebeneinanderliegende schlitzförmige Öffnungen in einer undurchsichtigen Wand. Dahinter befindet sich in einigem Abstand ein Beobachtungsschirm, der das Licht auffängt, das die Spalte passiert. Auf dem Schirm zeigt sich ein charakteristisches Überlagerungsmuster, wie man es auch von Wasserwellen her kennt. Tatsächlich könnten wir auch denselben Versuch in einer Badewanne durchführen, wobei wir allerdings die Lichtquelle durch einen Finger ersetzen müssten, der gleichmäßig auf das Wasser tippt. Die so entstehenden Wellen laufen dann durch zwei Schlitze und bilden auf der nächsten Wand dasselbe Überlagerungs- oder Interferenzmuster. Überall wo sich jeweils Wellenberge und Wellentäler von beiden Spalten treffen, wird die resultierende Welle verstärkt. Dort jedoch, wo sich ein Berg mit einem Tal vom anderen Spalt trifft, wird die Welle ausgelöscht. Dasselbe Interferenzmuster sieht man auf dem Beobachtungsschirm hinter dem Doppelspalt. Dort, wo das Licht auf direktem Weg durch die Spalte läuft und auf den Schirm trifft, ist wegen der Auslöschung sogar fast keine Helligkeit vorhanden.

Licht verhält sich in diesem Versuch also genau so, als wenn es eine Welle *wäre*. Diese Ansicht war allerdings historisch gesehen weder die Erste noch die Letzte. Zuvor hatte unter anderem Newton die Meinung vertreten, dass Licht aus kleinen Teilchen bestünde. Mit Young schlug das Pendel dann in die Richtung einer Wellenvorstellung aus, um 1905 mit Albert Einstein (1879–1955) zu einem Teilchenbild zurückzukehren.

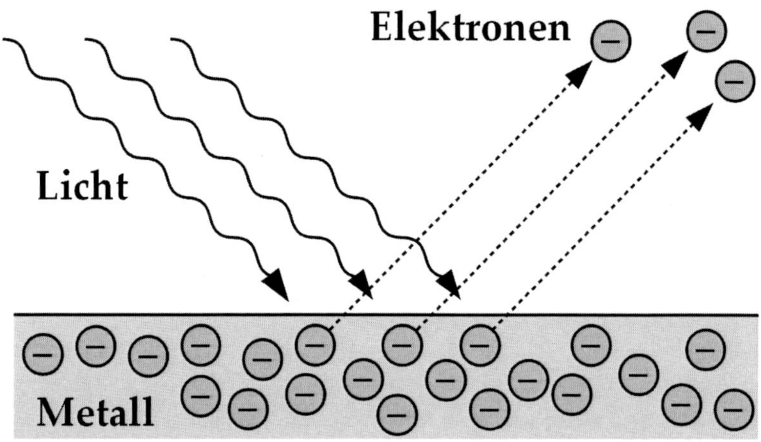

10 Beim Photoeffekt werden Elektronen von Licht aus einer Metalloberfläche herausgeschlagen

Einstein konnte als Erster ein Phänomen erklären, mit dem wir heute Solarzellen und elektronische Kameras betreiben, den sogenannten *Photoeffekt*. In dem ursprünglichen Versuch wurden aus verschiedenen Metallen mittels Licht jeweils Elektronen herausgeschlagen und deren Energie gemessen. Ohne in die Details zu gehen, muss dabei je nach Metall eine charakteristische Mindestenergie vorhanden sein. Falls das Licht diese Energie nicht liefern kann, so passiert einfach gar nichts und die negativ geladenen Elektronen verbleiben im Metall.

Einstein erkannte, dass man hier mit einer Wellenvorstellung nicht weiter kommt. Denn nach dieser sollte die Lichtenergie von der Wellenhöhe oder gleichbedeutend von der Helligkeit abhängen. Helleres Licht wäre demnach auch energiereicher. Dies stimmt zwar für die mittlere Lichtenergie, die auf eine Fläche trifft, doch für den Einzelprozess des Herausschlagens eines Elektrons trifft dies nicht zu. Auch ganz schwaches Licht kann Elektronen herauslösen, vorausgesetzt es hat die richtige Farbe oder Wellenlänge. Dort, wo nach der Wellentheorie eigentlich nichts passieren sollte, weil nicht genügend Energie vorhanden wäre, ließen sich freie Elektronen sehr wohl nachweisen. Also ist nicht die Helligkeit des Lichts, sondern seine Wellenlänge entscheidend für das Herausschlagen der Elektronen.

Nur lokalisierte Lichtteilchen, die sogenannten Photonen, sind in der Lage, die Lichtenergie sozusagen auf einen Punkt zu konzentrieren. Für diese Lichtquantenhypothese erhielt Einstein schließlich 1922 seinen Nobelpreis. Photonen und keine Lichtwellen schlagen Elektronen aus einer Metalloberfläche. Ihre Energie ist um so höher je kürzer die Wellenlänge des betreffenden Lichts ist. Dies sieht man am besten bei der kurzwelligen Röntgenstrahlung, die eine große Energie und damit ein hohes Durchdringungsvermögen für eine Körperaufnahme mitbringt. Die

Photonen der langwelligen Radiostrahlung sind dagegen energiearm. Neben dem Zusammenhang zwischen der Energie von Photonen und ihrer Wellenlänge gibt es auch die direkte Beziehung zwischen der Energie und ihrer Schwingungsfrequenz, die oft statt der Wellenlänge angegeben wird. Je öfter das Licht im Sinne einer Welle pro Sekunde schwingt, desto höher ist die Energie eines seiner Photonen.

Heute steht das Pendel genau zwischen dem Bild eines Teilchens und einer Welle. Umfassend beschreiben können wir Licht aber erst, wenn wir die Quantentheorie genauer betrachtet haben. Licht *ist* nicht einfach nur eine Welle, so wie wir es von einer Wasserwelle her kennen. Ebenso *ist* es aber auch kein Teilchen im Sinne einer kleinen umherfliegenden Kugel. Seine Natur ist komplexer und trägt beide Aspekte in sich. Diese Besonderheit trifft jedoch nicht nur auf Licht, sondern wie wir noch sehen werden, auf die gesamte Materie. Wie wir uns dies trotzdem anschaulich vorstellen können, möchte ich Ihnen im zweiten Teil meines Buches vermitteln.

7 Wärme, Energie und Entropie

Beim Thema Temperatur oder Wärme denken die meisten von uns zuerst an das eigene Wohlbefinden oder das Wetter. Ganz entscheidend jedoch sind diese beiden Größen, wenn wir später das Werden und Vergehen von Sternen oder aber das ganz frühe Universum betrachten. Deshalb müssen wir den physikalischen Ursachen für Temperatur und Wärme auf den Grund gehen. Um es für den Anfang kurz zu machen: Beide lassen sich auf Bewegung zurückführen, und zwar auf ungerichtete, also ungeordnete Bewegung von Materieteilchen. Damit wir uns dies auch veranschaulichen können, benötigen wir nun zum ersten Mal den Begriff eines Atoms.

Das Wort Atom stammt aus dem Griechischen und bedeutet so viel wie ›das Unteilbare‹. Die Idee, dass Materie auf der untersten Stufe aus nicht weiter zerlegbaren, oder wie wir heute sagen *elementaren* Bausteinen besteht, wurde von Demokrit etwa 450 v. Chr. geprägt. Sie bildet auch heute noch eine wesentliche Leitlinie in der Physik. Doch damit verbunden sind gleich allerlei philosophische Probleme.

Stellt man sich die Atome als kleine ausgedehnte Körper vor, so steht man vor dem Paradoxon ihrer Unteilbarkeit. Gedanklich kann man jede noch so kleine Kugel sehr wohl noch weiter unterteilen. Man kann ihre obere von der unteren Hälfte unterscheiden, kann sie drehen und wenden oder sie wie die Erde mit Längen- und Breitenkreisen versehen. Ja man könnte sogar etwas darauf schreiben und sie damit markieren. Wenn ich dies mit jedem alltäglichen Körper tun kann, warum dann nicht auch mit einem Atom, einem Unteilbaren? Wenn das Atom diese Eigenschaft hat, wie verträgt sich dann Unteilbarkeit mit der Ausgedehntheit von Materie? Eine Alternative mit punktförmigen Atomen ist aber auch nicht besser. Als mathematische Punkte lassen sie sich zwar nicht weiter teilen, aber wie können solche Objekte einen Körper mit einem Rauminhalt erschaffen?

Ein zweites Paradoxon ergibt sich aus dem, was sich zwischen den Atomen befinden sollte, nämlich rein gar nichts. Atome müssen sich durch einen absolut leeren Raum bewegen, denn ein Atom kann sich nur dorthin bewegen, wo nichts anderes ist. Aristoteles hatte um 350 v. Chr. jedoch mit solch einem leeren Raum ein fundamentales Problem: Wenn er wirklich völlig leer wäre, so müsste er auch absolut gleichförmig sein. In ihm darf es dann beispielsweise auch kein oben und unten oder irgendwelche anderen Richtungen geben. In dieser eintönigen Gleichförmigkeit lässt sich aber keine Ursache für irgendeine Bewegung finden. Folglich müssten alle Atome in ewiger Ruhe verharren. Da dies aber offenkundig nicht der Fall ist, kann es nach Aristoteles auch keinen absolut leeren Raum geben.

In unserer heutigen Vorstellung ist der Raum von Kraftfeldern erfüllt und somit nicht völlig leer. Wir werden sehen, dass das Vakuum tatsächlich noch viel reichhaltiger ist, wenn wir nur genau genug hinschauen. Doch zunächst einmal setzte sich Aristoteles mit seiner Kritik durch, und die Atome und der leere Raum waren für mehr als 2000 Jahre vom Tisch.

Obwohl wir heute wissen, dass Atome aus Elektronen und Atomkernen bestehen, gelten die obigen Überlegungen noch genauso für unsere heutigen elementaren Teilchen. Man kämpft immer mit denselben Schwierigkeiten, wenn man sich bemüht, ein anschauliches Bild von der Materie im Kleinen zu entwickeln. Für den Rest dieses Kapitels jedoch dürfen wir uns Atome vereinfacht als kleine, feste Kugeln denken. Wir kehren nun zu unserer Ausgangsfrage nach der Temperatur zurück.

Betrachten wir einmal die uns umgebende Luft mit einem mikroskopisch feinen Blick. Ihre wesentlichen Bestandteile sind die Gase Sauerstoff und Stickstoff. Sie liegen zwar nicht als einzelne Atome vor, sondern als Verbindungen zwischen jeweils zwei Atomen, aber auch diese Gasmoleküle verhalten sich in sehr guter Näherung wie ein sogenanntes ideales Gas. Sie fliegen wie kleine Billardkugeln durch den Raum und stoßen unablässig miteinander zusammen.

Die Gasteilchen treffen auf die Atome unserer Haut, die Atome der Wände und Fenster und prallen von ihnen wieder ab. Diese ständigen Stöße sind die Ursache für den Luftdruck, den wir normalerweise gar nicht wahrnehmen. Er wird mit zunehmender Höhe immer geringer, weil die Last der darüber liegenden Luftschichten ebenfalls immer kleiner wird. Damit bildet der Luftdruck sozusagen die Gegenkraft zum Gewicht der jeweils darüber befindlichen Atmosphäre. Wir werden später sehen, dass ähnliche Verhältnisse die Stabilität von Sternen bestimmen.

Hier unten am Grunde unseres Luftozeans wiegt jeder Kubikmeter Luft ungefähr 1,3 Kilogramm und enthält etwa 3×10^{25} Gasmoleküle. Dies sind nicht nur außerordentlich viele, sondern sie bewegen sich mit durchschnittlichen 1750 km/h auch ziemlich schnell. Dabei ist die Luft so dicht, dass ein Molekül pro Sekunde etwa sieben Milliarden Mal auf ein anderes trifft. Dies ist genauso häufig, als ob wir in einer Sekunde allen Menschen die Hand geben würden.

Stecken wir diesen Kubikmeter Luft in einen geschlossenen Kasten und kühlen ihn ab, so werden die Gasmoleküle allmählich langsamer und der Luftdruck sinkt. Je stärker wir kühlen, desto mehr erlahmen die Bewegungen. Man findet ein einfaches Gesetz für den Zusammenhang zwischen Volumen, Druck und Temperatur. Es sagt voraus, dass bei einer Temperatur von -273 Grad Celsius gar keine Bewegung mehr stattfindet. Alle Moleküle sollten stillstehen, wenn wir den *absoluten Temperaturnullpunkt* erreicht haben. Natürlich würde unsere Luft schon vorher nicht nur flüssig werden, sondern sogar gefrieren, aber auch in Flüssigkeiten und Festkörpern bewegen sich die Atome. Hier gibt es jedoch keine freien Flugbahnen wie in einem Gas, sondern nur Zitterbewegungen oder Schwingungen um einen festen Platz.

Aber noch immer gilt dasselbe: Die Bewegungen sind um so stärker sind je höher die *Temperatur* ist. Da man aber niemals alle Atome oder Moleküle in vollkommener Ruhe vorfinden wird, kann man sich dem absoluten Nullpunkt nur annähern und ihn niemals erreichen. Mit Hilfe von hintereinander geschalteten Kühlverfahren kommt man heute bis auf Millionstel Grade an ihn heran. In der Quantentheorie jedoch muss auch dieses Bild wieder korrigiert werden. Hier ist ein Zustand mit absoluter Ruhe strikt verboten, sodass die Atome selbst am absoluten Nullpunkt kleinste Bewegungen ausführen müssen.

Wie heftig, aber regellos die Bewegung von Atomen bei Wärmezufuhr wird, zeigt uns ein weiteres Beispiel. Wir bringen auf einem Elektroherd einen Topf mit einem Liter Eiswasser zum Kochen. Wir beginnen also bei 0 Grad Celsius und stoppen genau bei 100 Grad. Das anfänglich ruhige Wasser brodelt zwar am Schluss, befindet sich aber immer noch in unserem Topf. Nehmen wir stattdessen dieselbe Menge an Energie und stecken sie in die geordnete Bewegung einer Kugel der gleichen Masse, so erhalten wir ein komplett anderes Bild. Unsere 1-kg-Kugel fliegt nun wie eine Kanonenkugel mit knapp dreifacher Schallgeschwindigkeit davon.

Bei unseren letzten Überlegungen haben wir allerdings etwas vorausgesetzt, was erst in mühsamer Kleinarbeit herausgefunden wurde. *Energie* kommt in verschiedenen Formen vor, die ineinander umgewandelt werden können. Erkannt hat dies zum ersten Mal Julius Robert von Mayer (1814–1878) im Jahre 1842. Wir haben im obigen Beispiel elektrische Energie, Bewegungs- und Wärmeenergie betrachtet. Daneben gibt es unter anderem noch die Rotationsenergie und die Lageenergie, die zum Beispiel ansteigt, wenn man etwas hochhebt. Lässt man nun den Gegenstand fallen, so verwandelt sich die Lageenergie wieder in Bewegungsenergie. Bei allen diesen Umformungen geht tatsächlich aber niemals Energie verloren. Und bis heute ist kein einziger Prozess bekannt, in dem der Satz von der Erhaltung der Energie

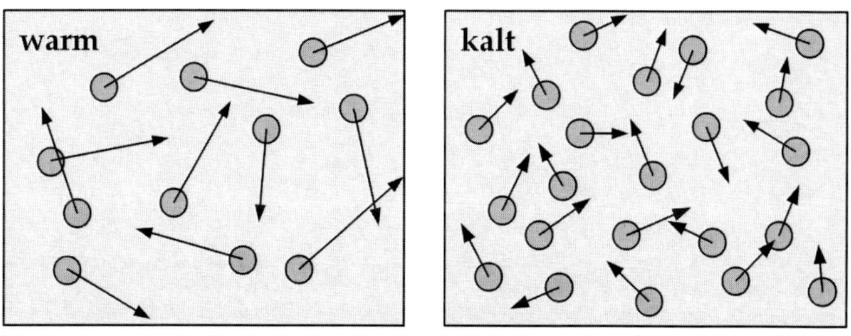

11 In warmer Luft sind die Geschwindigkeiten der Gasteilchen (Pfeile) größer. Dafür hat kalte Luft eine höhere Dichte.

verletzt ist. Dasselbe gilt jedoch nicht nur für den *Energieerhaltungssatz*, sondern auch für den Impuls- und Drehimpulserhaltungssatz.

Der Energieerhaltungssatz wird auch als der erste Hauptsatz der Wärmelehre oder Thermodynamik bezeichnet. Kurz gesagt, Energie kann weder aus dem Nichts entstehen noch irgendwohin verschwinden. Wie wir gesehen haben, besteht jedoch ein grundlegender Unterschied zwischen der Regelmäßigkeit der Bewegung einer Kugel und der Regellosigkeit des kochenden Wassers. Dies weist uns auf ein Problem hin, mit dem wir es aus technischer Sicht leider immer bei Energieumwandlungen zu tun bekommen. Es ist viel leichter eine geordnete Bewegung in eine ungeordnete zu verwandeln als umgekehrt. Doch warum ist dies so?

Das liegt daran, dass unregelmäßige Bewegungen einfach viel häufiger vorkommen können als regelmäßige. Und deshalb sind sie viel wahrscheinlicher als geordnete Bewegungen. Die *Wahrscheinlichkeit*, dass sich alle Teilchen in einem bestimmten Gasvolumen *zufällig* mit der gleichen Geschwindigkeit in eine bestimmte Richtung bewegen, ist zwar nicht null, aber wegen der riesigen Anzahl von Teilchen so gering, dass dieser Fall praktisch ausgeschlossen ist. Genauso erginge es uns, wenn wir beispielsweise eine Energiemenge rein zufällig auf die Atome einer Kanonenkugel verteilen. Wir hätten keine Chance, dass sie sich jemals messbar bewegt. Genau wie das Wasser im Topf hätten wir sie lediglich erhitzt.

Wärme ist daher die am schlechtesten nutzbare Form von Energie. Sie entsteht bei jeder Energieumwandlung quasi als Energieabfall. Wir sprechen bei Kraftwerken oder Motoren ja auch von Abwärme, die verloren geht. Ebenso werden Überlandleitungen, Transformatoren oder auch Glühlampen durch den elektrischen Strom erwärmt, ohne dass uns dies etwas nützt.

Zusammengefasst werden diese Beobachtungen im zweiten Hauptsatz der Wärmelehre, der auf verschiedene Arten formuliert werden kann. Zwei der gängigsten sind die Folgenden: Wärme kann nicht vollständig in Bewegungsenergie

12 Ein Topf kochendes Wasser hat in etwa denselben Energieinhalt wie eine fliegende Kanonenkugel.

umgewandelt werden. Oder: Wärme fließt niemals von selbst von einem kalten zu einem heißen Körper. Die zweite Fassung kommt Ihnen vielleicht wie eine Binsenweisheit vor, denn schließlich kühlt sich eine heiße Tasse Tee immer ab, wenn man sie stehen lässt. Sie erwärmt dabei zwar den Tisch und die Luft, aber niemals wird das Umgekehrte passieren. Eine Tasse Tee, die von selbst der Luft die Wärme entzieht und sich dabei aufheizt, gibt es in unserer physikalischen Welt nicht, sondern nur in einem rückwärts laufenden Film.

Tatsächlich wäre dies aber weder durch die klassische Mechanik noch durch den Energieerhaltungssatz verboten. Berücksichtig man jedoch die Anzahl der beteiligten Teilchen und zieht in Betracht, dass dies alles *zufällig* geschehen müsste, so erhält man allerdings eine aberwitzig geringe Wahrscheinlichkeit für einen solchen Vorgang. Es müssten sich schon etwa 10^{25} Atome zufällig geordnet bewegen, um eine Tasse Tee quasi wie von selbst zu erwärmen. Nur deshalb kann man getrost von einem Verbot dieser rückwärts laufenden Prozesse sprechen.

Die physikalische Größe, die dies auch quantitativ ausdrückt, wird als *Entropie* bezeichnet. Bei allen Prozessen im Universum wird sie ständig größer und niemals kleiner. Obwohl die Entropie ursprünglich nur für die Optimierung von Wärmekraftmaschinen eingesetzt wurde, so steht sie heute doch auf einem breiten informationstheoretischen Fundament. Sie beschreibt ganz allgemein, wie wahrscheinlich ein bestimmter Ablauf geschieht. Und wahrscheinlichere Vorgänge passieren nun einmal häufiger als unwahrscheinliche.

Genau diese Argumentation wird oft dazu verwendet, um den gerichteten Ablauf der *Zeit* zu erklären. Denn tatsächlich steckt die Physik hier in einem Dilemma. Die Grundgleichungen aller physikalischen Prozesse zeichnen nämlich überhaupt keine Richtung für die Zeit aus. Sie sind, wie man auch sagt, *symmetrisch* in der Zeit.

Betrachten wir dazu noch einmal zwei Luftmoleküle, die gerade zusammengestoßen sind. Wenn wir diesen mikroskopisch kleinen Filmausschnitt in der Zeit rückwärts laufen lassen, würden wir dies nicht bemerken. Das liegt daran, dass an diesem Geschehen nur sehr wenige Teilchen beteiligt sind. Ein Stoß zweier Teilchen sieht vorwärts wie rückwärts ebenso glaubhaft aus.

Der krasse Gegensatz dazu ist das Beispiel mit der heißen Tasse. Hier sind so viele Atome beteiligt, dass am Schluss immer der wahrscheinlichste Zustand gewinnen wird. Aber dies ist gerade derjenige mit den ungeordnetsten Bewegungen. Deshalb wird sich Wärme immer verteilen, also im Raum ausbreiten. Anders gesagt, Wärme fließt von einem heißen zu einem kalten Körper und nicht umgekehrt. Eine Umkehrung der Filmrichtung ergibt einen Vorgang, der so nie stattfinden würde. Demnach wird die Richtung der Zeit durch kein fundamentales Gesetz, sondern durch Wahrscheinlichkeiten diktiert. Im Laufe dieses Buches werden wir aber noch eine weitere Begründung für den Zeitablauf kennenlernen.

Lassen Sie mich bitte am Schluss dieses Kapitels ein weitverbreitetes Missverständnis klarstellen. Oft wird die Entropie sehr nachlässig als ein Maß für Unordnung bezeichnet. Demnach nähme gemäß dem zweiten Hauptsatz der Wärmelehre die Unordnung im Universum ständig zu. Bei dieser oberflächlichen Argumentation kann man sich jedoch nur wundern, wie Sterne, Planeten und Leben überhaupt entstehen konnten.

Doch die Entropie steht diesen Prozessen nicht im Weg, denn sie wird durch den Begriff der Unordnung im Sinne von Gleichverteilung leider nicht ausreichend beschrieben. Für die zusammenstoßenden Teilchen eines idealen Gases mag dies noch korrekt sein. Hier wirken keine Kräfte zwischen den Teilchen, und der wahrscheinlichste Zustand ist ein gleichmäßig durchmischtes Gas. Aber wenn wir Körper betrachten, zwischen denen eine anziehende Gravitationskraft wirkt, so stimmt dieses Bild nicht mehr. Jetzt können Zustände mit höherer Entropie auch klumpiger sein als mit niedriger Entropie. Ein Planet ist demnach ein Körper mit einer höheren Entropie als seine ursprünglichen Bestandteile und keineswegs ein Widerspruch zum zweiten Hauptsatz der Thermodynamik.

Auch die Entstehung des Lebens steht voll im Einklang mit diesem zweiten Hauptsatz, denn dieser gilt nur für abgeschlossene Systeme. Wie wir aber schon gesehen haben, ist die Erde keinesfalls ein geschlossenes System. Sie bezieht vielmehr gewaltige Energiemengen von der heißen Sonne und strahlt diese wieder in den kalten Weltraum zurück. Die heißen Photonen des Sonnenlichts besitzen dabei eine niedrigere Gesamtentropie als die wesentlich kühleren und zahlreicheren Infrarotphotonen, die die Erde wieder verlassen.

Die Erde ist also wärmetechnisch ein offenes System. Und das Entropiegefälle zwischen der ankommenden und abgegebenen Strahlung ist der eigentliche Motor der Lebensprozesse. Diese Entropiedifferenz ermöglicht es dem Leben, sich nicht nur zu entwickeln, sondern auch über das Universum nachzudenken. Wir werden ständig von der Sonne mit einem Energiestrom aus niedriger Entropie versorgt und geben einen gleichgroßen Energiestrom aber mit höherer Entropie wieder ab. Somit muss die Entropie auf der Erdoberfläche nicht zwangsläufig mit der Zeit anwachsen. Global gesehen hingegen nimmt die Entropie im gesamten Universum unablässig zu.

8 Spezielle Relativitätstheorie

Es ist ein sonniger Herbsttag, der zum Spazieren einlädt. Am Nachmittag gehen Sie mit Ihrer Familie hinunter an den nahen Fluss. Und dort fängt Ihr Nachwuchs an, mit den Kieselsteinen zu spielen und sie ins Wasser zu werfen. Der Kleine kommt allerdings noch nicht besonders weit. Da er aber unbedingt einmal sehen möchte, wie ein Stein den ganzen Fluss überquert, bittet er Sie, es doch auch einmal zu versuchen. Lange ist es her, seit Ihnen dies das letzte Mal gelungen ist. Ein passender Stein ist schnell gefunden, aber obwohl Sie ihn mit aller Kraft werfen, platscht er doch nur ins Wasser. Mit dem nächsten kommen Sie schon etwas weiter, aber noch immer fehlen ein paar Meter. Jetzt hat Sie der Ehrgeiz gepackt, aber wie können Sie die Wurfweite noch steigern? Sie nehmen ein paar Schritte Anlauf und mit dem zusätzlichen Schwung landet dieser Stein endlich am anderen Ufer.

Doch warum flog der letzte Stein am weitesten? Das liegt daran, dass sich Ihre Anlaufgeschwindigkeit und die Ausholbewegung Ihres Armes addiert haben. Deshalb war der Stein beim Abwurf schneller und die Flugstrecke dementsprechend länger. Ganz deutlich sehen wir dies bei allen Ballsportarten oder in der Leichtathletik. Egal ob beim Freistoß im Fußball, beim Kugelstoßen oder beim Speerwerfen, überall wird Anlauf genommen, um die Geschwindigkeit zu steigern. Doch gilt diese einfache Addition von Geschwindigkeiten immer?

In unserer Alltagswelt zumindest scheint das der Fall zu sein, doch hier sind die Geschwindigkeiten ja auch relativ klein. Zumindest sind sie das im Vergleich zur *Lichtgeschwindigkeit* mit 300 000 km/s, die wir ab jetzt wie üblich mit c bezeichnen. Nehmen wir einmal an, wir könnten einen Speer mit halber Lichtgeschwindigkeit werfen, also mit 0,5 c. Und stellen wir uns zusätzlich noch vor, dass wir auch eine Anlaufgeschwindigkeit von 0,5 c erreichen könnten. Dann flöge der Speer mit Lichtgeschwindigkeit, oder etwa nicht? Wenn wir uns noch steigern, dann sollte es möglich sein, dass der Speer sogar mit Überlichtgeschwindigkeit fliegt. Aber kann dies wirklich gelingen?

Ein einfaches Experiment wird uns gleich auf den Boden der Tatsachen zurückholen und etwas verwirren. Wir kappen die Spitze des Speers und bauen dort stattdessen einen kleinen Laserpointer ein. Den Speer legen wir auf den Boden und messen erst einmal sicherheitshalber die Geschwindigkeit des Lichts, das von unserem Laser abgestrahlt wird. Wie erwartet, erhalten wir c, die Lichtgeschwindigkeit. Nun geben wir den Speer einem Weltklassewerfer in die Hand und messen die

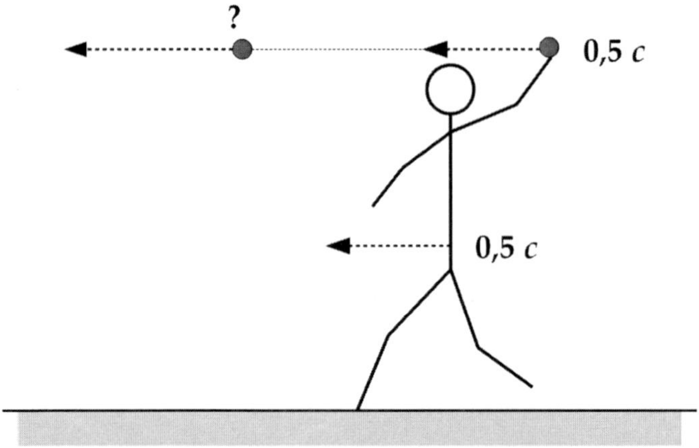

13 Wie addieren sich Geschwindigkeiten in der Nähe der Lichtgeschwindigkeit?

Geschwindigkeit des Lichts, das von dem auf uns zu fliegenden Speer stammt. Es ist wieder exakt c, und kein bisschen mehr.

Egal wie sehr wir die Empfindlichkeit unseren Apparaturen auch steigern, wir messen niemals eine größere Geschwindigkeit. In unserer Verzweiflung versuchen wir nun das Gegenteil. Wir drehen den Speer um und schleudern ihn von den Messgeräten weg. Nun müsste die Geschwindigkeit doch nach dem gesunden Menschenverstand kleiner sein als *c*. Doch wieder Fehlanzeige, es kommt immer noch exakt *c* als Messergebnis heraus. Sind Sie nun etwas verstört und vielleicht sogar ratlos? Dann ergeht es Ihnen wie den Physikern zwischen den Jahren 1887 und 1905.

Die Vorstellung, dass Licht eine Welle ist, war im 19. Jahrhundert fest etabliert. Doch zu dieser Denkweise gehörte es auch, dass eine Welle immer auf ein Medium angewiesen ist. In diesem Medium schwingen die Lichtwellen hin und her. Nur durch dieses Medium können sie sich überhaupt fortbewegen. Bei allen bekannten Wellenerscheinungen wie beispielsweise Wasser- oder Schallwellen ist dies schließlich so. Etwas anderes war demzufolge zur damaligen Zeit nicht vorstellbar. Deshalb musste auch Licht von einem Medium abhängig sein, obwohl man dieses bisher noch nicht nachgewiesen hatte. Man bezeichnete dieses Medium nach dem griechischen Wort für Himmel als *Äther*.

Nur durch diesen Äther konnte sich Licht ausbreiten, und daher musste der Äther auch den gesamten Weltraum ausfüllen, denn sonst könnten wir weder die Sonne noch die Sterne sehen. Man stellte sich den Äther als eine ganz schwach verdünnte Flüssigkeit oder ein Gas vor. Und durch diesen Äther musste sich alles hindurchbewegen, auch die Planeten auf ihrem Weg um die Sonne. Folglich musste der Lauf der Erde um die Sonne mit immerhin 30 Kilometern pro Sekunde einen gewaltigen Wind im Äther verursachen. Genau diesen Ätherwind mit seinen Verwirbelungen versuchte man mit immer ausgeklügelteren Verfahren zu messen.

Doch wie oben bei unserem Speer hat man niemals eine Abweichung von dem festen Wert der Lichtgeschwindigkeit gemessen. Im Jahr 1887 hatte man endlich eine besonders trickreiche Versuchsanordnung, mit deren Empfindlichkeit man auch die Geschwindigkeit der Erddrehung nachweisen können sollte. Doch auch die zusätzliche Geschwindigkeit von 500 m/s am Äquator und vor allem ihre Änderung mit dem Tagesverlauf waren nicht nachweisbar. Morgens sollte die Geschwindigkeit des Sonnenlichts um diesen Betrag größer und abends entsprechend kleiner sein.

Doch diesmal waren die Ergebnisse wirklich eindeutig. Die Geschwindigkeit des Sonnenlichts war mit und gegen die Drehung der Erde immer exakt dieselbe. Aber wie kann man diese Messungen mit dem benötigten Äther unter einen Hut bringen? Die Physiker wurden nun wirklich kreativ und erfanden allerlei Zusatztheorien, warum man gerade *keine* Bewegung bezüglich des Äthers nachweisen kann. Anfangs lief es darauf hinaus, dass die Erde den Äther vollständig mitführt und deshalb die Geschwindigkeit des Äthers am Erdboden genau null ist.

In den 1890er Jahren wurde jedoch eine Äthertheorie entwickelt, bei der der Äther sogar *immer* in Ruhe war. Er konnte gar nicht durch einen sich bewegenden Körper mitgerissen werden. Die Lichtgeschwindigkeitsmessungen erklärte man sich in dieser Theorie durch merkwürdige Effekte des ruhenden Äthers auf die sich bewegende Versuchsanordnung. Überraschenderweise hatten diese Effekte schon genau dieselbe mathematische Struktur wie bei der späteren Relativitätstheorie. Nur den entscheidenden Schritt war keiner bereit zu gehen. Der Äther war immer noch da. Nachweisen konnte man ihn zwar nicht, aber man hatte ja nun eine Erklärung parat, warum dies auch so sein musste. Der Äther war ein Phantom, und die Theorie erklärte auch noch, warum man es nicht sehen konnte. Doch vorerst stellte niemand seine Existenz infrage.

Erst Albert Einstein war radikal genug, die korrekten Schlussfolgerungen zu ziehen. Seinen Originalartikel aus dem Jahr 1905 habe ich mir einmal für einen Seminarvortrag kopiert. Er liest sich auch heute noch flüssig und beschreibt klar, von welchen Voraussetzungen Einstein ausging. Obwohl er die Experimente kannte, näherte er sich dem Problem doch von einer ganz anderen Seite. Mit genau zwei Voraussetzungen krempelte er die bis dahin bestehenden Vorstellungen von Raum und Zeit um.

Die erste war die Annahme, dass die Gültigkeit von physikalischen Gesetzen nicht davon abhängen darf, wie sich eine Person oder ein Experiment bewegt. Man nennt diese Voraussetzung das *Relativitätsprinzip*, auf das wir gleich genauer eingehen werden. Die zweite Grundannahme ist die experimentelle Tatsache, dass die *Lichtgeschwindigkeit* unabhängig von der Bewegung der Lichtquelle oder des

Beobachters *immer denselben Wert* besitzt. Einstein hat damit die scheinbar widersprüchlichen Messungen zum Naturgesetz erhoben und dann untersucht, welche *Folgerungen* sich daraus ergeben.

Das Relativitätsprinzip hat Einstein für diese Theorie auf gleichförmige, also kräftefreie Bewegungen eingeschränkt. Damit ist eine geradlinige Bewegung mit konstanter Geschwindigkeit gemeint, wie beispielsweise die eines Zug auf gerader freier Strecke, wo der Zug weder beschleunigt noch bremst. Wegen dieser Beschränkung trägt die erste von Einsteins Relativitätstheorien den Zusatz speziell. Die zweite, bei der er auch beschleunigte Bewegungen zuließ, wird dagegen als allgemeine Relativitätstheorie bezeichnet.

Bleiben wir bei dem Beispiel mit dem Zug, das auch Einstein selbst gerne verwendet hat. So wie in einem fahrenden Zug alle mechanischen Gesetze dieselben sind, so sollen auch die elektromagnetischen Gesetze unverändert gelten. Ein Beispiel für mechanische Gesetzmäßigkeiten ist ein Tischtennisspiel. Solange der Zug seine Geschwindigkeit nicht ändert, wird ein Spiel im Zug genauso ablaufen, wie wir das gewohnt sind. Würden wir etwa die Fenster verdunkeln und wäre auch kein Fahrgeräusch zu hören, so könnte niemand unterscheiden, ob sich der Zug überhaupt bewegt. Tatsächlich ist es völlig egal, ob der Zug durch die Landschaft fährt oder die Landschaft an einem stehenden Zug vorbei rauschen würde. Einzig und allein die *relative* Geschwindigkeit zwischen den beiden sogenannten Bezugssystemen zählt.

Man kann die spezielle Relativitätstheorie mit einem einzigen Satz zusammenfassen: Alles hat seinen Preis. Die Rahmenbedingung, dass ein jeder Beobachter unabhängig von seinem Bewegungszustand immer dieselbe Lichtgeschwindigkeit misst, kostet uns unser Bauchgefühl für die Addition von Geschwindigkeiten und noch vieles mehr. Und wir zahlen diesen Preis genau deshalb, weil die Lichtgeschwindigkeit einen festen Wert besitzt und nicht unendlich groß ist.

Doch wie gelangte Einstein eigentlich zu seinen Folgerungen? Er startet seine Analyse mit etwas, was uns auf den ersten Blick völlig trivial erscheint. *Zeit* vergeht für ihn nicht einfach so, sondern muss mit Hilfe von *Uhren* gemessen werden. Aber auch die Innereien einer Uhr unterliegen dem Relativitätsprinzip und der Konstanz der Lichtgeschwindigkeit, und genau das ist der Haken.

Nehmen wir zum Beispiel eine Lichtuhr, bei der ein Lichtstrahl zwischen zwei Spiegeln hin und her geworfen wird. Jedes Mal wenn der Strahl auf den unteren Spiegel trifft, soll die Uhr um eine Einheit weiter zählen. Nun hat aber der Lichtstrahl bei einer bewegten Uhr einen längeren Weg zurückzulegen und genau deshalb geht diese Uhr von einem ruhenden Beobachter aus gesehen langsamer. Dieser relativistische Effekt ist übrigens wie alle anderen absolut symmetrisch. Jeder, der eine Uhr anschaut, die sich relativ zu ihm bewegt, wird bei genauem Hinsehen feststellen, dass seine eigene schneller geht.

Doch nicht nur bewegte Uhren laufen langsamer, auch bewegte *Längen* erscheinen kürzer. Dies liegt ebenso daran, dass auch eine Länge, zum Beispiel die Länge eines Stabes, erst einmal gemessen werden muss. Und dazu muss Licht von beiden Enden des Stabes zu einem Beobachter gelangen, wofür es wiederum Zeit benötigt. Wenn Sie jetzt denken, dass Sie sich damit noch ganz gut anfreunden können, dann kommt es jetzt noch dicker.

Wir machen folgendes Gedankenexperiment: In der Mitte eines Zuges wird ein Blitz ausgelöst und sowohl am Anfang und Ende registriert. Da sich das Blitzgerät genau in der Mitte befindet, wird ein Beobachter im Zug der festen Meinung sein, dass der Blitz zu genau der gleichen Zeit vorne und hinten ankommt. Ein anderer Beobachter jedoch, der auf einem Bahnsteig steht und den Blitz innerhalb des vorbei fahrenden Zuges wahrnimmt, sieht etwas anderes. Er wird der Überzeugung sein, dass das Licht hinten etwas früher ankommt als vorne. Denn schließlich bewegt sich das Zugende auf den Blitz zu und der Zuganfang vom Blitz weg. Wer hat nun aber recht?

Nach Einstein haben *beide* Beobachter recht, denn beide Standpunkte sind gleichberechtigt. Das heißt aber in letzter Konsequenz, dass die *Gleichzeitigkeit* von Ereignissen vom relativen Bewegungszustand der Beobachter abhängt. Im Zug erfolgt das Auftreffen der Blitze an beiden Enden gleichzeitig, vom Bahnsteig aus gesehen dagegen zu unterschiedlichen Zeitpunkten. Gleichzeitigkeit wird relativ. Dabei ist es egal, ob man die Ereignisse nur mit seinen Augen beobachtet, oder mit exakten Uhren wirklich ausmisst. Der Grund ist auch hier wieder derselbe: Will man eine bewegte Uhr in einem Zug mit einer ruhenden Uhr auf einem Bahnsteig synchronisieren, so müssen dazu Lichtsignale ausgetauscht werden, die wie immer eine gewisse Zeit benötigen.

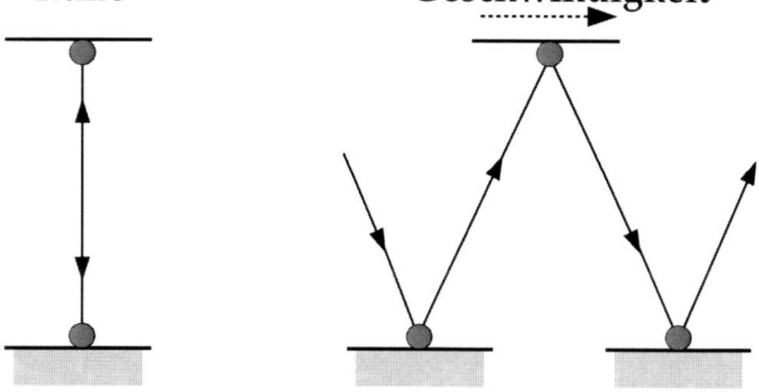

14 Eine bewegte Lichtuhr geht langsamer als eine ruhende, weil das Licht einen weiteren Weg zurücklegen muss.

Doch wirklich widersinnige Effekte schließt die spezielle Relativitätstheorie aus. Für jedes Ereignis, das die *Ursache* für ein zweites, darauf folgendes Ereignis darstellt, dreht sich diese Reihenfolge niemals um. So schnell sich ein Beobachter auch bewegen mag, das erste Ereignis wird für ihn stets *vor* dem zweiten geschehen. Damit bleibt das Prinzip von Ursache und Wirkung auch bei relativen Bewegungen stets erhalten. Lediglich eine Bewegung mit Überlichtgeschwindigkeit wäre in der Lage diese Gesetzmäßigkeit zu durchbrechen. Wir werden aber gleich sehen, wie die Natur diese fatalen Konsequenzen wirkungsvoll verhindert.

Zu Beginn dieses Kapitels haben wir uns die Addition von Geschwindigkeiten angesehen und uns gefragt, wie sie sich in der Nähe der Lichtgeschwindigkeit verhält. Obwohl die einfache Summe bei geringen Geschwindigkeiten in sehr guter Näherung gilt, so ist zum Beispiel 0,5 *c* »+« 0,5 *c* nicht etwa 1 *c*, sondern nur 0,8 *c*. Doch wie lässt sich dieses Ergebnis mit dem Energieerhaltungssatz vereinbaren? Wenn sich die aufgewendete *Energie* bei unserem Steinwurf nicht in der erreichten Geschwindigkeit wiederfindet, wo ist sie denn dann geblieben? So fantastisch es auch klingen mag, sie hat sich in zusätzliche *Masse* verwandelt. Der Stein ist nicht mehr um den gesamten Energiebetrag schneller geworden, sondern nur noch zu einem Teil. Der Rest wurde dafür verwendet, dass er nun schwerer ist. Der fliegende Stein wiegt also jetzt für einen ruhenden Betrachter mehr als vorher. Genau dies ist der Mechanismus, mit dem das Erreichen der Lichtgeschwindigkeit vereitelt wird.

Jeder Körper wird um so schwerer, je dichter er an die Lichtgeschwindigkeit heran kommt. Er kann zwar weiter beschleunigt werden, wird am Ende aber nur noch minimal schneller und dafür immer massiver. Man kann sich zwar der Lichtgeschwindigkeit beliebig nähern, sie aber ähnlich wie den absoluten Temperaturnullpunkt nie erreichen. Nur ein Photon und wenige andere Elementarteilchen bewegen sich genau mit Lichtgeschwindigkeit. Wie das Licht können auch sie niemals stillstehen. Könnte man sie abbremsen, so bliebe nichts von ihnen übrig. Dies drückt man dadurch aus, dass man ihnen eine Ruhemasse von null zuschreibt. Die Ruhemasse bezeichnet dabei dasjenige Gewicht, das ein Beobachter misst, der sich gegenüber dem Teilchen in Ruhe befindet. Und da man sich gegenüber Licht nicht in Ruhe befinden kann, so besitzt es auch keine Ruhemasse.

Wir halten also fest: Hat ein Teilchen keine Ruhemasse, so muss es sich immer exakt mit Lichtgeschwindigkeit bewegen. Im Gegensatz dazu kann ein Teilchen mit einer Ruhemasse niemals die Lichtgeschwindigkeit erreichen. Es wird auf dem Weg dorthin aber immer schwerer. All dies konnte Einstein mit einer Formel zusammenfassen, dem berühmten

$$E = m \cdot c^2.$$

Diese Gleichung beschreibt den Zusammenhang zwischen der Gesamtenergie *E* eines Körpers und seiner veränderlichen Masse *m*. Masse lässt sich direkt in Energie verwandeln und Energie andererseits in Masse umformen.

Alle diese relativistischen Effekte sind mittlerweile nachgewiesen und haben teilweise erhebliche Auswirkungen auf unser Leben. Bei Uhren, die in schneller Bewegung auf Satelliten transportiert werden, muss die Verlangsamung der Zeit berücksichtigt werden. Ansonsten würden unsere Satellitennavigationssysteme nicht korrekt funktionieren. Ein anderes Beispiel ist die Umwandlung von Masse in Energie. Sie treibt eine Atombombenexplosion genauso wie die Energieerzeugung unserer Sonne an. Und im Kapitel 13 über Teilchen und Beschleuniger werden wir sehen, wie die Massenzunahme ganz reale Kosten verursacht.

Eines jedoch hatte Einstein mit seiner speziellen Relativitätstheorie noch nicht in den Griff bekommen, und bis zum Knacken dieser Nuss sollten noch einmal 10 Jahre vergehen. Die Schwerkraft wurde noch immer mit dem newtonschen Gravitationsgesetz beschrieben. Und deshalb breitete sich ihre Wirkung in der speziellen Relativitätstheorie noch immer mit unendlicher Geschwindigkeit aus. Die Schwerkraft war demnach schneller als das Licht, und dies durfte nicht sein.

Erinnern Sie sich noch an den Vergleich mit dem Geschehen auf einer Bühne, mit der ich die klassische Mechanik charakterisiert habe? Dort hat sich ein klar festgelegter Ablauf auf einer unveränderlichen Bühne aus Raum und Zeit abgespielt. Mit der speziellen Relativitätstheorie verliert diese Bühne nun ihre Starrheit.

> *Spezielle Relativitätstheorie:*
> Das Geschehen im Universum ist im Vorhinein in allen Einzelheiten festgelegt. Von diesem Ablauf gibt es keine Abweichungen. Die Bühne aus Raum und Zeit, aber auch die Gegenstände darauf, werden gestreckt und gestaucht, je nachdem, wie sich ein Beobachter bewegt. Ereignisse, die Ursache und Wirkung darstellen, finden immer in der richtigen Reihenfolge statt. Voneinander unabhängige Ereignisse jedoch haben eine Abfolge, die vom Bewegungszustand des Beobachters abhängt. Bewegte Uhren gehen langsamer, bewegte Maßstäbe sind kürzer, und bewegte Massen sind schwerer. Masse und Energie sind gleichberechtigt.

Wenn man dies erst einmal alles verdaut hat, erscheint es einem vielleicht rückblickend fast ein wenig seltsam, wie man bei einer so erdrückenden Beweislast noch lange an einem Äther festhalten konnte. Wie konnte dies nur passieren, obwohl sich doch der Äther jedem Nachweis entzog? Er war offensichtlich gar nicht vorhanden, denn man konnte seine Existenz selbst mit den besten Methoden nicht feststellen. Und trotzdem glaubten die Physiker an ihn.

Ich versuche einmal zu skizzieren, warum das meiner Meinung nach geschehen ist. Jeder Mensch ist das Produkt seiner Zeit und seiner Kultur. Auch Sie und ich denken in einer ganz bestimmten Sprache mit Kategorien und Begriffen, die wir normalerweise kaum je hinterfragen. Wir alle tragen eine Vorstellung von der Welt mit uns herum, die die Summe unserer Erziehung, Ausbildung und Erfahrungen ist. Mit diesem Handwerkszeug meistern wir alle, auch die Naturwissenschaftler, unser Leben.

Kein Blick auf die Welt geschieht jedoch ohne Grundannahmen. Sie sind oft so einfach, dass sich nicht einmal ausformuliert werden: Keine Welle kann sich ohne ein Medium fortbewegen. Oder scheinbar noch viel trivialer: Die Welt ist einfach da. Wir *glauben* an diese Sätze, denn wir können nicht ständig alles infrage stellen. Und genau in diesem Sinne sehen wir nur das, was wir glauben und nicht die Welt an sich. Wenn wir einen Äther benötigen, weil das unsere Glaubensgrundsätze fordern, so muss er auch vorhanden sein.

Doch sollte sich eine dieser Grundannahmen als falsch erweisen, so heißt das noch lange nicht, dass das auch von irgendjemandem sogleich erkannt wird. Es muss erst ein möglichst Unvoreingenommener auf der Bildfläche erscheinen, der dann auch noch den Mut hat, über seinen Schatten zu springen.

Wir schauen nun ein letztes Mal unserem davon fliegenden Speer hinterher, denn wir benötigen noch eine wichtige Beobachtung, die ich bisher unterschlagen habe. Das Licht des Lasers ist zwar weder schneller noch langsamer, aber es ändert seine Farbe, wenn sich der Pointer bewegt. Es unterliegt demselben Dopplereffekt, den wir von einem fahrenden Auto mit einem Martinshorn kennen. Hier ist der Ton eines auf uns zu kommenden Fahrzeugs höher als bei einem stehenden. Die Schallwellen sind verkürzt, weil sie durch die Bewegung in schnellerer Folge auf unser Ohr treffen. Bewegt sich das Martinshorn dagegen von uns weg, so sind die Schallwellen länger und der Ton tiefer.

Auch bei einer Lichtquelle, die sich auf uns zu bewegt, finden wir eine kürzere Wellenlänge. Die Farbe des Lichts ist also in Richtung Blau gewandert. Den gegenteiligen Effekt erhalten wir, wenn der Speer von uns weg fliegt. Dann ist das Licht zum Roten hin verschoben. Damit hat sich nicht nur die Wellenlänge, sondern auch die Energie des Lichts geändert. Bei unserer Reise durch das Universum werden später ebenfalls einer Rotverschiebung begegnen. Nur bewegt sich hier nicht die Lichtquelle oder der Beobachter, sondern der Raum selbst.

9 Information: Zerlegung in Bits

Bevor wir in den nächsten Kapiteln unsere Materie in Atome und Elementarteilchen zerlegen, möchte ich Sie mit diesem Kapitel darauf einstimmen. Während meiner Arbeit als Softwareentwickler bin ich auf eine Betrachtungsweise gestoßen, die mich ehrlich überrascht hat, obwohl mir eigentlich alle Tatsachen bestens bekannt waren. Dieses Denkmuster hat mir sehr dabei geholfen, besser zu verstehen, was Materie ist und wie man sich sie vorstellen sollte. Es begann wie üblich mit einer ganz einfachen Frage: Was ist in einem Computer alles enthalten?

Zerlegen wir also einen *Computer* in seine Einzelteile, und zwar genauso, wie das die Elementarteilchenphysiker mit der Materie tun. Obwohl ich mit dem Innenleben eines Rechners ziemlich gut vertraut bin, zielt meine Frage nicht auf die sogenannte Hardware ab, die sich in seinem Gehäuse befindet. Mir ist es egal, wie viele Prozessoren, Speicherchips oder Festplatten ein Computer enthält. Viel mehr interessiert mich, wie ein Rechner arbeitet und wie er das bewerkstelligt.

Ich betrachte dazu meinen eigenen Computer und beobachte, wie ich ihn gewöhnlich benutze. Auf meinem Rechner gibt es zunächst viele Fotos und Musik. Ebenso sind dort auch Dokumente, Mails und Präsentationen gespeichert. Und natürlich sind auch die Programme vorhanden, die ich für die verschiedenen Tätigkeiten benötige.

Wir sind mit diesen Computerobjekten mittlerweile so vertraut, dass wir mit ihnen Umgehen wie mit den Gegenständen unseres täglichen Lebens, wie etwa dem Frühstücksgeschirr. Wir nehmen Fenster mit der Maus in die Hand, verändern ihr Aussehen, bearbeiten Fotos oder schreiben Texte, wie etwa gerade dieses Buch. Wer auch noch beruflich am Rechner arbeitet, der ist sich oft gar nicht mehr bewusst, dass er während der Arbeit in eine andere Wirklichkeit eintaucht.

Auch mir ergeht es so, dass ich die Umgebung, in der ich meine Computerprogramme entwickle, als absolut real betrachte. Natürlich halte ich meine eigenen Programme, die sozusagen die Kinder meiner Gedanken sind, für ebenfalls ganz real. In vielen von ihnen steckt wochenlange Arbeit, einige Portionen Gehirnschmalz und jede Menge Teamwork. Beim Entwickeln werden die Befehlstexte der Programme erfasst, geprüft und schließlich in eine ausführbare Form übersetzt. All das geschieht wiederum mit Hilfe von spezialisierten Programmen. Wenn dann das neue Programm seine ersten Tests besteht, so ist das fast wie die Geburt eines Babys. Etwas, was vor Wochen nur in Köpfen existierte, ist nun Wirklichkeit geworden und kann im Idealfall von Millionen von Nutzern verwendet werden.

Alle Computerprogramme entstehen mehr oder weniger auf diese Weise, ob im privaten Bereich, in der physikalischen Forschung oder in der Softwareindustrie. Sie sind absolut real und müssen auch oft mit ganz realem Geld bezahlt werden. Doch was heißt hier eigentlich real? Was macht diese Realität aus?

Wenn wir uns einen Rechner ein wenig technischer ansehen, so erkennen wir schon ein anderes Bild. Alles in einem Computer wird in *Dateien* verwaltet. Die Dateien werden in Ordnern gesammelt, die wiederum andere Ordner enthalten können. Dieser Dateibaum ist uns ebenfalls vertraut, denn wir haben ihn ja teilweise selbst gestaltet.

Für die weitere Betrachtung möchte ich die Dateien ganz grob in Daten und Programme einteilen. Fotos, Musik, Videos, Dokumente und Präsentationen werde ich als Daten bezeichnen, und daneben gibt es die Programme, die mit diesen Daten etwas machen. Sie sind der aktive Teil, denn sie lesen die Daten und verändern sie gegebenenfalls. Das Betriebssystem stellt unter diesem Blickwinkel auch nur eine Sammlung von Programmen und nichts Besonderes dar. Nun gehen wir noch eine Ebene tiefer und fragen uns, was eigentlich in den Daten und Programmen abgelegt ist und wie die Programme arbeiten?

Daten enthalten genau diejenigen Informationen, die für ihre Funktion notwendig sind. Diese Informationen sind dabei in einer so genannten maschinenlesbaren Form gespeichert, die direkt für den Computer zugänglich ist. In den Musikdateien befinden sich beispielsweise die Schwingungsformen der Schallwellen, die ein Abspielprogramm über die Soundkarte mittels eines Lautsprechers erzeugt. Ein anderes Beispiel für Daten ist ein Kontoauszug, der im Computer Ihrer Bank aus den Buchungssätzen Ihres Kontos für einen bestimmten Zeitraum erzeugt wird. Ein letztes Beispiel für Daten stellt dieses Buch hier dar. Im Moment seiner Entstehung ist es nichts anderes als eine Datei, die diesen Text enthält. Daten enthalten also Informationen in einem bestimmten Format zu einem bestimmten Zweck.

Programme hingegen sind eine riesige Sammlung von Befehlen zur Verarbeitung von Daten. Große Programme können viele Millionen von Anweisungen umfassen und werden von bis zu 1000 Entwicklern geschrieben. Dabei müssen die Programme auf alle eventuellen Eingabe- und Datenkonstellationen vorbereitet sein. Die Befehle der Entwickler liegen zur Laufzeit in maschinenlesbarer Form vor und werden direkt vom Prozessor ausgeführt. Ein Programm ist also nichts anderes als eine festgelegte Abfolge von Befehlen, die einem bestimmten Zweck dienen.

Ein Befehl wiederum ist nichts anderes als ein ganz klar festgelegter Arbeitsauftrag. Befehle dienen zum Addieren zweier Zahlen, zum Aneinanderhängen zweier Zeichenketten oder und zum Kopieren von Speicherbereichen. Sie können aus anderen Befehlen zusammengesetzt sein, aber spätestens auf der Ebene des Prozessors gibt es nur noch einfache und unteilbare, also elementare Befehle. Ein Befehl ist somit eine Information, die den Prozessor veranlasst, etwas ganz Bestimmtes zu tun.

Fassen wir bis hierhin kurz zusammen: Daten sind Informationen, und Programme sind auch nichts anderes als Informationen, die wiederum Informationen verändern. Noch haben wir bei unserer Zerlegung nichts Greifbares gefunden. Je genauer wir hinsehen, desto mehr verflüchtigen sich die Computerbestandteile, die wir kennen. Es bleiben nur Informationen übrig, die allerdings zusammengenommen immer noch alles umfassen.

Wir können aber noch eine Abstraktionsebene tiefer hinabsteigen. Dazu müssen wir nun die maschinenlesbare Ablage und Verarbeitung der Informationen betrachten. In einem Rechner liegen Informationen auf aller unterster Ebene immer in zweiwertiger oder binärer Form vor. Jede Speicherzelle kennt genau zwei Zustände, die wir wahlweise mit An oder Aus, Ja oder Nein oder mit Eins oder Null bezeichnen können. Eine solche Informationseinheit wird als *Bit* bezeichnet, von denen jeweils Acht zu einem Byte zusammengefasst werden.

Ein Bit ist demnach nichts anderes als die Codierung der Antwort auf eine einfache Frage mit genau zwei Antwortmöglichkeiten. Stellen Sie sich vor, Sie kommen an eine Weggabelung und müssen sich für den linken oder den rechten Weg entscheiden. Wenn Sie nach links gehen, notieren Sie eine Eins und für rechts eine Null. Mehr steckt nicht dahinter. Jedes Mal, wenn der Prozessor eine Null oder eine Eins verarbeitet, weiß er genau, welchen Weg er eingeschlagen muss.

Dies ist zugegeben eine sehr reduzierte Sichtweise auf einen Computer. Einfacher geht es nicht, denn eine weitere Zerlegung ist nicht mehr möglich. Letzten Endes löst sich alles Konkrete und Bedeutungsvolle auf, und es verbleiben nur Bits. Sie repräsentieren die Werte der einfachsten möglichen Alternative. Die Antworten auf die primitivste aller Fragen sind also der Stoff, aus dem sich ein Computer aufbaut. Er besteht aus Bits auf der Festplatte, im Hauptspeicher und im Prozessor. Wir haben alles getan, um unseren Rechner zu zerlegen und sind am Ende bei etwas ganz Abstraktem und schwer Fassbarem angelangt. Wir sollten uns diese Erkenntnis gut merken, denn bei unserer gewohnten Materie sieht es ganz ähnlich aus.

Aber treten wir noch einmal einen Schritt zurück. Gibt es nicht doch etwas Materielles in unserem Computer, nämlich den Ort, wo die Informationen gespeichert sind? Also die Festplatte, den Prozessor, einen USB-Stick oder eine DVD. Hier sollten sich die Informationen doch festmachen lassen.

Im Prinzip ist dies korrekt, aber im Endeffekt unwichtig. Natürlich finden wir die Informationen in den jeweiligen Speichertechnologien an genau festgelegten Orten. Diese Technologien arbeiten zwar alle mit unterschiedlichen physikalischen Effekten, leisten jedoch exakt dasselbe. Sie lesen und schreiben Bits. Wenn eine Technologie wie die der Magnetbänder ausstirbt, so können die Informationen durch

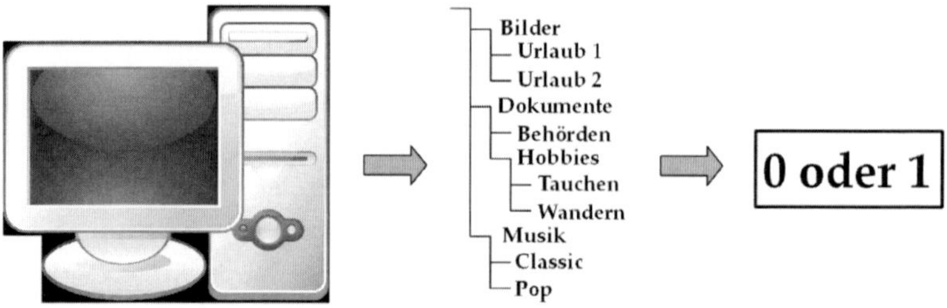

15 Ein Computer beinhaltet je nach Betrachtungsweise eine Menge von Dateien oder lediglich eine Sammlung von Bits.

Kopieren gerettet und vollständig erhalten werden. Ein Speichermedium ist also lediglich der Träger der Informationen und somit austauschbar. Daher kommt es nur auf die *Information* selbst an, also auf die Abfolge der Bits.

Der Grund, weshalb wir Bits zur Darstellung von Informationen in Rechnern verwenden, liegt an ihrer Einfachheit und Robustheit. *Zwei* Zustände lassen sich viel leichter voneinander unterscheiden als drei oder mehr. Ein Zustand muss beim Abspeichern ja nicht nur festgelegt werden, sondern beim Auslesen auch sicher wieder erkannt werden. Dies ist am zuverlässigsten, wenn es nur zwei Auswahlmöglichkeiten gibt.

Zum Schluss möchte ich Ihnen noch ein anschauliches Beispiel für die Informationsflüsse in unserer heutigen Welt geben. Als Angestellter einer Firma erhalte ich einmal im Monat eine Gehaltsabrechnung. Diese kann ich mir online an meinem Rechner ansehen oder auch ausdrucken. Das Geld wird mir direkt auf mein Konto überwiesen. Auch dieses Konto kann ich online kontrollieren und mir die Auszüge abspeichern oder ausdrucken.

Wenn ich nun zum Beispiel in ein Buchgeschäft gehe und mir dieses Buch hier kaufe und per Karte bezahle, so wird mir der Preis direkt von meinem Konto abgebucht und auf das Konto des Buchhändlers transferiert. Dieser rechnet den Verkauf wiederum mit dem Verlag ab. Als Autor jedoch bin ich am Erlös meines Buches beteiligt und bekomme daher einen Teil des Buchpreises als Honorar auf mein Konto gutgeschrieben. Mit diesem Geld kann ich nun in einem anderen Geschäft erneut bargeldlos bezahlen. Und so kann dieses Spiel endlos weiter gehen.

Von unserem Geld, das einmal als universelles Tauschmittel durch eine harte Münzwährung repräsentiert wurde, ist nur mehr ein Strom von Informationen übrig geblieben. Allerdings leistet dieser Strom genau dasselbe. Unentwegt fließen diese und andere Informationen durch die Kabel- und Satellitenverbindungen des Internets wie das Blut durch unsere Adern. Und wenn wir uns schließlich noch selbst in dieses Bild mit einfügen, so sind auch wir nichts anderes als informationsverarbeitende Einheiten.

10 Atome

Kann man in nur 8 Minuten einen Überblick über das gesamte Universum geben? Man kann, und obwohl dieser Kurzfilm im Jahr 1977 gedreht wurde, ist er auch heute noch eine Meisterleistung. Er heißt ›Zehn Hoch‹ und beschreibt eine Reise über 40 Zehnerpotenzen. Als ich ihn damals zum ersten Mal gesehen habe, blieb mir wahrscheinlich einfach nur der Mund offen stehen.

Er beginnt auf einer Picknickdecke, auf der zwei Menschen in der Sonne dösen. Von dort geht es in einer ununterbrochenen Kamerafahrt hinauf und hinaus in den Weltraum, das Sonnensystem, die Milchstraße bis hin zu den Galaxienhaufen und wieder zurück. Dann zoomt die Kamera wieder ohne Pause ins Kleine hinein. Über die Hautoberfläche geht die Reise in eine Zelle, die dort befindliche Erbsubstanz, weiter über ein Atom, seinen Kern bis hin zu den sogenannten Quarks. In einem Zeitalter, als Google Earth noch nicht einmal ansatzweise abzusehen war, war dieser Film einfach bahnbrechend. Heute können Sie sich ihn jederzeit im Internet ansehen.

Nicht im Traum hätte ich mir damals vorstellen können, dass ich diesen Film einmal mit meinen eigenen Worten nachzeichnen werde. Aber genau darum geht es in den folgenden Kapiteln. Wir arbeiten uns zunächst bis in die kleinsten Dimensionen vor und dann geht in umgekehrter Richtung bis zum Rand unseres Universums. Wir überspringen dabei die gesamte Biologie und Chemie, mit all ihren Lebewesen, Zellen und Molekülen. Dies vereinfacht unsere Reise und lässt uns Raum für die fundamentalen Gesetzmäßigkeiten. Wir steigen daher gleich bei den Atomen ein.

Hinweise auf unteilbare Materiebestandteile häuften sich über den gesamten Verlauf des 19. Jahrhunderts. In der Chemie stellte man fest, dass sich alle Verbindungen aus weniger als 100 Stoffen aufbauen, die sich nicht weiter zerlegen lassen. Diese Elemente sind bei den chemischen Reaktionen immer nur in ganzzahligen Verhältnissen beteiligt. Wasser beispielsweise besteht aus einem Teil Sauerstoff und zwei Teilen Wasserstoff. Mithilfe ihrer Eigenschaften und Gewichte wurde in den 1860er Jahren das Periodensystem der Elemente aufgestellt. Ein weiterer Beleg für die Existenz von Atomen war der Erfolg der Wärmelehre mit ihrem Modell von zusammenstoßenden Kugeln. Doch erst in den Anfängen des 20. Jahrhunderts wurde die Existenz von Atomen allgemein anerkannt.

Dies lag unter anderem an ihrer Größe oder besser gesagt an ihrer Winzigkeit. Atome sind im Vergleich zur Wellenlänge des sichtbaren Lichts noch einmal 1000 bis 10 000-mal kleiner. Und da man auch mit dem besten Lichtmikroskop nichts erkennen kann, was kleiner ist als die verwendete Wellenlänge, blieben sie lange Zeit unsichtbar. Atome entziehen sich daher mit ihren Ausdehnungen zwischen 60 und 450×10^{-12} Metern einem direkten optischen Nachweis. Trotzdem habe ich mich schon als Kind gefragt, wie es unter einem ganz starken Mikroskop eigentlich aussehen müsste, wenn ich mit meiner Hand einen Tisch berühre. Wie stoßen dabei die Atome meiner Haut mit denen des Holzes aufeinander?

Wie gigantisch die Anzahl der Atome in normalen Gegenständen ist, haben wir schon im Kapitel 7 über Wärme gesehen. Ich möchte trotzdem versuchen, dies einigermaßen anschaulich zu machen. Ein Liter Wasser beinhaltet ziemlich genau 10^{26} Atome, und ein Mensch besteht aus etwa 7×10^{27} Atomen. Doch wie viel ist dies, beispielsweise im Vergleich zu der Anzahl von Sandkörnern in der Sahara? Nehmen wir dazu an, alle Sandkörner hätten die gleiche Größe von etwa 0,4 Millimetern. Wir sind großzügig und geben der Sahara eine Länge von 5000 km und eine Breite von 2000 km. Wir vereinfachen die Wüste nochmals und lassen sie überall aus Sand mit einer Dicke von 10 m bestehen. Doch damit kommen wir insgesamt auf gerade einmal $1{,}5 \times 10^{24}$ Sandkörner. Erst wenn wir die komplette Landoberfläche der Erde mit mehr als 40 m Sand bedecken, erhalten wir dieselbe Anzahl von Sandkörnern wie Atome in einem Liter Wasser. Dabei türmt sich der Sand überall so hoch wie ein 13-stöckiges Haus.

Einen weiteren und sehr griffigen Größenvergleich für Atome möchte ich hier nochmals wiederholen: Ein Atom ist im Verhältnis zu einem Apfel etwa so klein wie ein Apfel im Verhältnis zur gesamten Erde.

Mit Atomen kam ich das erste Mal durch eine Sendereihe im Fernsehen in Berührung. Während der Grundschule schaute ich zusammen mit meiner Mutter regelmäßig die Unterrichtssendungen des Telekollegs an. Am meisten angetan hatten es mir der Englischkurs mit seinen lustigen Sketchen und die Physikstunde mit Victor Pichlmayr. Mit seiner warmen fränkischen Aussprache erklärte er den Zuschauern ruhig und besonnen den Aufbau der Welt. Obwohl er mir dabei manchmal vorkam wie ein netter Märchenonkel, wusste er doch stets genau, von was er sprach und wie er es am verständlichsten vermitteln musste. Neben den Boxkämpfen mit Muhammad Ali war dies für mich eine weitere Sternstunde des Fernsehens.

Eines Abends ging es um den Aufbau von Atomen. Verschiedene Modelle wurden vorgestellt, unter anderem auch das Atommodell von Niels Bohr (1885–1962) aus dem Jahr 1913. Laut Bohr besteht ein Atom aus einem sehr kleinen, aber kompakten Kern, um den eines oder mehrere Elektronen kreisen. Der Atomkern ist positiv und die Elektronen negativ geladen. Für jede weitere positive elektrische Ladung des Kerns muss sich auch ein zusätzliches Elektron im Atom einfinden, damit das Atom nach außen hin wieder elektrisch neutral ist. Ein Atom wird also von elektrischen Anziehungskräften zusammengehalten.

Nach diesen Vorbemerkungen sollte es eigentlich nicht weiter schwer sein, ein Atom zu beschreiben. Die elektromagnetischen Kräfte zwischen dem schweren Kern und den leichten Elektronen sind bekannt und mit den newtonschen Bewegungsgleichungen sollten sich die Bahnen der Elektronen wie bei einem Planetensystem berechnen lassen. Aber mit diesem einfachen Ansatz erlitten die Physiker gnadenlos Schiffbruch.

Das Problem besteht darin, dass eine kreisende elektrische Ladung normalerweise ständig Energie verliert, da sie dauernd ihre Richtung ändert, also beschleunigt wird. Bei einem Elektron in einem Atom würde dies so schnell gehen, dass es innerhalb von Sekundenbruchteilen in den Kern stürzen müsste. Da aber nichts dergleichen passiert, hat Bohr den Elektronen kurzerhand verboten, Energie abzustrahlen. Er behauptete schlicht und ergreifend, dass ein Elektron sich in einem Atom nur auf *erlaubten Bahnen* bewegen darf und nicht irgendwie beliebig. Auf diesen Bahnen kann es dann verlustfrei bis in alle Ewigkeit kreisen, aber ein Aufenthalt dazwischen ist verboten.

Wenn Sie sich jetzt etwas veräppelt fühlen, dann spiegelt das den Wissensstand der damaligen Physik ganz gut wieder. Aber Bohr und die anderen Physiker waren weder naiv noch blind. Ihr Gespür sagte ihnen, dass in einem Atom andere Gesetze gelten mussten, aber dass sie diese noch nicht vollständig erkannt hatten. Jedenfalls waren die klassischen Theorien der Mechanik und der Elektrizitätslehre nicht dazu geeignet, ein Atom zu erklären. Ein Atom *ist kein* kleines Planetensystem aus Kern und Elektronen.

Und so klammerten sich die Physiker an alles, was die Experimente hergaben und konzentrierten sich zunächst auf das einfachste Atom, das Wasserstoffatom. Sein Atomkern besteht aus einem einzigen Kernbaustein, einem positiv geladenen Proton mit einer Masse von lediglich $6{,}7 \times 10^{-27}$ kg. Demzufolge besitzt Wasserstoff nur ein negativ geladenes Elektron, das noch einmal 1836-mal leichter ist als ein Proton. Ein Elektron im Vergleich zu einem Proton ist also ein richtiges Fliegengewicht. Es ist etwa so leicht wie ein Gummibärchen gegenüber einer Bowlingkugel.

Beide Teilchen tragen exakt die gleich große, aber entgegengesetzte elektrische Ladung. Alle Ladungen, die jemals direkt gemessen wurden, sind ein ganzzahliges Vielfaches dieser Elementarladung. Elektrische Ladungen kommen demnach nicht mit einem beliebigen Wert vor, sondern besitzen eine kleinste unteilbare Einheit. Dies zeigt uns ein zweites Mal, dass in der Welt der Atome manche Größen nur bestimmte Werte annehmen können. Unsere vertraute Welt mit ihren kontinuierlichen Messwerten ist bei genauer Betrachtung zumindest teilweise grobkörnig und abgezählt.

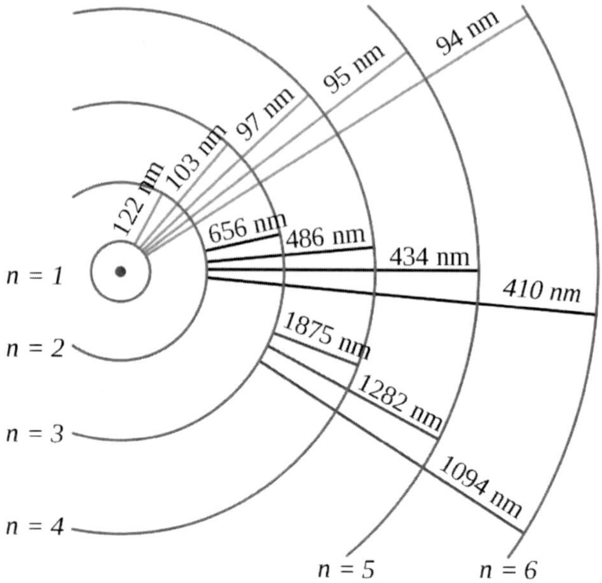

16 Das Atommodell von Niels Bohr mit den Energieniveaus von Wasserstoff. Bei jedem Übergang ist ein Photon der entsprechenden Wellenlänge beteiligt.

Die Fähigkeit von Atomen, Licht auszusenden oder aufzunehmen, unterliegt ebenfalls solchen Beschränkungen. Atome können dies nur mit Licht von ganz bestimmten Wellenlängen beziehungsweise Energien leisten. Dabei hat jede Atomsorte eine andere Auswahl von Energien zur Verfügung. Es ist ungefähr so, als hätte jede Atomsorte ihre eigene Lichttonleiter. Bestrahlt man ein Atom hingegen mit unpassendem Licht, so ist dies gleichbedeutend damit, dass ein verstimmter Ton gespielt wird. Er klingt nicht nur für unsere Ohren unharmonisch, auch ein Atom weiß damit nichts anzufangen und ignoriert dieses Licht einfach. Nur ein passender Ton oder ein Photon mit einer auf das Atom abgestimmten Energie erzielt auch eine Wirkung.

Erhitzt man Atome beispielsweise mit einer Gasflamme, so strahlen sie nur Licht mit wenigen eindeutigen Wellenlängen ab. Zerlegt man dieses Licht mit einem Prisma, so findet man deshalb nur feine Linien und kein durchgängiges Spektrum wie bei einem Regenbogen. Und genau die Anzahl und Farbe dieser Linien galt es mit einem Atommodell zu erklären.

Bohr konnte das Linienspektrum von Wasserstoff mit seinem Modell besser erklären als seine Vorgänger. Er behauptete, dass der Energieunterschied zwischen den erlaubten Elektronenbahnen genau der Energie *eines* Photons entspricht. Ein Atom strahlt also immer nur ein einzelnes Photon der passenden Energie ab, oder es absorbiert genau eines mit dieser Energie. Dabei wechselt dann auch nur jeweils ein einziges Elektron seine Bahn.

Auch für die Bahnenergien hatte Bohr eine Formel parat. Den Zusammenhang stellt eine Größe her, die Max Planck (1858–1947) im Jahr 1900 eher zähneknirschend entdeckt hatte. Dieses sogenannte *plancksche Wirkungsquantum* war ursprünglich nur ein Rechentrick, um die Energieverteilung der Wärmestrahlung eines Körpers zu erklären. Wenn man ein Stück Eisen erwärmt, so wird es zunächst rot glühend, dann bekommt es eine gelbe Farbe, und schließlich leuchtet es weißbläulich. An der Erklärung dieses Farbverlaufs und der zunehmenden Helligkeit hatten sich die Physiker eine ganze Zeit lang vergeblich die Zähne ausgebissen. Planck führte eine Hilfsgröße h ein, von der er hoffte, dass er sie am Ende seiner Rechnung wieder los sein würde, doch heute ist sie die vielleicht wichtigste Naturkonstante der gesamten Physik.

Planck nahm an, dass die Strahlung eines idealisierten, sogenannten schwarzen Körpers nur portionsweise abgegeben werden kann. Ein solcher Körper ist dadurch ausgezeichnet, dass er jegliche auftreffende Strahlung verschluckt, obwohl er selbst welche aussendet. Ein glühendes Eisenstück und auch die Sonne sind daher verblüffenderweise für Physiker schwarze Körper, und damit einfach zu behandeln. Für Planck jedoch war anfangs die Portionierung von Licht regelrecht ein rotes Tuch. Er hatte zwar erstmals eine korrekte Formel für die Strahlung eines schwarzen Körpers hergeleitet, konnte aber mit seiner Hilfsgröße nichts anfangen.

Das plancksche Wirkungsquantum h beschreibt den Zusammenhang zwischen einer Energie und einer Schwingungsfrequenz, aber Planck konnte sich nichts Vernünftiges darunter vorstellen. Erst Einstein mit seiner Lichtquantenhypothese und Bohr mit seinem Atommodell lieferten die Begründung für diese Größe. Ein Photon mit der Schwingungsfrequenz f hat nach Einstein genau die Energie

$$E = h \cdot f.$$

Und diese Photonen mit ihren verschiedenen Energien waren laut Bohr für die Linien im Wasserstoffspektrum verantwortlich.

Das bohrsche Atommodell mit seinen stufenartigen Bahnen und den springenden Elektronen konnte aber nur auf Dauer Bestand haben, wenn man auch eine Ursache für dieses merkwürdige Verhalten fand. Auch Herr Pichlmayr vom Telekolleg stellte als Nächstes ein wesentlich ausgefeilteres Atommodell vor.

Es basiert auf einer neuen Theorie, die fast zeitgleich Mitte der 1920er Jahre von Werner Heisenberg (1901–1976) und Erwin Schrödinger (1887–1961) entworfen wurde. Sie beschreibt ein Atom mit einer eigenartigen Mechanik aus Wellen anstelle von Elektronen. Auch die Lichtquanten fanden in dieser neuen Theorie ihren Platz. Man nannte sie daher Quantenmechanik.

11 Quantentheorie

Die Quantenmechanik in ihrer heutigen Fassung beschreibt nicht nur Atome, sondern einfach alle Phänomene im Mikrokosmos der Elementarteilchen. Obwohl sie hier äußerst erfolgreich ist, ist sie dennoch nicht auf einen bestimmten Größenbereich beschränkt, sondern eine universelle Theorie. Streng genommen gilt sie auch überall in unserer Alltagswelt, obwohl wir nichts davon direkt bemerken. Auch beinhaltet sie nicht nur mechanische Bewegungen, sondern auch die Umwandlung von Teilchen in andere Teilchen. Weiterhin gelang es bald nach ihrer ersten Formulierung, die spezielle Relativitätstheorie in die Quantenmechanik mit einzubetten. Mit ihr wird heute nicht nur die elektromagnetische Kraft beschrieben, sondern auch die Kernkräfte, die wir noch kennenlernen werden. All dies führt dazu, dass die Quantenmechanik zwar einst die klassische Mechanik aus dem atomaren Bereich verdrängte, aber mittlerweile um einiges breiter aufgestellt ist. Ich möchte die Quantenmechanik daher ab jetzt nur noch mit dem neutraleren Begriff Quantentheorie bezeichnen.

In diesem Kapitel möchte ich Sie mit den Grundbegriffen der Quantentheorie vertraut machen. Dazu werde ich mich auf ihre hervorstechendsten Eigenschaften konzentrieren und jeweils den Bezug zu den Atomen herstellen. Tatsächlich ist dieses Kapitel aber nur der Auftakt zu einer größeren Reihe von Kapiteln, die sich alle um das Thema Quantentheorie ranken. Was sie in ihrem tiefsten Kern über die Natur aussagt und wie man sie interpretieren kann, werden wir dann ausführlich im zweiten Teil dieses Buches sehen. Ab jetzt wird sie daher unser ständiger Begleiter sein.

Aber nun zu den wichtigsten Merkmalen der Quantentheorie, die alle im krassen Gegensatz zu den klassischen Theorien stehen. Ich liste sie Ihnen zunächst auf, und dann schauen wir sie uns nacheinander gemeinsam an:

- Die Quantentheorie macht keine sicheren Vorhersagen, sondern gibt nur Wahrscheinlichkeiten für das Eintreten eines Ereignisses an.
- Sie enthält eine Vorschrift, wie festgelegt oder wie unbestimmt unsere Welt ist.
- Sie handelt von Teilchen, die sich auf keine Weise voneinander unterscheiden lassen, was zu verblüffenden Konsequenzen führt.
- Und schließlich knüpft die Quantentheorie Verbindungen zwischen Teilchen, die überraschenderweise so dicht sind, dass man die Teilchen nicht mehr als getrennte Objekte ansehen kann.

Kehren wir nach dieser Einleitung wieder zu den Atomen zurück. Zur besseren Erklärung des Linienspektrums von Wasserstoff entwickelte Erwin Schrödinger eine neuartige Gleichung. Er ersetzte dazu das Elektron im Atom durch eine Art Welle. Das feste Teilchen, das sich zuvor immer an einem bestimmten Ort befand, war nun über das ganze Atom verteilt. Was diese Welle bedeutete, war aber zunächst noch unklar. Die erste Vermutung, dass es sich um eine stehende Elektronenwelle wie bei der Schwingung einer Gitarrensaite handelt, erwies sich als nicht haltbar. Doch der Erfolg bei der Berechnung von immer mehr Details im Wasserstoffspektrum gab der sogenannten Schrödingergleichung recht. Erst Max Born (1882–1970) lieferte schließlich die entscheidende Interpretation für diese neue Art von Wellenmechanik.

Die Wellenfunktion eines Elektrons in der Schrödingergleichung gibt *nicht* den Ort für ein Elektron an. Sie liefert nur eine *Wahrscheinlichkeit* dafür, dass man das Elektron an einem bestimmten Ort tatsächlich finden wird. Der Ort des Elektrons ist nicht mehr durchgängig festgelegt wie bei einer Planetenbahn, sondern unscharf über das gesamte Atom verschmiert. Nur noch die Wahrscheinlichkeit seines Aufenthaltsorts kommt in der Gleichung vor. Diese Wahrscheinlichkeit ist zwar exakt festgelegt, aber wo sich das Teilchen wirklich befindet, ist nicht klar. Man kann zwar das Elektron des Wasserstoffatoms beispielsweise mit hochenergetischem Licht aufspüren, allerdings muss man dazu auch immer das Atom zerstören, also die Bindung zwischen Proton und Elektron lösen. Für diesen Vorgang jedoch beschreibt die Wellenfunktion des Elektrons genau, mit welcher Chance man es an einem bestimmten Ort entdecken wird.

Elektronen halten sich demnach gemäß ihrer Wellenfunktionen in Atomen in bestimmten Raumbereichen bevorzugt auf. Diese Bereiche nennt man Orbitale. Ihre Form ergibt sich als Lösung der Schrödingergleichung in Abhängigkeit von bestimmten ganzen Zahlen, die man Quantenzahlen nennt. Für jeweils eine Kombination dieser Zahlen erhält man ein Orbital, in dem sich ein Elektron aufhält. Die Form dieser Orbitale kann dabei kugelförmig, schalenartig oder auch keulenförmig sein. Genau genommen aber hat ein Orbital und damit ein Atom gar keinen festen Rand. Die Aufenthaltswahrscheinlichkeit verringert sich lediglich in einiger Entfernung vom Atomkern so stark, dass man ein Elektron nur noch in verschwindend geringen Fällen außerhalb dieses Bereichs antrifft.

Wir können uns heute noch lebhaft vorstellen, was die Einführung von Wahrscheinlichkeiten mitten im Atom für Verwirrung ausgelöst hat. Wieso konnte man nicht mehr sagen, wo sich ein Elektron zu einem beliebigen Zeitpunkt befindet? Wo ist es denn, wenn nicht an einem bestimmten Ort? Aber falls es sich an einem bestimmten Ort befinden sollte, warum können wir diesen Ort dann nicht berechnen? Die Schlussfolgerung liegt nun ziemlich nahe, dass wir wegen unserer

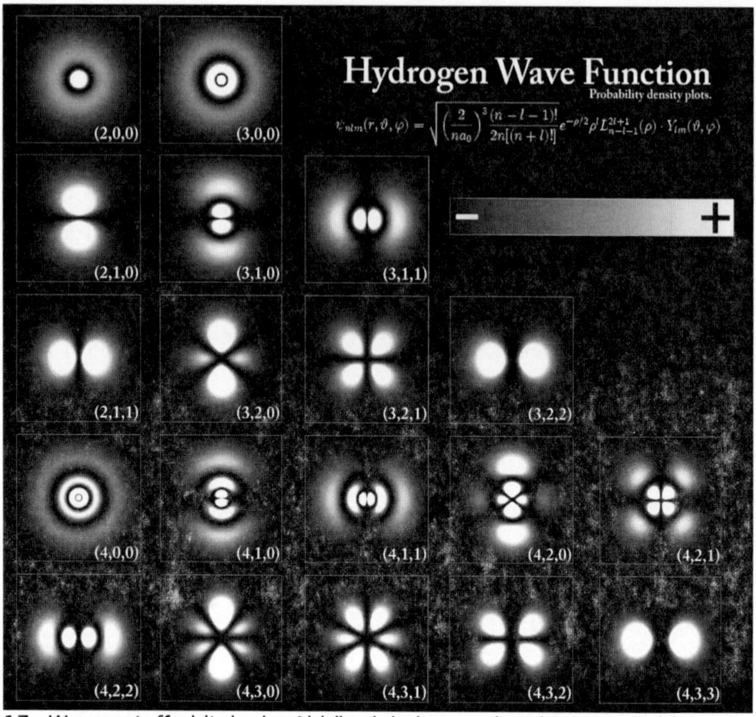

17 Wasserstofforbitale in Abhängigkeit von bestimmten Zahlen, die man Quantenzahlen nennt. Je heller der Bereich desto höher die Aufenthaltswahrscheinlichkeit des Elektrons.

Unfähigkeit, den Ort eines Elektrons festzulegen, wohl auch noch nicht die endgültigen Gesetze der Atomphysik entdeckt haben.

Davon war zum Beispiel auch Einstein bis an sein Lebensende fest überzeugt. Obwohl er mit der Einführung der Lichtquanten entscheidend zum Erfolg der Quantentheorie beitrug, konnte er diesen im wahrsten Sinne des Wortes Realitätsverlust nicht akzeptieren. Er fasste seine Gefühle mit dem berühmten Satz »Gott würfelt nicht.« zusammen. Doch die experimentellen Ergebnisse zeigen ganz eindeutig in die andere Richtung. Die Natur würfelt an allen Ecken und Enden. Doch der Interpretationskrieg, was denn von all dem nun zu halten sei, dauert seit Jahrzehnten an. Wir lassen ihn hier aber zunächst einmal links liegen und widmen uns diesen Fragen später ausgiebig. Unstrittig ist jedenfalls, dass die Quantentheorie mit ihrer Wahrscheinlichkeitsdeutung bisher alle Versuchsergebnisse mit zum Teil fantastischer Genauigkeit vorhersagen und beschreiben konnte.

Im Jahr 1927 hat Werner Heisenberg die für mich wichtigste Formel der gesamten Physik aufgestellt: die *Unbestimmtheitsrelation*, die auch oft als Unschärferelation bezeichnet wird. Diese Beziehung beinhaltet den entscheidenden Unterschied zwischen der klassischen Weltanschauung und der Quantentheorie. Bei einem Planeten, einem Zug oder einem Speer scheint eine gleichzeitige Messung seines Orts und seiner jeweiligen Geschwindigkeit immer mit einer beliebigen Genauigkeit möglich zu sein. Auch die Relativitätstheorie schränkt dies in keiner Weise ein. Deshalb lassen sich in der gesamten Mechanik auch Ort und Geschwindigkeit eines Körpers wie selbstverständlich gleichzeitig berechnen, und zwar ohne Wenn und Aber.

In der Quantentheorie ist dies aber nicht mehr für alle Messgrößen so einfach der Fall. Das bekannteste Paar von Größen, wo dies *nicht* gilt, ist gerade der Ort eines Körpers und sein Impuls, also das Produkt aus seiner Masse mal seine Geschwindigkeit. In der heisenbergschen Formel geht es dabei nicht einfach um die Ungenauigkeiten, mit denen wir sowohl den Ort x als auch den Impuls p messen können, sondern darum, wie genau sie prinzipiell bekannt sein können. Solche Ungenauigkeiten werden typischerweise mit einem vorangestellten Δ (gesprochen: delta) gekennzeichnet. Ich schreibe nun zunächst die Unbestimmtheitsbeziehung hin und erkläre sie Ihnen sogleich:

$$\Delta x \cdot \Delta p \geq h / 4\pi = \hbar / 2.$$

In Worten heißt dies, dass die Ungenauigkeit, mit der wir den Ort eines Körpers kennen, multipliziert mit der Ungenauigkeit, mit der wir seinen Impuls kennen, immer größer oder gleich dem planckschen Wirkungsquantum h geteilt durch 4 Pi sein muss. Dabei wird die Größe $h/2\pi$ mit $\hbar$ (gesprochen: h quer) abgekürzt. Jetzt werden Sie sich vielleicht fragen, warum denn das so wichtig ist? Es läuft so ähnlich wie bei der speziellen Relativitätstheorie auf den Satz hinaus, dass alles seinen Preis hat.

Nehmen wir an, wir wollen versuchen, den Ort eines Elektrons zu messen, in dem wir es zum Beispiel mit Licht bestrahlen. Dabei wird ein Photon an dem Elektron ähnlich wie eine Billardkugel gestreut. Messen wir die Richtung und damit die Ablenkung des Photons, so erhalten wir Auskunft über den Ort des Elektrons. Den Ort kennen wir allerdings nicht mit beliebiger Genauigkeit. Die Verhältnisse sind hier ähnlich wie bei einem Lichtmikroskop. Man kann mit ihm keine Strukturen erkennen, die kleiner sind als die verwendete Lichtwellenlänge. So in etwa ist es auch bei einem Elektron, dessen Ort man mit Licht bestimmen will. Wir kennen den Ort des Elektrons nur mit der Genauigkeit, die der Wellenlänge unseres Lichts entspricht.

Wollen wir den Ort genauer messen, so müssen wir die Wellenlänge verkürzen oder mit anderen Worten die Energie des Lichts erhöhen. Damit vergrößern wir aber auch den Impuls des Lichts. Und genau dieser Lichtimpuls ist nun der Übeltäter. Er verpasst dem Elektron einen Stoß, sodass es sich nicht mehr so bewegt wie vorher. Unsere Ortsmessung hat also den Impuls des Elektrons verändert. Dabei können wir aber nicht feststellen, in welche Richtung das passiert. Und nun haben wir den Salat. Je genauer wir den Ort des Elektrons messen wollen, desto stärker verändern oder stören wir seinen Impuls. Genau diesen Zusammenhang stellt die heisenbergsche Unbestimmtheitsrelation in einer Formel dar. Je genauer der Ort eines Körpers bekannt ist desto ungenauer kennen wir seinen Impuls und umgekehrt.

Da allerdings das plancksche Wirkungsquantum eine sehr kleine Größe ist, merken wir im Alltag nichts davon. Es hat in unseren handelsüblichen Einheiten wie Meter, Kilogramm und Sekunde die Größe von lediglich $6{,}6\times10^{-34}$ Joule mal Sekunde, wobei Joule die Einheit der Energie ist. Das plancksche Wirkungsquantum ist damit geradezu erschreckend winzig. Allerdings ist ein Elektron mit $9{,}1\times10^{-31}$ kg auch so dermaßen leicht, dass es sich sein Bewegungszustand durch eine Messung relativ leicht beeinflussen lässt. In atomaren Größenordnungen diktiert daher die Unbestimmtheitsrelation das Verhalten der Elektronen.

Ein zweites Paar von Größen, die ebenfalls durch eine Unbestimmtheitsbeziehung gekoppelt sind, ist die Energie E eines Körpers und die Zeitdauer t, die wir für die Messung dieser Energie aufwenden müssen. Um beispielsweise die Energie von Licht zu bestimmen, müssen wir seine Schwingungsfrequenz messen. Wir können dazu seine Schwingungen einfach zählen. Dies wird aber um so genauer, je mehr Zeit wir dafür zur Verfügung haben. Die Umkehrung dieser Feststellung gilt ebenfalls. Je kürzer eine Messung andauert, desto ungenauer wird eine Energiebestimmung:

$$\Delta E \cdot \Delta t \geq \hbar.$$

Diese anschaulichen Erklärungen der Unbestimmtheitsrelationen sind jedoch mit äußerster Vorsicht zu genießen. Wir haben die Unschärfe einer Messung mit der damit verbundenen Störung des Messobjekts erklärt. Dies stellt aber nur einen Versuch dar, den wirklichen Sachverhalt erst einmal begreifbar zu machen. Die Schwäche der obigen Argumentation liegt darin, dass wir stillschweigend davon ausgegangen sind, dass ein Messobjekt zu jedem Zeitpunkt auch immer einen Ort und eine Geschwindigkeit *besitzt.*

Wir haben ein Elektron quasi wie eine kleine Kugel behandelt, die von einer anderen Kugel getroffen wird und dabei abgelenkt wird. Diese Sichtweise werden wir aber noch völlig aufgeben müssen. Die heisenbergsche Beziehung beschreibt *nicht* die Unschärfe von Messungen, sondern den Grad, mit dem Messgrößen überhaupt festgelegt, also bestimmt sind. Sie setzt gerade *nicht* voraus, dass diese Größen *vor* der Messung schon irgendeinen Wert haben, der sich dann nur unscharf feststellen lässt. Genau deshalb ziehe ich den Begriff der Unbestimmtheitsrelation der geläufigeren Bezeichnung Unschärferelation vor.

Die Teilchen, mit denen die Quantentheorie arbeitet, sind absolut *ununterscheidbar.* Jedes Proton, Elektron oder andere Elementarteilchen hat jeweils exakt die gleichen Eigenschaften wie alle anderen. Seine Masse, elektrische Ladung und andere wichtige Eigenschaften, die man auch als Quantenzahlen bezeichnet, sind immer die gleichen. Genau durch diese Eigenschaften und durch nichts anderes ist ein solches Teilchen charakterisiert. Sie geben dem Teilchen seine Identität. Die Gleichheit zweier dieser Teilchen geht aber weit über jeden Gleichheitsbegriff hinaus, den wir normalerweise kennen. Zwei Elektronen sind also nicht nur so gleich wie zwei Teller oder zwei Billardkugeln, sondern absolut gleich. Daher gibt es auch keine praktische denkbare Möglichkeit, eines dieser Teilchen zu markieren und damit wiedererkennbar zu machen.

Als Beispiel betrachten wir zwei Elektronen, die wir in einen bestimmten Raumbereich einsperren. Wenn wir beispielsweise nach einer Sekunde wieder nach den Elektronen schauen, so ist niemand in der Lage zu sagen, welches der beiden nun vorher das eine oder das andere war. Um dies festzustellen, müssten wir die Teilchen schon lückenlos beobachten. Aber selbst eine schnelle Folge von Beobachtungen ist keine durchgängige Überwachung, wie wir dies zum Beispiel von der Flugbahn eines Speeres her kennen. Außerdem ist jede Beobachtung den Regeln der Unbestimmtheitsrelation unterworfen, was bedeutet, dass sie niemals mit beliebiger Genauigkeit erfolgen kann. Wenn wir also mehrmals hintereinander ununterscheidbare Teilchen beobachten, so ist es prinzipiell nicht möglich zu sagen, wie sich jedes *einzelne* von ihnen verhalten hat. Eine solche Aussage macht gar keinen Sinn.

Dies ist alles andere als bloße Haarspalterei, sondern hat handfeste praktische Konsequenzen. Die Ununterscheidbarkeit von Teilchen führt zusammen mit einer anderen Größe, die wir gleich kennenlernen werden, dazu, dass es zwei fundamental verschiedene Sorten von Teilchen gibt. Die eine Sorte baut unsere Materie auf, wie beispielsweise das Proton oder das Elektron, und von der anderen Sorte haben wir bislang nur das Photon kennengelernt. Viele Teilchen dieser anderen Sorte vermitteln die Wirkungen von Kräften zwischen Teilchen, in dem sie zwischen diesen Teilchen ausgetauscht werden, was wir uns noch genauer ansehen werden. Die erste Sorte werde ich daher im Folgenden als Materieteilchen bezeichnen und die zweite Sorte als Austauschteilchen.

Die Größe, um die sich diese zwei Teilchensorten unterscheiden, bezeichnen die Physiker als *Spin,* was im Deutschen so viel heißt wie Eigendrehung. Doch mit der Vorstellung von einem sich drehenden Elektron kommen wir leider nicht besonders weit, obwohl solch ein Bild oftmals in der Literatur verwendet wird. Denn ein Elektron ist nach allem, was wir wissen, ein punktförmiges Teilchen oder etwas vornehmer ausgedrückt, es besitzt keine innere Struktur. Und da ein Punkt keine Ausdehnung hat, kann er sich auch nicht drehen.

Obwohl der Spin sich mathematisch wie eine Drehbewegung verhält und auch die Einheit eines Drehimpulses besitzt, so ist er doch etwas wesentlich Abstrakteres, aber trotzdem eine messbare Größe. Man kann beispielsweise den Spin von Elektronen messen, in dem man sie durch ein spezielles Magnetfeld fliegen lässt. Dabei zeigt sich, dass ein Elektron genau zwei Möglichkeiten besitzt, sich in solch einem Feld auszurichten. Es kann sich in Richtung des Feldes orientieren oder entgegengesetzt dazu. Mehr als diese beiden Möglichkeiten besitzt ein Elektron nicht, auch wenn dies vielleicht schwer vorstellbar ist. Der Spin eines Elektrons verhält sich demnach genauso wie ein Bit in einem Computer. Fragen wir das Bit, ob es An oder Aus ist, so erhalten wir genau eine Antwort aus zwei möglichen. Wenn ein Elektron durch ein Magnetfeld fliegt und wir es damit fragen, wie es orientiert ist, so bekommen wir ebenfalls nur zwei mögliche Ergebnisse: mit dem Feld orientiert oder entgegengesetzt.

Dabei ist es entscheidend, dass wir die Ausrichtung des Elektrons auch wirklich messen, denn erst dadurch wird sein Spin festgelegt. Zuvor hatte der Spin des Elektrons zwar zwei Antwortmöglichkeiten, dafür aber gar keinen definierten Wert. Wie sich die Natur bei Messungen entscheidet und wann der Wert einer Größe vorhanden ist, sehen wir uns in aller Ausführlichkeit erst im zweiten Buchteil. Doch möchte ich so viel schon vorwegnehmen: Jedes Experiment ist im wahrsten Sinne des Wortes ein Frage-und-Antwort-Spiel. Auf jede unserer Fragen bekommen wir von der Natur die passende Antwort. Dabei wird immer Information zwischen den beteiligten Partnern übertragen, und dies bleibt nie folgenlos. Das heißt aber auch, dass ein Elektron, nachdem es uns eine Frage beantwortet hat, nicht mehr dasselbe ist wie vorher.

Der Messwert des Elektronspins beträgt genau die Hälfte von $\hbar$, und der Spin eines Photons ist exakt $\hbar$. Dies ist kein Zufall, denn alle Messungen von Spins haben stets entweder einen halbzahligen oder einen ganzzahligen Wert in der Einheit $\hbar$ ergeben. Dabei besitzen alle Materieteilchen immer einen halbzahligen Spin wie beispielsweise 3/2 oder 1/2 und alle Austauschteilchen stets einen ganzzahligen Spin wie 2, 1 oder 0. Andere Werte von Spins kommen in der Natur nicht vor. Sie geben daher immer die Antwortmöglichkeiten auf eine Ausrichtungsanfrage an.

Kombiniert man nun den Spin mit der Ununterscheidbarkeit der Teilchen, so zeigt sich, dass sich die Materieteilchen, die man auch als Fermionen bezeichnet, nicht beliebig dicht zusammenpacken lassen. Für Austauschteilchen, die auch Bosonen genannt werden, stellt dies jedoch kein Problem dar. Wir schauen uns gleich die dramatischen Folgen dieser scheinbar harmlosen Formulierung an.

In den Atomen führt diese Regel dazu, dass sich die Elektronen als Materieteilchen nicht beliebig nahe kommen können. Tatsächlich dürfen sich in einem Orbital immer nur genau zwei Elektronen mit entgegengesetztem Spin aufhalten. Mehr Elektronen pro Orbital sind nicht erlaubt. Dieses sogenannte Pauli-Prinzip wurde

1925 von Wolfgang Pauli (1900–1958) erstmals aufgestellt. Aus ihm leiten sich die Festigkeit unserer Materie und die Chemie her.

Das Pauli-Prinzip beschreibt, warum sich verschiedene Atome nicht einfach überlappen dürfen. Könnte man ihre Orbitale einfach unter Druck ineinanderschieben, so würden sich dann innerhalb der Grenzen eines Atoms mehr als zwei Elektronen innerhalb eines Orbitals befinden. Und gerade dies ist nach dem Pauli-Prinzip verboten. Wir haben somit das korrekte Bild für sich berührende Atome gefunden, also auch für die Atome meiner Hand, die einen Tisch berühren. Das Pauli-Prinzip verhindert das Überlappen von gefüllten Atomorbitalen, sodass wir nicht einfach durch einen Tisch hindurch greifen können oder gar durch die Decke fallen.

Auch chemische Verbindungen lassen sich nun relativ leicht verstehen. Wenn sich Atome berühren, die jeweils nur ein einfach besetztes Orbital besitzen, so können diese Orbitale sehr wohl miteinander überlappen. Die Elektronen dieser Orbitale bilden nun ein neues, voll besetztes Orbital und lassen sich nun nicht mehr eindeutig einem Atom zuordnen. Sie gehören vielmehr zu beiden Atomen, die sich damit zu einem Molekül mittels einer chemischen Bindung vereint haben.

Ein gegenteiliges Verhalten finden wir stattdessen bei Photonen, die sich als Austauschteilchen beliebig nahe kommen dürfen. Erst durch diese Liebe zur Nähe wird die Funktionsweise eines Lasers mit seiner konzentrierten Strahlung möglich. Jeder CD-Player mit seinem Laser funktioniert nur, weil Photonen ununterscheidbare Teilchen mit ganzzahligem Spin sind, die sich deshalb beliebig annähern können.

Die wohl verblüffendste Eigenschaft eines Atoms ist die, dass es sich um eine *Einheit* handelt. Schauen wir uns dazu noch einmal das einfachste Atom an: Wasserstoff besteht landläufig gesprochen aus einem Proton und einem Elektron. Doch schon bei dem Wort *bestehen* fangen die eigentlichen Schwierigkeiten an. Wie soll man sich dies vorstellen, wenn man doch nicht weiß, wo sich das Elektron zu einer bestimmten Zeit im Atom aufhält? Wie kann ein Objekt aus einem anderen bestehen, wenn sich sein Bestandteil nirgendwo mit Sicherheit befindet?

Normalerweise sind wir gewohnt, dass wir es mit gut trennbaren Gegenständen zu tun haben. Wenn wir einen Apfel in eine Schale legen, so können wir die beiden Objekte auch zusammen bewegen, beispielsweise hochheben. Trotzdem liegt der Apfel jederzeit und für alle gut sichtbar als separates Objekt in der Schale. Wir können ihn, so oft wir wollen, wieder in die Hand nehmen und nochmals hinein legen. Was wir auch tun, es bleiben immer zwei einzelne Gegenstände: ein Apfel und eine Schale.

Ganz anders sind die Verhältnisse beim Wasserstoff. Hier verbinden sich ein Proton und ein Elektron zu einem Atom. Doch ab jetzt haben wir es nur noch mit diesem Wasserstoffatom zu tun. Das Elektron können wir erst dann wieder nachweisen, wenn wir das Atom unter genügend hoher Energiezufuhr zerstören. Es konnte aber noch niemals ein Elektron innerhalb eines intakten Wasserstoffatoms gefunden werden, *ohne* das Atom durch diese Beobachtung wieder in ein Proton und ein Elektron zu zerlegen.

Dieses Beispiel zeigt, dass die Quantentheorie das Atom als ein ganzheitliches Objekt beschreibt. Die Verbindung zwischen dem Proton und dem Elektron bewirkt, dass diese Teilobjekte nun nicht mehr vorliegen. Es gibt sie nicht mehr, denn wir können sie nicht ausfindig machen, ohne die Einheit kaputtzumachen.

Genau in diesem Sinne möchte ich ebenfalls in den folgenden Kapiteln verstanden werden, wenn ich feststelle, dass sich Atomkerne aus Protonen und Neutronen aufbauen und dass Protonen aus Quarks bestehen. Auch diese Objekte müssen eigentlich als Einheit betrachtet werden. Sie sind zwar aus anderen Objekten gebildet worden, aber die Beziehungen zwischen ihnen sind anderer Natur, als wir dies kennen. Das liegt nicht nur an der Stärke der beteiligten Kräfte, sondern vor allem an der Art der Verknüpfungen, mit denen die Quantentheorie arbeitet. Sie verkoppelt die Teilchen so ähnlich, wie das beim Weben mit den Fäden geschieht. Wir nehmen nicht mehr die einzelnen Fäden war, sondern nur noch ein miteinander verschränktes Webmuster. Diese *Verschränkungen* werden wir später noch näher kennenlernen, und sie werden uns zwingen, unseren Realitätsbegriff gehörig zu überdenken.

Die Quantentheorie möchte ich nun als neue und zentrale Theorie erneut mit einem Geschehen auf einer Bühne vergleichen. Bisher hatte ich die klassische Mechanik und die spezielle Relativitätstheorie in den Kapiteln 4 und 8 charakterisiert. In der Quantentheorie sieht nun alles ganz anders aus. Aus dem klar festgelegten Ablauf ist ein Zufallsreigen geworden.

> *Quantentheorie:*
> Das Geschehen im Universum ist im Vorhinein überhaupt nicht festgelegt. Lediglich Wahrscheinlichkeiten für bestimmte Ereignisse sind bekannt. Alle Ereignisse werden durch Würfeln mithilfe eines Regelwerks bestimmt, das nach jedem Wurfergebnis wieder angepasst werden muss. Manche Paare von Größen sind wechselseitig nur bis zu einem bestimmten Grad festgelegt. Einfache Teilchen lassen sich nicht voneinander unterscheiden und verbinden sich bei einer Wechselwirkung zu einer gemeinsam wirkenden Einheit. Ansonsten gelten auch alle Effekte der speziellen Relativitätstheorie.

12 Atomkerne und Kernkräfte

Auf unserer Reise zu den einfachsten Bausteinen der Materie bilden die Atomkerne eine wichtige Zwischenstufe. Sie sind der Garant für den Zusammenhalt und die Langlebigkeit der uns umgebenden Stoffe. Die Häufigkeiten der verschiedenen Kernsorten gehen auf die Kräfte in einem Atomkern zurück und auf ihre Entstehungsbedingungen. Jene sind daher direkt dafür verantwortlich, in welcher Menge wir die verschiedenen Elemente im Universum antreffen. Denn Elemente sind nichts anderes als bestimmte Atomsorten, und ein Atom wird enorm durch seinen Kern geprägt.

Ein Atomkern ist im Vergleich zu dem gesamten Atom ein sehr kleines und kompaktes Gebilde. Da die Elektronen in der Atomhülle sehr leicht sind, beinhaltet der Atomkern 99,95% der Masse des Atoms und ist dabei noch einmal 10 000- bis 100 000-mal kleiner. Stellen Sie sich vor, ein Atom habe die Größe einer Fußballarena. Dann wäre der Atomkern am Anstoßpunkt gerade einmal so groß wie eine Kirsche oder gar ein Stecknadelkopf.

Bei allen Atomen außer Wasserstoff besteht dieser Kern aus mehreren Protonen und etwa ebenso vielen neutralen Teilchen. Diese Neutronen sind gerade einmal 1,4% schwerer als ein Proton und haben auch dieselbe Größe. Wegen der Protonen besitzt der Kern eine positive elektrische Ladung, die durch die Elektronen der Hülle genau ausgeglichen wird. Und da die Elektronenhülle mit ihren Orbitalen die chemischen Eigenschaften eines Atoms festlegt, entscheidet also die Protonenzahl des Atomkerns darüber, zu welchem Element ein Atom gehört.

Leichte Atome haben in ihrem Kern fast ebenso viele Neutronen wie Protonen. Bei schweren Kernen dagegen steigt die Neutronenzahl auf etwa das 1,5-Fache der Protonenzahl an. Das schwerste in der Natur vorkommende Element, das Uran, besitzt 92 Protonen und 141-146 Neutronen. Wie bei vielen anderen Elementen ist hier die Anzahl der Neutronen nicht auf einen einzigen Wert eingeschränkt, sondern kann innerhalb gewisser Stabilitätsgrenzen unterschiedlich sein. Atome mit gleicher Protonen-, aber verschiedener Neutronenzahl weisen *keine* chemischen Unterschiede auf und werden als die Isotope eines Elements bezeichnet.

Obwohl der Kern zwar die tiefere Ursache für das chemische Verhalten eines Atoms ist, bekommt er davon rein gar nichts mit. Ob ein Atom mit anderen verbunden ist oder nicht, hat keinerlei Einfluss auf die Struktur des Kerns, denn erstens sind die Elektronenorbitale weit weg und zweitens ist der Kern viel stärker gebunden. Da sich in einem Atomkern positive elektrische Ladungen auf sehr

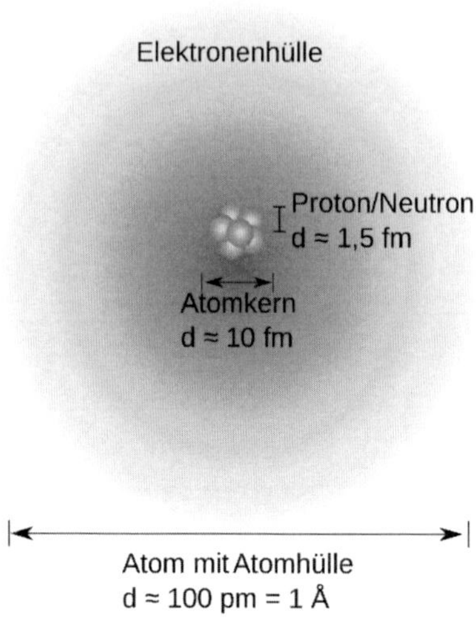

18 Darstellung eines Atoms: nicht maßstäblich, 1 Å (Angström) = 10^{-10} m, 1 pm = 10^{-12} m, 1 fm = 10^{-15} m

engem Raum befinden, dürfte ein Kern nach unserem bisherigen Wissensstand gar nicht existieren. Wegen der starken elektrischen Abstoßung der Protonen müsste er augenblicklich auseinander fliegen. Sein Zusammenhalt lässt sich demnach nicht durch elektrische Kräfte begründen. Auch die Schwerkraft scheidet aus, da sie um fast 40 Größenordnungen schwächer ist.

Protonen und Neutronen in einem Kern ziehen sich folglich mit einer noch unbekannten Kraft an. Diese muss einerseits stärker sein als die elektrische Abstoßung, denn sonst wäre ein Kern nicht stabil, aber andererseits muss ihre Reichweite begrenzt sein, denn sonst hätten wir die Auswirkungen dieser Kraft schon längst bemerken müssen. Wir nennen diese Kernkraft heute die starke Kraft oder *starke Wechselwirkung*. Wie an ihrem Namen unschwer zu erkennen ist, gibt es ebenfalls noch eine schwache Wechselwirkung, die bei der Radioaktivität eine Rolle spielt. Die Ursachen dieser Kräfte lernen wir aber erst in den nächsten beiden Kapiteln genauer kennen.

Ähnlich wie bei den Elektronen im Atom mit ihren Orbitalen und verschiedenen Energien nehmen auch in einem Atomkern die Kernbausteine verschiedene Energieniveaus ein. Allerdings liegt der Energieabstand hier nicht im Bereich des sichtbaren Lichts, sondern im Bereich der Gammastrahlung, da ein Kern viel dichter gebunden ist. Ein Kern lässt sich am besten mit einem kleinen Wassertropfen vergleichen. Auch bei ihm begrenzt das Pauli-Prinzip die Dichte, indem es verbietet, dass sich Kernbausteine mit denselben Eigenschaften beliebig nahe kommen.

Im vorigen Kapitel habe ich hervorgehoben, dass ein Atom als ein Ganzes aufgefasst werden muss. Genau dasselbe gilt für einen Atomkern. Er entsteht aus der Verbindung von Protonen und Neutronen und kann auch wieder in diese Bestandteile zerlegt werden. Während seiner Existenz jedoch liegen diese Kernbausteine nicht als getrennte Objekte vor.

Die *Entstehung* von Atomkernen benötigt extreme Bedingungen. Damit ein Kern mit mehreren Protonen überhaupt gebildet werden kann, müssen mindestens zwei von ihnen mit so viel Energie zusammenprallen, dass sie dabei ihre elektrische Abstoßung überwinden. Erst wenn sie sich näher als $2{,}5 \times 10^{-15}$ m kommen, können sie die starke Wechselwirkung überhaupt spüren und haben eine Chance sich zu verbinden. Daher müssen die Protonen sehr schnell sein, und dies bedeutet, dass sie sich in einer sehr heißen Umgebung befinden müssen.

Solche Kernverschmelzungs- oder Fusionsprozesse benötigen Temperaturen von mehreren Millionen Grad und finden daher normalerweise nur im Inneren von Sternen statt. Dabei werden schrittweise immer schwerere Kerne erzeugt. Ist erst einmal die entsprechende Abstoßung zwischen den Teilchen überwunden, so bildet sich der schwerere Kern nur, wenn er auch stärker gebunden ist. Für die Kerne bis hin zum Eisenatomkern gilt dies fast ausnahmslos, doch bei noch schwereren Kernen nimmt diese Bindungsenergie wieder ab. Dies führt dazu, dass schwerere Kerne als Eisen nicht durch Verschmelzungsreaktionen von leichten Kernen in Sternen erzeugt werden können. Alle Elemente wie beispielsweise Kupfer, Silber, Platin, Gold, Quecksilber und Blei bis hin zum Uran können nur auf zwei Arten entstehen, die sich etwa die Waage halten.

Der erste Prozess findet in sehr schweren und alten Sternen statt. Hier können sich die Neutronen, die bei den Kernverschmelzungen ebenfalls in großer Zahl entstehen, an die Eisenkerne anlagern, da sie dazu keine Abstoßung überwinden müssen. Diese neutronenreichen Kerne, die dabei entstehen, sind allerdings meist instabil und zerfallen dann radioaktiv in stabile schwere Kerne. Atomkerne, die schwerer sind als Eisen, entstehen also einerseits durch die Anlagerung von zusätzlichen Neutronen und einen anschließenden radioaktiven Zerfall.

Der zweite Prozess, mit dem Kerne jenseits von Eisen erzeugt werden, verläuft dagegen wesentlich heftiger. Während einer gigantischen Sternenexplosion, einer Supernova, ist die Neutronendichte ebenfalls so hoch, dass sich sehr viele Neutronen mit einem Eisenkern verbinden können. Auch hier führen anschließende Zerfallsprozesse zu stabilen Endprodukten. Jedes zweite Gramm Gold wurde also in einem explodierenden Stern erzeugt und jedes Gramm Eisen in einem sehr heißen Stern erbrütet. Letzteres gilt auch für den Sauerstoff, den wir atmen und der in Wasser gebunden ist.

Lediglich der Wasserstoff war gleich zu Anfang des Universums vorhanden. Auch das zweitleichteste Element, das Helium, wurde in einer heißen Umgebung erzeugt. Dies geschah jedoch hauptsächlich nicht in Sternen, sondern am Beginn unseres Universums im gesamten Raum. Zu jener Zeit besaß unsere Welt noch eine Temperatur und Dichte, die ausreichend für diesen Verschmelzungsvorgang war. Doch durch die rasche Ausdehnung des Universums kühlte es sich schnell so weit ab, dass die Heliumerzeugung zum Erliegen kam. Nach nur drei Minuten waren allerdings 25% des Wasserstoffs zu Helium verschmolzen.

Bei einer solchen Kernverschmelzung sehen wir das erste Mal die einsteinsche Formel $E = m \cdot c^2$ so richtig in Aktion. Fügen wir einem Kern ein weiteres Proton oder Neutron hinzu, so wird dieser Kern nicht etwa um genau diese Masse schwerer sein, sondern um knapp 1% weniger. Der resultierende Kern ist also etwas leichter als die Summe aus dem Ausgangskern mit dem zusätzlichen Kernbaustein. Genau diese Massendifferenz wird bei der Erzeugung des Kerns als Energie frei, die normalerweise als Photon abgestrahlt wird. Wegen des großen Faktors c^2 genügt aber schon eine kleine Massendifferenz, um eine beträchtliche Energiemenge zu erzeugen.

Auch in der Sonne ist das Endprodukt einer jeden Kernverschmelzung ein wenig leichter als die zwei ursprünglichen Kerne. Auf diese Weise verliert die Sonne pro Sekunde tatsächlich mehr als 40 Millionen Tonnen an Masse, die sie in Energie umwandelt. Dies summiert sich seit ihrer Entstehung vor 4,6 Milliarden Jahren auf immerhin fast 90-mal die Masse der Erde, die als Licht abgestrahlt wurde. Trotzdem wird die Sonne mit ihren insgesamt 330 000 Erdmassen noch für mindestens weitere 7 Milliarden Jahre Wasserstoff zu Helium verschmelzen.

Bevor wir uns den *Zerfall* von Atomkernen näher ansehen, möchte ich mit Ihnen einen noch einfacheren Zerfall betrachten. Bei diesem Zerfall ist gar kein Atomkern beteiligt, sondern nur ein einzelnes freies Neutron. Es wandelt sich typischerweise nach einer Viertelstunde in ein Proton, ein Elektron und ein weiteres extrem leichtes, elektrisch neutrales Teilchen um, das als Neutrino bezeichnet wird. Zusätzlich wird bei diesem *Neutronenzerfall* die Energie von knapp einem Prozent der Protonmasse frei. Bei diesem Prozess bleibt die elektrische Ladung erhalten, da das Neutron als Ausgangsteilchen ungeladen ist, und sich im Endzustand die Ladung des Protons mit der des Elektrons genau aufhebt. Tatsächlich hat man bislang keine einzige Erzeugungs- oder Zerfallsreaktion gefunden, bei der die elektrische Ladung *nicht* erhalten bleibt.

Die Entdeckung des Neutrinos bei Neutronenzerfall war alles andere als einfach. Tatsächlich wurde man in den 1930er Jahren erst einmal auf eine rätselhafte, fehlende Energiemenge aufmerksam und nicht etwa auf ein Teilchen. Da der Energieerhaltungssatz aber für alle Reaktionen streng gelten sollte, hat Wolfgang Pauli notgedrungen das Neutrino als ein neuartiges Teilchen vorgeschlagen, das diese Energiedifferenz vom Ort des Zerfalls wegträgt. Bis zu dem zweifelsfreien Nachweis eines Neutrinos sollten allerdings noch mehr als 20 Jahre vergehen. Da ein Neutrino nur äußerst schwach mit Materie wechselwirkt, sind sehr aufwendige Experimente notwendig, denn es kann fast ungehindert die ganze Erde oder gar die Sonne durchdringen.

Der Zufall spielt bei einem solchen Zerfallsprozess, wie er durch die Quantentheorie beschrieben wird, immer eine entscheidende Rolle. Nehmen wir beispielsweise eine Anzahl von Neutronen und überlassen sie sich selbst, so werden nach einer Viertelstunde etwa die Hälfte der Neutronen zerfallen sein. Das bedeutet aber nicht, dass alle Neutronen diese Zeit abwarten und sich dann die Hälfte von ihnen schlagartig umwandelt. Vielmehr zerfallen die Neutronen schon während der gesamten Viertelstunde und auch noch lange danach. Nur im Durchschnitt halbiert sich ihre Zahl jede Viertelstunde, weshalb man diese Zeit als *Halbwertszeit* bezeichnet. Das heißt, dass nach einer Stunde noch immer etwa ein Sechzehntel der ursprünglichen Neutronen übrig ist (wegen $2 \cdot 2 \cdot 2 \cdot 2 = 2^4 = 16$).

Nun könnte man sich fragen, woher denn ein jedes dieser Neutronen weiß, wann es zerfallen wird. Auch ich habe mir lange über diese Frage meinen Kopf zerbrochen, bis ich endlich eingesehen habe, dass die Fragestellung nicht korrekt ist. Selbst wenn wir alle Neutronen voneinander isolieren könnten und getrennt feststellen würden, wann welches zerfällt, so werden wir wiederum dieselbe Halbwertszeit messen. Mehr als diese Information ist in solch einem Teilchen einfach nicht vorhanden. Ein Neutron weiß nicht, wann es zerfallen wird. Niemand im gesamten Universum kann dies wissen, denn diese Information gibt es nicht.

Der Zerfallszeitpunkt eines Teilchens ist eben *nicht* im Vorhinein festgelegt. Die Natur kennt nur die quantentheoretischen Wahrscheinlichkeiten für zukünftige Ereignisse und würfelt die Ergebnisse gemäß diesen Wahrscheinlichkeiten fortwährend aus. Wenn sie zu dem Ergebnis kommt, dass ein Neutron zerfällt, so zerfällt es auch. Dabei ist das Ergebnis dieses Würfelns nicht vorher bekannt. Die Chancen für die Ereignisse sind streng festgelegt, nicht aber der Ausgang eines einzelnen Ereignisses.

Ausgelöst wird ein Neutronenzerfall wird durch die *schwache Wechselwirkung*. Sie ist neben der Gravitation, der elektromagnetischen Kraft und der starken Wechselwirkung die vierte und letzte der Grundkraft der Physik. Doch was hat ein Zerfalls- oder Umwandlungsprozess mit einer Kraft zu tun? Ganz verstehen werden wir das erst in den nächsten beiden Kapiteln über Elementarteilchen und ihre Wechselwirkungen.

Hier entwirft man ein Bild, in dem die Kraftwirkungen durch Austauschteilchen vermittelt werden. Diese Austauschteilchen können neben ihrer Energie, ihrem Impuls und Spin noch weitere Eigenschaften übertragen. Beim Neutronenzerfall ist nun eines der Austauschteilchen der schwachen Wechselwirkung, das W-Teilchen, verantwortlich für diesen Eigenschaftstransfer zwischen den beteiligten Teilchen. Man könnte auch sagen, dass zwischen den Teilchen lediglich gewisse Informationen übertragen werden.

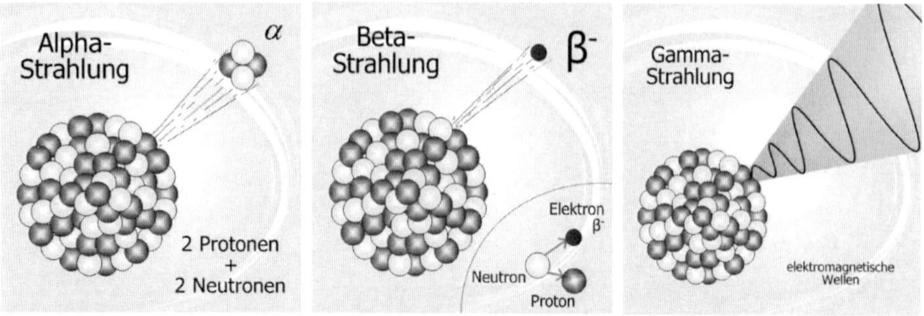

19 Radioaktive Zerfallsarten: Beim Betazerfall ist das entstehende Neutrino weggelassen.

Nicht nur ein freies Neutron kann zerfallen, auch ganze Atomkerne können sich umwandeln. Um das Jahr 1900 hatte man zunächst bei manchen Stoffen entdeckt, dass von ihnen unterschiedliche Arten von Strahlung ausgehen. Wir bezeichnen diese Substanzen daher auch heute noch als *radioaktiv,* was so viel heißt wie ›Strahlen aussendend‹. Dabei wurden die verschiedenen Arten der Radioaktivität nach griechischen Buchstaben benannt. Von Alphastrahlung spricht man, wenn ein kleiner Heliumkern von einem größeren Atomkern gewissermaßen ausgespuckt wird. Entweicht einem Kern dagegen ein Elektron, so bezeichnet man dies als Betastrahlung. Dieser Betazerfall entspricht dem Zerfall eines Neutrons innerhalb eines Kerns. Er ist im Gegensatz zum Zerfall eines freien Neutrons in stabilen Kernen unterdrückt, weil der Kern dazu Energie aufnehmen müsste, die jedoch nicht vorhanden ist. Lediglich in neutronenreichen Kernen kann ein Betazerfall mit einer gewissen Wahrscheinlichkeit stattfinden. Die Gammastrahlung hingegen besteht aus nichts anderem als energiereichen Photonen. Ein solches Photon wird ausgesendet, wenn ein Kernbaustein von einem hohen Energieniveau auf ein niedrigeres übergeht.

Aber nicht nur diese eher kleinen Korrekturen der Kernzusammensetzung sind möglich. Ein sehr großer Kern kann auch so instabil sein, dass er sich in zwei Teile aufspaltet, falls er dazu angeregt wird. Dies geschieht beispielsweise beim Uran, dessen Kern ein langsam auftreffendes Neutron regelrecht zum Zerplatzen bringen kann. Der Urankern zerfällt dabei in zwei mittelschwere Kerne und einige überzählige freie Neutronen. Trifft eines dieser Neutronen wieder einen Urankern, so kann es zu einer Kettenreaktion kommen, wie sie in einer Atombombe abläuft. Auch bei der Uranspaltung ist die Summe der Massen der Endprodukte etwas leichter als der Ausgangskern. Hier wird also ebenfalls Masse direkt in Energie umgewandelt. Bei der Explosion der Hiroshimabombe war dies etwa 0,6 Gramm.

Ein erstaunliches Merkmal radioaktiver Kerne ist die geradezu gigantische Bandbreite ihrer Halbwertszeiten. Je nach Kernzusammensetzung und Zerfallsart reichen sie von 10^{-16} Sekunden bis zu 10^{25} Jahren, was insgesamt 48 Größenord-

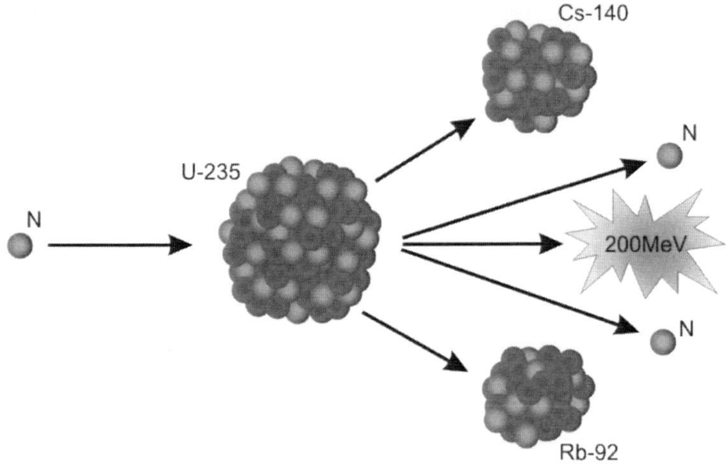

20 Bei der Uranspaltung entstehen zwei Tochterkerne und mehrere Neutronen, die wieder einen Urankern spalten können. Die frei werdende Energie ist hier in der Einheit Millionen Elektronenvolt angegeben.

nungen umfasst. Genauso wie beim Neutronenzerfall gibt auch hier die Halbwertszeit nur an, dass nach einer gewissen Zeit von einer bestimmten Menge an Atomkernen im Durchschnitt die Hälfte zerfallen ist. Welcher Kern diesen Zerfall zu einem gewissen Zeitpunkt durchführt, ist unbestimmt.

Aber auch bei einem einzelnen Kern stößt das Bild mit den Kernbestandteilen wieder an seine Grenzen. Beim Betazerfall lässt sich weder vorhersagen, welches Neutron zerfallen wird, noch hinterher feststellen, welches Neutron zerfallen ist. Beide Fragestellungen sind im Prinzip sinnlos, da es sich nicht um unterscheidbare Teilchen handelt. Auch sollte man den Aspekt der Ganzheit des Kerns nicht außer Acht lassen. Nicht irgendein bestimmtes Neutron wandelt sich in ein Proton um. Vielmehr vollzieht diese Umwandlung der Kern als Ganzes. Es entsteht dabei ein anderer Kern, wobei ein Elektron und ein Neutrino ausgesendet werden. Dies sieht dann lediglich von außen so aus, als wäre eines der Neutronen als Kernbestandteil zerfallen. Die Neutronen eines Kerns sind eben keine nummerierbare Menge von kleinen Kugeln, die wir lückenlos beim Zerfallen beobachten können.

Abschließend möchte ich den Alphazerfall noch etwas näher beleuchten, denn dieser Zerfall ist vom Energieerhaltungssatz schlichtweg verboten. Ein Alphateilchen oder Heliumatomkern ist mit 2 Protonen und 2 Neutronen ein sehr stark gebundener Kern. Ein solcher Heliumkern kann sich zufällig und kurzzeitig innerhalb eines größeren Kerns zusammenfinden. Dieses Alphateilchen ist aber nicht in der Lage, den Kern zu verlassen, weil es von den übrigen Kernbausteinen angezogen

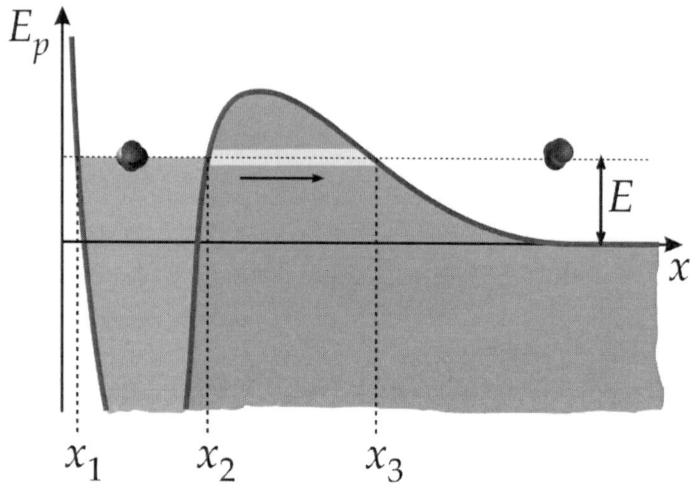

21 Alphazerfall mit Energiebarriere E_p (Lageenergie) und Ortskoordinate x. Links der Energietopf des Kerns und rechts das freie Alphateilchen.

wird. Es wird durch eine Energiebarriere zurückgehalten, wie das Wasser in einem Stausee. Nun kann zwar das Wasser nicht durch die Staumauer hindurchfließen, aber wenn es sich plötzlich auf der anderen Seite der Mauer befände, würde es sofort in die Tiefe stürzen. Und genau dies passiert bei einem Alphazerfall.

Nach der Quantentheorie ist nämlich die Aufenthaltswahrscheinlichkeit für das Alphateilchen auch *außerhalb* der Barriere nie exakt null. Die Energiemauer schwächt diese Wahrscheinlichkeit zwar sehr stark ab, aber dennoch ist es in seltenen Fällen möglich, dass sich das Alphateilchen auch außerhalb der Reichweite der starken Kernkraft aufhält. Hier dürfte es nach klassischen Maßstäben nie hingelangen. Wenn es sich dort aber plötzlich aufhalten sollte, dann greift die elektrische Abstoßung, sodass es davon fliegt und somit den Kern verlässt. Dieser Prozess sieht dann so aus, als hätte das Alphateilchen die Energiebarriere über einen Tunnel verlassen, weshalb man ihn auch *Tunneleffekt* nennt.

Allerdings muss man sehr vorsichtig mit der Interpretation eines solchen anschaulichen Bildes sein. Hier bewegt sich nichts durch eine Mauer hindurch. Vielmehr vergeht für die Durchdringung der Energiemauer streng genommen gar keine Zeit, was mit neuen Messergebnissen auch im Einklang ist. Nur die Wahrscheinlichkeiten bestimmen, wo sich Kernbausteine oder Elementarteilchen aufhalten. Und wenn die Natur entschieden hat, dass sich ein Alphateilchen außerhalb der Energiebarriere eines Kerns befindet, dann ist es eben dort und kann als Alphastrahlung entweichen.

13 Teilchen und Beschleuniger

Wir verlassen nun die aus vielen Teilchen zusammengesetzten Systeme und wenden uns deren Bausteinen zu. Dafür entfernen wir uns noch weiter von unserem gewohnten Alltag und tauchen in die Welt der Elementarteilchen ein. *Elementar* bedeutet hier in erster Linie, dass sie nicht weiter zusammengesetzt sind. Das heißt, wir sind nun bei den echten Bausteinen unserer Materie angekommen. Sie sind punktförmig und besitzen keine innere Struktur oder etwas vorsichtiger ausgedrückt, mit unseren heutigen Mitteln können wir keine feststellen.

Einige Vertreter dieser Welt wie das Proton, das Neutron, das Elektron und das Neutrino haben wir schon kennengelernt, aber nicht alle davon sind auch elementar. Tatsächlich sind Proton und Neutron zusammengesetzte Teilchen. Dies bedeutet aber noch lange nicht, dass wir ihre Komponenten auch direkt als freie Teilchen untersuchen können. Wie dies zu verstehen ist, klärt sich im Laufe dieses Kapitels. Wir schauen uns an, aus was Proton und Neutron bestehen, wie sie zerfallen und welche Kräfte dies bewirken.

Doch bevor wir damit anfangen, möchte ich Ihnen die Untersuchungsmethoden dieses grundlegenden Physikzweigs etwas näherbringen. Viele von Ihnen haben bestimmt schon von Teilchenbeschleunigern, dem CERN oder vom LHC und seinen Großexperimenten gehört. Aber was verbirgt sich dahinter und warum muss man solch riesige, komplizierte und damit auch teure Anlagen bauen? Wie werden sie betrieben und was wird bei den Experimenten gemessen? Und warum beschleunigt man überhaupt Teilchen?

Zur Untersuchung kleiner Strukturen benötigt man generell hohe Energien. Dies sieht man schon bei einem Mikroskop, wo die Wellenlänge des verwendeten Lichts die Auflösung begrenzt. Man kann nichts erkennen, was kleiner als die Wellenlänge ist. Will man ein noch kleineres Objekt untersuchen, muss man die Wellenlänge verkleinern oder gleichbedeutend die Energie des Lichts vergrößern.

Genauso verhält es sich bei Elementarteilchen. Auch hier muss man die Energie erhöhen, wenn man zu kleineren Strukturen vordringen möchte. Dabei verwendet man allerdings kein Licht, sondern beleuchtet die Materie direkt mit schnellen Teilchen. Je nachdem, wie diese Teilchen abgelenkt werden, kann man auf den Aufbau der untersuchten Materie schließen. Zu wirklich hohen Energien und damit einer Auflösung, die die Bestandteile eines Protons sichtbar machen, kann man am besten vordringen, wenn man *zwei* schnelle Teilchen frontal aufeinander krachen lässt.

Dabei wird ein Großteil der Bewegungsenergie gemäß $E = m \cdot c^2$ direkt in Masse umgewandelt. Und zwar in die Masse von neuen, meist kurzlebigen, das heißt schnell wieder zerfallenden Teilchen. Aber bevor wir uns ansehen, wie man diese Reaktionen oder Ereignisse untersucht, müssen wir klären, wie man sie herbeiführt. Um dies zu erreichen, müssen wir also zwei Teilchen, etwa ein Elektron und ein Proton fast auf Lichtgeschwindigkeit beschleunigen und dann auch noch dafür sorgen, dass sie sich treffen.

Es kommt aber noch ein generelles Problem hinzu. Alle Kräfte und Naturgesetze, mit denen wir es hier zu tun haben, fallen in den Bereich der Quantentheorie. Demnach unterliegen alle Ergebnisse, die wir erhalten, gewissen Zufälligkeiten, die durch Wahrscheinlichkeiten gesteuert werden. Ein einzelnes Ereignis hat daher fast keine Aussagekraft. Wir benötigen stattdessen Tausende oder besser noch Millionen von Ereignissen, um aus ihnen die Wahrscheinlichkeiten und deren Abhängigkeiten von der Energie, dem Ablenkungswinkel und anderen Größen zu rekonstruieren. Wir brauchen also eine Maschinerie, die effektiv Teilchen auf eine hohe Energie beschleunigt, sie danach aufeinander schießt und auch feststellt, was dabei passiert. Und das Ganze noch millionenfach in einer vertretbaren Zeit.

All dies leisten die *Teilchenbeschleuniger,* von denen die größten alle ringförmig gebaut sind. Schauen wir uns an, wie hier beispielsweise ein hochenergetischer Strahl aus Elektronen erzeugt wird. Solch ein Strahl lässt sich im Prinzip mit jeder Wendel einer Glühbirne erzeugen, denn hier treten ständig Elektronen aus dem heißen Metalldraht aus. Die nun freien Elektronen beschleunigt man mit einer elektrischen Spannung und bündelt sie mit elektrischen und magnetischen Feldern zu einem Strahl. Genau nach diesem Prinzip zeichnen die mittlerweile veralteten Röhrenfernseher ihr Bild mit einem schnell bewegten Elektronenstrahl auf einen Leuchtschirm. Doch während in einem Fernseher Beschleunigungsspannungen von Tausenden von Volt ausreichend sind, benötigt man für einen Elektronenbeschleuniger Milliarden von Volt. Wie man leicht einsieht, kann diese Beschleunigung kaum in einem Rutsch gelingen, sondern benötigt viele einzelne Beschleunigungsschritte.

Und nun kommt die Ringform ins Spiel, die einen tragfähigen Kompromiss darstellt. In Kapitel 5 haben wir auf Abbildung 7 (Seite 39) gesehen, wie man ein elektrisch geladenes Teilchen mit Magnetfeldern auf einer Kreisbahn halten kann. Nach diesem Prinzip werden auch die Teilchen in einem ringförmigen Beschleuniger auf eine geschlossene Bahn geleitet. Dazu werden sie in Paketen gesammelt, damit sie effektiv beschleunigt werden können. Diese Pakete durchfliegen pro Umlauf viele einzelne Magnete, und zwar innerhalb eines Metallrohres. Hier herrscht ein Ultrahochvakuum, damit die Teilchen nicht augenblicklich von den Gasmolekülen der Luft abgelenkt werden. Bei jedem Umlauf werden die Pakete von elektrischen Feldern wie ein Surfer auf einer Welle weiterbeschleunigt und damit ihre Masse erhöht. Daher müssen auch die Magnetfelder ständig an die schwerer werdenden Teilchen angepasst werden, denn sonst würden diese nicht auf ihrer geschlossenen Kreisbahn bleiben, sondern gegen die Wand des Metallrohres fliegen.

Aber auch ein einziger Ringbeschleuniger ist für heutige Zwecke nicht mehr ausreichend. So wie ein Auto beim Beschleunigen in einem einzelnen Gang an seine Grenzen kommt, so ist es auch bei einem Teilchenbeschleuniger. Bedingt durch seinen Umfang und die Stärke seiner Magnete, kann er Teilchen nur in einem bestimmten Energiebereich effektiv beschleunigen und in der Bahn halten. Will man darüber hinaus gehen, so benötigt man einen weiteren Beschleuniger.

Beim derzeit größten Beschleuniger, dem LHC (*L*arge *H*adron *C*ollider, dt.: großer Hadronen-Speicherring) am CERN (*C*onseil *E*uropéen pour la *R*echerche *N*ucléaire, dt.: Europäische Organisation für Kernforschung), sind es immerhin vier Ringbeschleuniger, die wie die Gänge eines Getriebes hintereinander geschaltet sind. Jedes Mal wenn die maximale Energie eines Ringes erreicht ist, wird sozusagen hochgeschaltet und der Strahl aus dem Ring heraus- und in den nächst größeren hineingeschossen. Dabei dauert die Beschleunigung im letzten Ring mit seinem etwa 1600 Hauptmagneten allein 20 Minuten. Würde man diesen Beschleuniger also geradeaus bauen, würde er weit über die Bahn des Planeten Mars hinausragen.

Ist die Beschleunigung insgesamt abgeschlossen, so werden die elektrischen Felder so weit heruntergefahren, dass sie nur noch den Energieverlust ausgleichen, den die Teilchen durch Strahlung aufgrund der Richtungsänderung in den Kurven

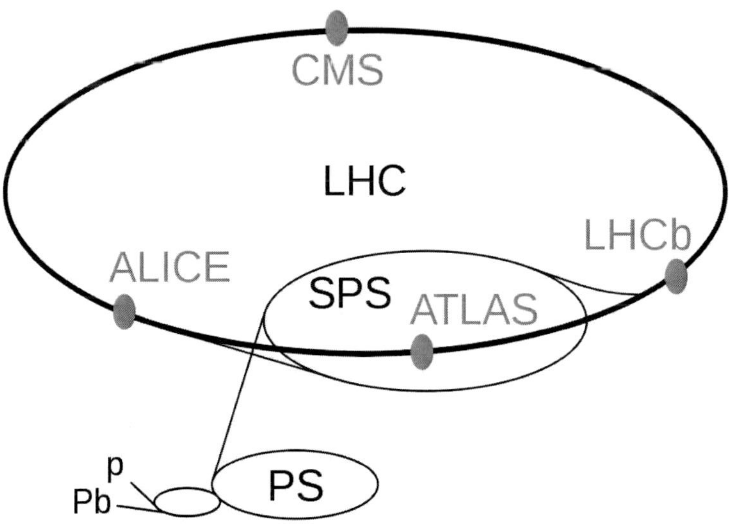

22 Der LHC am CERN mit seinen vier Beschleunigerringen und den Experimenten (graue Kreise), der Durchmesser des größten Rings beträgt 8,5 km. Zwei der Vorbeschleuniger heißen SPS und PS.

erfahren. In diesem Zustand kann der Strahl stunden- bis tagelang in einem Ring gespeichert werden und nahezu verlustfrei zirkulieren. Man nennt einen solchen Ring daher auch *Speicherring*. In ihm kreist aber meist nicht nur ein Strahl, sondern *zwei* Strahlen in entgegengesetzter Richtung. Beim LHC sind dies zwei Strahlen aus Protonen, die nun 7500-mal schwerer sind als in Ruhe. So groß ist hier die relativistische Massenzunahme, bei der sich die Bewegungsenergie in Masse und nicht in zusätzliche Geschwindigkeit verwandelt.

Aber genau hier liegt auch einer der Nachteile der ringförmigen Bauweise. Der LHC benötigt wegen der Schwere der Teilchen ausgesprochene Hochleistungsmagnete. Und das quasi im Dauerbetrieb, denn ein Speicherring läuft über Monate fast ohne Pause 24 Stunden am Tag. Ein weiteres Problem stellen die großen Strahlungsverluste durch die Bahnablenkungen dar. Sie spielen sich hier im Rötgen- und Gammabereich ab, sodass der Ring während des Betriebs in eine tödliche Strahlung gehüllt ist. Aus diesem Grund befindet sich die gesamte Anlage gut abgeschirmt teilweise 100 m tief unter der Erde in einem Tunnel zwischen der Stadt Genf und den Bergen des französischen Jura. Dieser Tunnel hat die Ausmaße einer U-Bahn-Strecke mit 4 m Durchmesser und einem Umfang von fast 27 km. Keines der Experimente kann wegen der Strahlung im laufenden Betrieb betreten werden, weshalb alle Teile möglichst ausfallsicher und fernsteuerbar gebaut sind. Zusammengenommen hat dies alles hohe Bau- und Betriebskosten zur Folge.

Dementsprechend lange und intensiv werden diese Anlagen dann auch genutzt. Während meiner Diplomarbeit habe ich zusammen mit meinen Kollegen während

23 Blick in den Tunnel des LHC mit den Beschleunigermagneten und den darin befindlichen Strahlrohren

der Inbetriebnahme des bislang größten Elektron-Proton-Beschleunigers ein Zusatzexperiment installiert und durchgeführt. Der Beschleuniger HERA (*H*adron-*E*lektron-*R*ing-*A*nlage) am DESY (*D*eutsches *E*lektronen-*SY*nchrotron) befand sich zwar nur 20 m tief unter Hamburg, hatte aber immerhin 6 km Umfang, weshalb die Techniker gerne Fahrräder zur Fortbewegung im Tunnel benutzen. Die Hauptexperimente, die die Struktur des Protons sehr präzise vermessen haben und von denen eines passenderweise ZEUS hieß, haben anschließend über 15 Jahre hinweg Daten gesammelt.

Beschleuniger können nur mit elektrisch geladenen Teilchen betrieben werden, denn neutrale Teilchen sind gegen die Beschleunigungsfelder immun. Wegen der langen Beschleunigungs- und Speicherzeiten kommen auch nur stabile Teilchen wie Protonen und Elektronen infrage. Aber auch deren *Antiteilchen* sind begehrte Strahlteilchen, wobei sie allerdings nicht immer einfach in ausreichender Menge herzustellen sind. Antiteilchen und die damit verbundene Antimaterie sind daher keine Erfindung der Science-Fiction-Literatur, sondern pure Realität.

In den 1930er Jahren wurde das erste Antiteilchen in der kosmischen Strahlung entdeckt. Es hatte genau dieselben Eigenschaften wie ein Elektron, aber eine positive Ladung, weshalb man es Positron taufte. Und kurze Zeit später war klar, dass es für fast jedes Teilchen ein quasi entgegengesetztes Teilchen gibt. Bei diesen gleich schweren Antiteilchen wechselt aber nicht nur die elektrische Ladung ihr Vorzeichen, sondern auch andere abstrakte Quantenzahlen. Eines der wenigen Teilchen, die kein Antiteilchen besitzen, ist übrigens das Photon. Man kann auch sagen, dass es sein eigenes Antiteilchen ist und sich somit nicht von ihm unterscheidet.

Tatsächlich besitzen bei den *elementaren* Teilchen alle Materieteilchen (halbzahliger Spin, Fermionen) jeweils ein Antiteilchen. Die meisten Austauschteilchen (ganzzahliger Spin, Bosonen) hingegen haben kein Antiteilchen.

Treffen ein Teilchen und sein Antiteilchen aufeinander, so zerstrahlen sie in reine Energie, die idealerweise als Photonen den Ort des Geschehens verlässt. Aber wie oft in der Physik geht es auch umgekehrt. Ein Photon mit genügend hoher Energie kann sich auch in ein Teilchen-Antiteilchen-Paar aufspalten, zum Beispiel in ein Elektron und ein Positron oder ein Proton und ein Antiproton.

Verfolgen wir nun wieder die gespeicherten Protonenstrahlen im LHC. Damit wir auch etwas mit ihnen anfangen können, müssen wir sie zur Kollision bringen. Dies geschieht nach der Beschleunigung an mehreren vorher festgelegten Punkten im Ring, wobei die Strahlen bis auf einen Durchmesser von knapp 20 Mikrometer fokussiert werden. Dies erhöht noch einmal wesentlich die Reaktionsrate, denn die Wahrscheinlichkeit, dass sich zwei Protonen an einem solchen Wechselwirkungspunkt auch wirklich treffen, ist außerordentlich klein. Immerhin durchdringen sich beide Strahlen mit insgesamt 3×10^{14} Protonen in 2800 Teilchenpaketen bei praktisch Lichtgeschwindigkeit mehr als 32 Millionen Mal pro Sekunde. Dies ergibt in jedem der 4 Wechselwirkungspunkte Millionen von Ereignissen pro Sekunde. Von diesen ist allerdings nur ein kleiner Bruchteil für die Physiker wirklich interessant. Es sind dies die Ereignisse, bei denen die Protonen so heftig aufeinanderprallen, dass sie dabei zerstört werden.

Nun lohnt es sich, einen *Detektor* zwiebelschalenartig um einen Wechselwirkungspunkt herum zu bauen. Sein Hauptziel ist es, möglichst viel von dem herauszufinden und aufzuzeichnen, was bei den Zusammenstößen in seinem Inneren passiert. Wegen der hohen Energie entstehen dabei oft Hunderte von neuen Teilchen, von denen einige noch innerhalb des Detektors wieder zerfallen. Ihre Flugbahn und ihre Energie werden möglichst genau vermessen, um die betreffende Teilchensorte zu identifizieren.

Die Detektoren des LHC sind die kompliziertesten Maschinen, die die Menschheit je gebaut hat. Der größte von ihnen ist 45 m lang, hat einen Durchmesser von 22 m, und wiegt in etwa so viel wie der Eiffelturm. Er wird von über 7000 Physikern aus mehr als 200 Forschungsinstituten betrieben. Allein bei der Datenverarbeitung rechnet man für alle Experimente zusammen mit mehr als einem Gigabyte an Rohdaten pro Sekunde. Aus diesen werden dann mit speziellen Computerprogrammen die Ereignisse rekonstruiert, die im Inneren der Detektoren stattgefunden haben. Obwohl jeder Detektor dabei seine besonderen Stärken hat, ist es sehr wichtig, dass beispielsweise die Entdeckung eines neuen Phänomens oder Teilchens immer von mehreren Experimenten vermeldet wird. Doch was man sich vom LHC erwartet, sehen wir uns erst im nächsten Kapitel an.

Wir kehren nun zur eigentlichen Teilchenphysik zurück, die man auch Hochenergiephysik nennt. Alles, was jetzt an Ergebnissen folgt, wurde an ähnlichen Beschleunigern und Experimenten in den letzten Jahrzehnten zusammengetragen. Seit den 1960er Jahren ist bekannt, dass sowohl das Proton als auch das Neutron aus jeweils drei Unterbausteinen bestehen. Nachdem zuvor mit jedem neuen Beschleuniger die Zahl der scheinbar elementaren Teilchen immer stärker angewachsen war, brachte dieses Konzept eine neue Ordnung in den damaligen Teilchenzoo. Fast alle der mehrere Dutzend bekannten Teilchen stellten sich als zusammengesetzt heraus. Sie bestehen aus lediglich sechs verschiedenen Teilchen und deren Antiteilchen, den *Quarks* und Antiquarks. Diese tragen die fast sinnfreien Namen Up, Down, Charm, Strange, Top und Bottom.

Unsere Kernbausteine, das Proton und das Neutron, beinhalten nur Up- und Down-Quarks. Alle anderen Quarks sind instabil und kommen nur in kurzlebigen Teilchen vor. Das Proton beispielsweise besteht aus zwei Up-Quarks und einem Down-Quark, während das Neutron aus nur einem Up-Quark und dafür zwei Down-

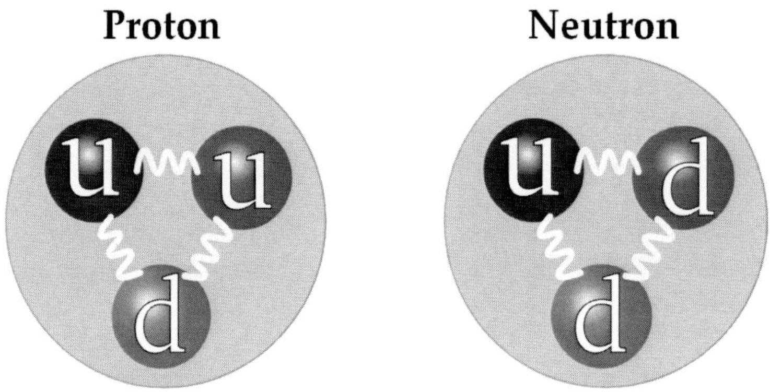

24 Proton und Neutron bestehen aus jeweils 3 Quarks, die durch Gluonen (Wellenlinien) aneinander gebunden sind.

Quarks aufgebaut ist. Unsere gesamte Materie kommt also nur mit zwei Quarksorten aus, denn Elektronen und Neutrinos haben keine Unterstruktur.

Betrachten wir das Proton nun etwas genauer in diesem Quarkbild. Seine positive elektrische Ladung wird aus der Summe der Quarkladungen gebildet. Damit aber auch ein Neutron als ungeladenes Teilchen dabei herauskommen kann, muss die elektrische Ladung des Up-Quarks $+2/3$ und die des Down-Quarks $-1/3$ sein. Diese drittelzahligen Ladungen sind aber trotz vieler Anstrengungen bisher nie an einem freien Teilchen gemessen worden. Quarks treten in unserem Universum daher nicht als freie Teilchen auf, zumindest heutzutage nicht mehr.

Tatsächlich sind die Quarks im Proton so fest eingesperrt, dass sie es unter keinen Umständen verlassen können. So wie man ein Elektron mit genügend hoher Energie aus einem Atom herauslösen kann oder ein Proton oder Neutron aus einem Atomkern, so gelingt dies bei den Quarks eben nicht. Das liegt an der Unterschiedlichkeit der Kraft, die die Bindung zwischen den Quarks vermittelt, also an der Natur der starken Wechselwirkung. Doch bevor wir ihr genauer auf den Grund gehen können, müssen wir zuvor noch ein Konzept begreifen, das grundlegend für die gesamte Physik geworden ist.

Bisher haben wir die Wirkungen einer *Kraft* mit einem *Feld* beschrieben. Der Wert des Feldes an einem bestimmten Punkt zu einer gewissen Zeit gibt an, wie stark eine Kraft dort auf einen anderen Körper wirkt. In der Teilchenphysik gilt dies zwar immer noch, aber hier werden Kräfte auch mit den jeweiligen *Austauschteilchen* der Kraft in Verbindung gebracht. Jede Kraft, oder wie man auch sagt *Wechselwirkung*, besitzt mindestens ein Austauschteilchen, das für die Übertragung dieser Kraft verantwortlich ist.

Bildlich kann man sich dies folgendermaßen vorstellen: Zwischen zwei Teilchen, die eine Kraftwirkung aufeinander ausüben, werden im Rahmen der heisenbergschen Unbestimmtheitsrelation ständig Austauschteilchen ausgetauscht. Diese Austauschteilchen können aus dem Nichts entstehen, in dem sie sich die Energie für ihre Masse aus dem umgebenden Vakuum borgen. Sie müssen diese Energie ΔE gemäß der Formel $\Delta E \cdot \Delta t \geq \hbar$ nur rechtzeitig an das Vakuum zurückzahlen. Sind sie also zwischen den beiden Teilchen eine Zeitspanne Δt unterwegs, die kürzer ist als $\Delta E/\hbar$, so sind sie in der Lage ihre Energieschuld fristgerecht zu begleichen. Wenn sie das innerhalb dieses Zeitrahmens schaffen, dann toleriert die Natur quasi kurzzeitig die fehlerhafte Energiebilanz und die Kraftwirkung kann durch das Austauschteilchen übertragen werden.

Während dieses Austauschprozesses scheinen die Teilchen nicht wirklich zu existieren, weshalb man sie auch als *virtuelle Teilchen* bezeichnet. Das heißt aber noch lange nicht, dass sie keine Auswirkungen haben. Denn werden sie auf ihrem Weg von einem Teilchen zum anderen von einer großen Energieportion getroffen, so kann ein Teil dieser Energie dazu verwendet werden, ihre negative Bilanz vorzeitig auszugleichen. Und schon ist aus dem virtuellen Teilchen ein echtes geworden. Das klingt zwar schon wieder nach Science-Fiction, aber eine bessere und gleichermaßen anschauliche Erklärung kann ich Ihnen für diese tatsächlich messbaren Phänomene nicht anbieten.

Jede Kraft besitzt also ihr Austauschteilchen. Für die elektromagnetische Kraft ist dies das Photon. Da es eine Ruhemasse von null besitzt, darf die Energie, die es sich ausborgen muss, beliebig klein sein. Deshalb kann es als virtuelles Teilchen unendlich weit unterwegs sein, weshalb die elektromagnetische Kraft eine unendliche Reichweite besitzt. Dasselbe gilt für das noch nicht nachgewiesene Austauschteilchen der Gravitation, das Graviton. Da auch die Gravitation eine unendliche Reichweite besitzt, ordnet man dem Graviton ebenso eine Ruhemasse von null zu. Etwas komplizierter jedoch sieht es bei der starken und schwachen Wechselwirkung aus.

Obwohl die Austauschteilchen der *starken Wechselwirkung,* die *Gluonen,* keine Ruhemasse besitzen, hat diese Kraft eine effektive Reichweite. Dies liegt an der besonderen Art der Ladungen dieser Kraft. Wie wir gesehen haben, sind in einem Proton oder Neutron stets drei Quarks vorhanden. Mit zwei verschiedenen Ladungen wie bei den elektrischen Ladungen kann so ein Gebilde aber nicht stabil sein. Vielmehr müssen es hier *drei* verschiedene Ladungen sein, die man nach folgender Analogie Farbladungen genannt hat. Bei einem Fernsehbild entsteht die neutrale Farbe weiß durch die Mischung der drei Grundfarben blau, rot und grün. Diese Farben hat man als Bezeichnungen für die Farbladungen der Quarks übernommen. In diesem Bild entsteht nun beispielsweise ein weißes, also farbneutrales Proton dadurch, dass sich in seinem Inneren drei Quarks mit den Farbladungen blau, rot und grün befinden. Nach außen hin trägt ein Proton also gar keine Farbladung, da sich die drei Farbladungen der Quarks gegenseitig aufheben.

Es stellt sich nun heraus, dass für die Wechselwirkung zwischen *drei* verschiedenen Farbladungen auch die Gluonen gewisse Farbkombinationen tragen müssen. Daher wechselwirken auch die farbigen Gluonen untereinander, was zu tief greifenden Konsequenzen führt. Die Gluonen knüpfen wegen ihrer eigenen Farbe, das Bindungsband zwischen den Quarks auf eine sehr ungewöhnliche Weise. Versucht man beispielsweise eines der Quarks eines Protons mit einer gewissen Menge an Energie aus dem Verband herauszulösen, so wird dieses Band nur noch fester. Die zusätzliche Energie löst nicht die Bindung des Quarks, sondern verstärkt sie noch.

Aber natürlich gibt es für diesen Prozess auch eine Grenze. Wenn beispielsweise im LHC zwei Protonen sehr heftig aufeinanderprallen, so stoßen in Wirklichkeit zwei Quarks miteinander zusammen. Beim LHC ist aber die Energiemenge so groß, dass das Bindungsband der Quarks in beiden Protonen extrem stark belastet wird. Ein Teil der Stoßenergie wird dabei in Bindungsenergie umgewandelt und das Bindungsband zwischen den Quarks regelrecht mit Energie aufgeladen. Ist dort aber genügend Energie vorhanden, so können sich spontan neue Paare aus jeweils einem Teilchen und seinem Antiteilchen bilden.

Diese Paare entstehen aus dem Nichts und wandeln die Energie des Bindungsbands wiederum gemäß $E = m \cdot c^2$ in die Masse des Teilchenpaars um. Dadurch zerreißt aber letztendlich das Bindungsband in den Protonen. Die Protonen werden durch den Zusammenstoß zerstört und alle Quarks und Antiquarks, die dabei entstehen, werden wiederum in Teilchen eingeschlossen. Alle Reaktionsprodukte des Zusammenpralls fliegen mit annähernd Lichtgeschwindigkeit durch einen der Detektoren des LHC und werden dort möglichst allesamt nachgewiesen. So können wir im Nachhinein rekonstruieren, was sich an den Wechselwirkungspunkten des Beschleunigers ereignet hat. Ganz wichtig ist jedoch, dass sich unmittelbar nach der Kollision alle Quarks und alle Antiquarks wieder zu Teilchen verbinden. Sie tun dies, weil schon kurz nach dem Stoß die Bindungskräfte zwischen den Quarks wieder die Oberhand gewinnen. Dies führt dazu, dass Quarks niemals als freie Teilchen in Erscheinung treten.

Alle Teilchen, die in der Natur vorkommen, sind daher farbneutrale Teilchen, bei denen sich die Farbladungen nach außen hin immer aufheben. Nur in unmittelbarer Nähe dieser Teilchen ist es für andere Teilchen möglich, die Farbladungen in deren Innerem zu spüren. Kommen sich also beispielsweise zwei Protonen sehr nahe, so sie ziehen sich auch die Farbladungen *zwischen* den beiden Protonen an, wenn auch lange nicht so stark wie *innerhalb* der Protonen.

Auf diese Weise bekommt die starke Wechselwirkung ihre effektive Reichweite, die nur wenig größer ist als der Durchmesser eines Protons. Innerhalb dieser Reichweite sind noch Reste der inneren Farbladungen bemerkbar, während außerhalb davon alle Teilchen komplett farbneutral erscheinen. Diese sogenannte Restwechselwirkung ist aber ausreichend, dass sich benachbarte Protonen und Neutronen in einem Atomkern immer noch anziehen. Die starke Kernkraft, die einen Atomkern zusammenhält, ist sozusagen das Überbleibsel der starken Wechselwirkung zwischen den Farbladungen der Quarks und Gluonen.

Kann man nun Quarks und Gluonen nach diesen Bemerkungen noch mit gutem Gewissen als Teilchen bezeichnen? Wie kann ich mir den Teil eines Protons vorstellen, wenn dieser Teil nicht separat in der Natur vorkommt? Nun, ich gebe zu, auch ich habe damit gelinde gesagt ein paar Schwierigkeiten. Aber ganz so hoffnungslos ist es nicht, denn Quarks und Gluonen haben wie alle Teilchen sehr systematische Eigenschaften, die sie auszeichnen. Zum Beispiel können sie nicht in beliebigen Kombinationen auftreten, sondern nur als zwei Sorten von Paketen mit festgelegtem Inhalt.

Die eine Sorte besteht aus jeweils drei Quarks und heißt Baryonen. Zu ihr gehören unter anderem das Proton und das Neutron. Die andere Sorte enthält dagegen nur ein Quark und ein Antiquark. Alle diese Teilchen, die man als Mesonen bezeichnet, sind allerdings instabil. Aber auch bei den Teilchen, die aus drei Quarks bestehen, ist nur das leichteste, das Proton, stabil. Zusammengenommen nennt man alle aus Quarks aufgebauten Teilchen Hadronen. Dies bedeutet so viel wie ›dicht‹ und kommt als H in der Abkürzung des LHC vor.

Quarks und Gluonen können ebenfalls sehr gut, wenn auch nur indirekt, in den Teilchenreaktionen an Beschleunigern nachgewiesen werden. Sie sind also alles andere als Fantasiegebilde, nur frei herumfliegen können sie eben nicht. Dies sollte aber in der absoluten Frühzeit des Universums anders gewesen sein. In der allerersten Sekunde unserer Welt war die gesamte Materie so energiereich, dass sich alle

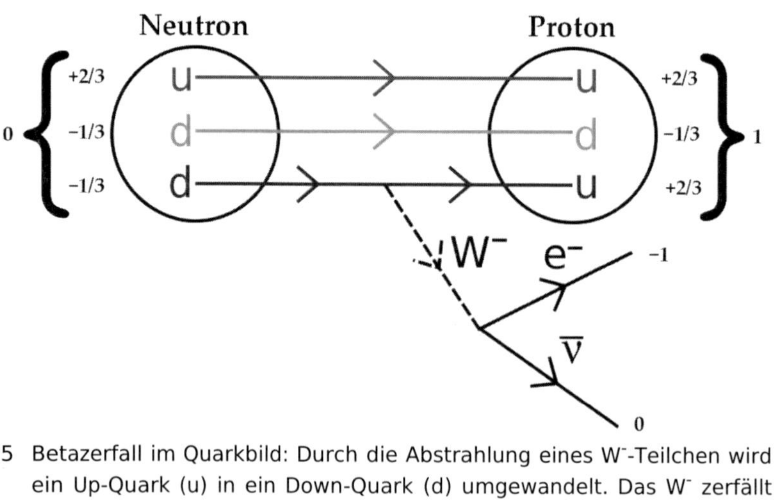

25 Betazerfall im Quarkbild: Durch die Abstrahlung eines W^--Teilchen wird ein Up-Quark (u) in ein Down-Quark (d) umgewandelt. Das W^- zerfällt kurz danach in ein Elektron (e^-) und ein Antineutrino (υ). Die Zahlen geben die elektrischen Ladungen der Teilchen an.

Quarks und Gluonen wie in einem heißen Gas frei bewegen konnten. Heute hingegen ist die Umgebung dieser Teilchen so energiearm, dass sie alle in Hadronen gefangen sind.

Die *schwache Wechselwirkung* besitzt im Gegensatz zur starken zwei andere Besonderheiten. Sie beinhaltet insgesamt drei Austauschteilchen und alle drei besitzen eine sehr große Ruhemasse. Die elektrisch geladenen W^+- und W^--Teilchen sind immerhin 85-mal so schwer wie ein Proton, und das neutrale Z^0-Teilchen (gesprochen: Z null) ist sogar 97-mal so schwer. Dementsprechend kurz ist die Reichweite dieser Kraft, denn die virtuellen Austauschteilchen können nur eine sehr kurze Strecke zurücklegen, ohne die Unbestimmtheitsrelation zu verletzen. Sie müssen sich vom Vakuum auf jeden Fall immer die Energie für ihre beträchtliche Ruhemasse ausleihen, und deshalb ist die Zeitdauer bis zur Fälligkeit dieser Energie entsprechend kurz.

Mit gerade einmal 10^{-18} m ist Reichweite der schwachen Wechselwirkung noch einmal 1000-mal kürzer als die der starken Wechselwirkung. Auch ist sie um einen Faktor 10^{13} schwächer als die starke Wechselwirkung, die wiederum 100-mal stärker ist als die elektromagnetische Wechselwirkung. Trotzdem ist die schwache Wechselwirkung außerordentlich wichtig für radioaktive Zerfälle und die Kernfusionsprozesse in der Sonne.

Mit diesem Wissen schauen wir uns jetzt noch einmal den Zerfall eines Neutrons in ein Proton, ein Elektron und ein Neutrino an. Bisher haben wir dies in etwa so betrachtet, als ob sich ein Apfel plötzlich in eine Birne, eine Erbse und ein Staukorn verwandelt. Wenn wir uns aber den Quarkinhalt ansehen, muss sich bei diesem Prozess nur ein einziges Down-Quark in ein Up-Quark umwandeln. Dies geschieht mithilfe der schwachen Wechselwirkung und eines abgestrahlten W^--Teilchens. Das W^--Teilchen zerfällt dann kurze Zeit später in ein Elektron und ein Neutrino, genauer ein Antineutrino. Nur die schwache Wechselwirkung ermöglicht solch einen Übergang zwischen verschiedenen Quarksorten und damit den Neutronenzerfall.

14 Standardmodell und LHC

Das *Standardmodell* der Elementarteilchen fasst alle Beobachtungen der Hochenergiephysik in einer durchgängigen Beschreibung zusammen. Dabei ist der Begriff Modell mit Bedacht gewählt, denn das Standardmodell ist keine Theorie, weil es relativ wenig erklärt. Es ist vielmehr eine komprimierte Zusammenstellung von Fakten, die aber mehr Fragen offen lässt, als sie Antworten gibt. Beispielsweise kann das Standardmodell keine einzige Masse eines Elementarteilchens vorhersagen oder aus anderen Größen ableiten. Daher kann dieses Modell nur eine Zwischenstufe auf dem Weg zu einer grundlegenderen Darstellung der Teilchenphysik sein. Trotzdem ist es das Beste, was wir im Moment haben.

Auf der folgenden Seite habe ich alle Teilchen und Kräfte des Standardmodells aufgelistet. Bei den Kräften oder Wechselwirkungen schließe ich die Gravitation für einen vollständigen Überblick mit ein, obwohl sie eigentlich kein Gegenstand des Standardmodells ist. Elektrische Ladungen habe ich in Vielfachen der Ladung des Down-Quarks angeben, wobei ich deren negatives Vorzeichen beibehalte. Dies erscheint mir natürlicher als die sonst üblichen drittelzahligen Ladungen. Bei den Massen verwende ich als Einheit die Elektronenmasse. Ich habe mich für sie entschieden, da sie die kleinste sicher bestimmte Masse eines Elementarteilchens ist und weil uns irgendwelche technischen Einheiten nur verwirren würden. Die Protonenmasse, die 1836-mal größer ist als die Elektronenmasse, scheidet als Einheit aus, da das Proton zusammengesetzt ist. In den drei Tabellen sind alle Wechselwirkungen, alle Quarks und alle sogenannten Leptonen (griechisch: leicht) zusammengefasst. Letztere sind keine Quarks, gelten aber ebenfalls als elementar. Betrachten wir nun der Reihe nach die Tabellen.

Die erste Tabelle mit allen *Wechselwirkungen* beinhaltet bis auf das Higgs-Teilchen, das wir in Kürze kennenlernen werden, nichts Neues. Zu jeder Wechselwirkung sind die jeweiligen Austauschteilchen (Bosonen) aufgeführt. Auffällig sind die schon festgestellten gewaltigen Unterschiede in den Stärken und den Reichweiten der Kräfte. Diese Zahlenwerte bestimmen immerhin die Grundstruktur unseres gesamten Universums. Je stärker eine Kraft ist und je geringer ihre Reichweite ist, desto kleiner sind die Objekte, die durch sie zusammengehalten werden. Weil die starke Wechselwirkung für die Bildung von Protonen und Atomkernen verantwortlich ist und weil sie im Verhältnis zu den anderen Kräften so stark ist, sind Protonen und Atomkerne so winzig.

Wechselwirkung	Stärke	Reichweite	Boson	Elektr. Ladung	Masse
starke	1	$2{,}5\times10^{-15}$ m	Gluon	0	0
elektromagnetische	10^{-2}	unendlich	Photon	0	0
schwache	10^{-13}	10^{-18} m	W^+, W^-	+3, -3	157 400
			Z^0	0	178 400
Gravitation	10^{-38}	unendlich	Graviton?	0	0
–	–	–	Higgs?	0	230 000 - 300 000

Quark	Generation	Elektr. Ladung	Masse
Top	3	+2	338 000
Bottom	3	-1	8300
Charm	2	+2	2580
Strange	2	-1	170
Up	1	+2	3,7
Down	1	-1	8,6

Lepton	Generation	Elektr. Ladung	Masse
Tau	3	-3	3480
Tau-Neutrino	3	0	< 30
Myon	2	-3	207
Myon-Neutrino	2	0	< 0,3
Elektron	1	-3	1
Elektron-Neutrino	1	0	$< 4\times10^{-6}$

Die nächstschwächere Wechselwirkung, die elektromagnetische, bestimmt den Zusammenhalt der Atome, die deswegen entsprechend größer sind als ein Atomkern. Die schwächste Kraft, die Gravitation, ist dagegen für die ganz großen Strukturen im Universum zuständig. Sie sorgt für den Zusammenhalt von Planeten, Sternen und ganzen Sternensystemen. Nur weil die Schwerkraft im Verhältnis zu allen andern Kräften so dermaßen schwach ist, ist unser Weltall gegenüber den Atomen so überaus groß.

Die zweite Tabelle gibt Ihnen einen Überblick über alle 6 *Quarks*. Sie werden aufsteigend nach ihrer Masse jeweils paarweise in 3 sogenannte Generationen oder Familien eingeteilt. Diese Anordnung kommt daher, dass sich die einzelnen Generationen praktisch nur durch ihre Masse unterscheiden. Alle weiteren Eigenschaften der Quarks sind im Wesentlichen gleich. Beispielsweise besitzen das Top-, das Charm- und das Up-Quark sehr unterschiedliche Massen, aber ansonsten fast identische Eigenschaften. Um diese Ähnlichkeiten hervorzuheben, hat man die Unterteilung in Generationen gewählt. Dabei steigt die Masse der Quarks von Generation zu Generation stark an. Unsere bekannte Materie besteht allerdings nur aus den Quarks der ersten Generation, dem Up- und dem Down-Quark. Der Vollständigkeit halber muss ich noch erwähnen, dass es zu jedem Quark noch das entsprechende Antiquark gibt.

In der dritten Tabelle habe ich alle diejenigen elementaren Teilchen aufgeführt, die keine Quarks sind. Diese *Leptonen* besitzen auch 3 Generationen mit jeweils einem Teilchenpaar, das ebenfalls von Generation zu Generation immer schwerer wird. Jedes Paar besteht jeweils aus einem negativ geladenen Teilchen und einem Neutrino. Von diesen Neutrinos gibt es also nicht nur eines, sondern drei. Für eine genauere Bezeichnung stellt man daher dem Neutrino seinen Generationspartner im Namen voran. Das Neutrino der ersten Generation ist also genau genommen ein Elektron-Neutrino. Die geladenen Leptonen wie das Elektron besitzen alle noch ein Antiteilchen, aber bei den Neutrinos herrscht hierüber noch keine Sicherheit. Es könnte durchaus sein, dass sie ihr eigenes Antiteilchen darstellen.

Leptonen unterliegen im Gegensatz zu den Quarks *nicht* der starken Wechselwirkung. Sie tragen also keine Farbladungen wie die Quarks oder Gluonen und sind demnach farbneutrale Teilchen. Warum dies so ist, wissen wir allerdings nicht. Die ungeladenen Neutrinos verspüren zusätzlich auch keine elektromagnetische Kraft, sodass sie nur durch die schwache Wechselwirkung und die Gravitation beeinflusst werden. Quarks dagegen unterliegen ausnahmslos allen Wechselwirkungen.

Besonders auffällig ist in allen Tabellen die völlige Willkür der Massen der Elementarteilchen. Sie stehen in keinem systematischen Verhältnis zueinander und scheinen einfach vom Himmel zu fallen. Die Massen der Quarks erstrecken sich zum Beispiel über 5 Größenordnungen, wobei die Massen der leichten Quarks nicht einfach zu bestimmen sind. Hier fällt auf, dass die Quarkmassen bei einem Proton lediglich zu etwa 1% seiner Gesamtmasse beitragen. Der Rest kommt durch die Bindungsenergie der Gluonen und die Bewegungsenergie der Quarks innerhalb des Protons zustande. Auch hier möchte ich noch einmal betonen, dass auch ein Proton in erster Linie ein Ganzes ist. Es besteht zwar in einem gewissen Sinne aus Quarks, aber noch nicht einmal seine Masse kann aus den Quarkmassen abgeleitet werden.

Die Massen der Neutrinos sind überhaupt nicht als feste Größen bekannt. Man kann im Moment nur sagen, dass sie kleiner sind als bestimmte Werte. Es gibt allerdings starke Hinweise, dass die Massen der Neutrinos nicht null sein können, woraus man jedoch nur Obergrenzen für ihre Masse ableiten kann. Die Massen der schwersten Elementarteilchen hingegen sind sehr genau bekannt. Sie befinden sich immerhin in der Größenordnung des Hundertfachen der Protonmasse, weshalb die Teilchen nur in den energiereichsten Beschleunigern erzeugt werden können. Dementsprechend lange hat man beispielsweise auf die Entdeckung des Top-Quarks gewartet, die erst Mitte der 1990er Jahre erfolgte.

Die *Masse* der Elementarteilchen ist ein generelles Problem des Standardmodells. Bisher ist nämlich völlig unklar, ob sie eine Eigenschaft der Teilchen selbst ist oder ob sie durch eine Wechselwirkung zustande kommt, und zwar mit dem hypothetischen Higgs-Teilchen. Es ist das letzte noch nicht nachgewiesene Teilchen des Standardmodells und soll für die Massen aller Teilchen verantwortlich sein.

Das *Higgs-Teilchen* und das dazugehörige Higgs-Feld sollen alle Teilchen an einem ungestörten Vorwärtskommen durch den Raum hindern und ihnen dadurch eine Masse verleihen. Der Widerstand des Higgs-Felds gegenüber einer Bewegung eines Teilchens verursacht nach diesem Modell eine Trägheit, die der Masse des Teilchens entspricht. Dies ist in aller Kürze der Mechanismus, den Peter Higgs (*1929) schon in den 1960er Jahren dafür vorgeschlagen hat. Leider ist das Higgs-Teilchen so schwer, dass sich seine Masse bisher nur durch andere Beobachtungen einschränken lies. Wegen seiner grundlegenden Bedeutung für das Standardmodell wird dieses Teilchen daher auch keiner Wechselwirkung zugeordnet.

Aus mir unerfindlichen Gründen wird das Higgs-Teilchen im Zusammenhang mit dem LHC oft als »Gottesteilchen« bezeichnet. Doch selbst wenn man es endlich finden sollte, so wird es uns kaum etwas über Gott erzählen können. Noch nicht einmal die *unterschiedlichen* Massen der Elementarteilchen würden sich durch die Entdeckung des Higgs-Teilchens erklären lassen. Lediglich der *prinzipielle* Mechanismus der Massenerzeugung wäre entdeckt. Warum ein Teilchen aber eine ganz *bestimmte* Masse besitzt, liegt an der Stärke seiner Wechselwirkung mit dem Higgs-Feld. Und diese Größe wäre ebenso wie seine Masse ein freier Parameter des Standardmodells, der nicht berechnet werden kann, sondern gemessen werden muss. Es ist daher äußerst fraglich, ob ein gefundenes Higgs-Teilchen Licht in das Rätsel der Massen bringen wird. Ebenso ist es unklar, ob es nur ein Higgs-Teilchen gibt oder mehrere.

Aber nicht nur die Massen der Teilchen, sondern noch etliche weitere freie Parameter bereiten den Physikern beim Standardmodell Bauchschmerzen. Zusammen mit den Massen gibt es je nach Zählweise ungefähr 20 davon. Damit kann man zwar alles beschreiben, aber wenig aus tiefer liegenden Prinzipien herleiten. Noch nicht einmal die elektrischen Ladungen der Quarks und Elektronen kann das Standardmodell erklären. Dabei sind diese ungemein wichtig für die Ladungsgleichheit von Proton und Elektron und damit für die elektrische Neutralität unserer Materie.

Auch die Anzahl der Teilchengenerationen wird nicht vorhergesagt. Man konnte allerdings in den 1990er Jahren am CERN nachweisen, dass es nur drei Generationen und keine weiteren bei noch höheren Massen gibt. Doch warum gerade drei, wenn doch die Generationen 2 und 3 alle aus instabilen Teilchen bestehen? Hier zumindest haben wir mittlerweile eine Ahnung, warum unser Universum diese drei Generationen wirklich benötigt. Denn nur wenn mindestens drei Generationen von Teilchen vorhanden sind, kann es beim Urknall, dem Beginn unseres Universums, zu einem Ungleichgewicht zwischen Materie und Antimaterie kommen. Gäbe es dieses Ungleichgewicht aber nicht, so bestünde unser Kosmos nur aus Licht. Wir kommen auf diesen Punkt in Kapitel 32 zurück.

Weshalb gibt es überhaupt vier Grundkräfte oder Wechselwirkungen und warum haben sie die entsprechende Stärke? Auch hierüber schweigt leider das Standardmodell, aber die Physiker haben sich schon seit Langem nicht damit zufriedengegeben. Sie würden gerne alle Kräfte auf eine einzige Wechselwirkung zurückführen, die dann in einer Art *Weltformel* alles beschreibt. Aber obwohl seit Jahren starke Anstrengungen in diese Richtung unternommen werden, stößt man dabei nicht nur auf mathematische, sondern vor allem auf begriffliche Schwierigkeiten. Die starke, elektromagnetische und schwache Wechselwirkung werden mit der Quantentheorie beschrieben, wo Zufall und Unbestimmtheit eine zentrale Rolle spielen. Die Schwerkraft hingegen ist in eine rein klassische Theorie eingebettet, in der nicht gewürfelt wird. Sie wird heute nicht mehr über das newtonsche Gravitationsgesetz, sondern mit der allgemeinen Relativitätstheorie formuliert, die wir uns in Kapitel 17 ansehen werden. Ich erwarte aber trotzdem, dass die Suche nach einer allumfassenden Theorie unter Einbeziehung aller Wechselwirkungen noch in diesem Jahrhundert Erfolg haben wird. Dazu schauen wir uns die aussichtsreichsten Theorien in Kapitel 35 an.

Schon in den 1960er Jahren konnte die elektromagnetische Wechselwirkung mit der schwachen Wechselwirkung in einem Formelsatz zusammengefasst werden. Dies funktioniert in etwa so: Oberhalb von Energien, die den Massen der W- und Z-Bosonen der schwachen Wechselwirkung entsprechen, spielt deren Masse bei den Prozessen dieser sogenannten elektroschwachen Wechselwirkung keine Rolle mehr. Hier sind alle Teilchen so energiereich, dass den virtuellen Austauschteilchen immer genügend Energie für ihre Existenz zur Verfügung steht. Dies gilt nun auch für die schweren W- und Z-Bosonen, deren Reichweite normalerweise wegen ihrer Masse stark eingeschränkt ist. Die Wechselwirkung unterscheidet ab einer bestimmten Energie sozusagen nicht mehr zwischen ihrem schwachen und elektromagnetischen Anteil. Tatsächlich werden alle Austauschteilchen dieser vereinheitlichten Wechselwirkung bei genügend hohen Energien praktisch masselos. Die Wechselwirkung ist also gleichartig bezüglich ihrer verschiedenen Austauschteilchen. Man sagt auch sie ist symmetrisch.

Nur unterhalb dieser Energieschwelle, in unserem mittlerweile energiearmen Kosmos, frieren die Anteile zu verschiedenen Wechselwirkungen aus und die Symmetrie zwischen ihnen ist gebrochen. Dabei bekommen die W- und Z-Teilchen über das Higgs-Teilchen ihre Massen, und das Photon bleibt masselos. Aus *einer* Wechselwirkung sind so zwei verschiedene geworden, und man geht davon aus, dass genau dies in den ersten Sekundenbruchteilen unseres Universums passiert ist.

Auch die starke Wechselwirkung sollte sich mit der elektroschwachen vereinigen lassen, allerdings bei noch viel höheren Energien. Hierfür gibt es jedenfalls experimentelle Hinweise, denn die Stärke der Wechselwirkungen ist energieabhängig und gleicht sich zu höheren Energien hin an. Die gesuchte Vereinheitlichungsenergie liegt aber leider noch um 11 Größenordnungen über der Energie des LHC.

Allerspätestens hier erwarten die theoretischen Physiker dann viele neue Materie- und Austauschteilchen, aber sie könnten auch schon bei viel niedrigeren Energien entstehen. Insgesamt sind alle diese Vorhersagen aber mit ziemlich viel Vorsicht zu genießen, denn eine Hochrechnung über einen Faktor von 100 Milliarden ist keine Kleinigkeit. Das ist in etwa so gewagt als behaupte man, dass auf der Strecke zum Mond nichts Wesentliches mehr passieren wird, wenn man nur die ersten 4 Millimeter davon gesehen hat. Dazwischen könnte aber noch eine Menge unentdeckte Physik auf uns warten.

Vereinheitlichte Wechselwirkung	Wechselwirkungen	ab einer Masse bzw. Energie von
elektroschwach	elektromagnetisch + schwach	2×10^{5}
große vereinheitlichte	elektroschwach + stark	2×10^{18} ?
Weltformel = Theorie von allem	elektroschwach + stark + Gravitation	2×10^{22} ?

Zur direkten Untersuchung dieser Energien kommen aber auf absehbare Zeit keine von Menschen gebauten Beschleuniger infrage. Allerdings sind in der kosmischen Strahlung einige Teilchen vorhanden, die immerhin bis auf einen Faktor 10 000 an diese Vereinheitlichungsenergie heranreichen. Nur sind sie dort leider so extrem selten, dass man nicht gezielt mit ihnen experimentieren kann.

Will man auch die Gravitation in eine Weltformel mit einbeziehen, muss man noch einmal 4 Größenordnungen drauflegen. Bei dieser natürlichen Energieskala des Universums, der Planck-Energie, die wir uns in Kapitel 29 genauer ansehen, brechen aber auch unsere physikalischen Beschreibungen zusammen, worauf ich ebenfalls später näher eingehen werde.

Viele Teilchenphysiker setzen daher ihre Hoffnung auf den neuen Großbeschleuniger am CERN, den LHC. Oftmals wird dieser Speicherring in der Presse nur sehr verkürzt als »Urknallmaschine« präsentiert. Ich persönlich finde diese Bezeichnung etwas irritierend, denn der LHC hat nicht in erster Linie das Ziel, den Beginn unseres Universums nachzustellen. Er ist vielmehr der leistungsfähigste Protonen-Beschleuniger der Welt, denn ihm steht sieben Mal mehr Energie zur Verfügung als bisher. Diese Bedingungen waren zwar auch kurz nach dem Urknall im gesamten Universum vorhanden, aber dies hätte man auch bei allen früheren Beschleunigern behaupten können.

Was man sich wirklich vom LHC erhofft, sind dagegen neue Teilchen, die erst bei diesen Energien produziert werden können. Das prominenteste von ihnen wäre das Higgs-Teilchen. Wenn man es *nicht* finden würde, wäre das gelinde gesagt ein Schock für die Teilchenphysik, aber vielleicht auch ein heilsamer. Denn wegen der Unzulänglichkeiten des Standardmodells sucht man eigentlich schon seit mehr als 20 Jahren händeringend in allem Beschleunigern nach Ereignissen, die sich eben *nicht* mit dem Standardmodell erklären lassen.

Diese Physik *jenseits* des Standardmodells aufzuspüren, ist das eigentliche Ziel des LHC. Alle Beobachtungen, die in eine neue Richtung weisen könnten, sind hier willkommen. Sind Quarks und Elektronen wirklich elementar oder auch wieder zusammengesetzt? Gibt es für jedes Teilchen und Antiteilchen nochmals einen sogenannten supersymmetrischen Partner, von dem man allerdings erwartet, dass er viel schwerer ist? Gibt es nur *ein* Higgs-Teilchen oder eine ganze Gruppe von ihnen? Viele dieser Erweiterungen des Standardmodells liegen als Vorschläge auf dem Tisch, aber welchen davon hat die Natur verwirklicht? Lässt sich eine einfachere Theorie der Elementarteilchen mit wesentlich weniger Parametern konstruieren? Alle diese Fragen sind entscheidend für den Erfolg des LHC. Das Schlimmste aber würde eintreten, wenn man gar nichts Überraschendes finden würde. Doch ich glaube nicht, dass es so weit kommen wird, denn neue Energiebereiche lassen auch auf Entdeckungen hoffen.

Trotzdem wird der LHC wahrscheinlich auf Jahrzehnte hinaus der letzte Beschleuniger dieser Größe bleiben. Wie bei den Mondlandungen in den 1970er Jahren wird es vielleicht 50 Jahre dauern, bis wieder eine ähnliche Maschine gebaut wird. Obwohl keiner im Moment offen darüber spricht, ist diese Entwicklung absehbar, denn man befindet sich mit dem LHC an einem Wendepunkt.

Über Jahre hinaus musste das CERN finanztechnisch an seine Grenzen gehen und teilweise bestehenden Anlagen sogar stilllegen, um das LHC-Projekt stemmen zu können. Wäre der Tunnel für den neuen Beschleuniger nicht schon vorhanden gewesen, hätte man ihn wahrscheinlich nie gebaut. In diesem Tunnel war nämlich von 1989 bis 2000 der stärkste Elektron-Positron-Beschleuniger installiert, an dem zwei meiner Freunde promovierten. Getrieben vom Aufwind der Entdeckungen der W- und Z-Teilchen hatte man den Durchmesser dieser Röhre etwas größer als nötig festgelegt, da man den LHC schon damals als Nachfolgeprojekt im Hinterkopf hatte.

Während einem meiner CERN-Aufenthalte als Doktorand hatte ich einmal die Gelegenheit, diesen Beschleuniger mit seinen riesigen Experimentierhallen zu besuchen. Nach einer Sicherheitsschleuse ging es mit einem Fahrstuhl wie in einem Bergwerk in die Tiefe. Unten angekommen war ich ziemlich beeindruckt, denn die hell erleuchtete Halle war so groß wie ein Fußballplatz. Und der Blick nach oben in den Zugangsschacht reichte fast 100 Meter weit hinauf.

Nachdem wir uns Teile des Experiments angeschaut hatten, ging ich mit meiner Studienkollegin weiter Richtung Tunnel. Vorbei an einer verstaubten Notaufstiegstreppe und um ein paar Ecken herum, stand ich damals vor dem Speicherring. Mit einer ganz sanften Krümmung lief er in einem weiten Bogen in der Ferne aus

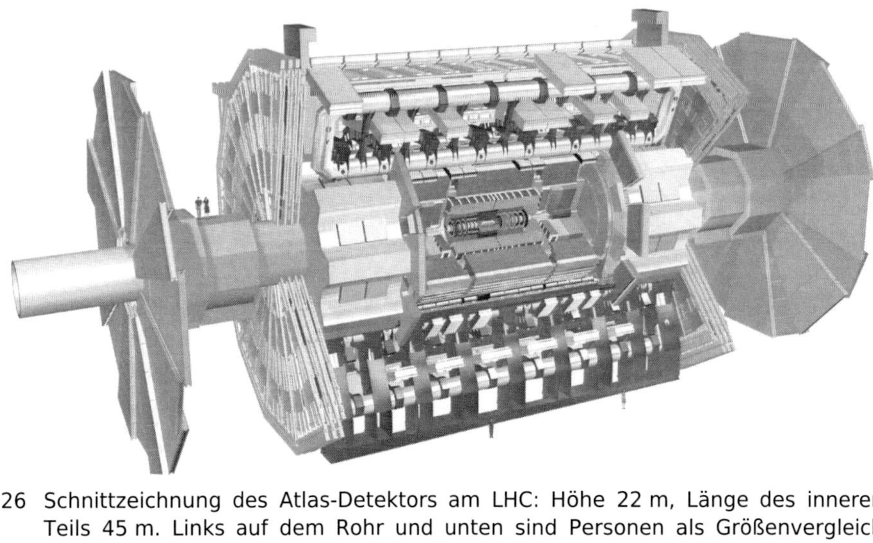

26 Schnittzeichnung des Atlas-Detektors am LHC: Höhe 22 m, Länge des inneren Teils 45 m. Links auf dem Rohr und unten sind Personen als Größenvergleich abgebildet.

meinem Sichtfeld. Bis zum nächsten Experiment waren es ab hier mehr als 6 Kilometer.

Heute kreisen hier unten die Protonen im LHC. Er hat die Grenze des Machbaren für hohe Energien erreicht, denn die Technologie der Ringbeschleuniger ist ausgereizt. Noch längere Tunnel sind für die Forschung kaum durchsetzbar und noch stärkere Magnete ebenfalls. Seit Jahrzehnten wird deshalb über neuartige innovative Beschleuniger nachgedacht, die nicht mehr in Ringform gebaut werden würden. Sie führen stattdessen geradeaus und müssen die Teilchen deshalb in *einem* Rutsch auf höchste Energien bringen. Diese sogenannten Linearbeschleuniger mit einer Länge von etwa 30 Kilometern könnten in Zukunft einen gewissen Ersatz darstellen. Aber auch bei ihnen wird die schiere Größe der begrenzende Faktor sein.

Am Ende unserer Reise zu den kleinsten Materiebausteinen möchte ich Bilanz ziehen. Was bleibt übrig von dem Teilchenbild, das wir durch unsere Alltagserfahrungen erworben haben? Wir sind gestartet mit einem Apfel in einer Schale und haben uns über die Atome und deren Kerne bis hin zu den Elementarteilchen vorgetastet. Ist die Materie aus kleinen festen Kugeln aufgebaut? Wohl kaum, wenn wir den Zufall und die Unbestimmtheit der Quantentheorie bedenken. Besteht sie vielleicht wie ein Computer nur aus Information, aus Bits? Ganz so einfach scheint unsere Welt nun doch nicht aufgebaut sein.

Trotzdem geht es aber bei *Elementarteilchen* einzig und allein um Eigenschaften, Fakten und Informationen. Die Teilchen definieren sich *nur* über ihre Eigenschaften und nichts sonst. Dabei sind alle Teilchen einer Sorte exakt gleich und können weder unterschieden noch markiert werden. Versuchen wir beispielsweise die Frage zu stellen, was ein Elektron wirklich ist, so landen wir im begrifflichen Nichts. Eine Antwort hierauf gibt es nicht, denn schon die Frage macht keinen Sinn. Ein Teilchen ist lediglich ein *Informationspaket*, das alle seine Eigenschaften beinhaltet, mehr nicht.

Diese Informationsmenge könnte man natürlich auch in Bits zerlegen. Doch macht dies die Natur auch so? Und falls ja, durch was sind diese Bits repräsentiert? Bei einer Größe wie dem Spin, der eine Teilchenausrichtung angibt, ist der Zusammenhang zu Bits sehr naheliegend, wie wir in Kapitel 24 sehen werden. Doch wie sieht es mit dem Ort und der Geschwindigkeit eines Teilchens aus? Wie viele Bits benötigt man, um diese im Universum festzulegen? Hier sind die Antworten und damit das Verhältnis von Teilchen und Informationsmenge längst nicht so eindeutig wie beim Spin. Doch bevor wir diese Fragen angehen können, müssen wir noch mehr von unserem Universum wissen.

Immer wenn wir an ein bestimmtes Objekt denken, verbinden wir damit eine bestimmte *Identität*. Und diese Identität wird normalerweise nie infrage gestellt. Schon gar nicht ändert sie sich einfach so spontan. Ein Apfel ist und bleibt ein Apfel, und eine Birne bleibt eine Birne. Eine Umwandlung zwischen beiden findet nie statt. Ganz anders bei den Elementarteilchen: Hier wandelt sich beim Neutronenzerfall ein Down-Quark in ein Up-Quark um. Wir können diesen Prozess zwar mit einem W-Boson beschreiben, aber was passiert hier eigentlich?

Es findet ein *Identitätswechsel* mithilfe eines Austauschteilchens statt, wobei dessen Informationsinhalt auf neue Teilchen übertragen wird. Dies ist aber wesentlich komplizierter als das bloße Kopieren von Daten, wie beispielsweise von einer Festplatte zur anderen. Wie vollzieht die Natur diesen Wechsel und wieso kommen immer die gleichen Informationspakete in Form eines Elektrons und Neutrinos dabei heraus? Das sind für mich die tiefgründigen und spannenden Fragen der Teilchenphysik. Aber bin ich mir diesmal sicher, ob ich überhaupt die richtigen Fragen stelle?

Um die Identität von Elementarteilchen ist es im Standardmodell aber noch viel seltsamer bestellt als beim Beispiel des Neutronenzerfalls. Ich möchte Sie nun mit einem Effekt konfrontieren, den ich mir bis hierhin aufgehoben habe, weil er Ihnen einiges abverlangen wird: Die Eigenschaften von Quarks einer bestimmten Sorte sind nämlich nicht unter allen Umständen immer dieselben. Vielmehr unterscheiden sie sich, je nachdem unter welchem Blickwinkel man sie betrachtet. Und diese verschiedenen Blickwinkel sind die verschiedenen Wechselwirkungen. Die Eigenschaften einer bestimmten Quarksorte sind also in der starken und in der elektroschwachen Wechselwirkung nicht dieselben.

Die Natur zieht quasi je nach Wechselwirkung verschiedene Brillen auf, unter denen die Quarks jeweils etwas anders aussehen. Ein Down-Quark in der elektroschwachen Wechselwirkung ist nicht einfach dasselbe Down-Quark wie bei der starken Wechselwirkung. Tatsächlich enthält es zusätzlich auch noch Beimischungen aus dem Bottom-Quark und Strange-Quark der starken Wechselwirkung. Und dies gilt nicht nur für das Down-Quark, sondern für alle Quarksorten. Sie alle verhalten sich unter diesen Wechselwirkungen jeweils verschieden und enthalten unterschiedliche Beimischungen von anderen Quarksorten.

Diese sogenannten *Quarkmischungen* sind für mich das Merkwürdigste, was die Natur in der Teilchenphysik zu bieten hat. Die Welt hat unter den verschiedenen Blickwinkeln der Wechselwirkungen tatsächlich eine unterschiedliche Zusammensetzung. Und dies gilt nicht nur für die Quarks, sondern mit großer Sicherheit auch für die Neutrinos, obwohl das letzte Wort hier noch nicht gesprochen ist.

Am besten kann ich mir die Quarkmischungen mit einem Vergleich klar machen. Wir nehmen dazu an, die Quarksorten seien Eissorten und die zwei Wechselwirkungen seien deren Herstellung und deren Verkauf. Stellen Sie sich vor, Sie sind ein Eishersteller und die beliebtesten Sorten sind Sahne und Kirsch. Für beide Sorten, die Sie in großen Mengen produzieren, haben Sie ein tolles Rezept. Doch dummerweise wollen Ihre Kunden aber gar nicht die reinen Sorten essen, sondern hätten lieber entweder Sahne-Kirsch oder Kirsch-Sahne in einem bestimmten Mischungsverhältnis. Sie stellen also in Ihrer Fabrik das Eis zunächst als reine Sorten her und mischen es dann für Ihre Kunden so, dass dabei nichts verloren geht.

Genauso verhält es sich bei den Quarksorten, nur dass hier jeweils drei Sorten und nicht zwei Sorten an der Mischung beteiligt sind. Die Produktion der Quarks oder Eissorten vollzieht sich über die starke Wechselwirkung und geschieht demzufolge sortenrein bezüglich der starken Wechselwirkung. Aber die schweren Quarks der zweiten und dritten Generation zerfallen nur über die schwache Wechselwirkung. Diese Zerfälle geschehen aber nicht sortenrein, sondern als Mischungen von Quarksorten der starken Wechselwirkung. Das heißt in letzter Konsequenz, dass Quarks unter verschiedenen Wechselwirkungen eine unterschiedliche Identität besitzen. Bleibt nur noch zu ergänzen, dass auch die Stärke dieser Quarkmischungen nicht durch das Standardmodell erklärt wird.

Zum Schluss unserer Reise durch die Bestandteile unserer Materie möchte ich, dass Sie mir bitte folgende Frage beantworten: Glauben Sie nach diesen Kapiteln, dass durch einen Beschleuniger die Teilchen so ähnlich wie kleine Kugeln hindurch fliegen? Diese Teilchen werden in einer Quelle erzeugt, werden durch die Energiezunahme bei ihrer Beschleunigung immer schwerer und stoßen an den Wechselwirkungspunkten tief im Inneren von Detektoren zusammen. Aber fliegen sie auch so durch das Vakuumrohr wie eine Gewehrkugel durch einen Lauf?

Ich gebe zu, dass ich mir das über viele Jahre genauso vorgestellt habe. Wir werden uns allerdings im zweiten Buchteil ein ganz einfaches Experiment ansehen, das diese Vorstellung in ihren Grundfesten erschüttern wird. Es wird uns zu der Feststellung nötigen, dass in einem Beschleuniger streng genommen überhaupt nichts fliegt. Eine durchgängige Flugbahn ist lediglich eine Illusion, wenn auch meist eine sehr gute.

15 Sonnensystem

Nach diesem Crashkurs in Atom-, Kern- und Teilchenphysik haben Sie es verdient, ein wenig zu verschnaufen. Wir kehren zurück auf die Erde und schauen uns zunächst unsere nähere astronomische Umgebung an, bevor wir in die Unendlichkeiten des Universums aufbrechen. Hier werden wir nicht mit Wahrscheinlichkeiten und Unbestimmtheiten konfrontiert, die unserem Vorstellungsvermögen sehr zusetzen. Doch dafür ist nun eine andere Seite unserer Fantasie gefragt.

Wir haben es im Weltall mit ausgesprochen großen und schweren Körpern zu tun, die dazu auch noch sehr zahlreich sind. Ebenso liegen zwischen diesen Körpern meist riesige Entfernungen, die für uns nur schwer fassbar sind. Wenn wir das Licht dieser Objekte beobachten, blicken wir daher auch automatisch weit in die Vergangenheit zurück. Und auf die Beobachtung von Licht ist die Astronomie in weiten Teilen eingeschränkt. Im Gegensatz zu Atomen und Elementarteilchen kann man mit fernen Sternen oder Galaxien keine Experimente durchführen. Man kann nur den Ist-Zustand oder besser gesagt den War-Zustand aufzeichnen. Doch bevor wir uns Sternen und Galaxien zuwenden, schauen wir uns zuerst die drei Himmelkörper an, die für unser Leben am wichtigsten sind: die Erde, die Sonne und den Mond.

Unser Heimatplanet trägt und ernährt nicht nur die ganze Menschheit, sondern jegliches Leben, das wir bislang kennen. Die *Erde* hat einen Durchmesser von etwa 12 700 km und rotiert einmal am Tag um ihre Achse. Sie ist durchschnittlich 150 Millionen Kilometer von der Sonne entfernt, was einem Lichtweg von etwas mehr als 8 Minuten entspricht. Dabei bewegt sie sich auf einer leicht elliptischen, also nicht ganz kreisförmigen Bahn in einem Jahr einmal um die Sonne. Auf dieser geschlossenen Kurve ist sie immerhin mit 30 km/s unterwegs, ohne dass wir von dieser Geschwindigkeit etwas bemerken.

Die Rotationsachse der Erde ist gegenüber ihrer Bahnebene um etwa 23 Grad geneigt. Wegen der Drehimpulserhaltung zeigt diese Achse wie bei einem Kreisel stets in dieselbe Richtung. Dadurch verändert sich der Auftreffwinkel des Sonnenlichts im Laufe eines Jahres beträchtlich und damit die Energie, die die Erdoberfläche erhält. Durch diesen Zyklus entstehen unsere wiederkehrenden Jahreszeiten.

Wenn wir die Erde vom Weltraum her betrachten, sieht sie aus wie eine blaue Perle. Sie besitzt eine bemerkenswert große Menge an Wasser, das mehr als 70% der gesamten Oberfläche mit einer durchschnittlichen Tiefe von mehr als 3,5 km bedeckt. Dieses Wasser macht die Erde, zumindest in unserem Sonnensystem, zu

27 Die Planeten des Sonnensystems (von links nach rechts): Merkur, Venus, Erde, Mars, Jupiter, Saturn, Uranus, Neptun. Ganz links: der Rand der Sonnenscheibe

einem ganz besonderen Planeten. Es ist nahezu allgegenwärtig, ob in den Ozeanen, im Eis der Arktis, in Gletschern, in Flüssen, Bächen und Seen oder in Form von Wolken am Himmel. Ohne dieses vielseitige Lösungsmittel ist für uns irgendeine Art von Leben kaum vorstellbar.

Die Atmosphäre der Erde besteht zu 78% aus Stickstoff, zu 21% aus Sauerstoff und zu knapp 1% aus dem Edelgas Argon. Der nächst häufige Bestandteil ist Kohlendioxid mit nur 0,04%, gefolgt von vielen anderen Gasen in wesentlich niedrigeren Konzentrationen.

Das Kohlendioxid ist zusammen mit Methan und Ozon für den natürlichen Treibhauseffekt der Erde verantwortlich. Diese Gase schränken die Durchlässigkeit der Atmosphäre für Wärmestrahlung ein. Daher kann die Infrarotstrahlung, die durch die Erwärmung des Bodens und des Wassers entsteht, die Erde nur schwer wieder verlassen. Die Treibhausgase bilden sozusagen eine Isolierdecke, die unseren Planeten um immerhin 33 Grad aufheizt. Ohne sie wäre es auf der Erde nicht durchschnittlich 15 Grad Celsius warm, sondern gerade einmal -18 Grad Celsius kalt. Die Temperatur der Erde *ohne* den natürlichen Treibhauseffekt entspräche der eines Gefrierschranks. In nur 200 Jahren hat der Mensch mit seiner Industrialisierung allerdings den Anteil des Kohlendioxids um mehr als 35% erhöht. Ich kann mir daher nur schwer vorstellen, dass dies ohne langfristige und schwerwiegende Folgen bleiben wird.

Die *Sonne* ist der mit Abstand größte und schwerste Körper in unserer kosmischen Nachbarschaft. Sie hat einen Durchmesser von 1,4 Millionen Kilometern, was dreieinhalb Mal so viel ist wie der Abstand zwischen Erde und Mond. Zudem vereinigt sie fast 99,9% der Masse des gesamten Sonnensystems. Ihr riesiger Gasball besteht zu fast drei Vierteln aus Wasserstoff und zu einem Viertel aus Helium. Nur ein Prozent ihrer Masse entfällt auf schwerere Elemente.

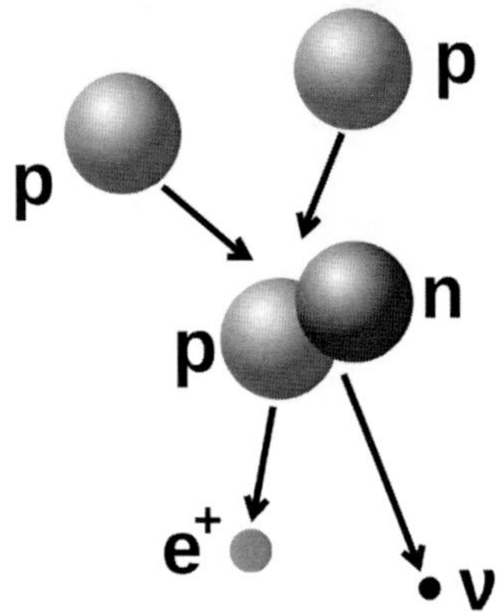

28 Verschmelzung zweier Protonen zu einem Deuteriumkern (schwerer Wasserstoff) und einem Positron (e^+ = Anti-Elektron) und Neutrino (υ)

Im Inneren der Sonne verschmelzen die Kerne von Wasserstoff bei einer Temperatur von 15 Millionen Grad zu Helium. Trotzdem sind selbst diese hohen Temperaturen klassisch betrachtet noch viel zu gering für eine Kernverschmelzung. Die Teilchengeschwindigkeiten, die mit diesen Temperaturen einhergehen, reichen nicht aus, dass die Protonen ihre gegenseitige elektrische Abstoßung überwinden können. Ihr Abstand ist bei einem Stoß nämlich nicht gering genug, sodass sie die Anziehung der starken Wechselwirkung genügend spüren könnten. Sie müssten daher in allen Fällen wieder auseinanderfliegen, ohne die Möglichkeit zu haben, sich miteinander zu verbinden. Die tatsächliche Verschmelzung der Protonen gelingt nur wegen eines quantentheoretischen Effekts, wegen des Tunneleffekts.

Kommen sich zwei Protonen wie in der Sonne genügend nahe, so gibt es nach der Quantentheorie auch eine winzige Chance, dass sie urplötzlich als ein gebundenes System vorliegen. Die Aufenthaltswahrscheinlichkeit, dass sie sich spontan innerhalb eines Bindungszustands wiederfinden, ist zwar sehr gering, aber nicht null. Tatsächlich ist sie gerade ausreichend für die Kernfusionprozesse in der Sonne. Von außen betrachtet, sieht es so aus, als hätten die Protonen bei ihrem Zusammenstoß eine abstoßende elektrische Energiemauer durchtunnelt und sich innerhalb dieser Mauer miteinander verbunden. Unmittelbar nach diesem Prozess wandelt sich dann eines der Protonen in ein Neutron um, wobei auch ein Positron (Anti-Elektron) und ein Neutrino abgestrahlt werden. Bis zum Helium, dem eigentlichen Endprodukt der Verschmelzungskette in der Sonne, sind allerdings noch zwei weitere Reaktionsschritte notwendig.

Dieser Kernfusionsofen mit seiner Massenumwandlung ist die Energiequelle der Sonne. In ihm besitzen die Atome keine Elektronen mehr. Vielmehr bewegen sich Atomkerne und Elektronen in diesem heißen sogenannten Plasma frei umher.

Dabei ist die Materie so dicht gepackt, dass sich die Energie, die bei der Verschmelzung in Form von Gammastrahlung frei wird, wie durch eine dichte Suppe hindurcharbeiten muss. Auf ihrem ungeplanten Weg zur Sonnenoberfläche benötigen diese Photonen daher bis zu 100 000 Jahre, wobei sie wieder und wieder abgelenkt werden. Sie verlieren hierbei so viel Energie, dass sie uns schließlich als sichtbares Licht erreichen. Nur die Neutrinos der Verschmelzungsreaktionen können das Sonneninnere nahezu ungehindert verlassen. Sie sind so zahlreich, dass ein Mensch auf der Erde pro Sekunde von durchschnittlich 10^{14} Neutrinos regelrecht durchsiebt wird, ohne dass auch nur eines davon eine Kernreaktion in unserem Körper auslöst.

Die brodelnde Oberfläche der Sonne ist mit 5500 Grad Celsius wesentlich kühler als das Sonneninnere. Hier wird das gesamte sichtbare Licht in den Weltraum abgestrahlt. Darüber befindet sich noch eine sehr dünne, aber heiße Gashülle, die man nur bei Sonnenfinsternissen sehen kann. Diese Korona ist der Startpunkt für den Sonnenwind, einen Strom von schnellen Elektronen und leichten Atomkernen. Er verursacht die wunderschönen Kometenschweife und Polarlichter. Die Letzteren entstehen immer dann, wenn die Teilchen des Sonnenwinds vom Erdmagnetfeld eingefangen werden und entlang der Feldlinien zu den Magnetpolen geleitet werden. Hier treffen sie auf die äußersten Schichten der Erdatmosphäre und regen die Luftmoleküle durch Stöße zum Leuchten an.

Der *Mond* ist mit einem Durchmesser von knapp 3500 km etwa dreieinhalb Mal kleiner und 80-mal leichter als die Erde. Dies führt lediglich zu einem Sechstel der irdischen Schwerkraft, weswegen die Astronauten auf dem Mond die bekannten lustigen Hüpfbewegungen vollführten. Trotzdem ist unser Mond im Vergleich zu seinem Planeten, der Erde, viel größer und schwerer als alle anderen Monde des Sonnensystems. Diese große Masse bewirkt eine effektive Stabilisierung der Erdachse, die sich sonst langsam in die Bahnebene der Erde hineindrehen würde. Ohne den Mond hätten wir daher extreme Jahreszeiten mit abwechselnd einem halben Jahr Polarnacht und ständigem Sonnenschein.

Der Mond wendet uns stets dieselbe Seite zu, weil er synchron, oder wie man auch sagt, gebunden rotiert. Er dreht sich während seines Umlaufs um die Erde innerhalb von 27 Tagen auch genau einmal um sich selbst. Bei seiner Entstehung während der Frühphase unseres Sonnensystems war er aber ein schnell rotierender Himmelskörper, der einen wesentlich geringeren Abstand zur Erde hatte. Man geht heute davon aus, dass der Mond durch eine Kollision zwischen der Erde und einem etwas kleineren Planeten entstanden ist. Bei diesem Zusammenstoß wurde eine große Menge Planetenmaterial in den Weltraum geschleudert, welches sich in der Erdumlaufbahn sammelte und innerhalb von vielleicht 10 000 Jahren den Mond formte. Dabei war der Aufprall der beiden Planeten ein relativ unwahrscheinliches Ereignis, denn er erfolgte mit einer geringen Geschwindigkeit und unter einen flachen Winkel. Wären die Erde und dieser Himmelskörper dagegen anders zusammengestoßen, so wäre die Erde wahrscheinlich mondlos geblieben.

Der Mond als Verursacher von Ebbe und Flut diktiert den Tagesablauf vieler Küstenbewohner und Meerestiere. Seine Schwerkraft ist auf der ihm zu- und abgewandten Seite der Erde wegen des unterschiedlichen Abstands verschieden groß. Deswegen beulen sich unsere Ozeane aus, während die Erde zusammen mit diesen Flutbergen rotiert. Aber nicht nur der Meeresspiegel steigt dabei an, sondern auch das Land wird zweimal am Tag um bis zu einem halben Meter angehoben. Diese ständigen Knetaktionen kosten eine ganze Menge Energie. Aber woher stammt diese Energie eigentlich?

Wie wir aus dem Energieerhaltungssatz wissen, muss sie einem anderen Teil des Systems Erde-Mond entzogen werden, da Energie weder entstehen noch verschwinden kann. Und tatsächlich wird die Drehung der Erde von den Gezeitenkräften messbar verlangsamt. Daher verlängert sich ein Erdentag innerhalb von 60 000 Jahren um eine Sekunde. Doch dies sind noch nicht alle Auswirkungen dieser Abbremsung. Wegen der geringeren Rotationsenergie muss sich auch die Mondbahn anpassen, was dazu führt, dass sich der Mond alle 25 Jahre um einen Meter weiter von der Erde entfernt. Dies wird seit den Apollo-Flügen regelmäßig gemessen. Dazu wird ein Laserstrahl auf einen Reflektor gerichtet, den die Astronauten auf der Mondoberfläche zurückgelassen haben. Aus der Laufzeit des gepulsten Lichts wird schließlich die Entfernung zum Mond zentimetergenau bestimmt. Aber es gibt noch einen Effekt, der durch die Gezeitenreibung verursacht wurde: Sie bremste auch die Drehung des Mondes im Laufe von Jahrmilliarden so stark ab, dass wir schließlich nur noch eine Seite von ihm zu Gesicht bekommen.

Der Mond besitzt keinerlei Atmosphäre, was zusammen mit den langen Tag- und Nachtzeiten von jeweils etwa zwei Wochen zu erheblichen Temperaturschwankungen führt. Es ist dort daher am Tag mit 130 Grad Celsius ziemlich heiß und in der Nacht mit -160 Grad Celsius klirrend kalt. Doch trotz dieser heißen Temperaturen ist es seit 2009 sicher, dass der Mond nennenswerte Wasservorkommen besitzt. Sie befinden sich am Boden von dunklen Kratern an den Polregionen, die Milliarden Jahre lang kein Sonnenlicht gesehen haben. Dieses im Gestein eingelagerte Wasser könnte bei künftigen Mondaufenthalten zur Versorgung von Astronauten beitragen.

Im letzten Abschnitt dieses Kapitels möchte ich mit Ihnen einen Gang durch unser gesamtes Sonnensystem unternehmen. Wir werden dabei die ungeheuren Entfernungen und die relative Leere des Weltalls kennenlernen und gelangen schließlich bis zu unserem nächsten Nachbarstern. Ich möchte für diese Reise ein Modell wählen, in dem unsere Erde die Größe eines Apfels hat. In diesem Maßstab ist die Sonne genau einen Kilometer von der Erde entfernt. Sie hat einen Durchmesser von

29 Größenvergleich der Planeten des Sonnensystems (Erde in 1 = Earth) mit der Sonne (in 3 = Sun) mit anderen Sternen. Wolf 359 ist ein Roter Zwerg und ab Pollux sind alles Riesensterne (siehe nächstes Kapitel).

9 Metern, was ungefähr einem zweistöckigen Einfamilienhaus entspricht. Die Lichtgeschwindigkeit wäre in diesem Universum etwas schneller als 7 km/h und liegt damit genau zwischen dem Tempo eines schnellen Fußgängers und dem eines langsamen Joggers.

Wir beginnen unsere Reise bei unserem strahlenden Häuschen und gehen los. Nach knapp 400 m treffen wir auf den ersten Planeten von der Größe einer Erdbeere. Merkur besteht wie die Erde an der Oberfläche aus Gesteinen, verfügt aber über keine Atmosphäre. Nach etwas mehr als 700 m erreichen wir die wolkenverhüllte Venus mit derselben Größe wie die Erde. Gehen wir weiter zur Erde, so sehen wir dort den Mond in 2,5 m Abstand als Kirsche um unseren Apfel ziehen. Den letzten der sogenannten Gesteinsplaneten erreichen wir nach weiteren 500 m. Der Mars hat Pflaumengröße und ist von einer dünnen hauchzarten Atmosphäre umgeben.

Laufen wir weiter, so treffen wir erst einmal lange auf nichts weiter außer etlichen Asteroiden. Erst in mehr als 5 Kilometern Entfernung von der Sonne nähern wir uns Jupiter. Er ist im Vergleich zur Erde eine riesige Gaskugel mit 1 m Durchmesser. Zum nächsten Gasplaneten sind wir nun schon insgesamt 9,5 km unterwegs. Saturn ist mit 80 cm nur unwesentlich kleiner als Jupiter und hat damit die Ausmaße eines großen Sitzballs. Noch weiter draußen finden wir nach fast 20 bzw. 30 Kilometern mit Uranus und Neptun die beiden letzten Planeten des Sonnensystems.

Auch sie bestehen im Wesentlichen aus Gas und sind mit etwas mehr als 30 cm etwa so groß wie ein Eimer.

Zwischen 30 km und 50 km Entfernung von unserer Modellsonne stoßen wir auf fast 100 000 Asteroiden und Zwergplaneten. Sie sind nur Millimeter bis Zentimeter groß und so leuchtschwach, dass bisher nur wenige von ihnen direkt beobachtet werden konnten. Doch ab jetzt wird es im All erst richtig leer.

Unsere Einfamilienhaussonne ist ab hier bis in 100 000 km Entfernung von einer Wolke aus Kometen umgeben. Dies ist immerhin ein Viertel der echten Strecke bis zum Mond. Die Anzahl der Kometen schätzt man auf bis zu 1000 Milliarden, wobei sie in unserem Maßstab allerdings nur so groß sind wie ein ganz feines Sandkorn. Ab und zu wird eines dieser Körnchen durch die Schwerkraft aus seiner Bahn gelenkt und gelangt nach einer langen Reise ins Innere des Sonnensystems. Hier verdampft dann bei jedem Umlauf ein kleiner Teil des Kometeneisballs zu einem leuchtenden Schweif. Obwohl wir um unsere Sonne immerhin 10^{12} Komentensandkörner vermuten, so sind sie zusammengenommen doch lediglich ein Kubikmeter Sand. Und dieses bisschen Sand findet sich fein verteilt innerhalb einer Kugel von 100 000 km Durchmesser wieder.

Doch nun ziehen wir unsere Expedition auch bis zum Ende durch. Erst wenn wir in unserem Modell knapp drei Viertel der realen Entfernung von der Erde zum Mond zurückgelegt haben, treffen wir wieder auf einen Stern. Bis dorthin benötigt das Licht in Wirklichkeit etwas mehr als 4 Jahre. Hier erst steht also das nächste leuchtende Einfamilienhaus.

Dazwischen befindet sich nichts als extrem verdünntes Wasserstoffgas mit etwa einem Atom auf 4 Kubikzentimeter. Dies ist so wenig, dass man es sich kaum vorstellen kann. Aber wir versuchen es trotzdem und legen in Gedanken ein Rohr bis zum nächsten Stern. Dann schieben wir einen Kolben in das Rohr und pressen alles darin enthaltene Gas so lange zusammen, bis wir unseren gewohnten Luftdruck erhalten. Um dies zu erreichen, müssen wir den Wasserstoff, der auf immerhin 4×10^{13} km verteilt ist, bis auf einen viertel Millimeter verdichten. Erst in diesem winzigen zusammengepressten Gasscheibchen liegen dann wieder irdische Verhältnisse vor.

16 Sterne

Mein erstes Astronomiebuch stammt von einem russischen Forscher. Wieder einmal war ich mit meinen Eltern auf Verwandtenbesuch in der damaligen DDR. Im anderen Teil Deutschlands mit seinen gefängnisgrauen Mauern und den nicht gerade zuvorkommenden Staatsorganen war es nicht so einfach, das zwangsweise umgetauschte Geld in etwas Sinnvolles zu verwandeln. Also stürzte ich mich auf naturwissenschaftliche Bücher, denn diese waren weder ideologisch verfärbt noch enthielten sie falsche Tatsachen. Und so kaufte ich mir ein reich bebildertes Buch und nahm es durch den Eisernen Vorhang mit nach Hause.

Mit dem Werk von Boris Woronzow-Weljaminow hatte ich nun das ganze Universum vor mir liegen und erfuhr zum ersten Mal, dass Sterne eine Geschichte haben. Sie werden geboren, durchleben verschiedene Phasen und vergehen auch wieder. Einige sterben dabei geradezu spektakulär. So lernte ich, dass das wichtigste an einem Stern seine Masse ist. Sie bestimmt nicht nur seine Größe, sondern auch seine Temperatur, seine Lebensdauer und schließlich seine Todesart. Die Masse ist deshalb so wichtig, weil alle Sterne am Anfang aus fast demselben Material bestehen. Sie enthalten praktisch nur Wasserstoff und Helium, denn dies war die Ursuppe des Universums, und alle anderen Elemente kamen später hinzu.

Bevor wir uns aber anschauen, wie die Lebensgeschichte eines Sterns mit seiner Masse zusammenhängt, wenden wir uns zunächst unserem eigenen Stern zu. Wie und wann ist die Sonne entstanden und wie wird sie enden?

Die Entstehung unserer *Sonne* können wir nur aus der Beobachtung von Frühstadien ähnlicher Sterne ableiten. Sie könnte die folgende Überschrift tragen: »Es war einmal vor langer Zeit in dieser Galaxis«. Mit einer gigantischen Molekülwolke von 100 Lichtjahren Durchmesser fing alles an. Sie besaß eine tausendfach höhere Dichte als eine normale Sternenumgebung und trug Millionen von Sonnenmassen in sich. Undurchsichtig für das Sternenlicht war sie ein Ort der Kälte und Dunkelheit aus Gas und ein wenig Staub.

Viele Millionen Jahre waberte die Wolke ereignislos vor sich hin, doch dann traf sie die Schockwelle einer gigantischen Sternenexplosion. Gebeutelt vom plötzlichen Geschwindigkeitsschub schnürten sich Teile ihrer Ränder zu kleineren Gebieten zusammen. Hier war der nun folgende Gravitationskollaps schon nicht mehr aufzuhalten. Unter der Schwerkraft nahmen die neuen Sternensysteme langsam Gestalt an. In einem wilden Pirouettentanz formten sich drehende Scheiben, während sich die Zentralbereiche der Abschnürungen weiter verdichteten. In diesen Geburtsarealen heizte sich das Gas durch Reibung schließlich so weit auf, dass den Atomen die Elektronen entrissen wurden. Immer mehr Material sammelte sich in einer drehenden Kugel aus Plasma, die unter ihrem eigenen Gewicht ständig weiter schrumpfte. Dadurch stieg sowohl die Dichte und als auch die Temperatur des Gases in dieser Kugel extrem an. Ob dem Zentralkörper allerdings auch eine leuchtende Zukunft beschieden sein würde, hing einzig und allein von seiner Masse ab.

Der entscheidende Moment vollzog sich beinahe unbemerkt tief im Kern des fast fertigen Sternenkindes. Hier zündete die Verschmelzung von Atomkernen das Fusionsfeuer, das die Schwerkraft zum Innehalten zwang. Noch ungestüm stemmte sich die Strahlungsenergie gegen den Zusammensturz der Materie. Und auch heute noch halten sich wie beim Armdrücken die Schwerkraft und der Strahlungsdruck die Waage. Doch beliebig lange wird kein Brennstoff in einem Stern ausreichen.

Währenddessen verklumpte sich in den Außenbezirken des neuen Sonnensystems der Staub zu immer größeren Brocken. Sie stießen fortwährend zusammen, blieben aneinanderhängen und wuchsen dadurch weiter. Die größten von ihnen sogen durch ihre Schwerkraft das leichtere Material wie Staubsauger an sich. Langsam lichtete sich die Scheibe, in der sich nun ringförmige Zonen abnabelten. Die schweren Stoffe, die weit nach innen gefallen waren, bildeten hier feste Planeten, während sich weiter draußen mehr Gas um die Planetenkerne sammelte. Noch begleitete ein ständiges Bombardement die Geburt des neuen Planetensystems. Als fast alles Material aufgebraucht war, kehrte zum ersten Mal seit langer Zeit wieder etwas Ruhe ein. Der junge Stern fegte den noch verbliebenen Staub aus seinem System und tilgte so die Spuren seiner bewegten Entstehungsgeschichte.

So in etwa wird sich die Bildung unseres Heimatsystems zugetragen haben. Obwohl alle unsere Atome bei diesen stürmischen Ereignissen schon dabei gewesen sind, gibt es aber außer den Kometen und Asteroiden keine greifbaren Überbleibsel aus der Zeit dieser völligen Neuordnung der Materie. Seit dem Beginn des Kollapses der ursprünglichen Molekülwolke sind bis hierhin etwa 10 Millionen Jahre vergangen und mehrere Dutzend Sterne entstanden. Viele von ihnen sind nach wie vor in Doppel- oder Mehrfachsystemen gebunden.

Unsere Sonne dagegen ist ein mittelgroßer Einzelgänger, der schon längst von seinen damaligen Nachbarn weggedriftet ist. Das gleichmäßige Verbrennen ihres Wasserstoffs zu Helium dauert nun schon 4,6 Milliarden Jahre an und schafft ausgesprochen stabile Verhältnisse. Auf der Erde haben diese schließlich das Leben hervorgebracht, das nun über seine eigenen Ursprünge nachdenkt. Die Sonne hat zwar noch für weitere sieben Milliarden Jahre Wasserstoff zur Verfügung, wird allerdings langsam immer wärmer. Dies liegt daran, dass sich in ihrem Inneren immer mehr Helium ansammelt und die Brennzone des Wasserstoffs daher weiter nach außen wandern muss. Dadurch wird die Sonne nicht nur größer, sondern ihre

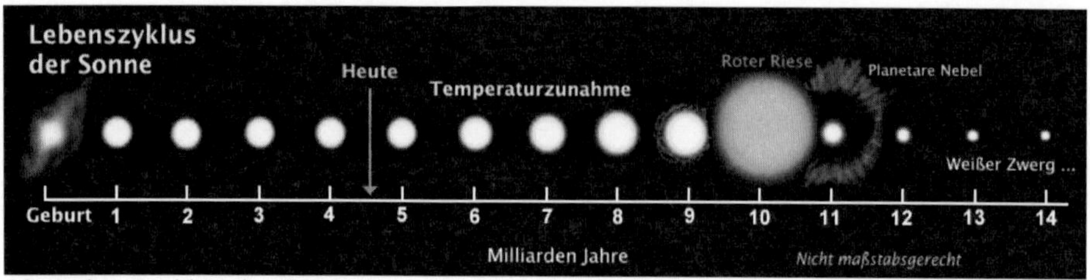

30 Lebenszyklus der Sonne

Oberfläche auch heißer. Schon in etwa einer Milliarde Jahre wird es deshalb auch auf der Erde für das Leben zu heiß werden, sodass wir uns bis dahin etwas einfallen lassen müssen.

Versiegt schließlich der Wasserstoffvorrat, so geht die Sonne zum nächsten möglichen Brennstoff über. Schon seit Milliarden Jahren hat sich das schwerere Helium in ihrem Kern konzentriert, der sich nun weiter unter der Schwerkraft zusammenzieht. Da der Wasserstoff nicht mehr im Zentrum der Sonne brennt, sondern nur noch außen in einer dünnen Schale, bläht sich die Sonne nun auf gigantische Ausmaße auf. Sie ist in dieser Phase mehr als 150-mal größer und 2000-mal heller als heute und verschlingt ihre beiden innersten Planeten. In diesem Stadium als *Roter Riese* verbleibt sie etwa eine halbe Milliarde Jahre lang. Dann ist es in ihrem Inneren so heiß geworden, dass nun das Heliumbrennen einsetzt. Jetzt verschmelzen insgesamt drei Heliumkerne zu einem Kohlenstoffkern. Doch nach 130 Millionen Jahren geht auch das Helium zur Neige. Ein weiteres Mal erlischt das Feuer im Zentrum der Sonne, das nun ganz aus Kohlenstoff besteht.

Aber jetzt ist Schluss, denn für eine weitere Verschmelzungsreaktion ist die Sonne einfach zu leicht. Obwohl sich der Kernbereich unter der Schwerkraft weiter komprimiert, bleibt die Temperatur dort unter der erforderlichen Schwelle für das Verbrennen des Kohlenstoffs. Die Sonne wird nun instabil und wirft schubweise über 500 000 Jahre hinweg mehr als ein Zehntel ihrer Masse ab. Am Ende sprengt sie schließlich ihre verbliebenen Gashüllen nahezu komplett ab, die sie dann kurzzeitig als ein leuchtender Nebel umgeben.

Der anfänglich sehr helle und heiße Kern zieht sich aber weiter zusammen, bis er abschließend in einen stabilen Zustand übergeht. Nur noch die Hälfte der ursprünglichen Sonnenmasse drängt sich hier auf gerade einmal Erdgröße zusammen. Ein Kubikzentimeter der Materie dieses *Weißen Zwergs* wiegt eine ganze Tonne und lässt sich nur quantentheoretisch verstehen.

Wie bei der Stabilität von Atomen spielt auch hier das Pauli-Prinzip die entscheidende Rolle. Zur Erinnerung: Das Pauli-Prinzip verhindert immer, dass sich Materieteilchen mit genau denselben Eigenschaften beliebig dicht beieinander aufhalten können. Bei den Atomen bewirkt es, dass ein Orbital nur mit jeweils zwei Elektronen besetzt sein kann. Deshalb können sich die Atome von Händen und Tischen auch nicht durchdringen. In einem Weißen Zwerg sorgt das Pauli-Prinzip dafür, dass sich nur jeweils zwei Elektronen im Rahmen der Unbestimmtheitsrelation im selben Energiezustand befinden dürfen. Dadurch wird vielen Elektronen eine wesentlich höhere Energie zugewiesen, als es ihrer Temperatur entspricht. Man bezeichnet einen solch unnatürlichen Materiezustand mit dem Begriff *entartet.* Deshalb bauen die Elektronen mit ihren relativ hohen Geschwindigkeiten einen wirksamen Gegendruck zur Gravitation auf und stabilisieren mithilfe dieses Entartungsdrucks den Sternenüberrest. Die dafür erforderliche Energie entziehen sie den sie umgebenden Atomkernen.

Ohne eine weitere Energiequelle wird die Sonne als Weißer Zwerg ihre verbliebene Wärmeenergie über weitere Milliarden Jahre hinweg abstrahlen. Bis sie schließlich die Durchschnittstemperatur des Weltalls angenommen hat, dauert es allerdings noch mindestens Millionen Male länger als unser Universum heute alt ist.

Soweit zur Lebensgeschichte der Sonne. Nachtragen möchte ich noch, warum unser Planetensystem und auch die Sonne überhaupt rotieren. Dies liegt daran, dass sich eine zufällig zusammenfallende Materiemenge so gut wie niemals symmetrisch auf das Schwerkraftzentrum zubewegt. Sie wird vielmehr aneinander vorbei fallen und anfangen, um dieses Zentrum zu kreisen. Dies ist einfach viel wahrscheinlicher als ein gleichförmiger Kollaps. Genau deshalb drehen sich Planeten, Sterne und ganze Galaxien. Und nun sehen wir uns an, was mit Sternen passiert, die wesentlich weniger oder mehr Materie auf sich vereinen als die Sonne.

Der einfachste Fall tritt ein, wenn nicht genügend Masse vorhanden ist, um überhaupt eine Kernfusion zu zünden. Hier sind Druck und Temperatur zu gering, als dass die Protonen mit ihrer Geschwindigkeit die gegenseitige elektrische Abstoßung überwinden können. Es entsteht dann lediglich ein *jupiterähnlicher* Riesenplanet.

Aber ab etwa 1,2% der Sonnenmasse setzen in einem sogenannten *Braunen Zwerg* die ersten Verschmelzungsprozesse ein. Die Temperatur im Inneren eines solchen Körpers ist allerdings immer noch zu gering, um zwei Protonen miteinander zu verschmelzen. Stattdessen verschmelzen einige der schwereren Atomkerne mit einem Proton, wobei aber längst nicht so viel Energie frei wird wie bei einem normalen Wasserstoffbrennen. Diese Zwergsterne geben daher nur eine relativ schwache Wärmestrahlung ab und sind nur schwer zu beobachten, obwohl sie vermutlich sehr zahlreich sind.

Bei Massen zwischen 8% und 60% der Sonne finden wir mit den *Roten Zwergen* die nächste Bevölkerungsgruppe der Sterne. Sie leuchten rund hundert bis tausendmal schwächer als die Sonne. Wie bei einem glühenden Stück Metall hängt die Farbe eines Sterns ebenfalls streng von seiner Temperatur ab. Rote leuchtende Sterne sind also an ihrer Oberfläche kühler als unsere gelbe Sonne. Weil auch ein Roter Zwerg in seinem Zentrum nicht so heiß ist, brennt er quasi auf kleiner Flamme, sodass sein Wasserstoff viel länger ausreicht als bei der Sonne. Deshalb sind auch noch keine Roten Zwerge während der bisherigen Lebenszeit unseres Universums erloschen. Sie werden allerdings niemals das Stadium des Heliumbrennens erreichen, denn dafür besitzen sie nicht genügend Masse. Ebenso wie unsere Sonne werden sie in ferner Zukunft als Weiße Zwerge enden.

Ganz anders sieht es auf der entgegengesetzten Seite der Massenskala aus. Hier leben die schwereren Sterne nicht nur kürzer und heftiger, sondern sie sterben auch wesentlich spektakulärer. Im Vergleich zu unserer Sonne laufen in ihnen die Verschmelzungsprozesse bei höheren Temperaturen ab, was sich nicht nur in einer größeren Leuchtkraft, sondern auch in einer anderen Farbe niederschlägt. Die schwersten Sterne leuchten daher weiß oder sogar blau. Diese *Blauen Riesen* umfassen bis zu 50 Sonnenmassen, haben Oberflächentemperaturen von bis zu 50 000 Grad und sind bis zu 100 000-mal heller als die Sonne. Dafür verpulvern sie ihren Vorrat an Brennstoff aber auch innerhalb von wenigen Millionen Jahren. Sie brennen wie eine Wunderkerze im Vergleich zu einem Teelicht.

Im Inneren dieser Sterne herrscht wegen ihrer größeren Masse ein viel größerer Druck und damit auch eine wesentlich höhere Temperatur. Der Sonne war die nächste Brennstufe noch verwehrt, aber die schwersten blauen Sterne können auch noch Kohlenstoff, Stickstoff, Sauerstoff, Neon und am Ende Silizium miteinander verschmelzen. Dabei entsteht Eisen als schwerstes Element beim Siliziumbrennen. Im Laufe seines Daseins geht solch ein Stern aber immer schneller seinem Ende entgegen. Während das Kohlenstoffbrennen mit 10 000 Jahren schon extrem kurz ist, dauert das Sauerstoffbrennen nur noch wenige Jahre, wogegen das Siliziumbrennen nach gerade einer Woche auch schon wieder vorbei ist.

Aber was passiert nun? Im Zentrum des Sterns sind nur noch Eisenatomkerne vorhanden. Doch leider gibt es keine Kernreaktion mehr, mit der man noch Energie aus dieser Materie herausholen könnte. Auch eine weitere Temperaturerhöhung würde daher nichts bewirken. Das Spiel ist aus, denn der Fusionsofen des Sterns ist nun für immer erloschen. Nach Millionen Jahren des Ausgleichs durch den Strahlungsdruck gewinnt die Schwerkraft erneut die Oberhand. Und wie immer schlägt sie gnadenlos zu.

Der schwere Stern fällt einfach in sich zusammen. In seinem Kern entscheidet sich jetzt, ob eine allerletzte Möglichkeit besteht, den totalen Kollaps aufzuhalten. Wie immer hängt dabei alles von seiner Masse ab. Besitzt der Eisenkern mehr als drei Sonnenmassen, so gibt es kein Halten mehr und der Zentralbereich wird zu einem sogenannten *Schwarzen Loch*. Diese Objekte werden wir uns im übernächsten Kapitel näher ansehen.

Ist der Sternenkern aber leichter, so geschieht etwas fast genauso Merkwürdiges. Der Druck wird so groß, dass die Elektronen bildlich in die Protonen hineingequetscht werden. Dieser umgekehrte Neutronenzerfall geschieht in Bruchteilen einer Sekunde im gesamten Sternenkern, sodass die Elektronen und Protonen verschwinden und nur noch Neutronen und Neutrinos übrig bleiben. Wenn dies passiert, gibt es auf einmal gigantisch viel Platz zwischen den Teilchen.

Erinnern Sie sich noch an den Vergleich mit dem Atom und dem Atomkern? Ein Atom hat die Größe eines Fußballstadions, in dem ein Kirschkern oder ein Stecknadelkopf liegt. Und dieser gesamte Raum steht nun plötzlich zur Verfügung. Ein Stern, der vorher lauter Fußballstadien enthielt, kann auf eine winzige Größe zusammenfallen, weil er jetzt nur noch aus Kirschkernen besteht. Und genau dies geschieht, nachdem sich Protonen und Elektronen in Neutronen verwandelt haben.

Diese Neutronenmaterie bildet ein ultrakompaktes Objekt mit der Dichte eines Atomkerns. Der entstandene *Neutronenstern* ist quasi ein einziger Atomkern von etwa 20 km Durchmesser und beinhaltet zwischen 1,4 und 3 Sonnenmassen. Ein Kubikzentimeter dieser Materieform wiegt um die 10^{12} kg oder eine Milliarde Tonnen, was dem Gewicht von etwa 2000 Supertankern entspricht.

Ein Neutronenstern wird genau wie ein Weißer Zwerg durch das Pauli-Prinzip stabilisiert. Auch hier wird ein Entartungsdruck aufgebaut, denn die Neutronen

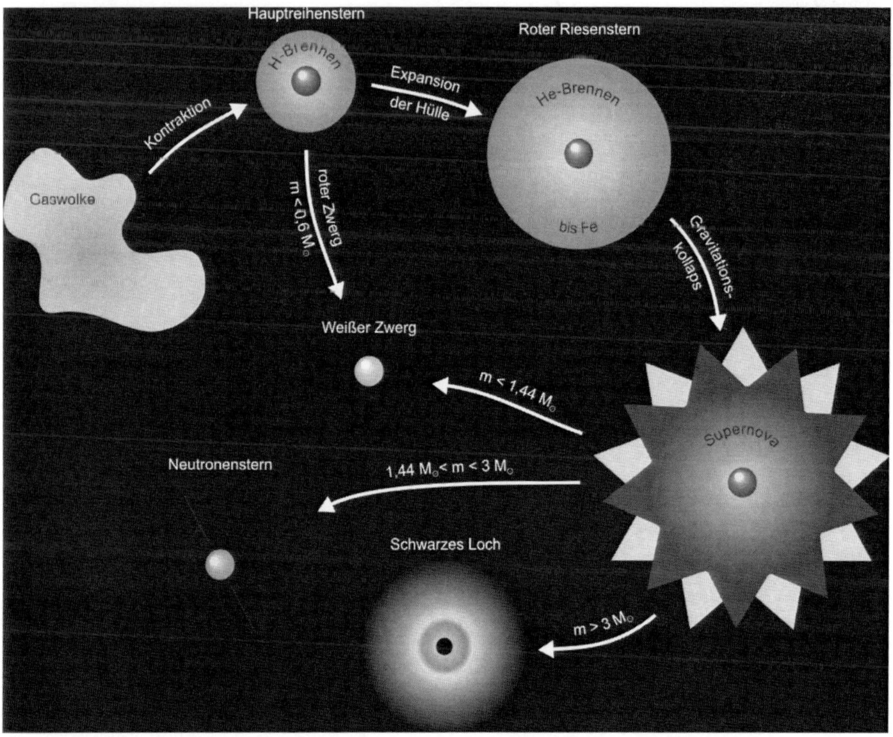

31 Sternentwicklung in Abhängigkeit von der Masse (M_O = Sonnenmasse)

dürfen sich als Materieteilchen ebenfalls nicht beliebig nahe kommen und auch keine beliebigen Energiezustände einnehmen. Nur wenn die Masse eines Neutronensterns etwa drei Sonnenmassen überschreitet, reicht auch dieser Gegendruck nicht mehr aus. Alle Materie versinkt dann in dem Strudel eines Schwarzen Lochs.

Bisher haben wir bei der Beschreibung des Sternenkollaps nur den zentralen Bereich und sein endgültiges Schicksal betrachtet. Nun wenden wir uns dem übrigen Stern zu. Seine Hülle stürzt noch immer auf den kollabierten Kern zu. Wenn aber sich ein Neutronenstern gebildet hat, so stellt dieser fast schlagartig eine feste Grenze dar, die jede einfallende Druckwelle zurückwirft.

Auch die Neutrinos, die bei dem umgekehrten Neutronenzerfall entstanden sind, können bei der ungeheuren Dichte der Sternmaterie nicht mehr ungehindert entweichen. Sie sind gefangen und bauen ganz plötzlich einen gigantischen, nach *außen* gerichteten Druck auf. Dieser ist so gewaltig, dass der gesamte äußere Stern explosionsartig auseinandergerissen wird. Die Materie wird in einer solchen *Supernova* auf bis zu 10% der Lichtgeschwindigkeit beschleunigt. Dabei wird so viel Energie frei, wie die Sonne während ihrer gesamten Lebenszeit erzeugt.

Durch die hohe Geschwindigkeit der Explosionswolke werden riesige Mengen der im Stern erbrüteten schweren Elemente großräumig im umgebenden Weltraum verteilt. Man kann eine Supernova daher mit einer kolossalen kosmischen Dreckschleuder vergleichen. Aber während der Explosion entstehen auch noch zusätzlich die ganz schweren Elemente. Nur hier und in roten Riesensternen herrschen die Bedingungen, unter denen die Elemente ab dem Eisen bis einschließlich Uran gebildet werden können. Auf jeden Fall werden sie nun in den Raum zwischen den Sternen geblasen.

Nur weil sterbende Sterne ihre schweren Atomkerne freisetzen, konnten wir unsere Geschichte der Sonnenentstehung überhaupt mit einer Dunkelwolke aus Gas und Staub beginnen. Ohne Supernovaexplosionen und ohne den Massenverlust bei Roten Riesen gäbe es nämlich gar keinen Staub im Weltall und folgerichtig auch keine Planeten.

Tatsächlich standen der ersten Sterngeneration unseres Universums ausschließlich Wasserstoff und Helium zur Verfügung. An ein Planetensystem war damals noch lange nicht zu denken. Nur weil die massereichen Sterne auch sehr kurzlebig sind, können sie die schweren Elemente nicht nur relativ schnell erzeugen, sondern durch ihre Explosionen auch noch effektiv verteilen. Erst die nachfolgenden Sterngenerationen wie die Sonne, die sich immerhin neun Milliarden Jahre nach dem Beginn des Universums gebildet hat, können daher ein Planetensystem besitzen. Die Erde, und damit auch wir, besteht also fast nur aus Atomen, deren Kerne *vor* der Geburt unseres Sonnensystems in anderen Sternen und Sternexplosionen entstanden sind.

17 Allgemeine Relativitätstheorie

Bevor wir noch weiter hinaus ins Universum gehen, müssen wir kurz innehalten und uns genauer anschauen, durch welche Kräfte es im großen Maßstab zusammengehalten wird. Die starke und die schwache Wechselwirkung scheiden wegen ihrer kurzen Reichweiten aus, ebenso die elektromagnetische Wechselwirkung, da Himmelskörper wie die Körper auf der Erde im Allgemeinen elektrisch neutral sind. Es bleibt also nur die Schwerkraft übrig, die wir bei der newtonschen Mechanik schon kennengelernt haben.

Alle Körper, die eine Masse besitzen, ziehen sich nach dem Gravitationsgesetz gegenseitig an. Eine Abstoßung wie bei elektrischen Ladungen gibt es bei Massen hingegen nicht. Diese Anziehung hatte aber seit Newton einen Makel, der mit der speziellen Relativitätstheorie so richtig offenbar wurde. Nach der klassischen Mechanik breitet sich die Wirkung der Schwerkraft sofort mit unendlicher Geschwindigkeit im gesamten Raum aus. Man spricht hier von einer sogenannten *Fernwirkung* und meint damit, dass die Wirkung eines Körpers auf einen anderen über beliebige Entfernungen hinweg augenblicklich erfolgt. Im Gegensatz dazu bewegt sich Licht nur mit Lichtgeschwindigkeit und hat nach der speziellen Relativitätstheorie in allen gleichförmig bewegten Bezugssystemen auch exakt dieselbe Geschwindigkeit.

Damit wir uns diese Widersprüchlichkeit einmal ganz klar vor Augen führen, machen wir ein einfaches Gedankenexperiment: Wir entfernen die Sonne genau jetzt komplett aus unserem Sonnensystem und schauen uns an, was dann passiert. Laut Newton spüren die Planeten augenblicklich den Verlust der Gravitationsanziehung und ändern daher sofort ihre Bahnen. Sie fliegen nun nicht mehr um die verschwundene Sonne, sondern einfach weiter in ihre momentane Richtung. Die Erde würde also noch im selben Moment eine messbare Bahnänderung erfahren. Das Licht der Sonne aber würde auf der Erde noch für weitere acht Minuten scheinen, als ob nichts gewesen wäre. Erst dann würde es schlagartig dunkel.

Einstein war sich dieser Merkwürdigkeit bestimmt bewusst, als er seine spezielle Relativitätstheorie aufstellte. Jene umfasst ja nur die besonderen Fälle von gleichförmigen und geradlinigen Bewegungen. Die ganzen Beispiele mit den Eisenbahnzügen sind nur so lange korrekt, wie sich deren Geschwindigkeit nicht ändert. Beim Anfahren oder Abbremsen dagegen gilt Einsteins schöne Theorie nicht mehr. Außerdem sind echte Unendlichkeiten wie die der Ausbreitungsgeschwindigkeit einer Kraftwirkung in der Physik etwas sehr Unschönes. Erstens kann man sie mathematisch nur schwer in den Griff bekommen und zweitens sind sie ein starker Hinweis dafür, dass man etwas noch nicht richtig verstanden hat.

Weil Einstein nicht an Fernwirkungen von Kräften glaubte, hat ihn die unendliche Geschwindigkeit für die Ausbreitung der Schwerkraft zweifelsohne gewurmt. Zudem hebelt sie seine spezielle Relativitätstheorie aus, bei der die Reihenfolge von unabhängigen Ereignissen vom Bewegungszustand des Beobachters abhängt. Diese *relative* Gleichzeitigkeit von Ereignissen lässt sich aber in unserem Beispiel mit der Sonne nicht aufrechterhalten. Indem ich nämlich weiß, dass das Ereignis der verschwindenden Sonne genau jetzt im ganzen Universum zu spüren ist, wäre damit auch eine *absolute* Gleichzeitigkeit gegeben.

Einstein machte sich also an die Arbeit, und zwar als Einzelkämpfer, denn im Grunde interessierte dieses Thema niemanden. Kein anderer Physiker stufte die Problematik als dringend oder wichtig ein. Man darf daher die *allgemeine Relativitätstheorie* getrost als die größte Einzelleistung der Physik ansehen. Dies steht im krassen Gegensatz zur Quantentheorie, die als Gemeinschaftswerk von vielen offenen Diskussionen lebte. Nach zehn Jahren harter und einsamer Arbeit hatte Einstein seine neue Theorie endlich so weit fertiggestellt, dass sie nicht nur Beschleunigungen enthielt, sondern auch die Gravitation. Was aber hat Einstein auf seinem mathematisch anspruchsvollen Weg geleitet und vorwärtsgetrieben? Es waren vor allem zwei Grundannahmen: das Äquivalenzprinzip und das Relativitätsprinzip.

Im Kapitel über klassische Mechanik (Kapitel 4) haben wir gesehen, dass eine Masse durch zwei Eigenschaften charakterisiert werden kann: durch ihre Trägheit und ihrer Schwere. Mit diesen Eigenschaften lassen sich aber tatsächlich zwei ganz verschiedene Massenbegriffe konstruieren. Die sogenannte träge Masse bringt einer Kraft einen Widerstand entgegen, der zu einer allmählichen Beschleunigung führt, während die sogenannte schwere Masse dadurch in Erscheinung tritt, dass sie eine andere Masse anzieht.

Experimentell stellt sich jedoch heraus, dass diese beiden Arten von Masse immer im gleichen Verhältnis zueinander auftreten. Verdoppelt man eine träge Masse, so verdoppelt sich auch die entsprechende schwere Masse. Und das, obwohl für ihre Messung ein ganz anderes Verfahren angewendet werden muss. Beide Massenbegriffe verhalten sich also gleichartig, oder wie man auch sagt, *äquivalent* zueinander. Durch eine geeignete Wahl der Gravitationskonstante hat schon Newton die Werte der verschiedenen Massen genau gleich gemacht. Die Äquivalenz der beiden Massendefinitionen konnte Newton jedoch nicht erklären. Sie fällt bei ihm einfach so vom Himmel.

Einstein machte diese Äquivalenz zu seinem bestimmenden Prinzip. Er forderte diese Gleichheit nicht nur, sondern baute sie weiter aus. Bei seinen Überlegungen stieß er auf den entscheidenden Umstand, dass die Wirkung einer *Beschleunigung* nicht von der Wirkung eines *Schwerefelds* unterschieden werden kann. Dieses einsteinsche *Äquivalenzprinzip* gilt insbesondere auch für den freien Fall in einem Schwerefeld, etwa für einen frei fallenden Aufzug. Einstein behauptet nun, dass sich in einem solchen Aufzug *keinerlei* Experiment durchführen lässt, mit dem man unterscheiden kann, ob der Aufzug tatsächlich im Gravitationsfeld einer Masse fällt oder sich aber schwerelos fernab von irgendwelchen Massen im Weltraum befindet. In beiden Fällen herrscht in diesem kräftefreien Aufzug Schwerelosigkeit. Ein Körper muss sich demnach in dem diesem Aufzug geradlinig und gleichförmig bewegen. Hier gilt also lokal wieder die spezielle Relativitätstheorie. Aber eben nur lokal und nur bei Kräftefreiheit.

Die zweite Leitlinie für die allgemeine Relativitätstheorie ist das *Relativitätsprinzip*. Es besagt, dass die physikalischen Gesetze in allen Koordinatensystemen immer dieselbe Form annehmen müssen. Also machte sich Einstein auf die Suche nach der allgemeinst möglichen Formulierung für Bewegungsgleichungen in Raum und Zeit. Dabei hat er die für uns so natürlich erscheinende Geradlinigkeit von Strecken aufgegeben und eine mögliche Krummlinigkeit gleich in seine Theorie mit eingebaut. Auch hat er das gleichförmige Verstreichen der Zeit ebenfalls fallen gelassen und stattdessen Verzerrungen des Zeitablaufs zugelassen. Raum und Zeit sind also in der allgemeinen Relativitätstheorie nicht mehr von Natur aus *gerade*, sondern können je nach Umgebung *gekrümmt* sein.

Und genau diese Umgebung wird durch die Masse eines Körpers beeinflusst. Hier ist es nämlich mit der Kräftefreiheit vorbei. Lässt man beispielsweise auf der Erde einen Ball in einem stehenden Aufzug los, so fällt er beschleunigt nach unten. Will man dasselbe Verhalten dagegen in dem Aufzug im Weltall nachstellen, so muss man ihn in eine Rakete verwandeln und so stark beschleunigen, dass er das Schwerefeld der Erde exakt simuliert. Nun fällt auch der Ball in der Rakete genauso

32 Äquivalenzprinzip: In einer beschleunigten Rakete (links) ergibt sich genau dieselbe Flugbahn des Balles wie am Erdboden (rechts).

zu Boden wie auf der Erde. Die beschleunigte Rakete ist also äquivalent zum Gravitationsfeld am Erdboden. Aber aus den geraden und gleichförmigen Bewegungen in dem kräftefreien System sind nun gekrümmte Bahnen in Raum und Zeit geworden.

Ein beschleunigtes System genauso wie ein Schwerefeld bewirkt also gekrümmte Bahnen von Körpern. Und dies kommt nach Einstein folgendermaßen zustande: Ein massiver Körper krümmt bildlich gesprochen den Raum in seiner Umgebung. Der Raum ist hier nicht mehr flach wie ein Stück Papier, sondern hat Dellen und Krümmungen wie ein Sofa. Wenn Sie sich zum Beispiel abends auf Ihr Sofa niederlassen, so drücken Sie mit Ihrem Gewicht eine Delle in die Sitzfläche. Wenn Sie vorher ein paar Murmeln um Ihren Platz herum legen, so werden diese anfangen zu rollen, wenn Sie sich setzen. Dasselbe geschieht, wenn man eine große Masse in einen leeren Raum hinein platziert. Sie krümmt diesen Raum genauso und beschleunigt kleinere Körper in ihrer Nähe.

Bisher hatten wir solch ein Verhalten im Rahmen der klassischen Mechanik folgendermaßen beschrieben: Die große Masse zieht kleinere Körper aufgrund der Schwerkraft an und beschleunigt sie deswegen. Einstein hingegen formuliert dies anders: Ein Körper krümmt den Raum in seiner Nähe, und zwar um so stärker, je mehr Masse er besitzt. Alle Körper bewegen sich gemäß ihrer Geschwindigkeiten durch diesen gekrümmten Raum. Dabei wird ein Körper beschleunigt, falls er sich einer der Raumdellen nähert. Diese Beschleunigung fällt um so stärker aus, je tiefer die Delle ist und je geringer der Abstand des Körpers zur Delle ist. Der Raum mit seiner geometrischen Krümmung wird so zum Überträger der Schwerkraft. Die Gravitationskraft hat sich also in pure Geometrie verwandelt.

Die allgemeine Relativitätstheorie verknüpft zum ersten Mal Raum und Zeit mit Materie und Energie. Wie schon bei der speziellen Relativitätstheorie kann auch hier die Lichtgeschwindigkeit nicht überschritten werden. Bewegt sich ein Körper

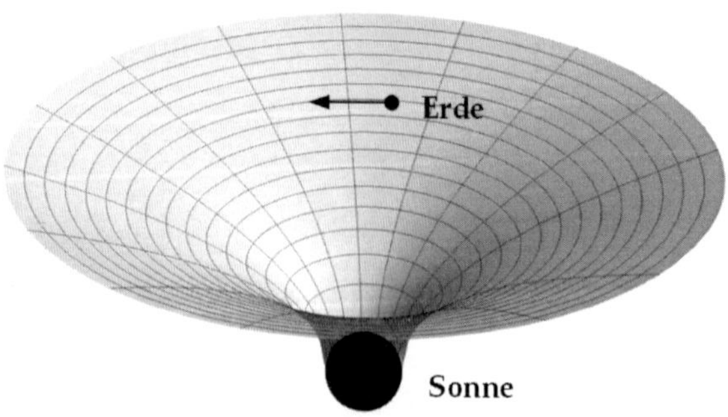

33 Gekrümmter Raum am Beispiel von Sonne und Erde: Die Sonne bildet mit ihrer Masse einen Trichter im Raum, auf dessen Wand die Erde entlang rollt.

durch den Raum, so verändert er das Raum- und Zeitgefüge um sich herum. Die Wirkung seiner Delle pflanzt sich dabei aber nicht unendlich schnell, sondern nur mit Lichtgeschwindigkeit fort.

Betrachten wir nicht nur einen, sondern mehrere Körper, so wird das Ganze ziemlich schnell sehr unübersichtlich. Alle Körper bewegen sich und krümmen durch ihre Masse den Raum. Aber durch die sich ändernden Raumkrümmungen werden auch zwangsläufig die Bewegungen aller Körper beeinflusst. Diese Bewegungsänderungen verursachen jedoch wiederum andere Raumkrümmungen, und so weiter. Sie sehen auch ohne jede Mathematik, dass hier Raum, Zeit, Massen und Bewegungen so eng miteinander gekoppelt sind, dass die einsteinschen Gleichungen mathematisch kaum beherrschbar sind. Nur für wenige spezielle Fälle haben sie eine einfache Lösung.

Der Erfolg der allgemeinen Relativitätstheorie liegt aber trotzdem in der überzeugenden Einfachheit ihrer Grundannahmen. Auch war man mit dieser Theorie in der Lage, verschiedenste Effekte zu erklären oder vorherzusagen. Kleine rätselhafte Abweichungen der Bahn des Planeten Merkur konnten schon von Einstein aufgeklärt werden. Bei dem sonnennächsten Planeten hinterlässt die Raumkrümmung durch unser Zentralgestirn nämlich schon messbare Spuren.

Weltbekannt wurde Einstein aber erst, als bei einer Sonnenfinsternis im Jahre 1919 Sterne neben der Sonne fotografiert wurden, die eigentlich knapp von der Sonne verdeckt sein sollten. Ihr Licht streicht bei einer Sonnenfinsternis so nahe an der Sonne vorbei, dass es durch deren Raumkrümmung regelrecht abgelenkt wird. Es läuft auf einem geraden Weg durch den gekrümmten Raum, und dadurch findet man diese Sterne an einem anderen als dem erwarteten Himmelsort.

In der Astronomie gehört eine noch stärkere Art der Lichtablenkung mittlerweile zum Alltag. Große Sternenansammlungen, wie wir sie im übernächsten Kapitel kennenlernen werden, sind in der Lage das Licht wie optische Linsen zu beein-

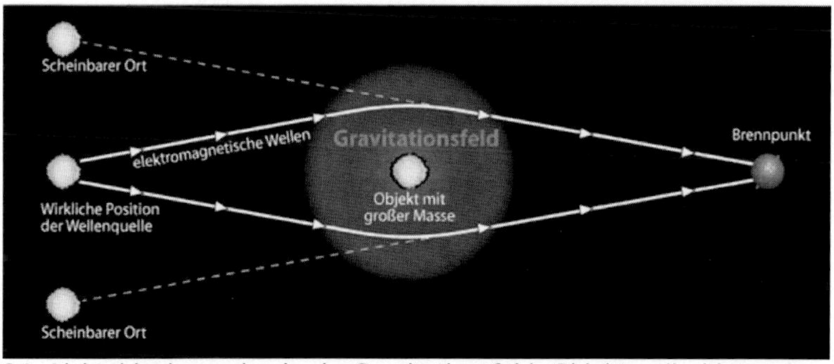

34 Lichtablenkung durch ein Gravitationsfeld: Objekte, die hinter dem mittleren Objekt verborgen sind, erscheinen dadurch neben ihn zu stehen. Im Falle eines sehr starken Feldes kommt es zu einer Fokussierung wie bei einer Linse.

flussen. Teilweise können die Galaxien wegen dieser Gravitationslinsen auf Bildern nicht nur einmal, sondern mehrmals vorhanden sein. Und manchmal verschmelzen diese Abbilder sogar zu einem Ring (Abbildung 39, Seite 140). Im Idealfall verstärkt solch eine Linse das Licht eines weit entfernten Sternensystems wie ein Brennglas so sehr, dass es erst dadurch für uns nachweisbar wird.

Ein weiteres Beispiel für einen Effekt der allgemeinen Relativitätstheorie ist der Energieverlust von Licht in einem Schwerefeld. Hier ist nicht der Raum gekrümmt, sondern der Zeitablauf nicht mehr »geradlinig«. Wenn wir beispielsweise mit einer Taschenlampe am Fuß eines Turms nach oben leuchten, so muss das Licht auf seinem Weg hinauf genau wie ein Fahrstuhl Arbeit gegen das Gravitationsfeld der Erde leisten. Das Licht verliert vom Boden bis zur Turmspitze ein wenig Energie. Es kann zwar durch den Energieverlust nicht langsamer werden, aber dafür verschiebt sich seine Farbe etwas in Richtung Rot. Alternativ zu dieser gravitativen Rotverschiebung bei Licht, die sehr genau vermessen wurde, kann derselbe Versuch auch mit zwei gleichartigen Uhren durchgeführt werden. Die Uhr am Boden läuft dann tatsächlich langsamer als die andere Uhr in der Turmspitze. Am Boden nämlich herrscht eine stärkere Gravitation und damit auch eine größere »Krümmung« der Zeit. Diese bremst den Zeitfluss am Boden stärker ab als oben in der Turmspitze.

Einsteins Theorie sagt noch eine weitere Erscheinung voraus, die jedoch bisher trotz aller Anstrengungen nur indirekt nachgewiesen werden konnte. Umkreisen sich zwei Körper, so entstehen durch deren Schwerkraft periodische Verwerfungen des Raums, die sich wellenartig ausbreiten. Diese Gravitationswellen sind selbst bei sehr schweren Körpern wie Neutronensternen noch extrem schwach. Auch eine Supernova mit ihrer Massenverschiebung verursacht ein solches Raumbeben. Trifft eine Gravitationswelle auf die Erde, so wird unser Boden eine Winzigkeit gestreckt und gestaucht. Genau dies versucht man mit Laserexperimenten in kilometerlangen Röhren nachzuweisen. Eine Änderung des Laserwegs von etwa dem Tausendstel eines Protondurchmessers ist zwar heute schon messbar, aber selbst diese Genauigkeit ist noch nicht ausreichend, um Gravitationswellen direkt zu festzustellen.

Trotzdem ist man stark davon überzeugt, dass diese Wellen existieren, denn nur mit ihrer Hilfe lassen sich die gemessenen Bahndaten eines Doppelsternsystems aus Neutronensternen deuten. Beide Sternleichen umkreisen sich in diesem Fall so eng, dass das System durch die Abstrahlung von Gravitationswellen eine gewaltige Menge an Energie verliert. Dadurch nimmt die Umlaufdauer der beiden Sterne stetig ab, was auch seit 30 Jahren beobachtet wird, und zwar in sehr guter Übereinstimmung mit der theoretischen Vorhersage.

Wie bei den vorigen zentralen Theorien möchte ich nun ebenfalls die allgemeine Relativitätstheorie mit einem Geschehen auf einer Bühne vergleichen. Sie erweitert die spezielle Relativitätstheorie radikal, indem sie die Geradlinigkeit von Raum und

Zeit aufgibt und Krümmungen zulässt. Mit den Zufälligkeiten und Unbestimmtheiten der Quantentheorie hat sie jedoch nichts am Hut, denn sie ist eine klassische Theorie.

> *Allgemeine Relativitätstheorie:*
> Das Geschehen im Universum ist im Vorhinein in allen Einzelheiten festgelegt. Von diesem Ablauf gibt es keine Abweichungen. Die Bühne aus Raum und Zeit wird durch alle Körper mitgestaltet, die sich auf ihr befinden. Je massiver ein Körper ist, desto stärker krümmt er den Raum und bremst den Ablauf der Zeit. Die Gravitation wird nicht mehr als Kraft, sondern als Raum-Zeit-Geometrie gedeutet. Die Bühne verliert ihre Starrheit und wird so zu einem aktiven Teil des Schauspiels. Ansonsten gelten auch alle Effekte der speziellen Relativitätstheorie.

Beide fundamentalen Theorien, die Quantentheorie und die allgemeine Relativitätstheorie, beschreiben also ganz unterschiedliche Welten. Hier wird gewürfelt, und dort ist alles festgelegt. Hier sind Raum und Zeit flach und gerade und dort gekrümmt. Beide Theorien liefern jedoch eine korrekte Beschreibung aller Naturphänomene, die uns bisher zugänglich sind. Doch trotzdem passen sie überhaupt nicht zusammen und lassen sich bisher auch nicht erfolgreich zu einer einzigen Theorie vereinigen. Ihr größter Unterschied ist einerseits die Übermacht und andererseits die völlige Abwesenheit von Zufälligkeit und Unbestimmtheit. Dabei sind beide Theorien mit großer Genauigkeit getestet worden, ohne dass sich ihre Beschreibungen irgendwo als fehlerhaft herausgestellt hätten.

Doch wo ist hier der Haken? Zum einen tobt noch immer ein Deutungsstreit, was man von der Quantentheorie und dem sich daraus ergebenden Realitätsbegriff wirklich halten soll. Und zum anderen liegt es an den Beobachtungen, die wir durchführen können, und an der Stärke der jeweiligen Effekte. Im Bereich der Quantentheorie spielt die Gravitation einfach keine Rolle, da sie viel zu schwach gegenüber den anderen beteiligten Kräften ist. Und im Gebiet der allgemeinen Relativitätstheorie bestehen die Körper immer aus so vielen Teilchen, dass sich deren Quanteneffekte einfach nicht auswirken.

Beide Theorien haben wie konkurrierende Goldsucher ihre Claims abgesteckt. In ihrem Revier sind sie unangefochten erfolgreich, aber diese Reviere liegen normalerweise weit auseinander. Dazwischen, in unserer Alltagswelt, kommen wir oft sogar sehr gut ohne diese beiden Theorien aus. Wir kennen heute nur ganze zwei Fälle, wo wir sie beide zwingend zusammen betrachten müssen. Der eine ist der Beginn unseres Universums und der andere sind die Schwarzen Löcher. Beide Male spielt sich alles Geschehen mit riesigen Materiedichten auf so engem Raum ab, dass weder die Quanteneffekte noch die Krümmung von Raum und Zeit vernachlässigt werden dürfen.

18 Schwarze Löcher

Ein Grundproblem der Gravitation und damit auch der allgemeinen Relativitätstheorie ist die ausschließliche Anziehung von Massen. Dabei ist es egal, ob wir sie uns als geometrische Verzerrung des Raumes oder als Kraft veranschaulichen. Sie ist immer vorhanden und lässt sich weder ausgleichen noch abschirmen, und vor allem nimmt sie bei steigender Masse und sich verringerndem Abstand zu. Wie wir bei der Entstehung von Sternen, aber auch bei ihrem Sterben gesehen haben, sind es immer andere Effekte, die einem Gravitationskollaps Einhalt gebieten. Die Schwerkraft selbst ist dazu nicht in der Lage, denn ginge es nur nach ihr, würde der Kollaps immer weiter gehen.

Die allgemeine Relativitätstheorie trägt daher schon seit ihrer Entstehung den Keim ihres Scheiterns in sich. Damit ist gemeint, dass für gewisse Prozesse im Universum in ihren Gleichungen echte Unendlichkeiten entstehen. Bringt man nur genügend Masse auf engem Raum zusammen, so wird diese nach der Relativitätstheorie immer weiter zusammenfallen, ohne dass der Kollaps irgendwann stoppt. Die Dichte der Materie steigt dabei zwangsläufig auf unendlich an. Mathematisch beschreibt man solch eine Unendlichkeit mit dem Begriff *Singularität*, aber physikalisch bedeutet dies eher, dass man nicht weiß, was hier wirklich passiert. Die Theorie kann keine schlüssige Beschreibung mehr liefern und versagt letzten Endes in einer derartigen Situation.

Schon kurz nach der Veröffentlichung der allgemeinen Relativitätstheorie fand man eine Lösung ihrer Gleichungen, die das oben beschriebene Verhalten aufweist. Das zugehörige Objekt ist heute unter dem Namen *Schwarzes Loch* bekannt. Um seine Eigenschaften in Grundzügen zu verstehen, nähern wir uns ihm schrittweise.

Jeder schwere und ausgedehnte Körper besitzt eine charakteristische Geschwindigkeit, die angibt, wie schnell ein Satellit mindestens sein muss, um dem Schwerefeld des Körpers vollständig zu entkommen. Diese Fluchtgeschwindigkeit beträgt für die Erde 11 km/s und für die Sonne 42 km/s. So schnell muss ein Objekt sein, um das Sonnensystem für immer verlassen zu können. Dabei wird die Fluchtgeschwindigkeit um so größer, je schwerer der Zentralkörper ist und je kleiner er ist. Was aber geschieht, wenn die Fluchtgeschwindigkeit gleich der Lichtgeschwindigkeit ist? Und wann passiert das?

Damit die Erde diese Eigenschaft hätte, müsste ihre gesamte Masse in einer Kugel von knapp 2 Zentimeter Durchmesser konzentriert sein. Für die Sonne wären dies immerhin schon 6 Kilometer. Wie wir jedoch in Kapitel 16 gesehen haben, ist ein Neutronenstern mit 1,4 Sonnenmassen und einer Größe von 20 km nur knapp von dieser Grenze entfernt. Wir haben gelernt, dass ein solches Objekt nur durch das Pauli-Prinzip und den damit verbundenen Entartungsdruck stabil gehalten wird. Überschreitet nun ein Neutronenstern die Schwelle von etwa drei Sonnenmassen, so kann auch der Entartungsdruck der Gravitation nicht mehr Stand halten. Der ehemalige Stern fällt weiter in sich zusammen, ohne dass nach unserer Kenntnis dieser Kollaps durch irgendeinen Prozess angehalten wird. Dabei entsteht eine unendlich kleine und unendlich dichte Materieansammlung. Zumindest liefert die allgemeine Relativitätstheorie dieses Ergebnis.

Wir verlassen aber für den Moment das Innere eines schwarzen Lochs und betrachten es stattdessen von außen. Bei der Annäherung an ein Schwarzes Loch nimmt die Fluchtgeschwindigkeit zu, bis sie schließlich die Lichtgeschwindigkeit überschreitet. Jenseits dieser Grenze gibt es also selbst für Licht kein Entkommen. Es kann diesen inneren Bereich nicht verlassen, weshalb wir vom Inneren eines Schwarzen Lochs absolut nichts erkennen können. Daher ist das Loch *schwarz.* Die Trennung zwischen innen und außen erfolgt am sogenannten *Ereignishorizont*, wo die Fluchtgeschwindigkeit gerade gleich der Lichtgeschwindigkeit ist. Er blockiert jegliche Information aus dem inneren Raum und schließt ihn von der Außenwelt ab.

Ein Schwarzes Loch ist das informationsärmste Objekt im Universum. Seine wenigen Eigenschaften, die von außen feststellbar sind, sind seine *Masse*, sein *Drehimpuls*, falls es rotiert, und seine *elektrische Ladung*, falls es elektrisch geladen ist. Nicht mehr als diese drei physikalischen Größen bleiben von einem Objekt übrig, das mehrere Sonnenmassen auf sich vereint. Alles andere ist verborgen oder verschwunden: das Magnetfeld des Vorläufersterns, die Anzahl der verschiedenen Teilchen oder Antiteilchen in seinem Inneren und die gesamten Aufenthaltsorte und

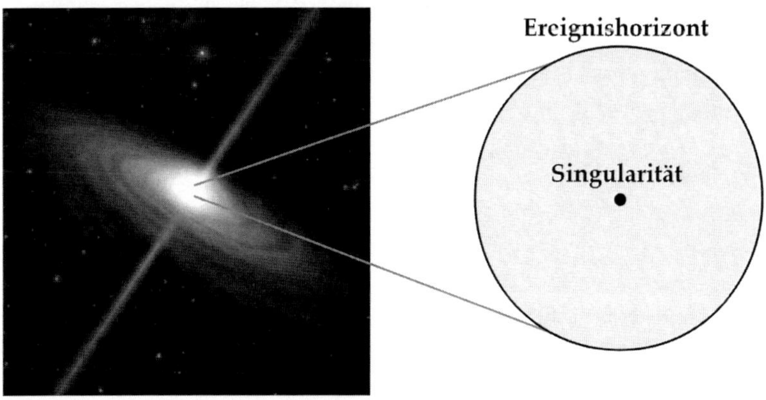

35 Schwarzes Loch: links eine künstlerische Darstellung mit einer Scheibe aus hell leuchtendem Gas, rechts eine schematische Zeichnung des inneren Bereichs

Bewegungen dieser Teilchen. All diese Informationen sind nicht mehr zugänglich und hinter dem Ereignishorizont wie in einem Tresor weggesperrt. Von einem leuchtenden Stern ist nur noch ein Abdruck seiner Masse im Raum übrig geblieben.

Ein isoliertes Schwarzes Loch wäre ein pechschwarzer Abgrund, aber typischerweise befindet sich eine Sternleiche in einer Umgebung aus Gas, Staub und Sternen. Hier kann sie jede Menge Materie durch ihre Gravitationswirkung aufsaugen. Dabei wird die Materie noch vor dem Erreichen des Ereignishorizonts so stark beschleunigt und erhitzt, dass sie hell strahlt. Das bedeutet, dass Schwarze Löcher von außen betrachtet fast immer alles andere als dunkel sind. Vielmehr gehören die wirklich schweren unter ihnen zu den hellsten Objekten im Universum.

Schwarze Löcher werden also über ihre außerordentliche Leuchtkraft entdeckt. Sie sammeln meist eine Scheibe aus Gas um sich herum, die sich wegen der geringen Größe des Ereignishorizonts sehr schnell dreht. Die Teilchen dieser sogenannten Akkretionsscheibe werden stark nach innen beschleunigt, können aber wegen der Drehimpulserhaltung nicht einfach hineinfallen. Durch Reibungseffekte heizt sich die Scheibe sehr stark auf und strahlt Licht vom Röntgen- bis in den Radiobereich ab. Oft bilden sich in der Akkretionsscheibe durch die Bewegung geladener Teilchen auch starke Magnetfelder aus, die einen Teil der Materie senkrecht nach oben und unten in einem dünnen Strahl, einem sogenannten Jet, wegschleudern.

Analysiert man das Lichtspektrum eines solchen Objekts, so scheidet jegliche Art von Stern aus. Es kann auch kein Neutronenstern sein, da es hierfür viel zu schwer ist. Nach unserer Wissen bleibt für ein kompaktes, hell leuchtendes Objekt mit mehr als 3 Sonnenmassen nur die Erklärungsmöglichkeit eines Schwarzes Lochs übrig.

Schwarze Löcher, die aus Sternen entstehen, können bis zu 30 Sonnenmassen auf sich vereinigen. Eine noch wesentlich schwerere Variante mit Millionen bis Milliarden von Sonnenmassen lernen wir als Kerne von Galaxien im nächsten Kapitel kennen. Ob es auch mittelschwere Schwarze Löcher gibt oder gar wesentlich leichtere, die direkt am Beginn des Universums entstanden sein könnten, ist Gegenstand der aktuellen Forschung.

Da wir in ein Schwarzes Loch nicht hineinschauen können, könnten wir auf die Idee kommen hineinzufliegen. Das wäre zwar eine Reise ohne Wiederkehr, aber was würden wir erleben? Vernachlässigen wir hierzu einmal die leuchtende Scheibe um das Loch und eine mögliche Drehung. Wir stürzen uns in einen Raumanzug und mit dem Kopf voraus ins Abenteuer. Von der Gravitation des Schwarzen Lochs werden wir in Richtung seines Zentrums gezogen. Dabei wird unser Kopf stärker beschleunigt als unsere Füße, da er sich näher am Loch befindet. Wir verspüren daher mit der Zeit ein unangenehmes Ziehen und werden in die Länge gestreckt. Bei einem relativ kleinen Schwarzen Loch mit wenigen Sonnenmassen wird dieser Kraftunterschied schließlich so groß, dass es uns spätestens am Ereignishorizont einfach zerreißt. Wir fliegen also nicht mehr am Stück, sondern nur als eine Ladung Atome durch den Horizont hindurch.

Ganz anders sieht es bei einem Schwarzen Loch mit Millionen von Sonnenmassen aus. Solch ein Loch ist viele Millionen Kilometer groß, sodass man die Raumkrümmung am Ereignishorizont kaum bemerken wird. Wir fliegen einfach unversehrt durch ihn hindurch, denn er setzt unserer Bewegung keinerlei Widerstand entgegen. Ein Ereignishorizont im Raum ist nämlich keine feste sichtbare Grenze, die sich leicht feststellen ließe. Trotzdem haben wir aber jegliche Rückkehrmöglichkeit hinter uns gelassen und befinden uns nun innerhalb des Schwarzen Lochs. Aber keine Angst, irgendwann zerreist es uns auch in diesem Szenario, denn wir kommen dem Zentrum des Lochs ja unaufhaltsam näher. Am Ende fliegen unsere Bestandteile immer mit fast Lichtgeschwindigkeit, doch wohin eigentlich?

Bevor wir dies zu ergründen versuchen, nehmen wir an, dass ein anderer Astronaut unseren Fall aus sicherer Entfernung beobachtet hätte. Was er sieht, entspricht allerdings gar nicht unserer eigenen Erfahrung. Noch weit vor dem Ereignishorizont bemerkt unser Kollege, dass sich unser Fall verlangsamt. Das Bild, das er von uns sieht, wird gleichzeitig immer roter und blasser. Wenn wir schließlich für ihn am Ereignishorizont angekommen sind, kann er nur noch ein ganz mattes Standbild von uns erkennen. Es ist so, als ob ein Filmprojektor langsam stehen bliebe, während gleichzeitig seine Glühbirne erlischt. Verantwortlich dafür sind die immer stärker werdende Zeitdehnung und der zunehmende Energieverlust des Lichts in Richtung Ereignishorizont. Für den äußeren Beobachter vergeht *unsere* Zeit, die Zeit des Fallenden, deshalb zunehmend langsamer. Am Horizont bleibt sie am Ende für ihn einfach stehen. Und das Licht, das bei ihm ankommt, wird immer roter, denn dessen Wellenlänge verschiebt sich letztlich in unmessbare Regionen Richtung unendlich. Wir sind für einen Beobachter mit unserem freien Fall gewissermaßen aus dessen Universum entschwunden.

Aber wer von uns beiden erzählt nun die wahre Geschichte? Der Hineinfallende oder der äußere Beobachter? Es sind wieder einmal beide Personen, denn sie erleben dasselbe Ereignis in völlig verschiedenen Bezugssystemen. Und außerdem können sie sich nie mehr begegnen und sich über ihre unterschiedlichen Erfahrungen austauschen. Dafür sorgt der Ereignishorizont, der für alle einfallenden Objekte eine Einbahnstraße darstellt.

Mittlerweile ist man sich einig, dass auch ein Schwarzes Loch nicht ewig existieren wird, zumindest solange es nicht weiter mit Materie gefüttert wird. Durch einen quantentheoretischen Effekt am Ereignishorizont kann sich fast unmerklich seine Masse wieder verringern. Wie überall, so kann sich das Vakuum auch direkt am Ereignishorizont unter Berücksichtigung der heisenbergschen Unbestimmtheitsrelation kurzzeitig Energie aus dem Nichts ausborgen. Verwandelt sich diese Energie in ein Teilchen-Antiteilchen-Paar, so kann es in seltenen Fällen passieren, das sich das eine innerhalb des Lochs befindet und das andere im Außenraum. Die Energie, die durch das Hineinfallen des einen Teilchens frei wird, steht dann dem anderen zur Flucht zur Verfügung. Durch diesen Prozess, der von Stephen Hawking (*1942) vorgeschlagen wurde, verliert ein Schwarzes Loch ein wenig Energie und damit Masse. Anders ausgedrückt, es gibt Hawking-Strahlung ab und schrumpft.

Ein Schwarzes Loch ist also gar nicht absolut pechschwarz, sondern strahlt, wie sich herausgestellt hat, genauso wie ein schwarzer Körper ein ganzes Spektrum an Teilchen und Photonen ab. Man kann einem Schwarzen Loch daher mit Fug und Recht auch eine Temperatur zuordnen, die allerdings sehr klein ist. Ein Loch mit einer Sonnenmasse bringt es gerade einmal auf 6×10^{-8} Grad über dem absoluten Temperaturnullpunkt und die schwereren Löcher sind noch kälter. Dies ist viel kälter als alles, was es sonst im Weltall gibt.

Durch den Energieverlust der Hawking-Strahlung wird ein Schwarzes Loch also leichter, kleiner und heißer, während es durch hineinfallende Materie schwerer, größer und kälter wird. Bei den heutigen Bedingungen im Universum ist für realistische Schwarze Löcher der Materiezuwachs aber wesentlich größer als der Verlust durch Hawking-Strahlung. Die Schwarzen Löcher da draußen wachsen also allesamt. Wenn wir jedoch eines mit einer Sonnenmasse in einen klinisch leeren Raum verfrachten, so würde es schrumpfen. Anfänglich zwar nur ganz langsam, aber gegen Ende hin so rapide, dass es schließlich explodiert. Die Zeit bis dahin beträgt allerdings aberwitzige 10^{67} Jahre und niemand weiß, ob unser Universum jemals so alt werden wird.

Was aber befindet sich ist nun im Zentrum eines Schwarzen Lochs? Um ehrlich zu sein, wir haben nicht die leiseste Ahnung. Es ist noch nicht einmal sicher, ob wir uns hier überhaupt noch in unserem eigenen Universum oder schon in einem Tochteruniversum befinden. Es könnte nämlich sein, dass die Delle des Lochs im Raum so tief und steil ist, dass der Raum wie ein Tuch zerreißt und sich ein neues Universum abschnürt. Solange es aber keine gesicherte Theorie gibt, die ein Schwarzes Loch ohne Unendlichkeiten beschreibt, darf hier munter spekuliert werden.

Völlig unklar ist auch, was mit der gesamten Information geschieht, die in ein Schwarzes Loch hineingefallen ist. Sind all die Informationen über Quarks und Elektronen, die als Materie dort verschwunden sind, für immer verloren? Oder kommen sie als Unregelmäßigkeiten der Hawking-Strahlung irgendwann wieder zum Vorschein? Wenn ja, so müsste ein Schwarzes Loch mehr Materie als Antimaterie abstrahlen. Wenn nein, wären hier wichtige Erhaltungsgrößen der Elementarteilchenphysik und der Quantentheorie verletzt. Über genau diese Fragen wurde lange und heftig gestritten und im Moment sieht es so aus, also ob Informationen auch in einem Schwarzen Loch nicht verloren gehen. Als endgültig würde ich dieses Ergebnis aber nicht bezeichnen.

19 Galaxien

Nahezu jeder der mehreren Tausend Lichtpunkte am nächtlichen Himmel gehört zu einem Stern unserer Milchstraße. Die wenigen Ausnahmen sind die Planeten unseres Sonnensystems und einige schwach leuchtende nebelartige Flecken. Von diesen sind wiederum die meisten leuchtende Gasnebel wie der Orionnebel im gleichnamigen Sternbild. Nur ganz wenige dieser Nebelflecken bestehen aber nicht nur aus Gas, sondern beinhalten selbst wieder Myriaden von Sternen. Wir nennen diese Sterneninseln im ansonsten fast leeren Weltall Galaxien.

Zwei der mit bloßem Auge sichtbaren Galaxien sind die Magellanschen Wolken. Als enge Begleiter unserer eigenen Galaxis sind sie eher klein und unregelmäßig geformt. Aber die dritte gerade noch erkennbare Galaxie, die *Andromedagalaxie*, ist wesentlich weiter weg und ähnelt unserer Milchstraße relativ stark. Einer meiner Astronomiekollegen hat sie mir während meines Studiums einmal gezeigt. Sie ist zwar nur ein verwaschener Fleck am Rande der Sichtbarkeitsgrenze, sieht aber auf Teleskopaufnahmen wunderschön aus. Darauf erkennt man gut ihre Scheibenform mit den Spiralarmen aus Sternen und dunkeln Staubwolken.

Unsere *Milchstraße* ist ebenfalls eine *Spiralgalaxie*, allerdings mit einem zusätzlichen Balken in der Mitte. Im Gegensatz zu allen anderen Galaxien erschließt sich uns ihre Form aber nur indirekt, denn wir befinden uns ja mittendrin. Wir können nur die hellen Sterne in der Nähe der Sonne direkt mit unseren Augen erkennen.

36 Links: künstlerische Darstellung der Milchstraße mit der Position der Sonne; rechts: Bild der Andromedagalaxie

Die restlichen nehmen wir nur durch die Gesamtheit ihres Lichts wahr. Als leuchtendes Band erstreckt sich die Milchstraße fast über den gesamten Himmel, vorausgesetzt er ist ausreichend klar. In unseren Städten mit dem vielen Streulicht aus Straßenlaternen und Autoscheinwerfern haben wir dagegen einen reglerecht lichtverschmutzten Himmel. Hier kann man die Milchstraße kaum mehr entdecken, selbst wenn sich hier noch jemand für den Nachthimmel interessieren würde. Am besten sieht man die Milchstraße daher weitab von der Zivilisation in einer mondlosen Nacht.

Die wenigen Nächte, in denen ich einen perfekten Sternenhimmel genießen konnte, haben sich fest in mein Gedächtnis eingebrannt. Unter dem aufgespannten Firmament liegen dann Tausende von fremden Welten wie ausgebreitet da. Und obwohl weil ich weiß, dass diese Sterne nur einen winzigen Bruchteil ausmachen, komme ich doch aus dem Staunen nicht heraus. Neben ihnen gähnt nur noch die undurchdringliche Schwärze des Alls, mit Ausnahme des hellen Streifens der Milchstraße. Hier sind wir zu Hause. Im unermesslich weiten Universum und nicht in von Menschen gemachten Nationalstaaten. Und sofort drängt sich mir die Frage auf, ob irgendwo da draußen auf einem anderen Planeten nicht ähnliche Wesen wie wir genauso in den Himmel blicken. Fragen sie sich auch, ob sie die Einzigen sind, die dies tun? Und sehen sie dasselbe Band aus Sternenlicht wie wir?

Für die Abmessungen von Galaxien und für die Entfernungen zwischen den Sternen sollten wir uns von nun ab an ein neues Entfernungsmaß gewöhnen. Wir hatten schon bei unseren nächsten Nachbarsternen gesehen, dass das Licht bis hierhin Jahre lang unterwegs ist. Deshalb verwenden Astronomen als Einheit das handlichere *Lichtjahr* statt Kilometer. Ein Lichtjahr erstreckt sich über 10^{13} km, was für uns kaum mehr vorstellbar ist. Dies ist das 25-Millionen-Fache der Entfernung zwischen Erde und Mond oder 60 000-mal die Strecke von der Erde bis zur Sonne. Aber trotz-

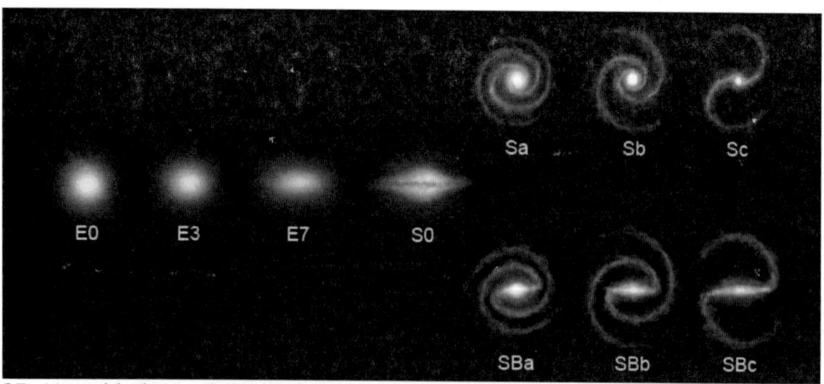

37 Verschiedene Galaxienformen: links elliptische Galaxien, rechts oben Spiralgalaxien, rechts unten Balkenspiralgalaxien

dem ist ein Lichtjahr in der Astronomie eine eher kleine Distanz, denn uns werden noch Entfernungen begegnen, die Milliarden von Lichtjahren umfassen.

Die leuchtende Scheibe unserer eigenen Galaxis ist in etwa so aufgebaut wie ein extrem flacher Diskus mit einer Verdickung in der Mitte. Ihr Durchmesser beträgt rund 100 000 Lichtjahre, während die Scheibe in der Mitte 16 000 und am Rand 3 000 Lichtjahre dick ist. Insgesamt besteht sie aus 100 bis 200 Milliarden Sternen, wogegen die Andromedagalaxie mit einer Billion etwa 10-mal so viele besitzt. Dies entspricht ungefähr der Anzahl von Körnchen in einem Kubikmeter feinem Sand. Wie schon bei den Abmessungen der Milchstraße sind diese Angaben zur Anzahl der Sterne jedoch einigermaßen unsicher. Die Sonne befindet sich in einem der Spiralarme und umkreist das galaktische Zentrum in etwa der Hälfte des Scheibenradius. Wir befinden uns also weder im Zentrum der Milchstraße noch an ihrem Rand.

Alle Spiralgalaxien drehen sich, denn sonst wäre ihre Form nicht stabil. Wie bei einem Planetensystem verdanken sie ihre Rotation dem Zusammenfallen einer riesigen Gaswolke. Ihre Scheibe dreht sich jedoch nicht starr wie ein Diskus, sondern die Sterne bewegen sich je nach Abstand vom Zentrum unterschiedlich schnell. Für einen Umlauf benötigt unsere Sonne beispielsweise 230 Millionen Jahre und ist dabei mit 270 km/s unterwegs. Seit dem Aussterben der Dinosaurier vor 65 Millionen Jahren hat sie demnach gerade einmal eine Vierteldrehung um das galaktische Zentrum zurückgelegt. Doch seit ihrer Entstehung hat die Sonne immerhin schon 20-mal unsere Galaxis umkreist. Insgesamt hat sich die Milchstraße bislang etwa 60-mal gedreht, denn für mehr blieb seit dem Anfang des Universums vor 13,7 Milliarden Jahren keine Zeit.

Neben der leuchtenden Scheibe gehören zur Milchstraße noch etwa 150 kugelförmige und sehr alte Sternhaufen. Diese Kugelsternhaufen besitzen jeweils mehrere Hunderttausend Sterne und sind ebenfalls kugelförmig im gesamten Raum um den Diskus verteilt.

Im Zentrum unserer Galaxis jedoch befindet sich ein wahres Monster. Hier schlummert ein Schwarzes Loch mit 4 Millionen Sonnenmassen, das im Vergleich zu manch anderem galaktischen Zentrum zurzeit nicht besonders aktiv ist. Sein Gewicht konnte man bestimmen, in dem man die eng gezogenen Bahnen von sehr nahe gelegenen Sternen über Jahre hinweg verfolgt hat. Auch aus der Änderung der Leuchtkraft eines solchen Objekts kann man auf seine Größe schließen. Variiert seine Helligkeit beispielsweise innerhalb einer Stunde, so kann es auch nicht größer sein als eine Lichtstunde. Insgesamt kann eine solch riesige Masse auf engstem Raum nur durch ein Schwarzes Loch erklärt werden.

Heute nimmt man an, dass sich im Zentrum jeder Galaxie ein Schwarzes Loch mit Millionen bis Milliarden von Sonnenmassen befindet. In der Frühzeit des Universums waren viele dieser Galaxienkerne allerdings wesentlich aktiver als heute. Dies dauerte so lange an, bis der Vorrat an verschlingbarer Masse in ihrer Nähe langsam aber sicher ausgedünnt war. Vertilgt nämlich ein supermassives Schwarzes Loch einen ganzen Stern, so leuchtet die hineinstürzende Materie viel heller auf als sämtliche Sterne der ganzen Galaxie. Oft wird dabei ein Teil der Materie durch Magnetfelder noch vor dem Ereignishorizont so stark beschleunigt, dass sie wie ein gigantischer Abgasstrahl mit einem sogenannten Jet aus der Galaxie hinausgestoßen wird.

Diese extrem leuchtkräftigen Objekte im Zentrum von Galaxien werden Quasare genannt. Man hielt sie anfänglich wegen ihrer extremen Helligkeit sogar für Sterne, bevor man ihre große Entfernung bemerkte. Erst später war man in der Lage auf den Himmelsaufnahmen auch die viel schwächer leuchtende Galaxie zu entdecken, die einen gleißenden Quasar umgibt. Wahrscheinlich war auch das Zentrum der Milchstraße vor Milliarden von Jahren einmal ein Sterne verschlingendes, aktives Schwarzes Loch und damit ein Quasar.

Seit mehr als 50 Jahren wird die *Rotation* der Milchstraße und vieler anderer Galaxien vermessen. Man bestimmt dabei die Geschwindigkeiten von Sternen und Gaswolken im Abstand vom jeweiligen galaktischen Zentrum. Unter der Annahme, dass die Masse einer Galaxie genauso verteilt ist wie ihr Licht, sollte sich außerhalb des leuchtenden Diskus kaum mehr Materie befinden. Damit müsste nach den Gesetzen der Himmelsmechanik nach außen hin die Umlaufgeschwindigkeit von Sternen und Gas wie bei einer Satellitenbahn allmählich abnehmen. Weit außen umlaufende Sterne müssten also langsamer um das Zentrum rotieren als weiter innen befindliche. Dummerweise wurde diese Geschwindigkeitsabnahme aber noch niemals beobachtet.

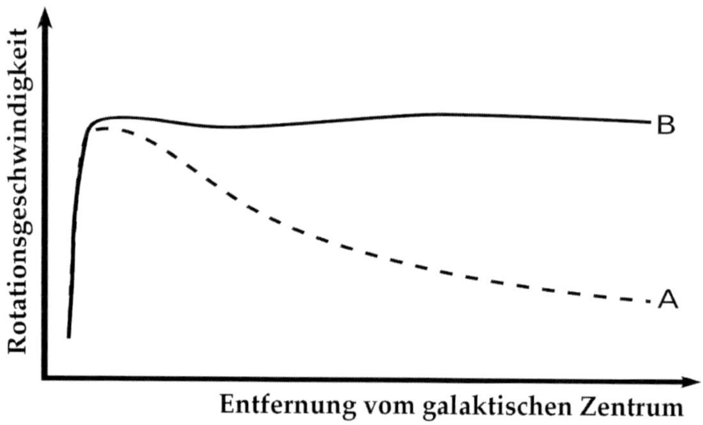

38 Galaktische Rotationskurve: A ist der erwartete und B der gemessene Verlauf der Rotationsgeschwindigkeiten von Sternen und Gas in Abhängigkeit von der Entfernung zum galaktischen Zentrum.

Die Rotationsgeschwindigkeit am Rand einer Galaxie ist fast konstant und ändert sich kaum mit wachsendem Abstand vom Zentrum. So ein Verhalten kann man erst einmal nur dadurch erklären, dass eine Galaxie neben den leuchtenden Sternen auch noch Materie besitzt, die nicht leuchtet und die sich bis weit außerhalb der Scheibe erstreckt. Auch eine Bewegungsanalyse von Kugelsternhaufen und von seltenen Einzelsternen jenseits der Scheibe brachte ein ähnliches Ergebnis. Wenn die Masse einer Galaxie nur aus der leuchtenden Materie bestünde, so wäre dies viel zu wenig, um diese Objekte durch die Schwerkraft an die Scheibe zu binden. Sie sind für ein stabiles Sternensystem viel zu schnell und hätten längst im All verschwinden müssen. Daraus schließt man, dass eine Galaxie insgesamt viel schwerer sein muss als das, was man sieht.

Dieses Problem der fehlenden Materie beschäftigt die Astronomen immerhin schon seit mehreren Jahrzehnten, ohne dass bisher eine schlüssige Erklärung für diese frappierende Abweichung gefunden werden konnte. Bei allen untersuchten Galaxien sind die Wissenschaftler zu demselben Ergebnis gekommen: Galaxien müssen viel schwerer und größer sein als ihr sichtbarer Teil. Die Andromedagalaxie beispielsweise benötigt insgesamt 10-mal mehr Masse, als ihre leuchtende Materie umfasst. Und da diese Materie eben *nicht* leuchtet, hat man sie *Dunkle Materie* getauft.

Die Dunkle Materie stellt heute das größte Rätsel der Astronomie dar und ist doch nicht mehr als eine Notlösung. Stets wird so viel Dunkle Materie erschaffen, wie gerade benötigt wird, um die Gültigkeit der Bewegungsgesetze sicherzustellen und sie damit zu retten. Und das ist oft nicht gerade wenig, denn je nach Objekt, das man gerade beobachtet, kann die Dunkle Materie nahezu 99% der Gesamtmasse ausmachen. Es gibt daher Astronomen, denen dies richtiggehend peinlich ist. Ich werde daher der Dunklen Materie und ihrer nicht minder rätselhaften Schwester, der Dunklen Energie, später zwei eigene Kapitel widmen (Kapitel 30 und 31).

Die *Abstände* zwischen Galaxien sind im Verhältnis zu ihrer Größe längst nicht so riesig wie die typischen Abstände zwischen den Sternen. Wir hatten in unserem bisherigen Modelluniversum gesehen, dass die Sonne von der Größe eines Einfamilienhauses vom nächsten Haus etwa 270 000 km entfernt ist. Verkleinern wir nun diese Strecke auf einen einzigen hundertstel Millimeter, so sind wir bei einem neuen Maßstab angekommen, bei dem die Milchstraße genauso groß ist wie ein Diskus aus der Leichtathletik. Unser Nachbarstern ist also innerhalb dieses Diskus einen hundertstel Millimeter von uns entfernt. Nun ist aber der nächste Diskus in Form der Andromedagalaxie nicht Tausende Kilometer weit weg, sondern lediglich 5,5 m.

Diese relativ geringe Entfernung zwischen den Galaxien ist auch der Grund, weshalb es bei ihnen im Gegensatz zu Sternen auch zu *Zusammenstößen* kommen kann. Tatsächlich bewegen sich die Milchstraße und die Andromedagalaxie mit 120 km/s aufeinander zu und werden sich in etwa 3 Milliarden Jahren treffen. Was dann passiert, können wir aus Beobachtungen bei etlichen anderen Galaxienpaaren ableiten.

Die Spiralarme beider Galaxien werden sich im Laufe von Millionen von Jahren durchdringen, ohne dass sich dabei zwei Sterne berühren. Die Arme und die Form der Sterneninseln werden dabei aber stark verzerrt. Die meisten Gaswolken werden ähnlich wie nach einer Supernova zusammengeschoben, sodass es zu einer explosionsartigen Neubildung von Sternen kommt. Je nach Art der Kollision können die deformierten Galaxien danach wieder auseinanderdriften oder am Ende gar miteinander verschmelzen. Als Kollateralschaden werden etliche Sterne und auch ganze Sternhaufen in den intergalaktischen Raum hinausgeschleudert.

Falls es zu einer Vereinigung kommen sollte, so resultiert daraus eine nun kugelförmige bis bohnenförmige Galaxie. Eventuell sammeln sich auch größere Überbleibsel der Spiralarme als unregelmäßige Begleitwolken um die neue große *elliptische Galaxie*. Die beiden schweren Schwarzen Löcher der früheren Zentren umkrei-

39 Galaxienhaufen Abell 1689 mit Bögen und Verzerrungen, die von Gravitationslinsen stammen

sen sich für eine ganze Weile. Doch langsam aber sicher werden sie durch die Abstrahlung von Gravitationswellen so viel Energie verlieren, dass sie zu einem einzigen Schwarzen Loch verschmelzen. Dieser Vorgang wird ein ganz seltenes, aber auch sehr heftiges Raumbeben auslösen.

Galaxien treten fast nie einzeln auf. Sie befinden sich vielmehr in Gruppen, *Galaxienhaufen* und *Superhaufen*. Die Milchstraße und die Andromedagalaxie bilden zusammen mit ihren kleineren Begleitern die sogenannte Lokale Gruppe, die mindestens 40 Mitglieder umfasst. Diese Galaxiengruppe wird durch die Gravitation zusammengehalten, was man allein schon daran sieht, dass sich die beiden schwersten Mitglieder der Gruppe aufeinander zu bewegen.

Die Lokale Gruppe ist ein Bestandteil des Virgo-Superhaufens. Dieser Superhaufen beinhaltet mindestens 100 Galaxienhaufen, von denen der Virgo-Galaxienhaufen etwa 2000 Einzelgalaxien beherbergt. Als Superhaufen mit Zehntausenden von Galaxien und einem Durchmesser von 200 Millionen Lichtjahren gehört er zu den größten Gebilden im Universum. Deren räumliche Verteilung und Bewegungen sehen wir uns aber erst im nächsten Kapitel an.

Galaxienhaufen sind im Gegensatz zu Superhaufen die schwersten Objekte, die vollständig durch die Gravitation gebundenen sind. Sie sind augenscheinlich stabil in ihrer Form und dehnen sich nicht wie die Superhaufen mit der Zeit aus. Aus den Geschwindigkeiten der Galaxien eines Haufens kann man daher auf die Masse des Haufens schließen, die nötig ist, um die Galaxien in seinem Schwerefeld festzuhalten. Auch hier kommt man zum selben Ergebnis wie bei einer einzelnen Galaxie. Die Masse der leuchtenden Materie eines Galaxienhaufens ist niemals ausreichend, um den Haufen am Auseinanderfliegen zu hindern. Für seine Stabilität wird ebenfalls ein Mehrfaches an Dunkler Materie benötigt. Nicht nur die Galaxien, sondern auch alles, was größer ist als sie, kommt also nach unseren konventionellen Vorstellungen keinesfalls ohne Dunkle Materie aus.

20 Universum

Bisher habe ich Ihnen noch gar nicht verraten, wie man die riesigen *Entfernungen* in der Astronomie bestimmt. Die Messmethoden hierzu sind vielfältig und führen uns am Schluss zur Gesamtentwicklung des Universums. Je nach Größe der Entfernung werden andere Verfahren verwendet, sodass man sich wie auf einer Leiter Stufe für Stufe von der Erde wegbewegt.

Am Anfang steht eine ganz kleine Wackelbewegung, die ein Stern scheinbar im Laufe eines Jahres vollführt. Sie wird dadurch verursacht, dass wir uns mit der Erde um die Sonne bewegen und den Stern im Abstand von einem halben Jahr von maximal weit auseinanderliegenden Punkten im Raum anpeilen. Jeder Stern hat demnach im Frühling eine geringfügig andere Position als im Herbst. Je weiter er weg ist, desto kleiner wird diese Wackelei und die damit verbundene Winkeländerung der Peilung. Aus dem bekannten Durchmesser der Erdbahn und der Messung dieser Winkeländerung kann man direkt die Entfernung eines Sterns berechnen, was um 1840 zum allerersten Mal gelang. Mit diesem Vorgehen kommt man aber gerade einmal 500 Lichtjahre weit, also nur bis in unsere nähere kosmische Nachbarschaft. Ab hier sind die Bewegungen der Sterne so klein, dass wir sie nicht mehr nachweisen können. Nun sind wir vollständig vom Licht der Sterne abhängig, das wir empfangen.

Innerhalb der Milchstraße kommen zur Messung von größeren Entfernungen verschiedene Methoden zum Einsatz, die ich hier aber nicht näher vorstellen möchte. Für Galaxien mit Entfernungen bis zu 50 Millionen Lichtjahren wird es hingegen wieder einfacher. Hier nutzt man aus, dass einige der hellsten Sterne eine veränderliche Leuchtkraft besitzen, die gleichmäßig im Bereich von Tagen oder Wochen schwankt.

Die Sterne, um die es dabei geht, sind gelbe Riesensterne, die nicht nur ihre Leuchtkraft verändern, sondern auch ihren Durchmesser. Sie pulsieren also mit einem gleichmäßigen Rhythmus. Dabei konnte man innerhalb der Milchstraße aus langen Messreihen eine wichtige Beziehung ableiten: Die Dauer der Periode ihrer Helligkeitsänderung hängt direkt der Helligkeit dieser Sterne zusammen. Sobald man dies herausgefunden hatte, konnte man jene Sterne zur Entfernungsmessung heranziehen. Misst man in einer anderen Galaxie die Dauer der Leuchtkraftveränderung von einem dieser Sterne, so kennt man damit auch seine wahre Helligkeit. Daher kann man zusammen mit seiner gemessenen Helligkeit auf die Entfernung der gesamten Galaxie schließen.

Für die Bestimmung von noch größeren Abständen sind normale Sterne nicht mehr hell genug. Hierfür wird eine bestimmte Klasse von Supernovaexplosionen herangezogen. Diese kosmischen Leuchtfeuer blitzen zwar nur kurz auf, aber viele von ihnen leuchten aber innerhalb eines gewissen Rahmens gleich hell. Zwar sind sie relativ selten, aber dafür aus noch viel größerer Entfernung nachweisbar. Mit ihnen kommt man bereits Milliarden von Lichtjahren weit in den Raum hinaus.

Insgesamt muss man feststellen, dass Entfernungsmessungen in der Astronomie alles andere als ein einfaches Geschäft darstellen. Trotz aller Sorgfalt stellte sich immer wieder heraus, dass frühere Angaben teils gravierende Fehler enthielten. Beispielsweise widersprachen sich angesehene Forschergruppen sogar über Jahre hinweg bei den größten Entfernungen im Universum um einen Faktor zwei. Auch darf man nicht unterschätzen, dass bei der Ermittlung von jenen Entfernungen immer ein bestimmtes kosmologisches Modell mit eingeht. Mit seiner Hilfe erst wird aus den eigentlichen Messdaten die gesuchte Entfernung berechnet.

Schon Ende der 1920er Jahre bemerkte Edwin Hubble (1889–1953) eine verblüffende Systematik für die damals bekannten Galaxien. Er analysierte ihr Licht und die in den Spektren enthaltenen dunklen Absorptionslinien. Diese Linien entstehen immer dann, wenn bestimmte Atome das für sie passende Licht aus einem kontinuierlichen Spektrum aufnehmen. Die entsprechende Wellenlänge fehlt somit im Lichtspektrum und hinterlässt einen dunklen Streifen, der wie ein chemischer Fingerabdruck ausgewertet werden kann. Auf diese Art lassen sich beispielsweise die Zusammensetzungen von Sternatmosphären und von Gas in Galaxien ermitteln.

Bei den weit entfernten Galaxien jedoch fand Hubble diese dunklen Linien nicht am erwarteten Platz. Sie waren stattdessen ins Rote verschoben, und zwar, um so

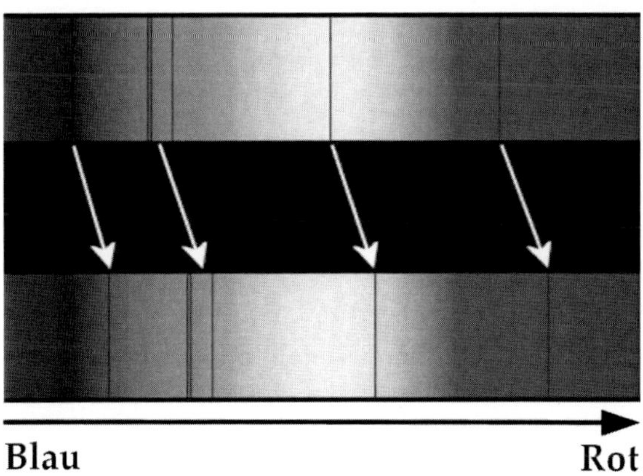

40 Rotverschiebung von Absorptionslinien einer entfernten Galaxie (unten) gegenüber dem auf der Erde aufgenommenen Vergleichsspektrum (oben)

stärker je weiter die Galaxie von uns weg ist. Tatsächlich war der gefundene Zusammenhang für diese *kosmologische Rotverschiebung* denkbar einfach: Eine Galaxie in doppelter Entfernung hatte Linien, die auch doppelt so weit verschoben waren wie bei einer näher gelegenen Galaxie.

Zur Erklärung dieses Phänomen möchte ich Sie kurz an den Dopplereffekt bei Licht oder Schall erinnern. Bewegt sich eine Schallquelle auf uns zu, so erklingt deren Ton höher, weil die Wellenlänge durch die Bewegung kürzer wird. Bei einer Lichtquelle verschiebt sich daher die Wellenlänge in Richtung Blau. Entfernt sich hingegen die Lichtquelle von uns, so ist ihr Licht und natürlich auch jede Linie ins Rote verschoben.

Nach diesen Worten sah es für Hubble folglich so aus, als ob sich die Galaxien mit den rotverschobenen Absorptionslinien von uns weg bewegen. Dies machen sie scheinbar um so schneller, je weiter sie von uns entfernt sind. Aber warum sollten sich ausgerechnet alle Galaxien von unserer eigenen Galaxie weg bewegen? Zur Lösung dieses Rätsels muss man zwei Dinge berücksichtigen. Zum Ersten konnte Hubble nur die Rotverschiebung von sehr hellen Galaxien messen, also nur von den jeweils hellsten und damit schwersten Mitgliedern von Galaxienhaufen. Demnach hat Hubble nicht die Rotverschiebung von Galaxien, sondern von Galaxienhaufen gemessen. Wie wir heute aber wissen, besitzen die Galaxien innerhalb eines Haufens noch eine zusätzliche, von der Rotverschiebung des Haufens unabhängige, sogenannte Eigengeschwindigkeit.

Zum Zweiten ändert sich das Bild der wegstrebenden Galaxienhaufen überhaupt nicht, wenn man seinen Standpunkt in einen anderen Haufen verlagert. Auch von hier aus betrachtet sieht das Universum ganz ähnlich aus. Von jedem Haufen streben alle anderen Haufen weg. Kein Galaxienhaufen ist also in irgendeiner Form hervorgehoben, sondern es bietet sich überall dasselbe Bild: Je weiter ein Bereich des Weltalls von einem Betrachter weg ist, desto schneller entfernt sich dieser Bereich. Doch was bewegt sich hier eigentlich und was treibt die Galaxienhaufen an?

Schon kurz nach der Veröffentlichung der allgemeinen Relativitätstheorie wurden ihre Gleichungen versuchsweise auf das gesamte Universum angewendet. Man benutzte zur Vereinfachung die folgenden Annahmen, die man auch als *kosmologisches Prinzip* bezeichnet: Kein Punkt im Universum ist hervorgehoben oder ausgezeichnet. Und egal, von wo man es betrachtet, sieht es im Großen und Ganzen gleich aus. Man vernachlässigt in diesem Bild die Verklumpungen in Form von Galaxienhaufen und zerdrückt diese quasi zu einem einheitlichen Materiebrei. Für solch ein Modelluniversum ergaben sich mehrere einfache Lösungen, die aber alle eines gemeinsam haben. Das Universum hat einen Anfang und dehnt sich aus. Obwohl Einstein versuchte, seine Vorstellung von einem unveränderlichen Weltall zu retten, stellte sich bald heraus, dass seine Lösung nicht stabil ist. So wie eine Stecknadel auf ihrer Spitze niemals stehen bleibt und immer umfällt, so gibt es keinen statischen Kosmos.

Gerade eben habe ich behauptet, dass sich das Universum ausdehnt. Aber was ist hiermit eigentlich gemeint? Wir hatten in Kapitel 17 über die allgemeine Relativitätstheorie schon gesehen, dass der Raum von einer Masse gekrümmt wird. Genauso wie eine Krümmung erlaubt ist, so ist auch eine Raumdehnung oder Raumstauchung möglich. Als Ganzes kann der Raum demnach sowohl kleiner als auch größer werden, wobei sich alle Abstände um den gleichen Faktor verändern.

Stellen Sie sich vor, Sie sitzen in einem Zimmer, das sich ausdehnt. Der Boden und die Decke dehnen sich, und die Wände weichen immer mehr zurück, ohne dass dabei die Möbel mitwachsen. Das Volumen des Zimmers nimmt zu, ohne dass sich die Gegenstände darin bewegen. Der Abstand von Ihnen zur Tür, zum Schrank und zum Tisch wird trotzdem unaufhörlich größer. Ähnliches geschieht in dem sich ausdehnenden Raum unseres Universums. Die Galaxienhaufen, die Galaxien, die Sterne und auch unsere Körper bleiben immer gleich groß, da sie durch die Schwerkraft und die noch viel stärkeren anderen Kräfte gebunden sind. Nur der Abstand *zwischen* den Galaxienhaufen wird immer größer. Obwohl sie im Raum ruhen und sich nur der Raum ausdehnt, sieht es aber dennoch so aus, als ob sie sich bewegen würden. Und da bei entfernteren Galaxienhaufen stets größere gedehnte Abstände hinzukommen, so erscheint auch ihre Geschwindigkeit jeweils größer zu sein.

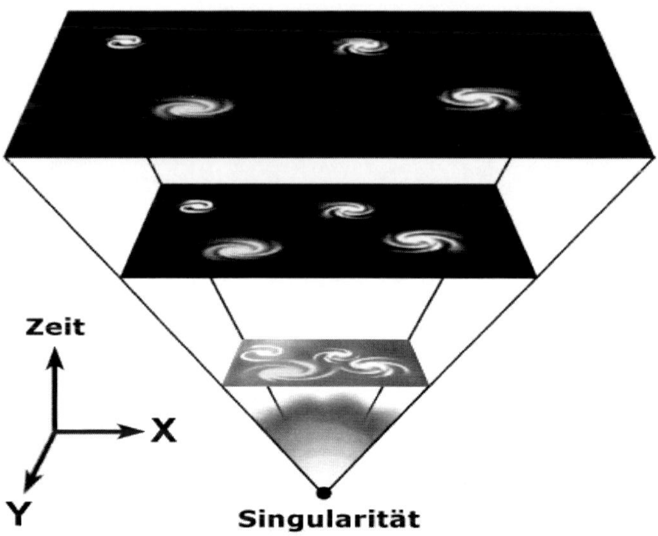

41 Ausdehnung des Universums in zwei Dimensionen dargestellt: Die Galaxien symbolisieren ganze Galaxienhaufen. Der Beginn der Zeit, der Urknall, ist mit dem Begriff Singularität gekennzeichnet.

Genau dieses Verhalten hat Edwin Hubble beobachtet. Nicht die Galaxienhaufen bewegen sich, sondern der Raum des Universums vergrößert sich und nimmt die Galaxienhaufen einfach mit. Hierbei sind dieser Scheinbewegung keinerlei Grenzen gesetzt. Sehr weit entfernte Galaxienhaufen bewegen sich mit fast Lichtgeschwindigkeit von uns weg, falls wir ihre Rotverschiebung als Geschwindigkeit interpretieren würden. Aber genau dies ist falsch, denn tatsächlich findet gar keine Bewegung *im* Raum statt. Stattdessen dehnt sich der Raum selbst und durch diesen sich streckenden Raum gelangt das Licht der Galaxienhaufen zu uns. Seine Wellenlänge wird dabei ebenfalls gedehnt und kommt daher rotverschoben bei uns an.

Diese *Expansion des Raums* und die damit verbundene kosmologische Rotverschiebung überlagert alle Eigenbewegungen von Galaxien in Gruppen und Haufen. Ab einem gewissen Abstand wird sie daher das dominierende Maß, das nun zur großräumigen Entfernungsmessung herangezogen werden kann. Die scheinbare Geschwindigkeit der Galaxienhaufen nimmt für jede zusätzliche Million Lichtjahre um 22 km/s zu. Dies ist der Wert der sogenannten Hubble-Konstante. Besser gesagt es ist ihr heutiger Wert, denn sie sollte nicht zeitlich konstant sein. Je nachdem, wie viel Materie unser Universum enthält, ändert sie sich mehr oder weniger ausgeprägt. Weil die Schwerkraft der Galaxienhaufen die Expansion des Raumes abbremst, sollte sich der Wert der Hubble-Konstante mit der Zeit verringern.

Bei großflächigen Himmelsdurchmusterungen sind mittlerweile Hunderttausende von Rotverschiebungsmessungen und damit Entfernungsmessungen durch-

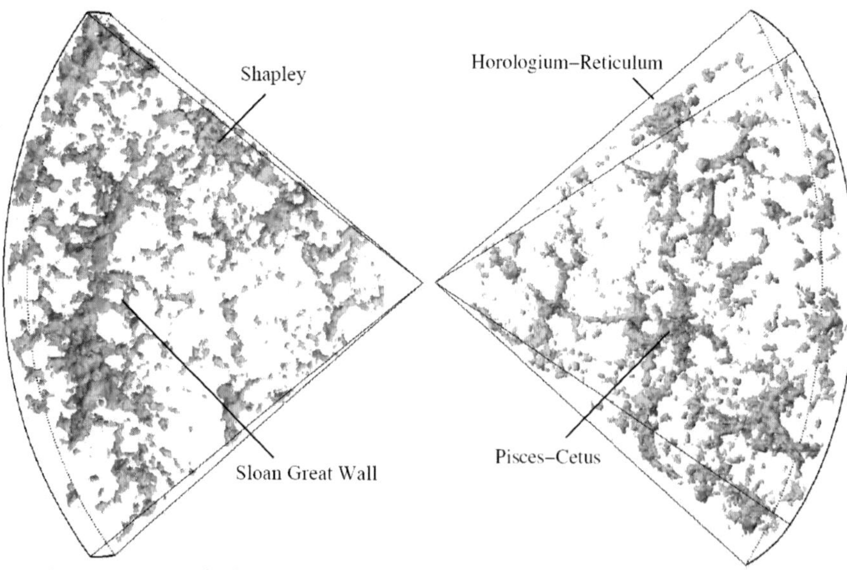

42 Gemessene Galaxienverteilung mit der größten Struktur im Universum, der Sloan Great Wall (dunkel=Galaxienhaufen), deren Länge ca. 1,4 Milliarden Lichtjahre beträgt

geführt worden. Damit hat sich in den letzten Jahrzehnten folgendes Gesamtbild für unser Universum herauskristallisiert. Es besitzt in etwa die Struktur eines riesigen Badeschwamms. Superhaufen sitzen in den Knotenpunkten des Schwammgerüsts und sind über Brücken und Stege miteinander verbunden. Diese sogenannten Filamente bestehen wiederum aus Galaxienhaufen. Und zusammen bilden sie den kompletten Schwamm, der wegen der Raumdehnung in seiner Größe wächst.

Dazwischen liegen die Löcher des Schwammuniversums, die sogenannten Voids (englisch: Leere, Hohlraum). Diese gigantischen Leerräume, die zwischen 100 und 1000 Millionen Lichtjahren groß sein können, enthalten überhaupt keine Galaxien. Hier ist die Materiedichte nochmals um Größenordnungen geringer als im verdünnten Gas zwischen den Galaxien. In diesen Löchern ist das Universum buchstäblich öd und leer.

Jedes Mal, wenn wir ein Objekt ansehen, müssen wir uns vergegenwärtigen, dass wir etwas Vergangenes betrachten. Wir sehen den Mond und die Sonne, wie sie vor einer Sekunde oder vor acht Minuten waren. Das mag uns noch vernachlässigbar

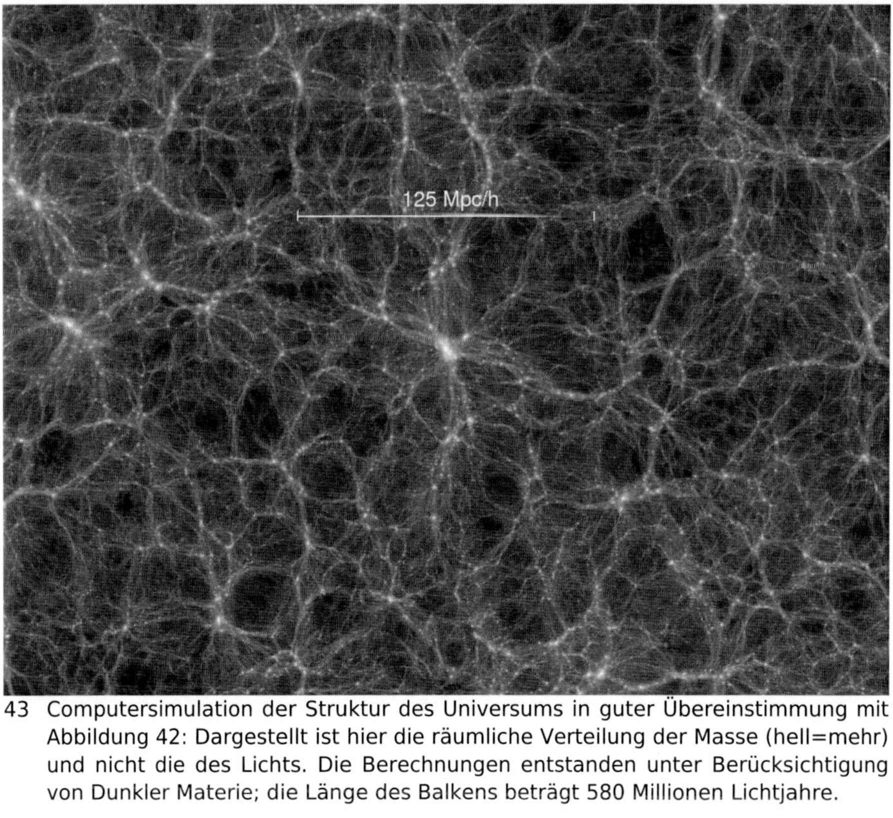

43 Computersimulation der Struktur des Universums in guter Übereinstimmung mit Abbildung 42: Dargestellt ist hier die räumliche Verteilung der Masse (hell=mehr) und nicht die des Lichts. Die Berechnungen entstanden unter Berücksichtigung von Dunkler Materie; die Länge des Balkens beträgt 580 Millionen Lichtjahre.

vorkommen, aber wie sieht das aus, wenn wir die andere Seite der Milchstraße oder die Andromedagalaxie anschauen? Hier ist das Licht schon hunderttausend beziehungsweise zweieinhalb Millionen Jahre unterwegs. Ein Blick in die Tiefen des Universums richtet sich demnach auch immer in dessen ferne Vergangenheit.

Und tatsächlich sind in großen Entfernungen gewisse Dinge anders als in unserer näheren Umgebung. Die Galaxien enthalten dort einen geringeren Anteil an schweren Elementen, da noch nicht so viele Supernovaexplosionen zu ihrer Erzeugung und Verteilung stattgefunden haben. Da sich das Weltall inzwischen ausgedehnt hat, stehen in seiner Frühzeit die Galaxienhaufen auch wesentlich enger beieinander als heute. Und die Aktivität der Schwarzen Löcher in den Galaxienkernen hat ebenfalls über die Jahrmilliarden im Mittel abgenommen.

Wenn wir die Expansion, die wir heute beobachten, umkehren, so ergibt sich folglich ein Universum, das in Richtung Vergangenheit fortwährend kleiner wird. Gehen wir auf diese Weise immer weiter zurück, so verschmelzen schließlich alle Galaxien und auch alle Sterne miteinander. Der zur Verfügung stehende Raum wird immer kleiner, wodurch sich die Materie verdichtet und stetig heißer wird. Als das Universum gerade einmal 400 000 Jahre alt war, bestand es aus einer mehreren Tausend Grad heißen, undurchsichtigen Materiesuppe. Damals waren die Abstände im Universum etwa tausend-mal kleiner als heute.

Aber auf dieser Zeitreise gibt es ebenso kein Halten wie bei dem Gravitationskollaps eines Schwarzen Lochs. Unaufhörlich geht es weiter, und die Materie wird immer dichter und heißer. Lange Zeit geschieht kaum etwas, bis schließlich etwa 3 Minuten nach der Geburt des Universums bei Millionen von Grad die ersten Kernfusionen einsetzen. Nur wenige Reaktionen fanden damals statt, aber dafür überall im gesamten Universum. Aus dieser stürmischen Anfangszeit stammt ein Großteil des Heliums, das immerhin 25% der Masse aller Atome ausmacht. Gehen wir bis in die erste Sekunde unserer Welt zurück, so können wir sie nur noch mithilfe der Teilchen- und Quantenphysik beschreiben. Ich möchte diese kurze, aber sehr ereignisreiche Zeitspanne jedoch erst in einem späteren Kapitel (Kapitel 32) ausführlich betrachten.

Auf jeden Fall gelangen wir von heute aus gesehen vor 13,7 Milliarden Jahren an einen Punkt, an dem das Universum unendlich klein, heiß und dicht war. Dies stellt seinen Anfang dar, den wir mit dem Wort *Urknall* umschreiben. Nach der gängigen Vorstellung hört hier alles auf zu existieren. Davor gab es nichts, und zwar noch nicht einmal ein Davor. Hier entstanden nicht nur die gesamte Materie, sondern auch der Raum und die Zeit. Darüber hinaus gehende Vorstellungen und Theorien sehen wir uns ebenfalls später im zweiten Buchteil an.

Oftmals wird der Urknall wie eine Explosion beschrieben und auch in Trickfilmen so dargestellt. Aber auch bei diesem Vergleich ist Vorsicht geboten. Wir stellen uns solch ein Ereignis automatisch immer von außen vor, als ein explodierendes

Objekt, dem man dabei zusieht. Doch alles, was heute existiert befand sich damals *innerhalb* dieser Explosion. Genauso wenig wie es eine Zeit vor dem Urknall gab, so gab und gibt es ein Außerhalb. Auch denkt man sich eine Explosion immer begrenzt wie beispielsweise eine Stange Dynamit, die irgendwann explodiert. Doch nach dem gängigen Modell hat sich der Urknall überall gleichzeitig ereignet, und zwar im gesamten Raum. Tatsächlich ist der Raum erst durch ihn entstanden. Es gab somit keinen Bereich des Universums, der damals nicht urgeknallt hätte. Deshalb kann man dieser explosionsartigen Ausdehnung auf keinen Fall von irgendwoher zusehen.

Wir wissen nun, wie alt das Universum ist. Doch wie weit können wir es mit unseren Instrumenten überblicken? Naiv würde man denken, dass dies in jeder Richtung etwa 13,7 Milliarden Lichtjahre sein müssten. Aber tatsächlich ist eine *Entfernungsbestimmung* in einem sich ausdehnenden Weltall gar nicht mehr so eindeutig, wie wir das gewohnt sind.

Betrachten wir dazu eine weit entfernte Galaxie mit einer großen gemessenen Rotverschiebung. Mit einem kosmologischen Modell können wir ihre Entfernung berechnen. In dieses Modell müssen wir außer der allgemeinen Relativitätstheorie noch zusätzliche Annahmen stecken, wie etwa das kosmologische Prinzip, also die Gleichheit der Standpunkte im Universum und die Gleichförmigkeit der Materie. Damit können wir beispielsweise die heutige Entfernung der Galaxie berechnen. Doch seitdem ihr Licht zu uns unterwegs ist, hat sich der Raum gedehnt. Zum Zeitpunkt der Lichtaussendung war der Abstand der Galaxie daher kleiner als der heutige Abstand. Und demzufolge hat auch das Licht weniger als den heutigen Abstand zurückgelegt, aber auch wiederum mehr als den damaligen Abstand. Und wenn wir schließlich heute ein Photon zu dieser Galaxie aussenden, dann ist es nochmals eine längere Strecke als den heutigen Abstand unterwegs. Wir müssen schon genau definieren, was wir jeweils unter einem Abstand verstehen wollen. Eine eindeutige Antwort, wie weit eine Galaxie in einem expandierenden Raum von uns weg ist, gibt es also gar nicht.

Dieselbe Mehrdeutigkeit gilt für auch für die Größe des Universums. In diesem Buch verwende ich dafür den Raum, aus dem uns heute irgendwelche Lichtsignale erreichen können. Dieser Raum ist wegen der Endlichkeit des Weltalters und der Endlichkeit der Lichtgeschwindigkeit durch einen *Beobachtungshorizont* begrenzt. Er besitzt heute nach dem kosmologischen Standardmodell einen Radius von 45 Milliarden Lichtjahren. Dieser Wert ist wegen der Raumausdehnung größer als 13,7 Milliarden Lichtjahre. Er war aber zu einem früheren Zeitpunkt wesentlich kleiner als heute. Wichtig ist jedoch, dass wir generell nur ein begrenztes Sichtfeld haben und nicht weiter nach draußen schauen können. In diesem zugänglichen Bereich, dem sogenannten beobachtbaren Universum, sind nach Schätzungen mindestens 50 Milliarden Galaxien enthalten. Das liegt in derselben Größenordnung wie die Anzahl der Sterne in der Milchstraße. In unserem Modell mit der Milchstraße als Diskus und der Andromedagalaxie in 5,5 m Entfernung ist unser Beobachtungshorizont dann ziemlich genau 100 km weit von uns entfernt.

Tatsächlich liegt dieser Horizont ein klein wenig näher, denn weiter zurück als bis 400 000 Jahre an den Urknall heran können wir nichts beobachten. Hier schauen wir auf die heiße brodelnde und vor allem undurchsichtige Ursuppe des Weltalls, die uns den Blick auf die ersten Jahrtausende versperrt. Aber in den letzten Jahren hat sich dieser Horizont aus Strahlung selbst zu einem begehrten Beobachtungsobjekt gemausert. In den 1960er Jahren rein zufällig entdeckt, stellt er gewissermaßen das Nachglühen des Urknalls dar.

Das Licht, das sich damals als Wärmestrahlung von mehreren Tausend Grad zu uns aufgemacht hat, wurde durch die Rotverschiebung extrem gedehnt und erreicht uns heute als kalte Mikrowellenstrahlung mit einer Temperatur von gerade einmal 2,7 Grad über dem absoluten Temperaturnullpunkt. Diese Photonen sind mit einer Anzahl von etwa 400 pro Kubikzentimeter die mit Abstand häufigsten Teilchen im Universum, weshalb sie auch seine Durchschnittstemperatur festlegen. Diese sogenannte kosmische *Hintergrundstrahlung* erreicht uns nahezu gleichmäßig aus allen Richtungen. Aus ihr können wir sehr gut ableiten, wie die Materie im ganzen Universum 400 000 Jahre nach dem Urknall verteilt war. Die genauen Eigenschaften dieser Strahlung und die damit verbundenen Probleme beleuchten wir aber gleichfalls erst später in Kapitel 30 und 32.

Einen jeden Punkt im Universum können wir immer nur zu einer ganz bestimmten Zeit sehen. Für jede Galaxie bleiben uns die jeweils entfernteren und näheren Vergangenheiten völlig unzugänglich. Das Gleiche gilt aber erst recht auch für den heutigen Zustand einer anderen Galaxie. Wir sehen sie nur als vergangene Momentaufnahme, und wissen sonst nichts. Lediglich auf der Erde können wir halbwegs direkt über Fossilien und geologische Strukturen in einen weiten Teil der Vergangenheit zurückschauen.

Auch über den Bereich des Universums, der sich außerhalb des Beobachtungshorizonts befindet, können wir nur Mutmaßungen anstellen. Geht das Universum jenseits davon einfach so weiter und wie groß ist es insgesamt? Wir können immer nur Modelle von unserem Universum entwerfen und daraus Antworten ableiten, denn keine Information irgendwelcher Art kann uns heute aus diesen noch weiter entfernten Raumregionen erreichen. Uns verbleibt nur die Möglichkeit abzuwarten, was in der Zukunft als Nächstes vom sich ausdehnenden Universum innerhalb seines Beobachtungshorizonts sichtbar wird.

Die wichtigste Beobachtungstatsache der Astronomie des 20. Jahrhunderts ist die Endlichkeit des Universums. Es hat einen zeitlichen Anfang, und wir können nur einen begrenzten räumlichen Teil einsehen. Hätte man zu dieser Erkenntnis auch einfacher und viel früher kommen können?

Dazu verblüffte uns mein früherer Kosmologieprofessor in einer speziellen Vorlesung kurz vor Weihnachten mit dem sogenannten *olbersschen Paradoxon.* Es hinterfragt die Binsenweisheit, warum es nachts eigentlich dunkel ist. Auf den ersten Blick erschien mir diese Frage ziemlich abwegig, denn natürlich ist es nachts immer dunkel. Die Nacht unterscheidet sich ja vom Tag genau durch ihre Dunkelheit. Aber wenn wir die Nacht durch die Abwesenheit der Sonne charakterisieren, so zeigt sich, dass die Schwärze des Himmels alles andere als naheliegend ist.

In früheren Jahrhunderten war die Vorstellung eines ewig existierenden, unveränderlichen und unendlich ausgedehnten Weltalls weit verbreitet und oft religiös motiviert. In jeder Richtung waren Sterne zu sehen und warum sollte das denn irgendwo aufhören? Aber wenn man diese Voraussetzungen konsequent zu Ende denkt, so landet man bei der Einsicht, dass man in einem solchen Universum buchstäblich überall Sterne sehen müsste. Egal wohin man schaut, nach einer gewissen Entfernung trifft der Blick immer auf einen Stern. Dies ist einfach durch die Unendlichkeit eines solchen Universums abgesichert. Die scheinbare Größe der Sterne nimmt zwar mit zunehmender Entfernung immer weiter ab, aber ihre Zahl wächst dafür auch um so stärker.

Geht man zusätzlich noch davon aus, dass alle Sterne auch ewig leuchten, so ergibt sich insgesamt, dass wir in jedem noch so kleinen Himmelsauschnitt stets auf eine Sternoberfläche blicken. Und so eine Oberfläche ist hell und heiß. Ebenso hätten alle Sterne dieses Kosmos alle Zeit der Welt, ihr Licht überallhin zu schicken. Wenn sie auch noch gleichartig wären, so wäre der Himmel überall so gleißend hell wie die Sonne. Diese Helligkeit besäße er immer, am Tag und auch bei Nacht. Schlimmer noch, streng genommen könnten wir die Sonne gar nicht mehr erkennen. Und außerdem wäre dieses Weltall nicht kalt, sondern durchgängig so heiß wie die Sonnenoberfläche. Das Leben hätte in diesem wahrlich eintönigen Universum nicht die geringste Chance.

Von Heinrich Olbers (1758–1840) in den 1820er Jahren erstmals sauber formuliert, war diese Merkwürdigkeit allerdings schon mehr als 200 Jahre zuvor Johannes Kepler und anderen Forschern aufgefallen. Kepler lehnte daher beispielsweise die Unendlichkeit des Universums ab. Trotzdem hielt sich die Überzeugung von einem statischen und in jeder Hinsicht unendlichen Universum erstaunlich hartnäckig bis weit ins 20. Jahrhundert. War das Offensichtliche nicht jede Nacht zu sehen? Es war doch dunkel, obwohl es das nach dem olbersschen Paradoxon nicht sein durfte.

Irgendeine der Voraussetzungen an dem kosmoslogischen Modell musste also falsch sein. Aber diese Einsicht konnte sich anscheinend nicht durchsetzen, was uns aus unserer heutigen Perspektive reichlich engstirnig und konservativ erscheint. Aber so leicht dürfen wir es uns nicht machen, denn meist kommt der Hochmut vor dem Fall. Auch wir sind gefangen in Theorien und Vorstellungen, die sich längst nicht so leicht abschütteln lassen, wie man es vielleicht gerne hätte.

Das olberssche Paradoxon ist für mich daher in erster Linie ein Lehrstück, das uns in die Psychologie der Physiker und Astronomen und damit uns Menschen blicken lässt. Man sollte nur glauben, was man sieht oder in diesem Falle nicht sieht. Jegliche zusätzliche Vermutung, so simpel sie auch sein mag, kann uns aufs Glatteis führen. Aber so frei sind nur ganz wenige Menschen und das auch nur in ganz seltenen Augenblicken. Tatsächlich werden unsere Vorstellungen sehr stark durch Theorien und Bilder geleitet, die den Rahmen abstecken, in dem gedacht werden kann. Und im 19. Jahrhundert war nun einmal keine Theorie in Sicht, die ein veränderliches Universum rechtfertigen konnte. Erst die allgemeine Relativitätstheorie sprengte diesen Rahmen und bereitete den gedanklichen Boden für ein expandierendes Universum. Nun konnte das Rätsel angegangen und auch bald gelöst werden.

Das Erstaunlichste am olbersschen Paradoxon ist meiner Meinung nach jedoch, dass sich *alle* ursprünglichen kosmologischen Annahmen als falsch herausgestellt haben. Das Universum ist weder unveränderlich, noch unendlich alt, noch können wir einen unendlich großen Teil überblicken. Und auch die Sterne können kein unendliches Alter erreichen.

Teil 2
Verstehen

21 Beruf oder Berufung?

In der Elementarteilchenphysik ist man doch als Physiker selbst nur ein Elementarteilchen.

Wolfgang Dreybrodt, Physiker

Gratulation! Sie haben soeben ein Studium der Physik und Astronomie in weiten Teilen miterlebt, zumindest in groben Zügen und im Schnelldurchgang. Um in einem verständlichen Rahmen zu bleiben, musste ich einige Beschreibungen und Erklärungen etwas vereinfachen. Ich durfte jedoch den Kern der Aussagen dabei nicht verwässern und hoffe, dass mir diese Gratwanderung im Großen und Ganzen gelungen ist.

Ebenso musste ich Ihnen aus Platzgründen oft vorenthalten, wie wir zu Erkenntnissen gelangt sind und wer die Entdeckungen gemacht hat. Wenn Sie dies alles jedoch näher interessiert, so möchte ich Sie gerne auf die weiterführende Literatur oder das Internet verweisen. Ich würde mich sehr freuen, wenn Sie dieses Buch zu einem tieferen Einstieg in die Welt der Naturwissenschaften anregt.

Für den zweiten Buchteil habe ich mir die etwas kniffligeren und noch faszinierenderen Themen aufgehoben. Zunächst steht die Quantentheorie und damit der Ursprung unserer Realität im Vordergrund. Unser bisheriges Wissen und der Begriff der Information führen uns im weiteren zu einem neuen Verständnis der physikalischen Theorien. Anschließend versuche ich, Ihnen eine Gesamtsicht auf das Universum zu geben. Sein Anfang, seine Zukunft und seine noch größtenteils unbekannte Zusammensetzung werfen jedoch noch immer viele Fragen auf. In den abschließenden Kapiteln machen wir uns dann auf die Suche nach einer Weltformel und gewinnen einen Überblick über zahlreiche, teils hochspekulative Weltmodelle. Obwohl hier ebenfalls mehr Fragen als Antworten übrig bleiben, so gibt der Begriff der Information auch hier unerwartete Denkanstöße in eine neue Richtung. Er löst vielleicht nicht nur das Rätsel der Dunklen Materie und der Dunklen Energie, sondern zeigt uns auch, wie die Existenz des Universums begonnen haben könnte. Aber bevor es mit diesen Themen richtig losgeht, können Sie den bisherigen Stoff noch etwas verdauen und sich ein wenig erholen.

Ich weiß natürlich nicht, wie es Ihnen bis hierhin erging, aber für mich war mein Studium ein unerwartetes Stück harter Arbeit. Mit meinem eher idealistischen Ansatz wollte ich im Grunde nur die Welt besser verstehen und alles über ihre fundamentalen Gesetzmäßigkeiten lernen. Doch dann wurde ich mit ziemlich viel

Hochschulmathematik konfrontiert, bei der ich mich daran gewöhnen musste, abstrakt zu denken und nicht wie in der Schule nur zu rechnen.

Da alle Naturgesetze mittels mathematischer Formeln ausgedrückt werden, nimmt die Mathematik in der Physik einen sehr breiten Raum ein. Im Gegensatz zur Experimentalphysik, die sich schwerpunktmäßig mit dem Bau, der Durchführung und der Auswertung von Experimenten beschäftigt, wird in der theoretischen Physik fast nur mit mathematischen Modellen gearbeitet. Hier wird zwar im Allgemeinen mit einem klareren Ansatz vorgegangen, aber trotzdem waren für mich die eigentlichen Kernaussagen hinter den Formeln nicht immer leicht zu sehen. Oft stand für meinen Geschmack die Mathematik zu sehr im Vordergrund und die eigentliche Bedeutung wurde erst am Schluss und vor allem zu kurz angesprochen.

Natürlich ist die Mathematik ein unentbehrliches Hilfsmittel, wenn man Berechnungen anstellen und Vorhersagen treffen möchte. Ein jeder erwartet von seiner Uhr, von seinem Navigationsgerät oder von einem Computertomografen eine angemessene Genauigkeit und Verlässlichkeit. Und ebenso muss auch das Gerüst einer physikalischen Theorie mathematisch sauber aufgebaut sein. Doch, wo blieb bei all den Formeln die Intuition, die die wirklich großen Physiker wie Albert Einstein und Niels Bohr so stark leitete?

Die wirklich wichtigen Fragen nach dem Aufbau und dem Ursprung der Welt wurden mit einer Sammlung aus vielen Beobachtungen durchaus zufriedenstellend beantwortet. Trotzdem fehlte mir am Schluss meines Studiums ein physikalisches Gesamtbild der Welt, aber vor allem die Bedeutung des Ganzen. Hier ließ man uns Studenten doch ziemlich allein. Ich kann mich beispielsweise nicht daran erinnern, dass in einer Vorlesung oder einem Seminar jemals die fundamentalen Unterschiede der beiden wichtigsten Theorien, der Quantentheorie und der allgemeinen Relativitätstheorie, herausgestellt worden sind. Vielmehr habe ich die allgemeine Relativitätstheorie nur am Rande über die Kosmologie kennengelernt, da sie überhaupt nicht zum Pflichtstoff gehörte.

Der schwerste Brocken jedoch war für mich und meine Studienkollegen eindeutig die Quantentheorie. Der mathematische Formalismus war gelinde gesagt gewöhnungsbedürftig, aber nicht unüberwindlich. Hier wird nach einem merkwürdigen Schema gerechnet, das zumindest in einigen Fällen exakte Lösungen produziert. Nur beschreiben diese Lösungen nicht einfach das konkrete Verhalten von Atomen oder Teilchen, sondern geben nur die Wahrscheinlichkeiten an, mit denen gewisse Dinge passieren werden. Was sollte man davon halten, und wie sollte man damit umgehen? Warum ist die Natur an dieser Stelle nicht präzise, und wozu soll das gut sein? Sie werden es vielleicht kaum glauben, aber viele Physiker nehmen die Merkwürdigkeiten der Quantentheorie irgendwann ohne weitere Begründung hin oder blenden diese Fragen einfach aus.

Schon früh im Studium lernt man so viele experimentelle Tatsachen und theoretische Berechnungen kennen, dass man sie unmöglich alle nachprüfen kann. Natürlich führt man auch selbst zahlreiche Versuche und Rechnungen durch, aber trotzdem lernt man auch, den anderen Physikern zu vertrauen und deren Resultate zu konsumieren. Und die Quantentheorie funktioniert ja schließlich tadellos. Ihre Wahrscheinlichkeitsvorhersagen sind die mit am besten geprüften Sachverhalte der Physik. Die quantentheoretischen Berechnungen stimmen also mit großer Genauigkeit mit der Natur überein. Nur sind es eben statistische Voraussagen und keine absoluten. Ein einzelnes Teilchen macht quasi, was es will, ohne dass man ihm dabei in die Karten sehen kann.

Wie sehr wir uns aber doch gegen die Quantentheorie gesträubt haben, zeigt der Umstand, dass viele meiner Studienkollegen diese Vorlesung nicht nur einmal, sondern zweimal gehört haben. Auch ich habe mir davon ein tieferes Verständnis versprochen. Ich glaube heute, dass ich bei meinem zweiten Anlauf zumindest die Mathematik der Quantentheorie besser begriffen habe und sicherer anwenden konnte. Bei der Deutungsfrage der Zufälligkeit und Umbestimmtheit blieb aber wieder ein schaler Nachgeschmack zurück. Ich war im Prinzip genauso schlau wie vorher.

Woher weiß denn nun ein einzelnes radioaktives Atom, wann es zerfallen wird? Wer oder was kennt diesen Zeitpunkt? Müsste er nicht irgendwie bekannt sein, auch wenn *wir* ihn nicht im Voraus berechnen können? Mit diesen Ungereimtheiten im Gepäck begab ich mich auf die Suche in der populärwissenschaftlichen Literatur. Hier war ich nicht alleine mit meinen bohrenden Fragen. Aber auch die Fachautoren, die die neuesten Versuche zur Quantentheorie schilderten, wussten keine Antwort darauf, warum und wie sich ein Teilchen zwischen verschiedenen Möglichkeiten entscheidet.

Schließlich bin ich bei dem Buch ›Aufbau der Physik‹ von Carl Friedrich von Weizsäcker (1912–2007) gelandet. Dieser Physiker und Philosoph besaß eine einmalige klare Ausdrucksweise, die ich auch mehrmals live erleben durfte. Einmal hat er in der voll besetzten Münchner Olympiahalle angeregt mit dem Dalai Lama über Fragen der Schöpfung diskutiert. Als enger Freund von Werner Heisenberg erlebte er die Entwicklung der Quantentheorie hautnah mit und dachte später mit am tiefschürfendsten über sie nach.

Doch dieses Buch war eine harte Nuss. In einer atemberaubenden Art und Weise hat von Weizsäcker die Essenz der gesamten Physik in dieses Werk hineingepackt. Zudem hat er versucht, die Quantentheorie auf ein neues und ungeheuer abstraktes, informationstheoretisches Fundament zustellten. Aber soweit bin ich damals gar nicht gekommen. Vom kompakten und trockenen Stil genervt, habe ich nach etwa der Hälfte der Seiten aufgegeben und das Buch frustriert in die Ecke gelegt. Erst vor knapp drei Jahren habe ich es wieder hervorgeholt und schließlich zu Ende gelesen. Ohne diesen erneuten Anlauf wäre dieses Buch hier niemals entstanden.

Sie sehen an diesen Schilderungen, dass mein Herz nach all den Jahren noch immer an der Physik hängt. Obwohl ich mich zwischenzeitlich lange Jahre intensiv mit Computern und deren Programmierung beschäftigt habe, lässt sie mich dennoch nicht los. Oft wurde ich schon gefragt, warum ich nicht bei der Physik geblieben bin? Auf der anderen Seite wollten auch schon etliche Arbeitskollegen von mir wissen, warum ich denn nicht gleich Informatik studiert habe? Ich möchte versuchen, darauf ein paar Antworten zu geben, zumal viele meiner Studienfreunde einen ähnlichen Weg gegangen sind.

Zuerst einmal bin ich fest davon überzeugt, dass ein jeder genau den Beruf oder das Studienfach ergreifen sollte, von dem er sich am meisten verspricht. Nur hier wird man eine entsprechende Leidenschaft entwickeln, sodass man in Stande ist, etwas Außergewöhnliches zu leisten kann, falls man dies denn möchte. Wir sollten also unsere begrenzte Zeit möglichst sinnvoll nutzen, damit wir am Ende unseres Lebens möglichst zufrieden darauf zurückschauen können. Und dazu gehört ganz wesentlich, sich für den passenden Berufsweg zu entscheiden.

Als Studienfach kam für mich neben der Physik nur noch die Mathematik infrage. Doch da mich die Natur und nicht die Abstraktheit interessierte, war die Entscheidung schnell gefallen. Informatik dagegen war für mich Mitte der 1980er Jahre noch nicht als Alternative zur Physik sichtbar, denn sie hatte meiner Meinung nach bloß mit der Programmierung von Computern zu tun.

Auch bei der Wahl meiner Diplomarbeit musste ich nicht groß nachdenken. Ohne dass ich es vorher wusste, hatte ich mir von Anfang an mit Heidelberg eine führende Universität auf dem Gebiet der Elementarteilchenphysik ausgesucht. Hier wurde geklärt, was die Welt im Innersten zusammenhält. Die theoretische Physik schied wiederum aus, denn mich faszinierten die Beschleunigeranlagen und deren Großexperimente. Dort wollte ich wie bei einer riesigen Modelleisenbahn mitspielen und mehr über die Naturkräfte herausfinden.

Doch schnell wurde ich vom Alltag erfasst, denn an eine 40-Stunden-Woche sollte man am besten erst gar nicht denken. Vor, während und auch nach einer sogenannten Strahlzeit an einem Beschleuniger ist nämlich grundsätzlich Stress angesagt. Zuerst muss alles richtig aufgebaut und getestet werden, und dann wird rund um die Uhr gemessen, damit jede Minute des Beschleunigers auch genutzt wird. Und schließlich will natürlich hinterher sofort jeder wissen, was dabei herausgekommen ist. Nächtelanges Arbeiten wird zum Normalfall, und bei manchen Arbeitsgruppen erkennt man das Wochenende fast nur am Kalender. Beim Privatleben muss man ebenfalls ziemlich aufpassen, damit es nicht zu kurz oder gar zum Erliegen kommt.

Aber ich will mich hier im Nachhinein nicht beklagen, sondern Ihnen nur einen kleinen Einblick hinter die Kulissen dieser Großforschung geben. Während dieser Zeit durfte ich mit sehr interessanten und teils illustren Persönlichkeiten zusammenarbeiten, wobei ich ausgesprochen viel gelernt habe. Auch konnte man sich von diesen Kollegen abschauen, wie man den Erwartungsdruck am besten aushält. Sie zeigten mir, wie man trotzdem noch Probleme strukturiert löst und nicht den Blick fürs Wesentliche verliert. Dies ging in ähnlicher Form auch während meiner Doktorarbeit so weiter. Hier war aber auch nach zwei Jahren Arbeit noch nicht abzusehen, ob die Ergebnisse überhaupt für eine Veröffentlichung geeignet sind. Und damit war ich nicht allein in meinem Freundeskreis, doch schließlich haben wir auch diese Hürde alle erfolgreich genommen.

Aber weshalb bin ich dann nach fünf Jahren an einem Max-Planck-Institut nicht in der physikalischen Grundlagenforschung geblieben? Die kurze Antwort ist, dass ich erst einmal genug davon hatte. Die ausführlichere ist etwas vielschichtiger.

Zunächst einmal muss man sich klar machen, dass längst nicht alle Absolventen der Universitäten dort auch auf Dauer bleiben können. Universitäten sind in erster Linie Ausbildungsstätten, die man sowieso irgendwann verlassen muss. Das Gleiche gilt auch für die Forschungsinstitute mit ihren Doktoranden.

Will man sich stattdessen eine permanente Stelle sichern, so musste man zu meiner Zeit zwingend habilitieren, um dann versuchen Professor zu werden. Aber für solch eine Position hielt ich mich einfach nicht gut genug. Außerdem braucht man für diesen Kraftakt einen Chef, der dies auch vorbehaltlos über Jahre hinweg unterstützt. Schließlich gibt es auf diesem Weg keinerlei Garantie, denn Professorenstellen sind heiß begehrt und hart umkämpft. Bei ihrer Vergabe geht es längst nicht nur um Fachkompetenz, sondern immer auch um Macht, Politik und Einfluss.

Klappt es nicht auf Anhieb mit der festen Stelle einer Professur, so halfen die Institute üblicherweise den Bewerbern mit kurzfristigen Zeitverträgen aus. Ich wollte mich aber nicht noch im Alter von vierzig Jahren von zweijährigen Verträgen ernähren und auch nicht dauerhaft auf einer Assistentenstelle im so genannten akademischen Mittelbau landen. Ebenso wenig wollte ich für einen möglichen Wechsel in die Industrie am Ende zu alt sein.

Neben der Stellenlage war ein weiterer Aspekt bei meiner Entscheidung die Situation der Elementarteilchenphysik insgesamt. Ich war durch meine Forschungsarbeiten auf dieses Gebiet mehr oder weniger festgelegt. Schon 1994 war entschieden worden, dass der weltweit nächstgrößere Beschleuniger erst der LHC am CERN sein würde. Ich war allerdings schon damals überzeugt davon, dass er gleichzeitig wohl der letzte seiner Art sein würde. Und nun betrachten Sie sich bitte einmal die Gesamtlaufzeit dieser Anlage.

Von den ersten Ideen in den 1980er Jahren bis zur letzten Veröffentlichung vielleicht im Jahre 2030 werden 40 Jahre vergehen. Dies wäre fast mein komplettes restliches Berufsleben gewesen. Und dies war mir ehrlich gesagt zu lang und zu einseitig. Natürlich hätte ich als Teilchenphysiker auch bei anderen Experimenten arbeiten können, doch mittlerweile hatte mich eine ganz andere Leidenschaft gepackt. Langsam aber sicher fand ich die Computer, die ich tagtäglich für Datenauswertungen und Simulationen programmierte, fesselnder als die Physik.

Die Möglichkeiten, die die Informationstechnologie bietet, wuchsen und wachsen noch immer viel schneller als in jedem anderen Fachgebiet. Ich möchte Ihnen dies an einem kleinen Beispiel verdeutlichen: Meine Arbeitsgruppe besaß Mitte der 1990er Jahre sage und schreibe 100 Festplatten mit insgesamt 100 Gigabyte an Speicherplatz. So eine gigantische Plattenkapazität war damals weltweit in der physikalischen Forschung nur an ganz wenigen Stellen verfügbar. Jede Platte hatte die Ausmaße eines Schuhkartons und ein eigenes Netzteil. Zusammen belegten sie etwa so viel Platz wie eine ganze Einbauküche. Den Stromverbrauch und die Wärmeentwicklung lassen wir am besten außer Acht. Gekostet haben sie vermutlich über 50 000 Euro, und mindestens zwei Mal pro Jahr ging eine von ihnen kaputt.

Heute kann ich in jedem Computerfachgeschäft mehr als das 10-Fache dieser Speichermenge für weniger als 100 Euro mit nach Hause tragen. Dabei ist der Platzbedarf wesentlich geringer als für eine einzige der alten Platten. Die Speicherdichte hat in diesen 15 Jahren um etwa das 10 000-fache zugenommen, und gleichzeitig ist der Preis auch um einen Faktor 10 000 gefallen.

Wenn ich bedenke, dass ich hoffentlich noch 30 Jahre leben werde, kann ich mir kaum ausmalen, was dann an Informationstechnologie für die Allgemeinheit erschwinglich sein wird. Was für Anwendungen werden bis dahin Wirklichkeit sein? Und wie werden sie entwickelt? In der Computerindustrie erleben wir seit Jahrzehnten die größte technologische Explosion der Menschheitsgeschichte. Und hier wollte ich nun mit dabei sein.

Der letzte Grund für meinen zügigen Abschied aus der Forschung waren die reichlichen Angebote für Naturwissenschaftler mit entsprechender Programmiererfahrung. Etwa die Hälfte aller Abgänger aus meiner Umgebung verschwand damals in der Softwareindustrie. Und alle miteinander waren zufrieden mit ihrer neuen Tätigkeit. So schlimm konnte dieser Schritt dann wohl nicht sein, und ich würde ja zwangsläufig auch wieder auf Seelenverwandte treffen.

Heute arbeite ich also wie die meisten Physiker in der Wirtschaft. Den Wechsel in die Softwarebranche habe ich kaum bereut, denn die vielfältigen Aufgaben waren bisher ebenso herausfordernd wie interessant. Zwar wird hier gleichfalls nur mit Wasser gekocht, dafür aber etwas schneller. Ein Projekt liefert spätestens nach einem Jahr die erste vernünftige Programmversion, die dann nach 2 bis 3 Jahren meist schon relativ ausgereift ist.

Das Problembewusstsein beziehungsweise die Sorgfalt war in der Forschung aber mindestens genauso groß wie bei den Softwareprofis. Machte man als Diplomand oder Doktorand bei seinen Programmen einen Fehler, so war die ganze Arbeit und damit der eigene Abschluss gefährdet. Noch höher war die Verantwortung, wenn man in einem Großexperiment seine Software vielen anderen zur Verfügung stellte. Dementsprechend gewissenhaft wurde hier auch unter hohem Zeitdruck gearbeitet.

Die wenigen Physiker, die den Mut, das Können und das Glück haben, in der Forschung zu bleiben, stehen naturgemäß stark im Blickpunkt der Öffentlichkeit. Als Professoren und Forschungsgruppenleiter vertreten und publizieren sie ihre neuesten Ergebnisse. Etliche von ihnen schreiben auch ganz erfolgreich Bücher und stellen damit ihr Fachgebiet einem breiteren Publikum vor. Einige widmen sich auch den ganz großen Fragen und versuchen sie so umfassend wie möglich zu beantworten.

Aufgrund meiner Vorbildung habe ich oft relativ wenig Problem damit, den Argumenten dieser Autoren zu folgen. Aber aus meinem Freundes- und Bekanntenkreis weiß ich, dass dies den Nicht-Physikern längst nicht immer so leicht fällt. Ihnen fehlen oft die Zusammenhänge und das Hintergrundwissen, mit dem sie das gerade Gelesene am besten einordnen können? Wo hat der Autor freimütig zugegeben, dass manche Argumente und Sachverhalte sehr spekulativ sind? Und ganz wichtig: Wo tappen noch ganze Forschungsbereiche ziemlich im Dunkeln oder liegen wahrscheinlich falsch?

Mit meinem Buch möchte ich mich diesen Qualitätskriterien stellen. Ich werde offen und ehrlich zu Ihnen sein und möglichst Ihren Wissensdurst löschen. Und dabei möchte ich Sie natürlich auch ein wenig unterhalten. Doch nun ist Ihre Verschnaufpause zu Ende, denn wir begeben uns wieder hinein in unser Universum und ziehen erneut die Brille des Physikers und Astronomen auf.

22 Veränderungen

> Es ist unmöglich, zweimal in denselben Fluss zu steigen.
> *Heraklit, Philosoph*

Um uns herum ändern sich andauernd viele verschiedene Dinge. Einige dieser Veränderungen geschehen in äußerst kurzen Zeitspannen, zahlreiche vollziehen sich für unser Empfinden innerhalb ganz normaler Zeiträume und wieder andere benötigen unvorstellbar lange. Atome trennen und verknüpfen sich bei einer Verbrennung in einer Kerzenflamme, Wolken entstehen und regnen sich ab, Pflanzen wachsen und blühen, Tierarten bilden sich heraus und Gebirge falten sich auf. Sterne werden geboren und vergehen auf unterschiedliche Arten, ja selbst das gesamte Universum hatte zumindest einen Anfang. Auch in unserem Körper verändert sich ständig alles Mögliche. Wir atmen ein und aus, das Blut zirkuliert in unseren Adern, unsere Nahrung wandert durch den Verdauungstrakt und neue Verknüpfungen entstehen in Ihrem Gehirn, wenn Sie dies lesen. Im gesamten Universum finden unablässig Veränderungsprozesse statt. Aber wie laufen diese Vorgänge eigentlich ab?

Prinzipiell bieten sich hier zwei Möglichkeiten an, die auch beide in den physikalischen Theorien vertreten sind. Die erste ist eine sanfte, durchgängige und *stetige* Änderung und die zweite geschieht plötzlich, *sprunghaft* und spontan. Ein Beispiel für eine stetige Änderung ist die Flugbahn eines Speeres. Der Ort seiner Spitze bewegt sich nach den Gesetzen der Mechanik oder der allgemeinen Relativitätstheorie kontinuierlich durch den Raum. Zu jeder Zeit befindet sich der Speer an einem ganz bestimmten Punkt, der zu einem späteren Zeitpunkt etwas weiter vorgerückt ist. Dabei darf der Zeitunterschied zwischen jetzt und nachher beliebig klein sein. Stets beschreiben die mechanischen Gleichungen die Lage der Speerspitze mit absoluter Sicherheit. Alle Größen dieser Bewegung müssen daher durch unendlich lange und damit unendlich genaue Kommazahlen ausgedrückt werden.

Ganz anders verhalten sich die Energien und der Spin eines Elektrons in einem Atom. Hier sind nur wenige Werte erlaubt. Dazwischen liegende Ausprägungen kommen in der Natur nicht vor. Die Änderungen zwischen diesen Zuständen geschehen sprunghaft. Nimmt ein Elektron die Energie eines Photons auf, so wird es auf ein höheres Energieniveau gehoben. Das Lichtteilchen wird dabei als Ganzes absorbiert und die Energie des Elektrons sofort verändert. Gleichzeitig geschieht dies nicht nur sprunghaft, sondern auch noch unvorhersagbar, also spontan. Da diese Veränderungen nicht beliebig klein sein können, lassen sie sich statt mit Kommazahlen bequem mit ganzen Zahlen ausdrücken. Wie beim Abzählen von Fingern unterscheiden sie sich stets um mindestens eins. Bevor wir uns aber mit diesen verschiedenen Arten von Veränderungen näher auseinandersetzen, möchte ich die Abstraktion noch eine Stufe weiter treiben.

Wir stellen uns die einfache Frage, wie man überhaupt *Veränderungen* feststellen kann? Um dies leisten zu können, benötigen wir immer einen Vergleich zwischen mindestens zwei Werten. Wenn sich eine Messgröße ändert, so können wir dies nur feststellen, wenn wir einen ihrer Werte mit einem anderen vergleichen. Mit einer einzelnen Zahl können wir niemals eine Änderung registrieren. Verschiedene Ausprägungen der gleichen Größe müssen also zu *unterschiedlichen* Zeiten erfasst werden. Dies bedeutet, dass eine Änderung eines Messwertes nur durch eine Gegenüberstellung von Ergebnissen bemerkt werden kann, die zu verschiedenen Zeiten erhoben werden. Ohne dass eine gewisse Zeit zwischen verschiedenen Beobachtungen vergeht, ist eine Veränderung also gar nicht denkbar. Der Ablauf der Zeit ist demnach die Voraussetzung für Änderungen. Oder ist es etwa umgekehrt?

Messen wir die *Zeit* nicht genau dadurch, dass wir Veränderungen registrieren? Um Zeit messen, beobachten wir die Drehung der Erde um sich selbst, die Bewegungen der Zeiger einer Uhr oder die Reflexion eines Lichtstrahls zwischen zwei Spiegeln. Dabei bedienen wir uns möglichst periodischer Vorgänge, um Zeitspannen zu messen, sodass wir die Zyklen der Vorgänge nur abzählen müssen. Jedoch können wir die Gleichartigkeit der Zeitabschnitte eines Vorgangs streng genommen noch nicht einmal beweisen. Dies lässt sich wiederum nur durch einen Vergleich mit einem anderen Vorgang belegen. Jedenfalls kann Zeit nur gemessen werden, in dem wir Änderungen ermitteln und aufzeichnen. Ohne eine einzige Veränderung in unserer Umgebung oder in unserem Körper bliebe die Zeit einfach stehen. Es würde dann überhaupt keine Zeit vergehen. Ist demnach jegliche Art von Veränderung die Voraussetzung für die Zeit?

Haben wir uns etwa gerade in einem logischen Zirkelschluss verheddert? Was ist denn nun die Voraussetzung für das jeweils andere: die Zeit oder die Veränderung? Ich denke, wir kommen aus diesem Dilemma von Voraussetzungen nur heraus, wenn wir anerkennen, dass beide absolut gleichwertig sind. *Zeit ist durch Änderungen gekennzeichnet, und Änderungen können ohne Zeit nicht stattfinden.* Geschehen gar keine Änderungen, so bleibt die Zeit stehen. Und vergeht keine Zeit, dann ändert sich auch nichts.

Aber in der Natur und in unserem Leben gibt es nicht nur Veränderungen, sondern auch Dauerhaftes und *Beständigkeit.* Wenn sich zu jedem Zeitpunkt wirklich alles ändern würde, so könnte sich kaum so etwas wie Leben herausbilden. Nicht einmal ein fester Körper könnte existieren. Nur weil viele Größen über die Zeit hinweg nahezu konstant sind, können sich geordnete Strukturen herausbilden. Die Naturgesetze haben sich, soweit wir wissen, seit dem Urknall überhaupt nicht verändert. Die Länge eines Tages vergrößert sich während unseres Lebens gerade mal um eine tausendstel Sekunde und auch die Sonneneinstrahlung ist innerhalb gewisser Grenzen immer dieselbe. Ebenso sieht auch mein Schreibtisch noch genauso aus, wie ich ihn das letzte Mal verlassen habe. Um eine *Gleichheit* aber sicher feststellen zu können, brauchen wir auf jeden Fall ein *Maß*, das uns angibt, unter welchen Umständen wir eine Größe als gleich betrachten.

Dazu haben wir für alles um uns herum Gleichheitskriterien entwickelt, ohne die wir im Leben nicht zurechtkämen. Nur mit ihrer Hilfe können wir Wichtiges von Unwichtigem unterscheiden, denn für das Überleben in der Evolution ist es entscheidend, dass wir die wesentlichen Veränderungen entdecken und den Rest als gleichartig beiseitezuschieben. Obwohl meine Haare über Nacht gewachsen sind, erkenne ich mich noch im Spiegel. Und einen Kirschbaum bezeichnen wir nicht deshalb als etwas anderes, nur weil er im Sommer Früchte trägt oder im Winter keine Blätter mehr hat. Nicht einmal ein Vulkan bekommt einen neuen Namen, nur weil seine Spitze bei einem Ausbruch weggesprengt worden ist, denn schließlich steht er ja noch am selben Ort.

Auch alle Begriffe unserer Sprachen haben sich anhand von Vergleichen herausgebildet. Ein Stuhl beispielsweise kann aus verschiedenen Materialien bestehen, unterschiedlich hoch sein und drei, vier oder mehr Beine haben. Trotzdem sind wir uns sicher, dass wir einen Stuhl von einem Tisch unterscheiden können. Diese unausgesprochenen Gleichheitsmerkmale geben unserer Sprache die nötige Beständigkeit, sodass eine Mitteilung mit einer gesicherten Bedeutung erfolgen kann.

Aber Gleichheit kann auch exakt erfüllt sein. Mein Kontostand ist bis auf den Cent genau noch derselbe, solange keine Abbuchung oder Gutschrift erfolgt. Ebenso wird sich der Energiezustand eines Elektrons in einem Atom nicht ändern, solange es kein Licht aussendet oder absorbiert. Wie oft wir auch nachsehen, wir werden bei gewissen Größen immer präzise den gleichen Wert feststellen. Die Voraussetzung dafür ist allerdings, dass in der Zwischenzeit nichts passiert ist. Falls aber doch, dann ist die Änderung in diesen Fällen sprunghaft und nicht stetig. Kein Betrag unterhalb von einem Cent kann gebucht oder ausgezahlt werden und irgendwelche Energieniveaus zwischen den erlaubten sind bei einem Atom noch nie gemessen worden.

Das Bemerken von Veränderungen ist also ganz eng verbunden mit dem Erkennen von Beständigkeit und Gleichheit. Nur wenn klar ist, wann etwas gleich ist, kann man eine Abweichung von der Gleichheit und damit eine Veränderung feststellen.

Wenn wir etwas tiefer über diesen Sachverhalt nachdenken, so können zu dem *Begriffspaar* der Gleichheit und Veränderung noch weitere grundlegende hinzufügen. Die Wichtigsten sind: ganz und geteilt, verbunden und getrennt, ganzheitlich und zusammengesetzt, ruhig und bewegt, symmetrisch und asymmetrisch, langweilig und interessant, belebt und unbelebt. Sie alle spannen fundamentale Gegensätze auf, auf denen unsere Welt beruht. Aber oft können wir noch nicht einmal eine strenge Unterscheidung zwischen den Begriffen eines dieser Paare vornehmen. Ich möchte dies kurz an ein paar Beispielen erläutern.

Wir leben in einer einzigen zusammenhängenden Welt, einem Universum. Um uns darin zurechtzufinden, teilen wir es aber in Galaxien, Sterne, Körper, Atome und Elementarteilchen auf. Nach dieser Trennung in Bestandteile fügen wir sie jedoch quasi wieder zusammen. Diesen Zusammenhang zwischen den Teilen stellen wir mittels Kräften, Feldern und Austauschteilchen wieder her. Doch wie locker oder fest ist dieser Zusammenhalt? Wir haben am Beispiel der Atome und Protonen gesehen, dass diese zwar Bestandteile besitzen, aber trotzdem als ein Ganzes aufgefasst werden müssen. Sind nun die übrigen Teile des Universums eher vom Rest getrennt oder eher mit ihm verbunden? Mit anderen Worten: Sollte man auch das Universum eher als Ganzes oder als die Summe seiner wechselwirkenden Teile ansehen?

Ein weiterer Gegensatz, den ich hier ebenfalls nur anschneiden möchte, ist der zwischen belebt und unbelebt oder lebendig und tot. Wir fühlen uns ganz klar als lebendige Wesen, aber je genauer wir hinsehen, desto mehr ist klar, dass wir lediglich aus chemischen Verbindungen bestehen. Diese wechselwirken zwar sehr komplex miteinander, können aber nicht mit gutem Gewissen als lebendig bezeichnet werden. Des Weiteren nehmen wir über die Luft und unsere Nahrung ständig unbelebte Materie auf und scheiden ebenso tote Materie wieder aus. Wo oder wie sollen wir lebendig von tot abgrenzen? Auch das Leben insgesamt hat sich nach allem, was wir wissen, vor Jahrmilliarden aus unbelebter Materie entwickelt, und dieser Übergang war ganz sicher über einen langen Zeitraum sehr fließend. Wann genau ist also das Leben auf der Erde entstanden?

Wir werden diese Frage nachträglich niemals beantworten können, aber selbst wenn wir damals als Beobachter dabei gewesen wären, wäre uns dies nicht gelungen. Wir hätten dazu alle chemischen Reaktionen auf dem ganzen Planeten Erde im Blick haben müssen. Und vor allem hätten wird ein eindeutiges Unterscheidungsmerkmal benötigt. Tatsächlich landet man jedes Mal, wenn man versucht eine harte Grenze zwischen belebt und unbelebt zu definieren, in einer logischen Fallgrube. Eine strenge und damit wasserdichte Unterscheidung kann daher meines Erachtens gar nicht getroffen werden.

Auch das so unschuldige Begriffspaar ruhig und bewegt ist problematisch. Wie kann man beispielsweise einen Ruhezustand von einer gleichförmigen Bewegung unterscheiden? Laut Relativitätstheorie gibt es hierfür keine Möglichkeit, denn alle Beobachter sind gleichberechtigt, der im fahrenden Zug genauso wie der am Bahnsteig. Ein absoluter Beobachter an einem ruhenden Punkt im Universum scheint nicht möglich zu sein. Doch bietet uns das Universum eventuell doch eine sichere Abgrenzung von Ruhe und Bewegung? Und wenn ja, was bedeutet dies für die Relativitätstheorie? Näheres dazu in Kapitel 33.

Ein letztes Beispiel für einen grundlegenden Gegensatz geben uns die Erhaltungssätze der Physik. Man kann beweisen, dass sie alle auf fundamentale Symmetrien im Universum zurückgehen, was wir uns genauer in Kapitel 32 ansehen. Eine Symmetrie ist dabei immer durch eine gewisse Gleichartigkeit gekennzeichnet. Ein Quadrat sieht nach einer Drehung um 90 Grad stets genauso aus wie vorher. Ein Kreis dagegen ist sozusagen immun gegen Drehungen, denn er besitzt eine vollkommene Drehsymmetrie um seinen Mittelpunkt. So wie ein Kreis im Grunde zwar ebenmäßig und gleichförmig aussieht, so langweilig und uninteressant ist er bei Drehungen.

Ganz ähnlich ist es um unser Universum bestellt. Aus den Symmetrien, die streng vorliegen, ergeben sich die Erhaltungssätze, die ihm seine Verlässlichkeit einhauchen. Wenn aber alle Symmetrien absolut vollkommen wären, so wäre unsere Welt langweilig und ereignislos. Stattdessen sind einige der Symmetrien leicht verletzt, denn ohne diese Brechung von bestimmten Symmetrien wären wir gar nicht da. Wir und das gesamte überblickbare Universum bestehen nämlich aus Materie. Wären Materie und Antimaterie aber bei der Entstehung des Universums absolut gleichberechtigt gewesen, dann wäre nichts Stoffliches in unserer Welt vorhanden, sondern nur reine Energie. Stattdessen ist diese Materie-Antimaterie-Symmetrie gebrochen, und zwar um ein winziges Bisschen zugunsten der Materieseite.

Warum aber sind nun einige Symmetrien perfekt und andere gebrochen? Und wie groß ist die Stärke der jeweiligen Brechung? Hier können wir zwar im Rahmen unserer Messgenauigkeiten gut zwischen einer erhaltenen und einer gebrochenen Symmetrie unterscheiden, doch fragen wir uns zwangläufig wer oder was diese Auswahl getroffen hat? Wir werden in den letzten Kapiteln dieses Buches erneut diese schwierige und rätselhafte Frage aufgreifen.

Doch nun zurück zum Titel des Kapitels: Wie vollzieht die Natur nun wirklich die Änderung einer physikalischen Größe? Geschieht dies grundsätzlich unendlich fein und kontinuierlich wie in der Relativitätstheorie oder nur um feste Beträge und sprunghaft wie in der Quantentheorie? Benötigt die Natur für eine Größe wie den Ort einer Speerspitze jederzeit eine unendlich lange Kommazahl oder geht es auch mit weniger Information?

Natürlich werden wir niemals eine physikalische Größe mit unendlicher Präzision messen können, aber gibt es eine generelle Genauigkeitsgrenze für Beobachtungen? Steckt also in jeder Messgröße prinzipiell eine unendlich große Menge an

Information oder nur eine begrenzte Anzahl von Bits? Bevor wir uns diesem Themenkomplex zuwenden werden, möchte ich zunächst die Frage erörtern, welche der Theorien fundamentaler ist, die Quantentheorie oder die allgemeine Relativitätstheorie?

Die Frage scheint schon von vorneherein entschieden, da die Quantentheorie die Welt im Kleinen beschreibt. Sie sollte deshalb grundlegender sein, weil das Kleine das Große aufbaut. Doch ganz so einfach möchte ich es mir nun doch nicht machen, denn schließlich bemerken wir im Alltag rein gar nichts von den Eigenheiten der Quantentheorie. Die Welt ist in dieser Beschreibung auf fundamentale Weise unbestimmt, denn die Quantentheorie macht nur Wahrscheinlichkeitsaussagen für zukünftige Ereignisse.

Wir erinnern uns an die Menge von radioaktiven Atomen. Sie besitzt zwar eine Halbwertszeit, die wiederholbar gemessen werden kann, doch ein einzelnes Atom zerfällt zu einem völlig unbestimmten Zeitpunkt. Der Ausgang eines elementaren Vorgangs ist nach der Quantentheorie weder vorher festgelegt noch vorhersagbar und wird per Zufall entschieden. Dieser herbe Verlust an Berechenbarkeit ist auch heute noch der Grund, warum die Quantentheorie so schwer akzeptiert wird. Und dies, obwohl die Tatsachen eindeutig für sie sprechen.

Carl Friedrich von Weizsäcker bezeichnete dies als Trauerarbeit, die noch nicht vollständig geleistet ist. Seit Newton konnte in der Physik im Grunde das Ergebnis jedes Vorgangs berechnet werden. Die Physiker waren die mächtigen Herren der Welt, bis auf solche Beispiele wie die Ziehung der Lottozahlen, die man möglichst wenig beachtete. Und nun sollte das auf einmal wegen der Quantentheorie nicht mehr gelten?

Wie ich aber schon bemerkt habe, schließt ein komplettes Naturverständnis nicht automatisch die vollständige Vorhersagbarkeit der Natur mit ein. Wenn man sich von der absoluten Berechenbarkeit der Zukunft verabschiedet, kommt man auch gut mit der Quantentheorie klar. Sie wirklich tief greifend zu erfassen, ist das Ziel der nächsten Kapitel. Und das, obwohl schon sehr prominente Physiker behauptet haben, dass dies gar nicht möglich sei.

Richard P. Feynman (1918–1988), der ausgesprochen wichtige Arbeiten zur Quantentheorie und Teilchenphysik geleistet hat, wird gerne mit dieser Ansicht zitiert. Doch Feynman hat gleichzeitig betont, dass man stellvertretend für die gesamte Quantentheorie nur ein einziges Experiment begreifen müsste. Und genau diesen Versuch schauen wir uns nun an. Es ist der Doppelspaltversuch, auf den wir schon im Kapitel über Licht einen kurzen Blick geworfen haben (Kapitel 6).

23 Hier fliegt nichts

> Ein »Paradoxon« ist nur ein Konflikt zwischen der Wirklichkeit und Ihrem Gefühl, wie die Wirklichkeit »sein sollte«.[1]
> *Richard P. Feynman, Physiker*

Was zeichnet den *Doppelspaltversuch* aus? Und warum ist er so geeignet, uns das Wesen der Quantentheorie vor Augen zu führen? Zum einen, weil wir dazu keine komplizierten Messapparaturen benötigen, sondern erst einmal nur unsere Augen. Zum anderen zeigt er uns klar, dass die Quantenwelt sich radikal anders verhält, als wir es gewohnt sind. Er vermittelt uns mit fast minimalistischem Aufwand einen direkten Blick auf die Gesetzmäßigkeiten der Quantentheorie.

Wir beginnen unseren Versuch genauso wie in Kapitel 6 und ändern ihn dann schrittweise ab. Zwei nebeneinanderliegende Spalte in einer Wand werden von einer Lichtquelle beleuchtet, die möglichst Licht einer einzigen Wellenlänge abgibt (Abbildung 9 auf Seite 44 und Abbildung 44). Wir verwenden dafür heutzutage einen Laser, dessen Intensität wir über die Lichterzeugung und mithilfe von Filtern über einen weiten Bereich sehr fein regeln können. Das Licht, das die Spalte passiert, erzeugt auf einem dahinterliegenden Beobachtungsschirm ein charakteristisches Überlagerungsmuster, das man auch *Interferenzmuster* nennt.

Dieses Muster besteht aus einem hellen Streifen in der Mitte und weniger hellen Streifen am Rand, die zur Seite hin schnell dunkler werden. In den Abbildungen habe ich jeweils nur das sogenannte Hauptmaximum in der Mitte und die ersten Nebenmaxima am Rand eingezeichnet. Alle weiteren Streifen habe ich vernachlässigt. Streng genommen aber setzt sich dieses Muster immer weiter fort, wobei die Helligkeit der Streifen bald unsere Nachweisgrenze erreicht. Die Lage der Streifen auf dem Schirm hängt von der verwendeten Wellenlänge ab, vom Abstand der Spalte untereinander und vom Abstand der Spalte zum Schirm.

Wenn man diese Größen geeigneten wählt, so kann erhält man einen Versuchsaufbau, bei dem sich die ersten dunklen Streifen genau dort zeigen, wo das Licht auf seinem direkten Weg durch einen Spalt auf dem Schirm treffen würde (Abbildung 44 ganz oben). Hier fällt nahezu kein Licht auf den Beobachtungsschirm, obwohl sich die dunklen Streifen von der Lichtquelle aus gesehen in direkter Linie hinter den Spalten befinden. Der Schirm bleibt dort dunkel, obwohl man vom Strahlen-

[1] Eigene Übersetzung, Original: The »paradox« is only a conflict between reality and your feeling of what reality »ought to be«.

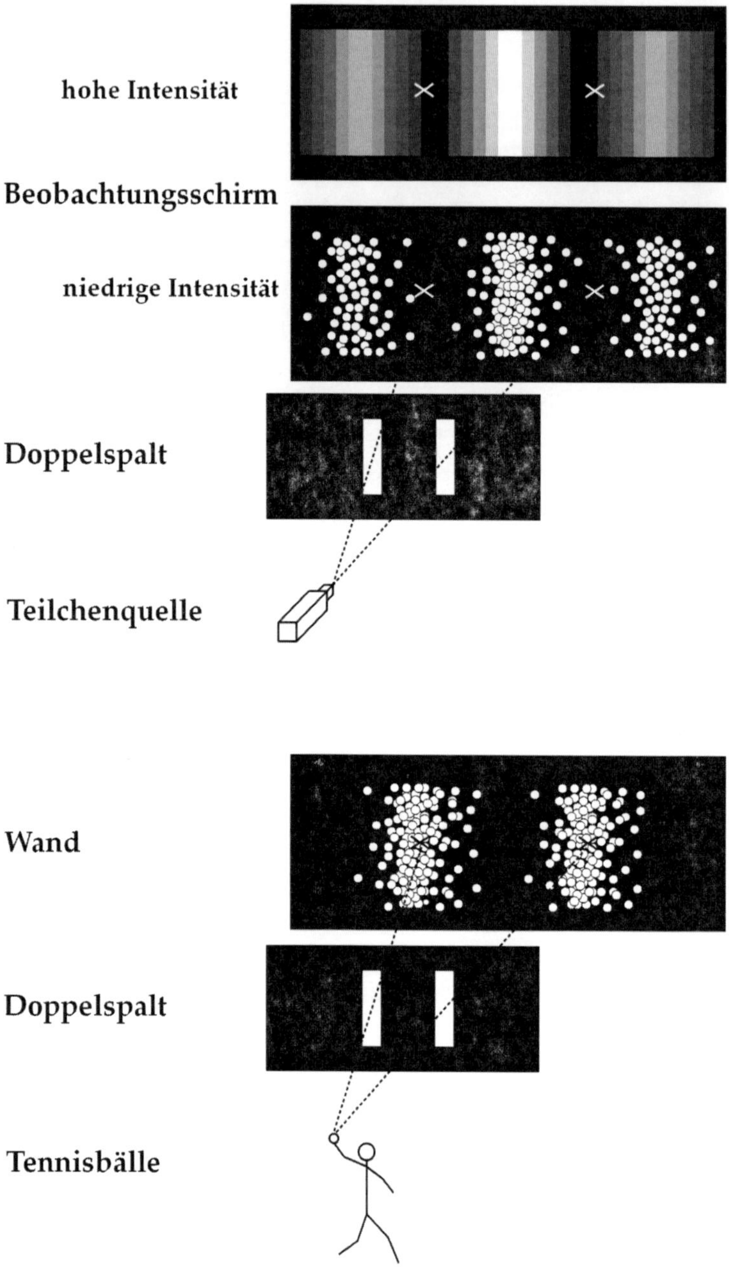

44 Doppelspaltversuch mit einer Teilchenquelle (Laser, Elektronen, Atome, Moleküle) und mit Tennisbällen. Die Teilchenquelle wird wahlweise mit hoher und niedriger Intensität betrieben. Die Kreuze markieren den direkten Weg durch die Spalte.

gang her auf den ersten Blick erwarten könnte, dass er stattdessen hell erleuchtet sein müsste.

Dasselbe Überlagerungs- oder Interferenzmuster erhält man übrigens auch, wenn man Wasserwellen statt Licht durch entsprechende Spalte schickt. Dies kann man sich folgendermaßen vor Augen führen: Wir ersetzen unsere Lichtquelle durch gleichmäßige Meereswellen, die auf eine breite Mauer treffen. Diese Mauer habe zwei enge Öffnungen von etwa einem Meter Breite und einem Abstand von vielleicht 10 Metern. Diese Öffnungen entsprechen unseren Spalten beim Doppelspaltversuch. Die Mauer soll bis auf die Öffnungen einen kleinen Jachthafen völlig umschließen.

Zu Anfang unseres Versuchs sind die Öffnungen geschlossen, weshalb das Wasser in dem Hafenbecken völlig ruhig ist. Öffnen wir nun diese Spalte, so werden die Wellen in das Becken eindringen und das Wasser in Bewegung versetzen. Ausgehend von beiden Spalten bilden sich Wellen innerhalb des Beckens aus, die schließlich auch an der gegenüberliegenden Kaimauer ankommen. Dort schwappt das Wasser nach einer gewissen Zeit ebenfalls gleichmäßig auf und ab. Diese Mauer entspricht unserem Beobachtungsschirm und die dortige Wellenhöhe der Lichtintensität auf dem Schirm. Nun messen wir die Wellenhöhe an verschiedenen Punkten der Mauer und zeichnen sie in ein Diagramm. Für eine große Wellenhöhe verwenden wir die Farbe weiß, für mittlere Wellenhöhen grau und für nicht vorhandene Wellen schwarz. Auf diese Weise erhalten wir genau dasselbe Streifenmuster wie im Versuchslabor mit dem Doppelspalt und dem Laser.

Die Erklärung für das Interferenzmuster bei unserem Wasserwellenversuch ist relativ einfach: Von den beiden Öffnungen ausgehend breiten sich Wellen ringförmig innerhalb des Beckens aus. Immer dort, wo Wellenberge und Wellentäler aus beiden Öffnungen aufeinandertreffen, so verstärken sich die Wellen. Hier ist die Wellenhöhe an der Mauer am höchsten, und hier befinden sich auch die hellen Streifen. Wo sich dagegen ein Wellenberg und ein Wellental begegnen, löschen sich beide gegenseitig aus. Dort bleibt das Wasser an der Mauer ruhig, und hier sind wir mitten in einem dunklen Streifen.

Nach all diesen Bemerkungen über Wasserwellen bei einem ähnlichen Experiment sieht es also ganz danach aus, als ob sich Licht in einem Doppelspaltversuch genauso verhält wie eine Welle. Die Berge und Täler dieser Wellen können sich scheinbar ebenso verstärken und abschwächen wie bei Wasserwellen.

Wir erleben allerdings die erste Überraschung, wenn wir die Intensität unseres Lasers stark dämpfen und gleichzeitig die Empfindlichkeit des Lichtnachweises extrem steigern. Mit den gängigen Methoden können wir nun einzelne Photonen nachweisen, wenn sie auf den Beobachtungsschirm treffen. Für unsere Augen erscheint der Schirm zwar nun dunkel, aber wenn wir die Aufschlagorte der Photonen in einer Grafik auftragen, so ergibt sich nach wie vor dasselbe Interferenzmuster. Stets werden aber auf dem Beobachtungsschirm nur Photonen nachgewiesen, deren Energie genau der Wellenlänge des Lasers entspricht. Nie ist diese Energie kleiner oder größer. Wir messen auf dem Schirm also immer exakt die gleichen Objekte und nicht etwa die Höhe einer Welle. Diese Objekte können wir daher auch als Teilchen bezeichnen. Auf dem Beobachtungsschirm werden also immer *Teilchen* registriert, deren Gesamtverteilung allerdings wie die einer *Welle* aussieht (Abbildung 44 oben).

Was ist Licht aber nun? Passieren Teilchen oder Wellen den Doppelspalt? Und welche Art von Wellen wäre das, wenn wir doch immer nur dieselben Teilchen nachweisen? Man könnte nun vermuten, dass die Photonen, die durch die verschiedenen Spalte fliegen, sich dahinter auf eine unbekannte Art und Weise überlagern und dabei das Wellenmuster erzeugen. Um diese Annahme zu testen, drosseln wir die Lichtintensität so weit, dass sich durchschnittlich weniger als ein Photon in der gesamten Apparatur befindet. Nun sollte sich jedes Photon einzeln und ungestört durch den Raum bewegen und entweder den einen oder den anderen Spalt passieren. Eine Überlagerung mit einem anderen Photon ist nun ausgeschlossen, und das Interferenzmuster müsste verschwinden. Es sollte sich eine Verteilung ergeben, als wenn wir mit weißer Farbe getränkte Tennisbälle durch zwei Spalte auf eine schwarze Wand werfen. Jeder Ball durchfliegt eine der beiden Öffnungen und hinterlässt direkt dahinter einen Farbklecks (Abbildung 44 unten).

Doch das Interferenzmuster bleibt bestehen und verschwindet auch bei einzelnen Photonen nicht. Nach dem Einschalten des Lasers dauert es zwar eine ganze Weile, bis es sich ausbildet, aber es hat immer noch genau dieselbe Form wie zu Beginn unseres Versuchs. Wie aber können einzelne Photonen ein Überlagerungsmuster erzeugen? Einzelne Teilchen verursachen hier ein Interferenz- oder Wellenmuster, zeigen sich aber immer nur als Teilchen. Oft wird an dieser Stelle in Büchern etwas vorschnell behauptet, dass Licht eben eine Teilchen- und eine Wellennatur in sich vereint. Aber wie lässt sich dies am besten veranschaulichen und verstehen? Bevor wir uns dazu eine umfassende Antwort erarbeiten, wandeln wir unseren Versuch erneut ab.

Der Doppelspaltversuch ist nicht nur mit Licht, sondern auch mit Elektronen, Atomen und Molekülen durchgeführt worden. Dabei zeigt sich *keine* prinzipielle Abweichung von den Ergebnissen, die mit Licht erzielt wurden. Auch Elektronen, die auf zwei Spalte geschossen werden, bilden ein Interferenzmuster auf dem Beobachtungsschirm aus. Ebenso Moleküle, die aus immerhin 60 Kohlenstoff- und 48 Fluoratomen bestehen. Und auch hier ist das Muster nicht davon abhängig, wie viele Teilchen sich jeweils innerhalb der Anordnung befinden. Nicht nur Licht, sondern auch Elektronen, Atome und Moleküle bilden ein Wellenmuster aus. Licht ist keine Ausnahme, sondern die Regel, denn unsere gesamte Materie beinhaltet gleichzeitig einen Teilchen- und Wellencharakter. Aber wie macht sie das?

Ein Blick auf die Gleichungen der Quantentheorie zeigt, wie man sich dies vorstellen *kann.* Von Richard Feynman stammt eine mathematische Formulierung der Quantentheorie, die besagt, dass jedes Teilchen beim Doppelspaltversuch gleichzeitig *alle* möglichen Wege nimmt. Es passiert *beide* Spalte und überlagert sich dahinter mit sich selbst. Tatsächlich sind dabei beliebig krumme und verschnörkelte Wege zugelassen, die alle zu dem Muster beitragen. Dies klingt zwar auf den ersten Blick nicht besonders glaubhaft, aber wenn man diesen Formalismus durchrechnet, so erhält man tatsächlich das korrekte Ergebnis. Und dies nicht nur für den Doppelspaltversuch, sondern für alle Versuche, die mit der Quantentheorie zu tun haben.

Durchfliegen demnach die Teilchen alle möglichen Wege und treffen doch am Ende nur an einem einzigen Ort auf den Schirm? Wie sollen wir uns solch einen Flug vorstellen? Wie kann *ein* Teilchen durch *zwei* Spalte fliegen? Wenn Sie versuchen, sich dies bildhaft klarzumachen, so wird es Ihnen vermutlich genauso ergehen wie mir. Ich war nicht in der Lage zu sehen, wie das gehen sollte, und hatte einen Knoten im Hirn, der mir sagte, dass ich etwas ganz Fundamentales nicht verstanden hatte.

Wir können genau messen, dass ein Elektron in Richtung der Spalte ausgesendet wird, und wir weisen es anschließend auf dem Beobachtungsschirm wieder nach. Dazwischen befinden sich zwei Spalte, die seinen Weg einschränken. Viele Elektronen, die hintereinander hindurchgeschickt werden, produzieren zusammengenommen jedoch ein Interferenzmuster. Doch wie verhalten sich die Elektronen dazwischen, im Bereich der Spalte?

Um dies zu klären, installieren wir an jeden Spalt einen kleinen Elektronendetektor. Spricht einer der Detektoren an, so wissen wir, dass ein Elektron gerade den entsprechenden Spalt durchflogen hat. Schlagen beide Detektoren an, so hätte sich das Elektron irgendwie geteilt und beide Spalte passiert. Tatsächlich jedoch wird ein Elektron jedoch immer nur von *einem* Detektor registriert und niemals von beiden. Ein Elektron in unserem Versuch ist und bleibt *ein* Elektron, ein unteilbares Teilchen. Und dieses teilt sich nicht plötzlich vor den Spalten in zwei auf, die sich dahinter wieder vereinigen.

Doch nun erwartet uns die nächste Überraschung: Das Interferenzmuster ist verschwunden. An seine Stelle ist das einfache Muster getreten, das wir beim Werfen von Tennisbällen erhalten würden (Abbildung 45). Das Wellenmuster ist durch ein Muster ersetzt worden, wie es fliegende Teilchen erzeugen, die direkt hinter den Spalten auf den Schirm treffen.

Wie kann es aber sein, dass sich die Verteilung der Teilchen auf dem Beobachtungsschirm komplett ändert, wenn wir feststellen, wo die Elektronen entlang geflogen sind? Irgendwo müssen sie sich ja schließlich befinden und somit den einen oder anderen Spalt passieren? Jedenfalls sagt uns das unser gesunder Menschenverstand. Doch Vorsicht: Dieser Verstand ist durch unsere Alltagswelt geprägt und nicht durch das Verhalten atomarer Teilchen. Wir müssen irgendwo einen gewaltigen Denkfehler machen, aber wo?

Auch bei diesem Versuchsaufbau stellt sich heraus, dass wir bei Licht, Elektronen, Atomen und Molekülen jeweils dieselben Ergebnisse erhalten. Immer, wenn wir feststellen, welchen Weg die Teilchen durch die Spalte genommen haben, verschwindet das Interferenzmuster und wird durch ein Teilchenmuster ersetzt. Dabei ist es völlig egal, mit welchem Verfahren wir den Weg der Teilchen ermitteln. Wichtig ist lediglich, *dass* wir seinen Weg identifizieren und damit den Spalt, den es durchquert. Verwandelt sich dabei eine irgendwie geartete Welle plötzlich in ein Teilchen, wenn wir es am Ort der Spalte nachweisen? Und wieso verändert dieser Nachweis das Versuchsergebnis so grundlegend? Wo lassen wir uns bei unseren Überlegungen irreleiten und denken in die falsche Richtung? Was geschieht hier eigentlich?

Damit wir uns die volle Tragweite dieses Versuchs bewusst machen können, müssen wir zunächst festlegen, was wir überhaupt unter einem Geschehen verstehen wollen. Ein Geschehen kann direkt mit bloßem Auge beobachtet werden oder von einem Messinstrument registriert werden. In jedem Fall aber hinterlässt es seine Spur in unserer Realität. Ein Elektron oder Photon, das den Beobachtungsschirm erreicht, löst dort einen Lichtblitz aus, der gemessen werden kann. Dieser Blitz stellt ein *Faktum* dar, das festgestellt werden kann. Beobachter können den Blitz im Idealfall direkt sehen, beispielsweise mit einem Restlichtverstärker. Der Blitz kann aber

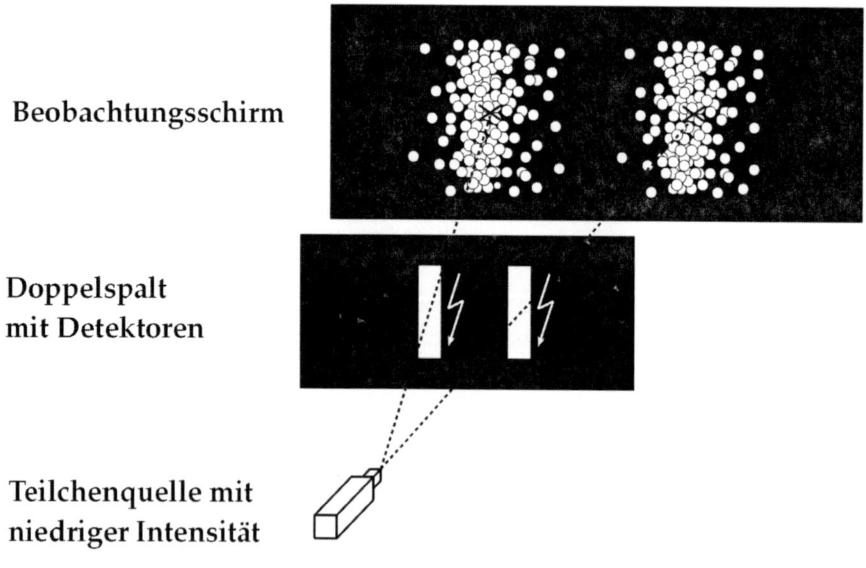

45 Doppelspaltversuch mit zusätzlichen Detektoren (Blitze) im Bereich der Spalte

auch von Messgeräten erfasst und aufgezeichnet werden. Nun können mehrere Beobachter zeitversetzt am Geschehen teilhaben und sich darüber austauschen.

Ein Faktum ist demnach etwas, von dem wir mit gutem Gewissen sagen können, dass es stattgefunden hat. Es ist damit ein Teil unserer Realität geworden. Prinzipiell wird diese Realität *nur* aus solchen Fakten aufgebaut. Sie ereignen sich unablässig und bilden das, was wir als Gegenwart bezeichnen. Alles um uns herum wird uns über Fakten mitgeteilt, beispielsweise über die Sehzellen unserer Augen und die Tastrezeptoren unserer Finger. Alles, was sich im Universum ereignet, hinterlässt Fakten, von denen wir Kenntnis erlangen können. Mehr können wir von der Welt nicht behaupten, ohne in pure Spekulation abzudriften. Über etwas, was keine Fakten hinterlässt, können wir also gar nichts sagen. Doch was bedeutet dies für die Existenz einer Messgröße, von der wir nichts wissen können?

Dies und nichts anderes ist der entscheidende Knackpunkt beim Doppelspaltversuch. Bevor wir zu ihm zurückkehren, möchte ich diese Gedanken zu einem Prinzip zusammenfassen, dass ich *Existenzprinzip* nennen möchte. Man kann es auf verschiedene Arten ausdrücken, wobei ich mit der negativen Formulierung beginnen möchte: Etwas, von dem überhaupt keine Information vorhanden ist, ist nicht Teil der Wirklichkeit. Mit anderen Worten: *Etwas, das nicht beobachtet werden kann, existiert auch nicht.* Dieses Prinzip hat auch Anton Zeilinger (*1945), einer der bekanntesten Quantenphysiker der Gegenwart, auf ähnliche Weise in Worte gefasst.[1] Dabei soll es nicht an unseren technischen Fähigkeiten liegen, *warum* wir etwas nicht beobachten können. Vielmehr stellen wir uns vor, dass wir dazu jedes erdenkliche Experiment durchführen könnten. Stattdessen geht es um eine prinzipielle Begrenzung unseres Wissens: Wenn im gesamten Universum keine Information über eine bestimmte Messgröße vorhanden ist, so können wir sie weder beobachten noch ihre Existenz behaupten.

Dem Rest meines Buches möchte ich dieses Existenzprinzip voranstellen. Es wird uns in den weiteren Kapiteln noch gute Dienste leisten und die Spreu bloßer Behauptungen vom Weizen trennen. Es wird durch zahlreiche quantentheoretische Experimente auch in seiner positiven Variante gestützt: *Nur durch eine Beobachtung kommt auch eine Existenz zustande.* Was dabei genau unter einer Beobachtung zu verstehen ist, werde ich Ihnen später ausführlich erläutern. Für den Moment soll es uns jedoch genügen, darunter die Durchführung einer Messung zu sehen.

Und nun zur Erklärung des Doppelspaltversuchs: Der entscheidende Unterschied zwischen dem Versuchsaufbau mit und ohne Interferenzmuster ist die Tatsache, dass wir im einen Fall den Ort des Elektrons im Bereich der Spalte kennen und im anderen nicht. Das Muster ändert sich gerade, *weil* wir über den Ort und damit über den Weg des Elektrons durch die Spalte Bescheid wissen. Die Kenntnis dieses Ortes

---

1 Zeilinger (2003), Kap. V 3.

stellt ein neues Faktum dar. Demnach hat sich die Faktenlage und somit die Realität unseres Versuchs geändert. Ziehen wir das Existenzprinzip zurate, so erhalten wir eine erstaunliche Antwort: Wenn wir den Ort des Elektrons bei den Spalten nicht kennen, so existiert dieser Ort auch nicht. Die Information über diesen Ort ist nirgendwo vorhanden, und wir messen ein Wellenmuster. Versuchen wir dagegen diesen Ort zu ermitteln und beobachten ihn, dann existiert er. Nun liegt die Ortsinformation vor, und wir erhalten ein Teilchenmuster. Unsere Ortsmessung hat also die Wirklichkeit verändert. Das gleiche gilt nicht nur für diesen einen Ort, sondern für den gesamten Weg des Elektrons. Im ersten Fall hat niemand Kenntnis über diesen Weg, weshalb er auch nicht existiert.

Aber was fliegt denn nun durch den Doppelspalt und ergibt ein Interferenzmuster auf dem Schirm? Fliegt hier rein gar nichts, weil sein Ort nicht existiert? Das, was in diesem Versuch die Spalte durchquert, ist jedenfalls nichts, für das wir einen geeigneten Begriff besitzen. Hier pflanzt sich etwas fort, was außerhalb unserer Welt liegt, was aber trotzdem ihre Grundlage bildet. Es ist nicht Nichts, aber es existiert doch nicht im obigen Sinne, da es keine beobachtbaren Spuren hinterlässt.

In den Gleichungen der Quantentheorie, die den Sachverhalt mathematisch beschreiben, füllen Wellen den Raum des Versuchsaufbaus aus. Diese Wellen beschreiben die Wahrscheinlichkeit, ein Teilchen an einem bestimmten Ort zu finden. Diese *Wahrscheinlichkeitswellen* durchqueren die Spalte und verhalten sich dabei wie Wasserwellen, die sich überlagern. Dort, wo sie sich konstruktiv verstärken, werden viele Teilchen auf dem Schirm nachgewiesen, und dort, wo sie sich destruktiv abschwächen, finden sich keine Teilchen. Dies heißt aber noch lange nicht, dass diese Teilchen auch wirklich als klassische Teilchen durch die Spalte geflogen sein müssen. Solange wir die Teilchen nicht an den Spalten beobachten, so existieren sie dort auch nicht, sondern nur die Wahrscheinlichkeiten für ihre Entdeckung, die sich am Schirm überlagern. Unser Denkfehler war die Annahme, dass ein Teilchen eine kontinuierliche Existenz besitzt und damit auch eine Flugbahn. Das Interferenzmuster auf dem Schirm entsteht also durch die Überlagerung von Wahrscheinlichkeitswellen, die angeben, mit welcher Chance dort ein Teilchen gefunden werden kann.

Der zweite Teil des Versuchs mit den zusätzlichen Detektoren passt nun auch in dieses Bild. Sobald wir das Elektron an einem der Spalte messen, so existiert es auch dort. Zu diesem Zeitpunkt befindet sich dort also ein Teilchen, das sich nun auch so verhalten muss. Es kann nur diesen Spalt durchqueren und direkt dahinter auf den Schirm treffen. Eine Interferenz findet hier nicht mehr statt, weil wir mit unserer Messung am Spalt die Wahrscheinlichkeitswellen durch die Gewissheit des Elektronenortes abgelöst haben.

Wir haben das Elektron mit unserem Detektor quasi aus dem Raum der Möglichkeiten und Wahrscheinlichkeiten in den Raum der Realität und Existenz geholt. Der

Detektor fragt gewissermaßen das Elektron, an welchem Spalt es sich befindet und nötigt es, sich für einen Ort zu entscheiden. Was für uns auf den ersten Blick wie eine Lappalie aussieht, ist für das Elektron ein einschneidendes Ereignis. Ein neues Faktum hat sich ereignet, denn sein Ort an den Spalten ist festgestellt worden. Nachdem dies aber geschehen ist, ist die Welt nicht mehr dieselbe wie vorher.

Der Doppelspaltversuch ist ein Paradebeispiel dafür, dass nichts in der Welt ohne Folgen bleibt. Zusätzliche Fakten schaffen neue Informationen und neues Wissen und verändern somit die Welt. Ein Universum, das nach der klassischen Idealvorstellung unabhängig von allen Beobachtungen existiert, gibt es nicht. Die Welt ist nicht einfach da und kann von uns störungsfrei wahrgenommen und entdeckt werden, sondern sie verändert sich durch unsere Beobachtungen ständig.

Die Elektronendetektoren am Doppelspalt schaffen neue Fakten und wandeln den Lauf der Dinge. Tatsächlich können wir den Versuch noch weiter treiben und einen der beiden Detektoren wieder ausbauen. Auch dann bleibt das Teilchenmuster noch immer erhalten, denn es kommt nur darauf an, dass der Elektronenort an den Spalten bekannt ist. Spricht der *eine* Detektor an, so befindet sich das Elektron an diesem Spalt. Spricht er jedoch nicht an, und wir erhalten einen Treffer auf dem Beobachtungsschirm, so muss das Elektron den anderen Spalt passiert haben. Auch diese Information stellt schon ein neues Faktum dar, obwohl das Elektron vom Detektor gar nicht direkt nachgewiesen wurde. Für die Natur ist dies jedoch vollkommen ausreichend, damit sich die Realität verändert. Ob sich das Elektron an dem anderen Spalt dabei irgendwie materialisiert ist völlig unerheblich, denn wir wissen darüber nichts. Wenn wir aber den Blitz auf dem Schirm sehen, wissen wir genau, dass es nicht den Spalt mit dem Detektor, wohl aber den anderen durchquert haben muss. Und genau dieses Wissen verhindert die Interferenz der Wahrscheinlichkeitswellen.

Bei unserem Experiment wirkt sich die Kenntnis des Elektronenorts im gesamten Versuchsaufbau aus. Es befindet sich zwar nur ein Detektor an einem Spalt, aber dieser beeinflusst auch irgendwie das, was sich am anderen Spalt abspielt. Nach dem Existenzprinzip darf man zwar nicht behaupten, dass dort etwas geschieht oder existiert, doch auch die gesicherte Nicht-Beobachtung eines Elektrons hat Folgen. De facto kommt sie einer Beobachtung am anderen Spalt gleich, obwohl hier gar nichts gemessen wird. Wo dieses Wissen also erworben wird, lässt sich gar nicht genau festlegen oder lokalisieren. Dies ist ein erstes Beispiel für die sogenannte *Nichtlokalität* der Quantentheorie. Etwas, das an einem Ort geschieht, hat Auswirkungen an anderen Orten, weil Fakten entstehen. Doch mit welcher Geschwindigkeit breiten sich diese Auswirkungen aus? Dieser Frage und dem Wesen der Ganzheit in der Quantentheorie wenden wir uns im nächsten Kapitel zu.

24 Einzelne Bits

Das Ganze ist mehr als die Summe seiner Teile.
Aristoteles, Philosoph

Das Experiment, das wir uns nun ansehen, wurde von Albert Einstein zusammen mit zwei Kollegen in seiner ursprünglichen Form als Gedankenexperiment konzipiert. Einstein wollte damit ein für alle Mal zeigen, dass die Quantentheorie nicht der Weisheit letzter Schluss sein kann. Deren Zufälligkeiten und Unbestimmtheiten waren ihm aus tiefster Überzeugung zuwider. Für ihn konnte es einfach nicht sein, dass die Welt sich so irreal verhält. Obwohl er mit seiner Lichtquantenhypothese einer der Väter der Quantentheorie ist, konnte er sich nie mit ihr anfreunden, denn zu verschieden sind deren Grundannahmen im Vergleich zu seinen Relativitätstheorien.

Dort verhält sich die Welt klassisch. Sie bildet eine objektive Realität, in der alle Körper und Teilchen jederzeit alle ihre Eigenschaften besitzen. Um etwas über diese Welt herauszufinden, muss ein Physiker lediglich hingehen und diese immer vorhandenen Eigenschaften messen. Erst wenn eine Theorie alle Elemente dieser objektiven Realität beschreibt, ist sie nach Einsteins Kriterium vollständig. Da die Quantentheorie aber den Zufall und die Unbestimmtheit als zentrale Bestandteile in sich trägt, kann sie seiner Meinung nach keine komplette Naturbeschreibung sein. Sie hätte demzufolge nur vorläufigen Charakter und müsste irgendwann durch eine umfangreichere Theorie ersetzt werden. Diese sollte uns dann genau erklären, was in der Quantenwelt vor sich geht.

Einsteins Kritik stellte nicht etwa die Vorhersagekraft der Quantentheorie infrage, sondern behauptete, dass sie die Realität nicht in vollem Umfang beschreibt. Sein Argument gipfelte in der Frage, was Realität überhaupt ist und was wir prinzipiell über sie aussagen können? Aus dieser scheinbar rein philosophischen Frage ergeben sich aber handfeste Konsequenzen für bestimmte Experimente. Die unterschiedlichen Standpunkte von Einstein und der Quantentheorie sagen für diese Versuche tatsächlich abweichende Ergebnisse voraus. Und mittlerweile sind diese Experimente zu Dutzenden auch erfolgreich durchgeführt worden. Wie wir gleich sehen werden, zeigt uns die Natur hier, wie und wann sie die Eigenschaften von Objekten realisiert.

Einstein und seine Mitstreiter Boris Podolski (1896–1966) und Nathan Rosen (1909–1995), die nach ihren Initialen kurz EPR genannt werden, gingen im Jahr 1935 von zwei Teilchen aus, die für eine gewisse Zeit miteinander wechselwirken. Danach trennt man die Teilchen und bringt sie an weit auseinanderliegende Orte. Die Entfernung zwischen den Teilchen sei so gewählt, dass sie sich nun nicht mehr beeinflussen können. Anschließend werden verschiedene Messungen an beiden Teilchen durchgeführt.

Die Messwerte dieser Versuche sind jedoch wegen der vorherigen Wechselwirkung nicht voneinander unabhängig. Insbesondere lässt sich durch einen geeigneten Aufbau erreichen, dass man über Erhaltungssätze von einem Messwert bei Teilchen 1 auf denselben Messwert bei Teilchen 2 schließen kann. Beispielsweise kann man aus einer exakten Ortsmessung an Teilchen 1 den exakten Ort von Teilchen 2 ableiten. Dasselbe gilt auch für die Impulse der Teilchen. Auch hier kann man vom Impuls von Teilchen 1 ohne einen Genauigkeitsverlust auf den Impuls von Teilchen 2 schließen. Was geschieht aber, wenn wir den Ort von Teilchen 1 und den Impuls von Teilchen 2 exakt messen? Kennen wir dann nicht automatisch auch den Impuls von Teilchen 1 und den Ort von Teilchen 2 mit absoluter Genauigkeit? Wenn das der Fall wäre, so könnten wir bei sehr präzisen Messungen erfolgreich die heisenbergsche Unbestimmtheitsrelation umgehen. Denn diese besagt, dass eine gleichzeitige und exakte Orts- und Impulsmessung an einem Teilchen unmöglich ist.

Hat unser Teilchen 2 aber wirklich einen exakt definierten Ort, wenn wir diesen nur bei Teilchen 1 messen, aber gleichzeitig an Teilchen 2 auch seinen Impuls mit exakter Genauigkeit? Nach der Quantentheorie jedenfalls schließen sich diese Kenntnisse für Teilchen 2 aus, da dessen Ort und Impuls durch eine Unbestimmtheitsrelation miteinander verknüpft sind. Dürfen wir also trotz der Unbestimmtheitsrelation für Teilchen 2 auf einen Ort mit absoluter Genauigkeit schließen, obwohl wir diesen gar nicht gemessen haben, dafür aber seinen Impuls?

Für EPR jedenfalls war die Sache klar: In diesem Fall ist der Ort von Teilchen 2 *trotz* der Impulsmessung exakt bestimmt und somit ein Teil der Realität. Weil die Quantentheorie aber über diesen Ort *wegen* der Impulsmessung an Teilchen 2 keine absolute Voraussage zulässt, ist sie nach der Überzeugung von EPR unvollständig. Sie beschreibt laut EPR die Wirklichkeit nur teilweise und muss daher durch eine vollständige Beschreibung ersetzt werden. In dieser noch nicht gefundenen Theorie werden dann die scheinbaren Zufälligkeiten der Quantentheorie durch sogenannte *verborgene Parameter* erklärt. Diese Parameter bestimmen dann das Verhalten eines Teilchens vollständig, genau wie in einer klassischen Theorie. Nur unsere Unkenntnis über diese gesuchte Theorie und ihrer neuen Parameter lässt die Welt vorübergehend zufällig aussehen. Doch wer hat hier recht? Einstein, Podolski und Rosen oder Bohr und Heisenberg?

Auf die Beantwortung dieser Frage musste die Welt fast 50 Jahre warten. Erst 1982 gelang Alain Aspect (*1947) der zweifelsfreie Nachweis, wer mit seiner Realitätsauffassung richtig liegt. Doch zuvor mussten erst einige Hürden aus dem Weg geräumt werden, denn erst einmal interessierte sich kaum jemand für dieses Problem. Die Quantentheorie war äußerst erfolgreich, und ein experimenteller Test der unterschiedlichen Vorstellungen erschienen undenkbar. So dümpelte das sogenannte EPR-Paradoxon erst einmal in der philosophischen Mottenkiste vor sich hin, bis es 1964 von John Bell (1928–1990) in eine handliche Form gebracht wurde.

In seinen Überlegungen ging Bell nicht von Orts- und Impulsmessungen aus, sondern von Messungen des Spins von Teilchen. Auch hier gibt es wie beim Ort und Impuls eine Unbestimmtheitsrelation, die bei einem Experiment erfüllt oder verletzt sein könnte. Dabei wird der Spin nicht mit einer anderen Größe in Beziehung gesetzt, sondern vielmehr die verschiedenen *Spinrichtungen* untereinander. Zum Beispiel schließen sich die exakten Kenntnisse über die waagerechten und senkrechten Anteile eines Spins gegenseitig aus. Misst man den Spin eines Teilchens in der einen Richtung, so ist die gleichzeitige Messung des Spins in der anderen Richtung nur so genau, wie es die Unbestimmtheitsrelation zulässt.

Mit Spinmessungen lassen sich eindeutige Versuchsergebnisse viel leichter erzielen als mit Orts- und Impulsmessungen. Dies liegt daran, dass der Spin immer nur wenige Einstellmöglichkeiten annehmen kann. Wir erinnern uns, dass der Spin von Elektronen oder Photonen bezüglich einer vorgegebenen Richtung immer nur *in* diese Richtung oder *entgegengesetzt* dazu zeigen kann. Eine weitere Möglichkeit gibt es nicht. Wir können also bei unseren zwei Teilchen statt deren Ort und Impuls ihre Spinrichtungen messen. Dabei gestalten wir unser Experiment so, dass ihre Spins über Erhaltungssätze miteinander in Beziehung stehen. Der einfachste Fall tritt auf, wenn wir die anfängliche Wechselwirkung zwischen beiden Teilchen so wählen, dass ihre Spins danach immer in die gleiche Richtung weisen. Führen wir nun die Spinmessungen an beiden getrennten Teilchen auch gleichartig durch, so werden wir genau dieses Ergebnis finden. Allerdings lassen sich an Teilchen 1 und 2 auch Spinmessungen bezüglich verschiedener Richtungen vornehmen. Und diese haben es, wie John Bell feststellte, in sich.

Doch zunächst bauen wir unseren Versuch erst einmal auf. In der Mitte befindet sich ein angeregtes Atom, das nach kurzer Zeit gleichzeitig zwei Photonen in entgegengesetzte Richtungen aussendet. Die Eigenschaften des Atoms sind dabei so gewählt, dass der Spin beider Photonen immer in die gleiche Richtung weist. Diese Photonen sind unsere Teilchen 1 und 2. Durch ihren gemeinsamen Ursprung sind sie wie nach einer Wechselwirkung aneinander gekoppelt, oder wie man in der Quantentheorie sagt, miteinander verschränkt. Was dies genau bedeutet, werden wir im Folgenden klären, denn die *Verschränkung* von Teilchen ist die merkwürdigste und folgenreichste Eigenschaft der Quantentheorie.

Nachdem die Photonen eine gewisse Strecke zurückgelegt haben und sich nicht mehr beeinflussen können, bestimmen wir nicht direkt ihren Spin, sondern ihre

Polarisation. Diese ist leichter zu messen, verhält sich mathematisch aber genauso wie ihr Spin und kann aus ihm abgeleitet werden. Die Polarisation eines Photons kann mit einem Polarisationsfilter ermittelt werden, den Sie eventuell aus der Fotografie oder von den Brillen eines 3-D-Kinos kennen. Dieser Filter hat eine vorgegebene Richtung und lässt ein Photon entweder passieren oder er verschluckt es. Alle Photonen mit einer Polarisation parallel zu dieser Richtung lässt der Filter hindurch, und alle Photonen mit einer Polarisation senkrecht dazu werden absorbiert. Nehmen wir an, die Polarisationsrichtung des Filters sei senkrecht, dann werden alle senkrecht polarisierten Photonen hindurchgehen und alle waagerecht polarisierten Photonen darin stecken bleiben. Wie beim Spin gibt es also auch hier nur zwei Möglichkeiten: Ein Photon passiert den Filter oder eben nicht.

Da es bei Präzisionsexperimenten immer ärgerlich ist, wenn Teilchen verloren gehen, ersetzen wir den einfachen Polarisationsfilter durch einen speziellen Kristall. Auch dieser hat genau wie der Filter eine vorgegebene Richtung. Er verschluckt aber keine Photonen, sondern lenkt sie je nach ihrer Polarisation in zwei verschiedene Richtungen ab. Nun können wir die Polarisation *jedes* einzelnen Photons bezüglich der Richtung des Kristalls direkt nachweisen. Wir messen dazu die Ablenkung eines Photons durch den Kristall, in dem wir jeweils Photonendetektoren entlang der zwei Ablenkungsrichtungen hinter dem Kristall aufstellen. Das Messprinzip für die Polarisation bleibt dasselbe, aber wir erhalten eine viel höhere Ausbeute an Photonen.

Als ersten Test schicken wir senkrecht polarisiertes Licht durch einen senkrecht ausgerichteten Kristall. Nun wird alles Licht zu einer Seite hin abgelenkt. Drehen wir den Kristall in die Waagerechte, so wird alles Licht zur anderen Seite gelenkt. Stellen wir dagegen den Kristall in einem Winkel von 45 Grad auf, so messen wir exakt die Hälfte des Lichts auf der einen und die andere Hälfte des Lichts auf der anderen Seite. Welches Photon aber auf welcher Seite nachgewiesen wird, ist völlig zufällig verteilt. Genau hierüber schweigt die Quantentheorie, und zwar ohne weitere Begründung. Diese Zufälligkeit hat Einstein auf die Palme gebracht, denn nach seinem Verständnis muss es in der Natur für jeden Vorgang einen Grund geben. Aber halten Sie sich fest, es geschehen gleich noch viel ungewöhnlichere Dinge.

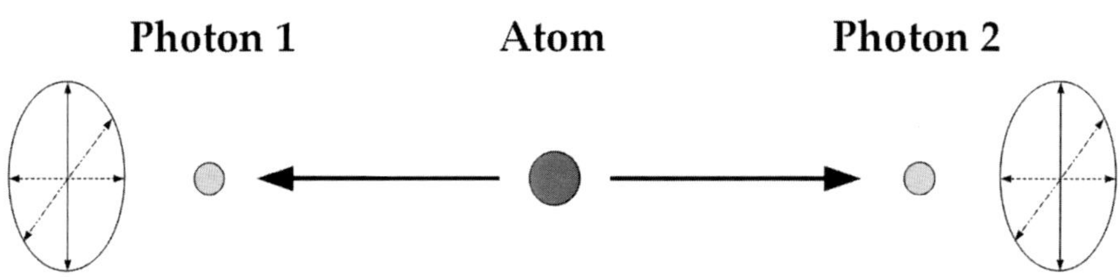

46 Ein Atom sendet zwei miteinander verschränkte Photonen aus. An diesen werden Polarisationsmessungen bezüglich verschiedener Richtungen durchgeführt.

Wir starten nun unseren Versuch und lassen das Atom in der Mitte die gekoppelten Photonenpaare aussenden. Nach der Quantentheorie werden beide Photonen bei einer Messung immer die gleiche Polarisation besitzen, doch welche das im Einzelfall ist, ist ungewiss. Wir stellen unsere drehbaren Kristalle auf beiden Seiten zunächst in die gleiche Richtung ein und registrieren jeweils die Polarisation von Photon 1 und 2. Diese stellen wir fest, indem wir beobachten, ob die Photonen vom jeweiligen Kristall zur einen oder zur anderen Seite abgelenkt werden.

Als Erstes schauen wir uns die Ergebnisse von Photon 1 an. Seine Polarisation ist absolut zufällig verteilt. Im Mittel wird dieses Photon gleich häufig in beiden Photonendetektoren hinter dem Kristall nachgewiesen. Ein ähnliches Bild erhalten wir auf der anderen Seite unseres Versuchs bei Photon 2. Auch hier sind die Polarisationen völlig regellos verteilt. *Vergleichen* wir aber die Ergebnisse von Photon 1 und 2 so erhalten wir kein zufälliges, sondern ein geordnetes Bild: Bei beiden Photonen messen wir *immer die gleiche Polarisation.* Wenn also Photon 1 beispielsweise vom Kristall zu einer Seite abgelenkt wird, so wird Photon 2 vom anderen Kristall *immer* zur *gleichen* Seite abgelenkt. Beide Photonen verhalten sich *einzeln* betrachtet absolut *zufällig*, aber *zusammen* betrachtet absolut *synchron.*

Prinzipiell ist dieses Verhalten nicht besonders aufregend, weil es genau dem entspricht, was die Quantentheorie vorhersagt. Wenn man sich aber fragt, *wie* diese Synchronität zustande kommt, kann einem schwindlig werden. Aber bevor wir uns dies überlegen, werden wir die Versuchsbedingungen etwas verschärfen. Wir legen die Messstationen für Photon 1 und 2 viele Kilometer weit auseinander und führen das Experiment nacheinander für unterschiedliche, aber immer *gleiche* Orientierungen der beiden Kristalle durch. Wie erwartet, erhalten wir bei jeder Ausrichtung der Kristalle nach wie vor dasselbe Resultat: zufällige Einzelergebnisse für die Polarisation eines Photons, aber immer die gleiche Polarisation, wenn wir beide Photonen zusammen betrachten.

Was können wir bisher daraus schließen? Die Ergebnisse legen uns nahe, dass die Polarisationen der beiden verschränkten Photonen von Anfang an gleich sind. Schon beim Aussenden durch das Atom haben sie beide eine eindeutig festgelegte und gleich ausgerichtete Polarisation. Denn nur etwas, das schon gleich ist, kann auch das gleiche Messergebnis verursachen, oder etwa nicht? Aber wie kommt dann die Zufälligkeit der Einzelresultate zustande?

Wir machen uns diese Merkwürdigkeit an einem Beispiel klar: Wir betrachten zunächst senkrecht polarisierte Photonen und senkrecht ausgerichtete Kristalle. Nun werden alle Photonen von den Kristallen in eine einzige Richtung abgelenkt. Wenn wir dagegen waagerecht polarisierte Photonen verwenden, dann werden alle in die andere Richtung abgelenkt. Als Letztes schauen wir uns an, wie sich Photonen verhalten, deren Polarisationsrichtung um 45 Grad gedreht ist, und damit genau zwischen senkrecht und waagerecht liegt. Nun beträgt die Chance für beide Ablenkungsrichtungen für beide Photonen jeweils 50%, aber *trotzdem* werden beide immer in die *gleiche* Richtung abgelenkt. Jedes dieser Photon scheint für sich genommen, nicht zu wissen, wie es sich verhalten wird, aber trotzdem machen beide immer genau das gleiche. Tauschen sie dazu irgendwelche Signale aus, mit denen sie sich quasi absprechen? Sagt das eine Photon dem anderen, was es gerade getan hat, damit jenes dasselbe machen kann?

Um dies auszuschließen, müssen wir verhindern, dass die Photonen miteinander kommunizieren können. Wir verändern dazu die Orientierung unserer Kristalle, *während* die Photonen schon unterwegs sind. Bei jeder Messung wählen wir zufällig einen Winkel für jeden der beiden Kristalle aus. Der Winkel sei der Einfachheit halber nicht beliebig, sondern nur in Schritten von 15 Grad wählbar. Diese Zufälligkeit auf beiden Seiten beschert uns zwar in vielen Fällen unterschiedliche Ausrichtungen der Polarisationskristalle, sichert uns aber auch die Unabhängigkeit beider Messapparaturen. Wir müssen uns nun etwas mehr Arbeit machen und im Nachhinein alle Ereignisse heraussuchen, bei denen die Kristalle zufällig die gleiche Orientierung besaßen. Diese Ereignisse vergleichen wir dann miteinander. Da unsere Apparaturen immerhin Kilometer weit voneinander entfernt sind, müssen wir schließlich noch dafür sorgen, dass es ein Lichtsignal zwischen der Festlegung der Kristallorientierung und der Messung des Photons nicht mehr auf die andere Seite schaffen kann. Damit ist ein Informationsaustausch zwischen den beiden Photonen unterbunden, da dieser niemals schneller als mit Lichtgeschwindigkeit erfolgen kann.

Mittlerweile wurden viele solcher Versuche in den Arbeitsgruppen von Alain Aspect, Anton Zeilinger und Nicolas Gisin (*1952) durchgeführt, die Letzteren sogar über eine Strecke von 18 km.[1] Sie alle erbrachten wieder und wieder dasselbe Ergebnis. Falls sich die Photonen in den verschiedenen Messstationen irgendwie absprechen würden, so müsste dies auf jeden Fall mit Überlichtgeschwindigkeit passieren. Und zwar nach den neuesten Ergebnissen mit mindestens 10 000-facher Lichtgeschwindigkeit! Es scheint also so zu sein, als ob die Photonen schon vorher wüssten, wie sich bei den Kristallen verhalten werden, *ohne* dass darüber die Quantentheorie etwas aussagt. Ist deren Zufälligkeit also doch nur vorgetäuscht, weil wir nichts über irgendwelche verborgenen Parameter wissen, die die Teilchen in Wirklichkeit steuern? Wenn ja, so wäre die Quantentheorie in der Tat unvollständig, und zwar genau in dem Sinne, wie es EPR behaupten.

Und nun kommt John Bell wieder in Spiel. Er überlegte sich, was eine allgemeine Theorie mit verborgenen Parametern für diese Art von Experimenten vorhersagen würde. Dabei zeigte sich eine massive Abweichung gegenüber der Quantentheorie, und zwar nicht bei gleicher Orientierung der Kristalle, sondern bei *unterschiedlicher*

---

1 Gisin (2008)

Ausrichtung der Kristalle. Nun können wir also auch die ungleichen Kristallorientierungen in unsere Auswertung mit einbeziehen und mit den verschiedenen Prognosen vergleichen.

Wir schauen uns also für *alle* Orientierungen genau an, wie viele Photonen jeweils zur gleichen Seite abgelenkt werden und wie viele zu unterschiedlichen Seiten. Am stärksten sollten die Vorhersagen der Quantentheorie gegenüber einer Theorie mit verborgenen Parametern abweichen, falls die Kristalle um 30, 45 und 60 Grad gegeneinander gedreht sind. Bei der Analyse dieser Ereignisse stellte sich eindeutig heraus, dass die Quantentheorie die korrekte Vorhersage für die Messergebnisse liefert. Die Natur verhält sich in diesen Versuchen genauso, wie die Quantentheorie sie beschreibt. Eine Theorie mit verborgenen Parametern, die die Teilchen jenseits aller Zufälligkeiten und Unbestimmtheiten auf eine festgelegte Weise steuern, kann mit diesen Experimenten jedoch ausgeschlossen werden.

Um eine Vorstellung von dem zu entwickeln, was bei diesen Versuchen geschieht, fassen wir noch einmal alle Ergebnisse zusammen: Die Einzelereignisse für beide Photonen sind absolut zufällig, zusammengenommen verhalten sie sich aber synchron. Gleichzeitig wird es den Photonen jedoch unmöglich gemacht, dass sie ihr Handeln miteinander abstimmen. Auf der anderen Seite aber ist ihr Verhalten auch nicht durch verborgene Parameter irgendwie vorherbestimmt. Wie aber kommen wir aus diesem Dilemma heraus? Wie kommt die Synchronität der Photonen zustande, wenn ihre Polarisation weder durch verborgene Parameter vorher festgelegt ist noch eine Absprache zwischen ihnen stattfinden kann?

Eine erste Antwort erhalten wir, wenn wir uns auf der Zunge zergehen lassen, was es überhaupt heißt, dass sich die Photonen *nicht* gemäß einer Theorie mit verborgenen Parametern verhalten. Es bedeutet nicht mehr und nicht weniger, als dass ihre Polarisation nicht im Vorhinein durch irgendetwas festgelegt ist. Mit anderen Worten: Sie besitzen *vor* der Messung überhaupt keine festgelegte Polarisation. Unsere gängige Vorstellung, dass ein Objekt seine Eigenschaften auch unabhängig von einer Beobachtung trägt, ist hiermit experimentell widerlegt. Vor der Messung besitzt ein Photon nur die Möglichkeiten, die seine Polarisation einnehmen kann, aber keine existierende Polarisation. Diese entsteht nämlich erst *bei* der Messung. Unser Versuch liefert also die nachträgliche Rechtfertigung des Existenzprinzips aus dem vorigen Kapitel: Etwas, das nicht beobachtet werden kann, existiert nicht. Und eine unbekannte Polarisation kann nun einmal *vor* ihrer Messung nicht beobachtet werden.

Zweitens bedeutet dies, dass die Quantentheorie im Sinne von EPR *doch* eine vollständige Beschreibung der Natur ist. Eine umfassendere Theorie mit verborgenen Parametern und einer eventuell größeren Erklärungskraft ist durch die Polarisationsexperimente ausgeschlossen. Wir müssen also in diesem Punkt mit dem auskommen, was wir haben, und dies ist die Quantentheorie. Somit entstehen die gleichartigen Polarisationen der beiden verschränkten Photonen erst im Augenblick der Messung. Aber wie erfolgt die Synchronisation? Nach allem, was wir bisher wissen, geschieht dies augenblicklich und ohne jede Zeitverzögerung! Der Abstand der beiden Teilchen ist dabei völlig egal, Hauptsache sie sind miteinander verschränkt. Sie könnten statt Kilometer auch Lichtjahre voneinander entfernt sein. Diese von Einstein gehasste spukhafte Fernwirkung erwähnen auch EPR in ihrem Artikel und behaupten aber sofort, dass sich damit keine sinnvolle Realität ergeben würde.

Einstein wäre von den heutigen Versuchen zugleich begeistert und schockiert. Sie zeigen uns eindrucksvoll, *wann* die Eigenschaften von Objekten entstehen, und stürzen damit sein realistisches Weltbild vom Sockel. Einstein hatte allerdings wie immer klar das Wesentliche erkannt und den Finger in die Wunde gelegt, aber trotzdem ging dieser Schuss nach hinten los. Was hatte er übersehen und warum widersprechen die EPR-Experimente nicht seinen Relativitätstheorien?

Um dies zu verstehen, schauen wir uns zunächst an, wie die Quantentheorie zwei miteinander verschränkte Teilchen behandelt. In ihrem mathematischen Formalismus sind die beiden Teilchen *vor* der Messung zu einer untrennbaren Einheit verschmolzen. Die *Verschränkung* über einen gemeinsamen Ursprung oder eine entsprechende Wechselwirkung verknüpft beide Teilchen zu einem Ganzen, das sich auch ganzheitlich verhält. In unserem Fall spricht man manchmal auch von einem Diphoton (Zwei-Photon). Streng genommen existieren beide Teilchen vor der Messung überhaupt nicht, sondern es gibt nur ein Ganzes, das die Möglichkeit besitzt, sich in zwei Teile aufzuspalten. So schwer uns die Vorstellung auch fallen möge, an diesem Ganzen wird die Messung vorgenommen und nicht an den beiden Teilchen. Dieses Diphoton reagiert spontan und ohne Verzögerung auf die Messung und entscheidet sich in diesem Augenblick für eine Polarisation, die dann auf beiden Seiten der Versuchsanordnung dieselbe ist.

Die Annahme von EPR, dass die Teilchen wegen ihrer großen Entfernung nichts mehr miteinander zu tun hätten, wurde übrigens schon kurze Zeit später von Niels Bohr zurückgewiesen. Er behauptete stattdessen, dass sie immer noch einen Einfluss aufeinander ausüben, der das Resultat auf der jeweils anderen Seite mitbestimmt. Wir nennen heute eine Theorie mit diesen Eigenschaften *nichtlokal* und meinen damit, dass sich das Geschehen an einem Ort nicht nur dort, also lokal, auswirkt, sondern auch ohne Zeitverzögerung an einem anderen Ort. Doch wieso unterliegt solch ein Einfluss nicht der Begrenzung durch die Lichtgeschwindigkeit?

Eine meist an dieser Stelle gegebene Antwort lautet, dass sich damit keine Signale von der einen auf die andere Seite senden lassen. Tatsächlich entsteht die Gleichheit der erst einmal zufälligen Polarisationen ja erst durch den *nachträglichen* Vergleich der Ergebnisse beider Seiten. Keine Seite aber kann der anderen damit irgendeine Botschaft mitteilen. Demzufolge gibt es keinen Widerspruch zu den Relativitätstheorien, die nur einen Austausch von Signalen durch die Lichtgeschwindigkeit begrenzen.

Eine andere Sichtweise geht davon aus, dass sich Signale aus einer Art Quanteninformation wirklich mit Überlichtgeschwindigkeit ausbreiten. Diese Signale reisen dann rückwärts in die Vergangenheit und treffen dann bei ihrer Reise durch die Zeit auf den Ursprung der Verschränkung. Von dort aus bewegen sich dann wieder vorwärts in der Zeit zur anderen Seite des Versuchsaufbaus.[1] Widerlegen kann man diese Auffassung sicher nicht, aber auch nicht beweisen. Trotzdem ist klar, dass ein überlichtschneller Einfluss förmlich danach schreit, dass die normale Zeitabfolge irgendwie ausgehebelt ist. Eine weitere Argumentation könnte lauten, dass die Relativitätstheorien einfach nicht für die Messung an verschränkten Zuständen gültig sind, weil sich damit keine Signale übertragen lassen.

Alle diese Argumente sind meiner Meinung nach nicht falsch, treffen aber auch nicht genau den Kern des Sachverhalts. Halten wir uns dazu noch einmal vor Augen, was die Relativitätstheorien aussagen und mit was wir es hier zu tun haben. Die Relativitätstheorien sind klassische Theorien, in denen alle Objekte mit all ihren Eigenschaften immer existieren. Die Lichtgeschwindigkeit bildet hier die Grenzgeschwindigkeit für jegliche Art von Informationsausbreitung. Keine Information im Universum kann sich schneller *ausbreiten* als mit Lichtgeschwindigkeit. Auch wenn es immer wieder Berichte über Überlichtgeschwindigkeiten in Experimenten gibt, so stellte sich doch jedes Mal heraus, dass keine Signale oder Botschaften mit diesen Geschwindigkeiten übermittelt werden können. Die Lichtgeschwindigkeit ist also die maximale Geschwindigkeit für die *Übertragung* von Information. Aus diesem Grund müsste sie eigentlich mit dem Begriff *Informationsgeschwindigkeit* bezeichnet werden, den ich im Folgenden gleichberechtigt neben Lichtgeschwindigkeit verwenden werde.

Im Gegensatz dazu geht es bei unseren verschränkten Photonen nicht um die Übertragung von existierender Information, sondern um deren *Entstehung*. Hier wird keine Information über existierende Fakten übermittelt, sondern hier entstehen Fakten überhaupt erst. Die Synchronisation bei der Bildung von Fakten aus verschränkten Teilchen unterliegt scheinbar *keiner Geschwindigkeitsbeschränkung*. Die Informationsgeschwindigkeit ist also gar nicht für die gekoppelte Entstehung von Fakten, sondern nur für deren Ausbreitung zuständig. *Verschränkung* fällt demnach nicht in den Gültigkeitsbereich der Relativitätstheorien. Und somit können die Relativitätstheorien bei der Auflösung einer Verschränkung auch nicht verletzt sein.

Allerdings kann man sich trotzdem die Frage stellen, ab wann die Verschränkung von Teilchen nicht mehr gegeben ist. Nach der Quantentheorie wird sie zum

[1] Penrose (2004), Chapter 23

Zeitpunkt der Messung *durch* die Messung aufgehoben. Aber wann ist dies und welche der beiden Messungen ist dafür verantwortlich? Hierauf antwortet uns die spezielle Relativitätstheorie, denn in ihr gilt die Relativität der Gleichzeitigkeit von Ereignissen. Diese Gleichzeitigkeit wird aber je nach Bewegungszustand eines Beobachters verschieden beurteilt werden.

Nehmen wir zwei Beobachter, die mit unterschiedlich gewählten Geschwindigkeiten an unserem Experiment vorbeifliegen. Beide werden feststellen, dass das Atom die Photonen immer *vor* den Polarisationsmessungen aussendet. Die Ursache kommt also immer vor der Wirkung. Welche der beiden Messungen aber vor der anderen durchgeführt wird, werden sie verschieden beurteilen. Dies ist auch nicht weiter schlimm, denn jeweils ab dem Zeitpunkt der für einen Beobachter zuerst ablaufenden Messung ist für ihn die Verschränkung beendet. Dass der andere Beobachter dies eventuell anders sieht, ist unerheblich, denn beide Aussagen sind korrekt und widersprechen sich nicht. Ob eine Verschränkung überhaupt vorlag, kann ja erst nachträglich durch den Vergleich der Messergebnisse geklärt werden. Und da es dabei nur um den Zusammenhang der Messungen geht und nicht um die Messung auf einer einzelnen Seite, macht es keinen Unterschied, welche zuerst stattgefunden hat.

Ich muss jedoch zugeben, dass diese Argumentation bei mir einen schalen Nachgeschmack hinterlässt. Eine absolute Definition von Gleichzeitigkeit im Universum ist nach den Relativitätstheorien weder gegeben noch für irgendeinen Prozess notwendig. Sie wäre aber meiner Meinung nach im Falle von Verschränkungen zumindest äußerst hilfreich. Anders ausgedrückt: Ich glaube einfach nicht, dass das Universum *nicht* weiß, wann eine Verschränkung aufgehoben wird. Aber dazu wäre ein globales Bezugssystem notwendig, an dem sich alle Beobachter im Universum orientieren könnten. Und wie wir in Kapitel 33 sehen werden, ist ein solches Bezugssystem auch vorhanden.

Kehren wir nun zu EPRs ursprünglicher Argumentation zurück und fassen noch einmal zusammen. Die Annahme, dass zwei verschränkte Teilchen nichts mehr miteinander zu tun haben, wird durch unsere Versuche widerlegt. Die Teilchen stellen vor der Messung ein räumlich ausgedehntes, nichtlokales Ganzes dar. Des Weiteren verhalten sie sich gemäß der Quantentheorie und nicht, wie es eine Theorie mit verborgenen Parametern fordern würde. Demnach sind die Messwerte auch nicht vorher festgelegt und vorhanden. Sie entstehen vielmehr erst bei der Messung.

Damit ist nicht nur nachgewiesen, dass die Quantentheorie eine vollständige Beschreibung der Verschränkungsversuche liefert, sondern auch die Annahme entzaubert, dass Objekte ihre Eigenschaften unabhängig von Beobachtungen besitzen. Die Eigenschaften von Objekten sind nicht einfach da und werden entdeckt, sondern sie werden erst mit ihrer Entdeckung real. Die Welt *ist* nicht, sondern sie *wird,* und zwar in jedem Augenblick, in dem sie beobachtet wird.

Ebenso ist auch die Unbestimmtheitsrelation in dem Beispiel von EPR nicht verletzt. Bei einer exakten Messung des Orts von Teilchen 1 darf man zwar sehr wohl auf den exakten Ort von Teilchen 2 schließen. Dies ist aber nur so lange erlaubt, wie dessen Impuls nicht gemessen wird. Wird jedoch der Impuls von Teilchen 2 tatsächlich bestimmt, dann ist sein Ort nur noch so gut bekannt, wie es die Unbestimmtheitsrelation zwischen Ort und Impuls gestattet.

Würde man nach dieser Impulsmessung den Ort von Teilchen 2 wirklich messen, so erhielte man nicht das exakte Ergebnis, das man aus der Messung des Orts von Teilchen 1 mithilfe der Erhaltungssätze erwarten würde. Das Messergebnis für den Ort von Teilchen 2 würde vielmehr um einen zufälligen Betrag davon abweichen, dessen Mindestgröße sich aus der Unbestimmtheitsrelation berechnen lässt. Obwohl dieses Experiment meines Wissens nie durchgeführt wurde, stellt es die Übertragung der Messergebnisse der Verschränkungsversuche auf die ursprüngliche EPR-Problematik dar. Eine gleichzeitige und exakte Bestimmung von Messgrößen, die durch eine Unbestimmtheitsrelation verbunden sind, ist auch bei der Messung von verschiedenen Größen an verschränkten Teilchen, nicht gegeben.

Wir haben uns in diesem Kapitel durch das schwierigste Phänomen der Quantentheorie hindurchgearbeitet, die Verschränkung von Teilchen. Dabei hat uns die Natur unerwartete Einsichten in das Entstehen von Objekteigenschaften gegeben. Aber noch immer könnte Einstein behaupten, dass ihn die Zufälligkeiten an der Quantentheorie massiv stören. Gibt es auch hierfür eine griffige Erklärung, die er akzeptieren würde? Können wir unser Experiment auch auf eine ganz andere einfache Art beschreiben?

Die Antwort stammt von Anton Zeilinger,[1] wobei ich anmerken möchte, dass ich vor etwa drei Jahren auf eine ähnliche, allerdings unvollständige Erklärung gestoßen bin. Zeilinger geht vom Informationsgehalt aus, der in einer Spin- oder Polarisationsmessung steckt. Jedes der beiden Photonen hat dafür genau 1 Bit zur Verfügung. Zusammengenommen sind dies also 2 Bits. Diese Bits werden in unserem Versuch nun nicht dafür verwendet, um die individuellen Polarisationen von Photon 1 und 2 festzulegen, sondern um sie zu koppeln. Ein Bit synchronisiert die senkrechte Polarisation und das zweite die waagerechte, womit auch gleichzeitig alle weiteren Richtungen abgedeckt sind. Mit diesen 2 Bits ist festgelegt, warum alle Messungen mit gleicher Kristallorientierung stets die gleichen Resultate liefern. Aber damit sind auch beide Bits für diese Kopplung verbraucht. Es gibt kein weiteres Bit, dass den Photonen sagen könnte, *welches* Polarisationsresultat bei einer

---

1 Zeilinger (2003), Kap. V

einzelnen Messung vorliegen soll. Diese Information ist in dem System aus verschränkten Photonen einfach nicht vorhanden. Denn dieses System hat einfach zu wenig Bits, damit dies auch noch festgelegt sein könnte. Und was nicht vorher festgelegt ist, kann nur zufällig geschehen.

Die *Zufälligkeiten* der Quantentheorie resultieren also nicht aus unserem fehlenden Wissen, was in der Welt wirklich geschieht, sondern daraus, dass die betrachteten Systeme so klein sind, dass sie quasi unter *Informationsmangel* leiden. Sie haben nicht genügend Bits zur Verfügung, sodass alle Messgrößen im Vorhinein festgelegt sind. Und wenn die vorhandenen Bits ausgeschöpft sind, so geschieht alles Weitere zufällig.

Für mich ist das eine schlüssige und vor allem überzeugende Interpretation: In unserem Experiment mit den verschränkten Photonen schauen wir der Natur dabei zu, wie das Verhalten von Teilchen mit einzelnen Bits gesteuert wird. Teile dieses Verhaltens sind durch die Bits festgelegt, die den Teilchen dafür zur Verfügung stehen. Andere Teile ihres Verhaltens hingegen können durch diese Bits nicht mehr geregelt werden, sodass sie einen offenen und damit zufälligen Ausgang besitzen.

Kehren wir nun zum Schluss dieses Kapitels zu seinem Ausgangspunkt zurück: zur Kritik Einsteins an der Quantentheorie. Ihre Zufälligkeiten und Unbestimmtheiten waren für ihn unvereinbar mit seiner Vorstellung von einer objektiven Wirklichkeit. Die Quantentheorie war laut Einstein unvollständig, weil sie nicht in der Lage ist, für jeden Naturvorgang eine Begründung anzugeben. Dies ist aber nur dann ein Mangel, falls es für jeden Vorgang in der Natur tatsächlich eine solche Begründung gibt. Wenn dies nämlich nicht der Fall ist, so ist eine Theorie keineswegs unvollständig, sondern nur unsere Erwartungshaltung überzogen.

Wie wir oben gesehen haben, kann man mit Zeilingers Erklärung den Verschränkungsversuch mit 2 Bits einleuchtend beschreiben. Diese Erklärung gibt sogar die Begründung dafür, warum die Zufälligkeiten in diesem Experiment *notwendig* sind. Damit steckt die Quantentheorie aber genau den Rahmen ab, in dem Vorgänge entweder vorhersagbar ablaufen müssen oder zufällig geschehen müssen. Und dieser Rahmen hat bisher jeder Überprüfung standgehalten. Die Quantentheorie in Verbindung mit Bits macht uns deutlich, *warum* es bestimmte Zufälligkeiten in der Natur gibt. Sie ist meines Erachtens genau deshalb eine vollständige und korrekte Beschreibung dieser Vorgänge.

Viele Wissenschaftler gehen genau wie Einstein auch heute noch davon aus, dass es für jedes Geschehen immer einen objektiv feststellbaren Grund gibt. Diese Haltung ist geprägt von unserer Alltagswelt, aber auch vom Erfolg aller klassischen Theorien. Daher fordern sie einen strengen Zusammenhang zwischen Ursache und Wirkung automatisch auch für jeden Vorgang, den die Quantentheorie beschreibt. Diese jedoch zeigt uns, warum dieses Prinzip nicht immer gilt: Es ist hierfür einfach nicht genügend Information in Form von Bits vorhanden.

25 Entstehung der klassischen Welt

Die Welt ist ein Schauplatz. Du kommst, siehst und gehst vorüber.
Matthias Claudius, Dichter

Die letzten beiden Kapitel handelten hauptsächlich von Überlagerungsmustern und Verschränkungen. Vieles davon ist für uns neu, vielleicht anfangs nahezu unverständlich und vor allem sehr ungewohnt, und zwar aus gutem Grund. In unserer normalen Welt bemerken wir diese Phänomene nämlich überhaupt nicht, aber warum eigentlich? Wieso sehen wir keine sich miteinander überlagernden Gegenstände? Und warum ist in unserem Alltag nichts auf quantentheoretische Weise miteinander verschränkt? Wenn diese beiden Effekte so prägend für die Mikrowelt sind, warum dringen sie dann nicht bis zu uns durch?

Derjenige, der diese Merkwürdigkeit am einprägsamsten formulierte, war Erwin Schrödinger. Von ihm stammt auch die berühmte Schrödingergleichung, die beschreibt, wie sich ein quantentheoretisches System mit der Zeit verändert. Kennt man zu einem bestimmten Zeitpunkt die beteiligten Teilchen und die Kräfte, die auf sie wirken, so kann man mit ihrer Hilfe berechnen, in welchem *Zustand* sich das System zu einer späteren Zeit befinden wird.

Ganz allgemein ist in der Quantentheorie immer von Zuständen die Rede, wenn es um die Eigenschaften von Teilchen oder Teilchensystemen geht. Doch leider ist der Begriff Zustand eine eher unglückliche Wahl, obwohl mir auch nichts Besseres einfällt. Wir besitzen nun einmal kein passendes Wort für das, was es ausdrücken soll. Der Begriff Zustand jedoch bedeutet für mich, dass hier etwas besteht, also existiert. Unterschwellig flüstert mir dieser Ausdruck deshalb ein, dass ein Zustand nichts anderes als ein Teil der Wirklichkeit sein kann. Aber wie wir schon gesehen haben, ist ein Zustand kein reales Faktum, sondern besteht nur aus einem Katalog von Möglichkeiten mit entsprechenden Wahrscheinlichkeiten. Dies sollten wir immer im Hinterkopf haben, wenn von einem quantentheoretischen Zustand die Rede ist. Auch in der Physik dürfen wir niemals die Macht der Worte unterschätzen, denn sie bestimmen zu einem großen Teil unser Denken.

Schrödinger war vertraut mit den quantentheoretischen Interferenzen, wie sie beispielsweise am Doppelspalt auftreten. Hier stehen den Teilchen in Form der Spalte zwei Möglichkeiten offen, die sie nutzen können. Und immer wenn die Natur solche Wahlmöglichkeiten hat, so nutzt sie erst einmal *alle.* Das Muster auf dem Schirm sieht deshalb so aus, als ob das eine Teilchen durch beide Spalte geht, und sich dahinter mit sich selbst überlagert. Schrödinger trieb dieses Verhalten auf die

Spitze und verfasste das wohl berühmteste Gedankenexperiment der Quantentheorie: *Schrödingers Katze.*

Eine Katze sitzt zusammen mit einem radioaktiven Atom in einem geschlossenen und undurchsichtigen Käfig. Zerfällt das Atom, so setzt es einen Mechanismus in Gang, der mittels einer Giftampulle ein Gas freisetzt, das die Katze tötet. Solange das Atom jedoch noch nicht zerfallen ist, wird sich die Katze bester Gesundheit erfreuen. Unstrittig ist ebenfalls, dass wir auf jeden Fall eine tote oder lebendige Katze vorfinden werden, wenn wir den Käfig öffnen. Aber in welchem Zustand befindet sich die Katze im Käfig, *bevor* wir unsere Beobachtung durchführen? Die Quantentheorie gibt dazu eine sehr befremdliche Antwort: Da wir nicht wissen, ob das Atom schon zerfallen ist oder nicht, befindet sich die Katze in einem Überlagerungszustand aus tot und lebendig. Erst im Augenblick unserer Messung wird entschieden, ob das Atom schon zerfallen und damit das Schicksal der Katze besiegelt ist.

Dieses Experiment ist so nie durchgeführt worden, hat aber für viel Aufregung und Verwirrung gesorgt, weil es die Eigenschaften der Quantentheorie in unsere Alltagswelt hineinträgt. Es führte daher zu entscheidenden Denkanstößen, sich damit auseinanderzusetzen, ob und wie die Quantentheorie makroskopische Situationen beeinflusst. Wie lange befindet sich die Katze in einem Überlagerungszustand mit sich selbst? Nur für kurze Zeit, bis das Atom zerfällt, oder doch, bis wir den Käfig öffnen? Was passiert alles in diesem Käfig, und wie wirkt sich dies auf den Überlagerungszustand aus? Im Endeffekt läuft alles auf die Frage hinaus: Was ist eine Beobachtung oder Messung und wann geschieht sie bei Schrödingers Katze?

In der Quantentheorie hat man lange Zeit möglichst idealisierte Experimente durchgeführt. Um Quanteneffekte möglichst gut zu vermessen, hat man daher versucht, alle möglichen Störungen von vorneherein auszuschließen. Versuche mit Atomen finden meist im Vakuum statt, um unkontrollierbare Stöße mit den Luftmolekülen auszuschalten. Andere Experimente dagegen benötigen eine sehr kalte Umgebung, denn nur dort treten bestimmte Quantenphänomene zutage. Außerdem hat man anfänglich absichtlich nur einfache Systeme wie das Wasserstoffatom betrachtet, um überhaupt erst einmal zu lernen, wie die Quantentheorie funktioniert.

Der Übergang von der Quantenwelt in unsere klassische Welt erschien in den 1920er Jahren zwar unvermeidlich, aber wie findet er statt? Bohr stellte ganz einfach die Forderung auf, dass sich ein Messapparat klassisch verhalten muss, denn ansonsten könnte man mit ihm gar keine Messung durchführen. Diese Annahme ist zwar etwas unbefriedigend, weil sie nicht näher begründet wird, liegt aber schon recht nahe an unserem heutigen Wissensstand. Heisenberg versuchte ebenfalls, die Gültigkeit der Quantentheorie auf einen bestimmten Bereich des Mikrokosmos einzuschränken. Oberhalb einer Grenze, dem sogenannten Heisenberg-Schnitt, sollte dann nur noch die klassische Physik gelten. Mittlerweile sind wir uns jedoch sicher, dass die Quantentheorie universell gültig ist und sich nicht von den Größenordnungen abtrennen lässt, in denen wir leben. Vielmehr beherrscht sie unsere technisierte Welt voll und ganz. Ohne sie verstehen wir weder die Mikrochips in Computern, Stereoanlagen und Mobiltelefonen noch Laser, Computertomografen oder Solarzellen. Aber auch alle natürlichen optischen Phänomene wie die Entstehung des Sonnenlichts, die Fotosynthese oder die Umwandlung von Licht in Nervenimpulse lassen sich ohne die Quantentheorie nicht erklären.

Doch warum nehmen wir dann niemals die Überlagerung von Dingen in unserem täglichen Leben wahr? Warum sehen wir beispielsweise beim Doppelspaltversuch niemals einen Tennisball gleichzeitig durch zwei Spalte fliegen? Dieser Ball ist doch lediglich nur etwas größer als ein Elektron, und jenes ruft doch ein Überlagerungsmuster hervor. Stattdessen ergibt sich beim Ball nur ein einfaches Teilchenmuster (Abbildung 44 unten, Seite 168). Wenn es keine Gültigkeitsgrenze für die Quantentheorie gibt, worin liegt dann der Unterschied? Die einfache und verblüffende Antwort, die ich hier schon vorwegnehmen möchte und deren Begründung uns in den folgenden Kapiteln beschäftigen wird, lautet: Der Tennisball fliegt immer durch *einen* Spalt, weil wir ihn *sehen.*

Erst im Jahre 1970, mehr als 40 Jahre nach der Entdeckung der Quantentheorie, machte sich Heinz-Dieter Zeh (*1932) als erster Gedanken darüber, wie sich die Umwelt auswirkt, in der sich ein Quantensystem befindet. Er begründete damit ein Forschungsgebiet, das ab den 1980er Jahren so richtig in Fahrt kam und heute voll etabliert ist. Ein Teilchen oder auch ein System aus Teilchen ist nämlich nie vollkommen isoliert, sondern ständig den Einflüssen seiner Umgebung ausgesetzt.

Diese Umgebung bringt aber die Gleichmäßigkeit, mit der die Wahrscheinlichkeitswellen eines Quantensystems schwingen, außer Takt. Ähnlich wie bei den Wasserwellen im Hafenbecken ist diese Gleichmäßigkeit der Wellenbewegungen der Ursprung für das Interferenzmuster beim Doppelspaltversuch. Wird diese Gleichmäßigkeit, oder wie der Physiker sagt Kohärenz, aber durch äußere Einflüsse gestört, so geht der Zusammenhang zwischen den sich überlagernden Möglichkeiten des Systems verloren. Aus diesem Grund wird diese Forschungsrichtung *Dekohärenz* genannt, was man mit Weg-von-der-Kohärenz übersetzen kann.

Zeh war damals Professor in Heidelberg, also an genau der Universität, an der ich studierte. Nur leider war das Thema Dekohärenz damals noch so neu, dass es nicht den Weg in die Vorlesungen fand. Wir haben damals also rein gar nichts davon mitbekommen, was uns sonst manches Problem mit Schrödingers Katze erspart hätte. Die Dekohärenz verwirft bewusst die Idealisierung früherer Betrachtungen und versucht stattdessen detailliert herauszuarbeiten, wie ein einzelnes

Teilchen oder ein ganzes System mit seiner Umwelt wechselwirkt. Dabei stellt sich heraus, dass die Umgebung massiv auf die Quantenwelt einwirkt. Schauen wir uns dies einmal am Beispiel der Katze an.

Welche Wechselwirkungen hat die Katze mit ihrer Umwelt innerhalb des Käfigs? Zunächst einmal wird sie pro Sekunde von unzähligen Luftmolekülen bombardiert. Dann sendet sie ständig Wärmestrahlung aus und empfängt diese ebenso von den Käfigwänden. Falls wir es unserer Katze etwas gemütlich machen möchten und ihr eine Lampe in den Käfig stellen, so erreichen sie auch noch jede Menge sichtbarer Photonen. Auch die Schallwellen ihres Miaus oder ihre Atmung sind Teil dieser Wechselwirkungen. Versuchen wir einmal, sie alle miteinander auszuschalten.

Wir ersetzen die Katze durch eine Glaskugel, die bei dem radioaktiven Zerfall durch einen Hammer zerschlagen wird. Dann pumpen wir sämtliche Luft aus dem Käfig und kühlen ihn so weit wie möglich auf den absoluten Temperaturnullpunkt ab. Dabei verbleiben natürlich auch unter besten Bedingungen immer noch Luftmoleküle und Wärmephotonen in unserer Apparatur. Aber selbst wenn wir uns diese auch noch wegdenken, haben wir nicht alle Umwelteinflüsse ausgeschlossen. Die kosmische Hintergrundstrahlung aus Mikrowellenphotonen, die aus der Zeit von 400 000 Jahren nach dem Urknall stammen, ist so allgegenwärtig im Universum, dass auch sie alleine schon ausreicht, um die Quantennatur eines normalen Gegenstands zu beeinflussen.

Doch was bewirken all diese Wechselwirkungen eigentlich? Sie tragen die Information über den Überlagerungs- oder Interferenzzustand in die Umgebung des Quantensystems. Die Umgebung wird daher mit dem Quantensystem gekoppelt oder verschränkt und somit ein Teil von ihm. Innerhalb von sehr kurzer Zeit wird sozusagen die Kunde von der Überlagerung hinaus ins Land getragen. Die Kohärenz des Quantenzustands wird dabei so wirksam auf die unzähligen Teilchen seiner Umwelt verteilt, dass sie im eigentlichen Quantensystem schon nach kurzer Zeit nicht mehr beobachtbar ist. Hier zerfällt demnach die Kohärenz des Systems, und zwar in etwa so, wie sich ein Tropfen Farbe in einem Schwimmbecken auflöst, wo er bald nicht mehr sichtbar ist. Die Farbe ist genau wie die Kohärenz im Prinzip noch vorhanden, aber um sie nachzuweisen, müsste man die gesamte Umwelt mit all den unkontrollierbaren Wechselwirkungen mit in die Messung einbeziehen. Und dies ist praktisch unmöglich, genauso wie es praktisch unmöglich ist, den Farbtropfen vollständig aus dem Schwimmbecken wieder herauszufiltern.

Ein Quantenzustand, der mit einer Überlagerung von einem *sowohl als auch* von Möglichkeiten begann, geht in einer realistischen Umgebung durch die Dekohärenz in einen Zustand über, der nur noch ein *entweder oder* von Möglichkeiten zulässt. Dies ist der Grund, warum wir keine Überlagerungszustände sehen, also keine verschwommenen Bilder von Staubkörnern, Tennisbällen, Katzen oder Autos. In Alltagssituationen verhindert die Dekohärenz daher jegliches Auftreten von Interferenzen und bewirkt, dass sich alle Gegenstände an einem festen Ort befinden. Führen wir beispielsweise ein Doppelspaltexperiment mit einem Staubkorn in normaler Atmosphäre durch, so wird sich kein Überlagerungsmuster auf dem Beobachtungsschirm zeigen. Wir brauchen den Ort des Staubkorns hierbei gar nicht am Spalt zu messen, denn diese Messung übernimmt schon die Luft und das Licht in jedem Augenblick. Das Staubkorn fliegt deshalb mit einer festen Bahn, die sich aus all diesen Messpunkten ergibt, genau durch einen der beiden Spalte.

Damit bringt die Dekohärenz einiges Licht in das Dunkel des sogenannten *Messproblems.* Dieses Problem ist nach wie vor der Hauptknackpunkt der Quantentheorie und gibt Anlass zu umfangreichen weltanschaulichen Interpretationen. Das Messproblem zerfällt eigentlich in drei Teile, die man am besten in Fragen verpackt:

- Warum beobachten wir keine Interferenzzustände?
- Wodurch werden die beobachtbaren Größen in der Natur bestimmt?
- Und wie kommt es überhaupt dazu, dass eine Messung ein bestimmtes Resultat liefert, und welches ist das?

Wir werden uns allen drei Fragen ausführlich widmen und klären, wo die Dekohärenz hilfreich ist und wo nicht. Dafür erhält jedes Teilproblem einen eigenen Abschnitt, dem ich die entsprechende Frage voranstelle.

Warum beobachten wir keine Interferenzzustände? Diese Frage haben wir in Grundzügen schon beantwortet. Ein Teilchen oder Quantensystem überträgt durch Wechselwirkungen Informationen über seinen Überlagerungszustand auf seine Umwelt. Dadurch diese fortwährenden und nahezu unvermeidlichen Wechselwirkungen schwächt sich aber der Überlagerungszustand an dem Teilchen selbst so stark ab, dass er dort nach einer bestimmten Zeit praktisch nicht mehr nachweisbar ist. Das Objekt, das wir untersuchen möchten, geht dabei von einem Interferenzzustand in einen Entweder-Oder-Zustand über.

Es genügen meist schon sehr geringe Wechselwirkungen, um einen Interferenzzustand auf diese Art zerfallen zu lassen. Dabei geht beispielsweise ein Objekt in einem Doppelspaltversuch von einem Zustand mit Spalt 1 *und* 2 in kurzer Zeit in einen Zustand mit Spalt 1 *oder* 2 über. Dasselbe gilt auch für Schrödingers Katze: Der Zustand mit einer lebenden *und* toten Katze zerfällt in einen mit einer lebenden *oder* toten Katze. Entscheidend für diese Übergänge ist aber nicht ein signifikanter Energie- oder Impulsübertrag, sondern lediglich die Tatsache, dass die Wahrscheinlichkeitswellen des Quantensystems durch die Wechselwirkungen mit seiner Umwelt außer Takt geraten. Deshalb kann man den Zerfall von Interferenzzuständen durch Dekohärenzeffekte auch nicht klassisch erklären, sondern nur mit der Quantentheorie.

Weil es nur darum geht, die Schwingungen der Quantenwellen zu stören, sind die Zeiten für diesen Übergang im Normalfall ausgesprochen kurz und abhängig von der Anzahl der Wechselwirkungen des Quantensystems mit seiner Umwelt. Entgegen früherer Meinungen kommt es also nicht auf die Größe eines Systems oder den Energieübertrag bei den Wechselwirkungen an. Entscheidend ist lediglich, wie viel Information ein Quantensystem mit seiner Umgebung austauscht. Ein gut isoliertes System hat daher eine längere Zerfalls- oder *Dekohärenzzeit* als ein weniger gut abgeschottetes. Dies konnte inzwischen in zahlreichen Experimenten gut beobachtet werden.

Anton Zeilingers Arbeitsgruppe hat in einem Doppelspaltexperiment mit Molekülen die Stärke des Interferenzmusters in Abhängigkeit von verschiedenen Parametern gemessen.[1] Beginnt man beispielsweise mit einer Apparatur unter Ultrahochvakuum, so ist das Überlagerungsmuster am Schirm deutlich festzustellen. Erhöht man nun stufenweise den Luftdruck im gesamten Versuchsaufbau, so verblasst das Interferenzmuster immer mehr und das Teilchenmuster setzt sich langsam durch. Wegen der zahlreicher werdenden Stöße mit den Luftmolekülen schwächt sich das Interferenzmuster also ab. In einem Zwischenbereich sind dann beide Muster gleichzeitig in jeweils verschiedener Stärke sichtbar.

Beide Muster sind also nicht wie die Szenen eines Films durch einen harten Schnitt getrennt, sondern werden weich ineinander übergeblendet. Die Stärke der Muster ist dabei nur dadurch bestimmt, wie genau die umgebende Luft den Ort der Moleküle feststellt. Liegt diese Genauigkeit etwa im Bereich des Spaltabstands, so messen wir eine Mischung aus beiden Mustern, da nur ungefähr bekannt ist, welchen Spalt ein Molekül durchquert.

Gegenüber den Molekülen im Doppelspaltversuch ist ein Staubkorn von einem hundertstel Millimeter Größe (10^{-5} m) schon ein geradezu riesiges Objekt. Berechnet man seine Dekohärenzzeiten für realistische Umweltmodelle, so erhält man Zeiten, die meist weit jenseits unserer Messmöglichkeiten liegen. Für normalen Luftdruck beträgt sie aberwitzige 10^{-31} s und selbst für ein sehr gutes Laborvakuum immer noch 10^{-14} s.[2] Diese äußerst kurzen Dekohärenzzeiten sind der Grund dafür, dass wir selbst bei einem kleinen Staubkorn unter einem Mikroskop niemals einen Interferenzzustand sehen. Es befindet sich gerade *wegen* der Wechselwirkungen mit der Luft immer an einem festgelegten Ort, denn die Stöße mit den Luftmolekülen lassen jegliche Interferenzzustände des Staubkorns in sehr kurzer Zeit zerfallen.

Nur mithilfe der Dekohärenz lässt sich überhaupt erklären, warum die Materie um uns herum nicht immer ausgedehntere Überlagerungszustände ausbildet. Kurz, warum sie nicht einfach zerfließt. Die Gegenstände unseres Alltags werden nämlich durch ihre ständigen Wechselwirkungen praktisch an ihren Positionen festgenagelt. Genau deshalb steht auch meine Kaffeetasse noch dort, wo ich sie vorhin abgestellt

1 Schlosshauer (2007), Kap. 6.2

2 Schlosshauer (2007), Table 3.2, weitere Dekohärenzzeiten in den Anmerkungen

habe, und zwar egal, ob ich sie dabei ständig anschaue oder nicht. Die Luft in meinem Arbeitszimmer stellt sicher, dass sich die Tasse und alle anderen Gegenstände stets an ihrem Platz befinden. Aber nicht nur die Luft, sondern auch das sichtbare Licht, die Wärmestrahlung und die kosmische Hintergrundstrahlung sind an diesem ständigen Überwachungsprozess beteiligt.

Wodurch werden die beobachtbaren Größen in der Natur bestimmt? Diese Frage scheint auf den ersten Blick völlig abwegig, denn schließlich beobachten wir bei physikalischen Systemen beispielsweise ihren Ort, ihren Impuls oder ihre Energie. Warum sollte man dies noch einmal extra hinterfragen? Doch so einfach macht es uns die Quantentheorie leider nicht, denn diese Messgrößen fallen nämlich nicht einfach so vom Himmel. Tatsächlich sind sie erst einmal durch rein gar nichts ausgezeichnet. Ähnlich, wie wir uns bei einer Polarisationsmessung für eine waagerechte, senkrechte oder jede dazwischenliegende Richtung entscheiden konnten, so ist im Prinzip jede denkbare Größe messbar. Also sind das nicht nur Ort, Impuls und Energie, sondern auch Mischungen dieser Größen, beispielsweise eine Mischung aus 50% Ort und 50% Impuls oder eine Mischung aus 70% Ort und 30% Impuls. Jedenfalls verbietet die Quantentheorie solche Zustände und ihre Messungen in keinster Weise.

Warum aber spielen diese unendlich vielen Möglichkeiten, wie man einen Quantenzustand charakterisieren kann, für uns praktisch keine Rolle? Warum sind die fast schon natürlich anmutenden Größen wie Ort, Impuls und Energie die beste Wahl für Experimente? Auch bei diesen Fragen hat uns die Dekohärenz eine tiefe Einsicht in die Natur von Messgrößen geliefert. Berücksichtigt man die Wechselwirkungen zwischen einem Quantensystem und seiner Umwelt, so zeigt sich, dass es gerade die robustesten Größen sind, die wir tatsächlich messen. *Robust* in dem Sinn, dass diese Messgrößen am unempfindlichsten auf Wechselwirkungen mit der Umgebung reagieren. Zustände, die nämlich mit diesen Größen beschrieben werden, verschränken sich gerade am wenigsten mit ihrer Umwelt und sind somit am stabilsten gegen Umwelteinflüsse. Alle anderen Zustände, wie zum Beispiel die Mischzustände aus Ort und Impuls, werden so umfassend mit ihrer Umgebung gekoppelt, dass diese Messgrößen praktisch nicht bestimmbar sind. Ein robuster Zustand trägt also einerseits Information in seine Umgebung hinein, wird aber andererseits dadurch nicht total unkenntlich, sodass er gar nichts mehr aussagt.

An einem Beispiel möchte ich Ihnen dies verdeutlichen: Wir betrachten den Zeiger eines Messinstruments, der die Positionen links oder rechts einnehmen kann. Nehmen wir an, dass unsere Messung mit einem Überlagerungszustand von links *und* rechts startet. Wir wissen bereits, dass dieser nach kurzer Zeit in einen Zustand mit links *oder* rechts übergeht. Dieser Zustand ist aber nun gegenüber weiteren Wechselwirkungen immun, denn der Zeiger wird trotz der Wechselwirkungen mit seiner Umwelt in einer einmal festgestellten Position bleiben. Die

Photonen, mit denen wir den Zeiger sehen, verändern dessen Stellung eben gerade nicht, denn wäre dies der Fall, so würde der Zeiger dauernd hin und her hüpfen. Das Instrument wäre dann wertlos für uns, denn es würde uns keine Information übermitteln. Der Zeiger ist also robust gegenüber dem Ablesen seiner Stellung.

Wichtig ist hierbei, dass die Auszeichnung einer Messgröße als robust nicht vorher festgelegt ist, sondern sich erst durch die Art der Wechselwirkung mit der Umwelt ergibt. Im Fall des Zeigers ist dies dessen Position, also eine Ortsinformation, die durch die Streuung von Photonen zustande kommt. Diesen Fall kann man auf alle Arten von Streuungen von Teilchen an makroskopischen Körpern verallgemeinern, beispielsweise auf die Streuungen von Luftmolekülen an Gegenständen. Da die Kraftgesetze für diese Art von Wechselwirkungen typischerweise vom Abstand abhängen, spielen Abstände oder Positionen eine Hauptrolle in unserer täglichen Erfahrung. Erst die Dekohärenz zeigt uns, warum es also Sinn macht, bei Gegenständen von Positionen zu sprechen, an denen sie sich befinden. Durch die Wechselwirkung mit der Umgebung kann die Position eines Körpers bestimmt werden, ohne verändert zu werden. Erst deshalb wird die Position zu einer aussagekräftigen Information über einen Gegenstand.

Eine Information, die dagegen *keine* Aussage über das betreffende Objekt zulässt, ist gar keine Information, denn ihr Informationsgehalt ist null. So macht es beispielsweise keinen Sinn vom Ort eines Elektrons in einem Atom zu sprechen. Hier zeichnet die Wechselwirkung des Atoms mit seiner Umgebung vielmehr dessen Energie als geeignete Messgröße aus. Diese Zustände mit fester Energie hatten wir beim Wasserstoffatom ausführlich betrachtet. Aber die Quantentheorie würde genauso Zustände erlauben, die sich aus einer Überlagerung aus verschiedenen Energien ergeben. Doch warum messen wir solche Zustände bei Atomen nicht? Dies liegt daran, dass die Umgebung eines Atoms bei Wechselwirkungen meist nur wenig Energie aufnehmen kann, aber trotzdem kontinuierlich die Energie des Atoms feststellt. Durch dieses Monitoring werden Überlagerungszustände bezüglich der Energie unterdrückt. Und folglich besitzt ein Atom erst deswegen eine feste Energie.

Erst die Umgebung eines Quantensystems bestimmt mit ihren Wechselwirkungen, welche Größe überhaupt eine Information über das System beinhaltet. Nur diese Größen sagen etwas über das System aus und können gemessen werden. Die Umwelt wählt diese Messgrößen aus, die in sogenannten Zeigerzuständen verkörpert sind. Wegen dieses Auswahlprozesses spricht man auch vom *Quantendarwinismus*. Zeigerzustände können sich wie in der Evolution des Tierreichs vermehren, denn das Resultat eines Messgeräts wird beispielsweise von einem Computer ausgelesen und auf dessen Festplatte in einem weiteren robusten Zeigerzustand gespeichert. Zeigerzustände weisen auch eine Entwicklung auf, denn die Schrödingergleichung bestimmt ihre Veränderung. Und schließlich wird das Überleben von Zeigerzuständen durch die Umwelt des betrachteten Systems bestimmt.

Aber man kann diese Betrachtungen noch weiter fassen. Es sind nicht nur die Messgeräte und Messgrößen der Physiker, die durch den Prozess der Dekohärenz ausgewählt werden. Auch die Möglichkeiten, die uns als Lebewesen zur Verfügung stehen, Informationen über unsere Umwelt zu erwerben und abzuspeichern, sind davon betroffen. Denn ohne diese Informationen wären wir nicht in der Lage, unsere Umwelt zu erfassen, auf sie zu reagieren, geschweige denn geplante Handlungen auszuführen. Kurz gesagt: Das Leben und insbesondere das Überleben ist ohne stabile Zeigerzustände nicht möglich. Der Prozess der Dekohärenz legt deshalb überhaupt erst fest, was in unserer Welt eine Information darstellt. Nur stabile und robuste Zustände können zur Anzeige und Speicherung von Informationen genutzt werden. Alle anderen bleiben im Meer der Quantenmöglichkeiten verborgen, denn wir können mit ihnen buchstäblich nichts anfangen.

Unter diesen Auswahlkriterien haben sich auch unsere Sinnesorgane über Jahrmillionen entwickelt und uns im Laufe der Evolution immer mehr Informationen über unsere Umwelt geliefert. Unser Gehirn speichert diese Informationen in Zeigerzuständen ab, denn ohne diese könnten wir uns an nichts erinnern. Unser gesamtes Denken und Handeln und damit auch unser Bewusstsein baut auf verlässlichen Zeigerzuständen auf. Nur so ist es möglich, Vorhersagen über die Zukunft zu treffen, die im Zweifelsfall überlebenswichtig sind. Wohin muss ein Huhn picken, um ein Korn zu treffen? Wie schnell und wohin muss eine Gazelle rennen, damit sie nicht von einem heranpreschenden Gepard erwischt wird? Welcher Partner ist am geeignetsten für die erfolgreiche Aufzucht von Nachkommen, und damit für die Weitergabe der eigenen Gene? Alle diese Entscheidungen, ob bewusst oder unbewusst, fußen auf aktuellen und früher erworbenen Informationen, also auf Zeigerzuständen.

Heute entwickeln die Physiker und Astronomen Teilchenbeschleuniger und Teleskope als verlängerte Sinnesorgane, um noch mehr über unser Universum zu lernen. Sie verwenden dazu wie eh und je robuste Zeigerzustände. Im Endeffekt geht es dabei immer nur um Ortsinformationen. Egal, ob die Zeigerstellung eines Messinstruments bestimmt wird, ein Bild mit seinen Bildpunkten betrachtet wird, ein Aktivitätsmuster in unserem Gehirn vorliegt oder ein Bitmuster auf eine Festplatte geschrieben wird.

Wie kommt es überhaupt dazu, dass eine Messung ein bestimmtes Resultat liefert, und welches ist das? Diese Frage stellt den eigentlichen Kern des Messproblems dar, denn sie ist im Grunde noch immer ungelöst. Die vorgeschlagenen Antworten führen uns zu den verschiedenen Interpretationen der Quantentheorie. Diese gehen teilweise weit über die Physik hinaus, weil sie in letzter Konsequenz völlig verschiedene Weltanschauungen vertreten. Das nächste Kapitel wird daher nur von diesen Interpretationen handeln und in einer einzigen Frage gipfeln: Was ist real?

26 Interpretationen der Quantentheorie

Der Zufall ist der einzig legitime Herrscher des Universums.
Napoleon Bonaparte, Staatsmann

Warum benötigt eine physikalische Theorie wie die Quantentheorie eigentlich eine Interpretation? Ist denn nicht durch die verwendeten Begriffe und Formalismen von vorneherein völlig klar, um was es hier geht und was sie aussagt? In der klassischen Physik jedenfalls war dies noch nicht einmal eine Frage. Sie handelt von Körpern, deren Eigenschaften und den Kräften und Feldern zwischen ihnen. Diese Körper kann man direkt anfassen und anschauen, und ihre Eigenschaften sind offensichtlich immer vorhanden. Kurzum, sie existieren jederzeit und sind deshalb real. Ein wenig schwieriger ist es schon bei den Kräften und Feldern, denn noch niemand hat jemals eine Kraft oder ein Feld gesehen. Aber trotzdem hat man geschickt dieses Problem umschifft, denn die Auswirkungen einer Kraft kann man zweifelsohne messen oder sogar am eigenen Leib spüren. Die Gravitationskraft lässt uns zu Boden fallen, und bei einem starken elektrischen Feld in einem Gewitter können uns die Haare zu Berge stehen. Kräfte und Felder sind demnach auch ganz reale Größen in unserer Welt.

Fundamental anders sieht es in der Quantentheorie aus. Hier beschreibt die Physik das Geschehen mit der Schrödingergleichung und mit Zuständen. Und mathematisch gesehen werden diese Zustände mit sogenannten *Wellenfunktionen* berechnet. Diese ergeben dann die Wahrscheinlichkeiten für das Eintreffen eines bestimmten Ereignisses. Deshalb spricht man hier auch von Wahrscheinlichkeitswellen. Erst bei vielen Messungen oder Beobachtungen mit ausreichender Statistik kann man die Vorhersagen der Quantentheorie mit der Wirklichkeit vergleichen. Aber was macht diese Wirklichkeit in der physikalischen Beschreibung aus?

Die Physik bildet mit der Quantentheorie die Realität mit teilweise beeindruckender Präzision ab. Zwar nur in einer statistischen Art und Weise, aber dafür bei manchen Messgrößen auf bis zu 10 signifikante Stellen genau. Das wäre so, als ob wir die Anzahl der Weltbevölkerung auf die Person genau aus einer Theorie ableiten könnten. Wenn also die Quantentheorie die Realität abbildet, was ist dann daran real? Sind es die Teilchen oder Wellen? Sind es die Zustände und deren Wellenfunktionen? Oder beschreiben diese nur unser Wissen, was bei zukünftigen Ereignissen mit einer bestimmten Wahrscheinlichkeit geschehen *könnte?*

Wenn wir die Augen öffnen, so breitet sich eine reale Welt vor uns aus. Wir haben im letzten Kapitel gesehen, wie uns die Dekohärenz zu verstehen hilft, warum in dieser Welt bestimmte Größen als Informationsträger geeignet sind. Wir haben ebenfalls gelernt, warum wir im Alltag keine Interferenzzustände an normalen Gegenständen beobachten. Erinnern wir uns an den Doppelspaltversuch: Hier haben wir mit einer zusätzlichen Ortsmessung an den Spalten ein neues Faktum nämlich den Ort eines Teilchens erzeugt und damit die Wirklichkeit verändert. Aber wir haben bisher nicht geklärt, wie ein neues Faktum eigentlich entsteht. Und damit kehren wir zum dritten und hartnäckigsten Teil des Messproblems zurück.

Wie kommt es überhaupt dazu, dass eine Messung ein bestimmtes Resultat liefert, und welches ist das? Bei dieser Frage kommen wir leider mit dem Ansatz der Dekohärenz keinen Schritt weiter. Auch die Schrödingergleichung gibt uns hierauf keine Antwort, denn sie beschreibt nur die Entwicklung von Zuständen und nicht die *Entstehung* von Fakten. Tatsächlich wird die Entstehung eines Messergebnisses von der Quantentheorie nicht erklärt, sondern gefordert. Eine Messung *hat* einfach ein Resultat zur Folge. Punkt.

Was dabei in einem mikroskopischen Bild mit den beteiligten Teilchen und Apparaturen passiert, bleibt unklar. Es wird lediglich behauptet, dass sich bei einer Messung, die ein neues Faktum darstellt, die Wellenfunktion des Teilchens abrupt verändert. Beispielsweise wird die Wellenfunktion eines Elektrons am Doppelspalt durch die zusätzliche Ortsmessung drastisch beeinflusst. Vor der Messung ist sie ausgedehnt über beide Spalte verteilt, und danach ist sie fast punktförmig an dem Ort lokalisiert, an dem das Elektron gemessen wurde. Wegen dieses anschaulichen Bildes spricht man auch vom *Kollaps der Wellenfunktion*, der bei einer Messung stattfindet. Die Wellenfunktion schnurrt dabei auf einen Bereich zusammen, der so groß ist, wie die Genauigkeit der Ortsmessung. Ab diesem Zeitpunkt wird das Verhalten der *neuen* Wellenfunktion wieder durch die Schrödingergleichung beschrieben. Lediglich während der Messung ist sie außer Kraft gesetzt.

Mit dieser Vorstellung mühen sich nun schon mehrere Generationen von Physikern ab, ohne damit je glücklich geworden zu sein. Geprägt wurde sie von Niels Bohr und Werner Heisenberg, die sie 1927 in Kopenhagen erarbeiteten. Sie wird deshalb auch als *Kopenhagener Deutung* der Quantentheorie bezeichnet. Diese Deutung beherrscht auch heute noch die Lehrbücher, obwohl sie nichts darüber sagt, wie man sich den Ablauf einer Messung vorstellen soll. Ist sie ein dynamischer, sich entwickelnder Vorgang, den man sich realistisch vorstellen darf? Oder verändern sich die Dinge wirklich sprunghaft und plötzlich? Und was verändert sich hier in der realen Welt überhaupt? Der Ort des Teilchens oder seine Wellenfunktion? Was ist der entscheidende Teil der Wirklichkeit: das Faktum der neuen Ortsinformation oder die Beschreibung des Teilchens durch seine Wellenfunktion?

Bei dem Faktum dürften keine Zweifel bestehen, denn es wurde ja gemessen und damit festgestellt. Aber wie sieht es mit der Wellenfunktion aus? Repräsentiert sie nur unser Wissen oder ist sie ebenso real wie ein Apfel? Wenn sie nur unser Wissen ausdrücken sollte, was bleibt dann von unserer erlebten Realität im Endeffekt noch übrig? Falls die Wellenfunktion aber ebenso real ist wie ein normaler Gegenstand, wie vollzieht sich dann ihr Kollaps und vor allen Dingen wann? Könnte man ihn vielleicht sogar beobachten?

Natürlich kann man sich an dieser Stelle auf den Standpunkt zurückziehen, dass eine physikalische Theorie lediglich eine treffende Beschreibung der Welt liefern sollte und sonst nichts. Eine Theorie *beschreibt* demnach nur das Verhalten von Objekten und sagt nichts über die Wirklichkeit *hinter* diesem Verhalten aus. Nach dieser Auffassung ist die Physik eben *nicht* dafür zuständig, *was* Objekte sind, sondern nur dafür, *wie* sie miteinander in Beziehung stehen. Und tatsächlich entspricht dieser Standpunkt genau dem Arbeitsauftrag, dem sich die Physiker verpflichtet haben. Aber da Physiker meist auch neugierige Menschen sind, beschäftigen sich etliche von ihnen auch mit der philosophischen Frage, was hinter den Objekten liegt, die sie da beobachten. Was macht die Wirklichkeit dieser Objekte aus?

Deshalb werden alle obigen Fragen nach der Realität der Wellenfunktion und ihrem Kollaps durchaus heiß diskutiert, da sie keineswegs entschieden sind. Von ihnen gehen die neueren Interpretationen der Quantentheorie aus, die mittlerweile so zahlreich geworden sind, dass ich Ihnen unmöglich alle vorstellen kann. Ich werde hier zuerst kurz auf die Theorien mit einem dynamischen Kollaps der Wellenfunktion eingehen und dann ausführlich auf die Viele-Welten-Interpretation. Im nächsten Kapitel werde ich Ihnen dann die informationsbasierte Sichtweise von Anton Zeilinger nahebringen, die ich um meine eigenen Vorstellungen erweitern werde. Dort möchte ich Ihnen zeigen, wie man die heisenbergsche Unbestimmtheitsrelation anschaulich begreifen kann und was bei einer Messung meiner Meinung nach passiert.

Alle Theorien, die zur Gruppe der *Dynamischer-Kollaps-Theorien* zugeordnet werden, nehmen an, dass sich der Kollaps einer Wellenfunktion in einem physikalischen Prozess wirklich vollzieht. Für sie ist die Wellenfunktion ein objektiver Teil der Realität, denn schließlich beschreibt die Wellenfunktion ja das tatsächliche Verhalten eines Quantensystems. Alle diese Theorien gehen entweder davon aus, dass eine Wellenfunktion in gewissen Zeitabständen spontan kollabiert oder dass dieser Kollaps durch einen anderen Prozess angeschoben wird.

Im ersten Fall kollabiert jede Wellenfunktion von Zeit zu Zeit ohne einen äußeren Anlass. Es sieht so aus, als ob die Natur selbst spontan Messungen an jedem Teilchen durchführt. Dabei muss die Zeitspanne für ein einzelnes Teilchen zwischen den Messungen nicht einmal besonders kurz sein. Sie kann sich durchaus im

Bereich von Millionen Jahren bewegen. Da aber in normalen Gegenständen mindestens 10^{23} Atome zusammenkommen, finden in jeder Sekunde viele Messungen statt, die ähnlich wie bei der Dekohärenz für eine effektive Lokalisierung des Gesamtobjekts sorgen.

Im zweiten Fall ist der Kollaps der Wellenfunktion physikalisch motiviert wie etwa bei Roger Penrose (*1931).[1] Bei ihm spielt die Gravitation, die wir bisher in diesem Zusammenhang noch gar nicht betrachtet haben, die Rolle des Antreibers für den Kollaps. Nach Penroses Vermutung wird er folgendermaßen ausgelöst: In einem Interferenzzustand befindet sich die Masse eines Objekts nicht mehr wie in der klassischen Physik nur an einem Punkt, sondern an mehreren. Dies führt aber zu einem jeweils anderen Gravitationsfeld für die verschiedenen Anteile desselben Zustands. Berechnet man nun die Differenz der Gravitationsenergie für diese Teilzustände, so findet nach Penrose ein Kollaps immer dann statt, wenn die Energiedifferenz einen bestimmten Wert überschreitet. Die Gravitation stellt also in diesem Modell sicher, dass die Welt immer genau einen Teilzustand verwirklicht. Ist die Gravitation für die verschiedenen Teilzustände genügend unterschiedlich, so entscheidet sich die Natur spontan für einen von ihnen.

Generell muss man feststellen, dass alle diese Kollapsmodelle eine neue Art von Physik voraussetzen, die bisher allerdings nicht beobachtet werden konnte. Egal, ob der Kollaps einer Wellenfunktion spontan geschieht oder durch die Gravitation verursacht wird, er hätte messbare Abweichungen von der Schrödingergleichung und damit von der etablierten Quantentheorie zur Folge. Damit sind diese Theorien im Prinzip überprüfbar. Es ist jedoch davon auszugehen, dass sich ihre Abweichungen in der Praxis nur äußerst schwer von normalen Dekohärenzeffekten unterscheiden lassen. Die Experimentalphysiker sind also herausgefordert, ihr Bestes zu geben und die Quantensysteme noch genauer zu untersuchen.

Von einem ganz anderen Standpunkt geht die *Viele-Welten-Interpretation* aus, die auf Hugh Everett (1930–1982) zurückgeht. Bei ihr findet ein Kollaps der Wellenfunktion und damit eine Messung im physikalischen Sinn überhaupt nicht statt. Diese Interpretation bezieht ihre Motivation aus der universellen Gültigkeit der Schrödingergleichung und der künstlichen Art, wie eine Messung in der Kopenhagener Deutung auf die Quantentheorie aufgepfropft wird. Deshalb leugnet die Viele-Welten-Interpretation, dass sich der Zustand eines Quantensystems und damit seine Wellenfunktion jemals spontan und sprunghaft ändert. Eine Messung und damit eine Entscheidung für eine der mehreren Alternativen eines Vorgangs findet hier niemals statt. Vielmehr geht diese Interpretation davon aus, dass alle erdenklichen Resultate einer Messung auch echt verwirklicht werden. Nur merken wir leider nichts davon.

---

1 Penrose (2004), Ch. 30

Einen der Vorkämpfer dieser Sichtweise, Heinz-Dieter Zeh, haben wir schon im letzten Kapitel über Dekohärenz kennengelernt. Er schildert in seinen Aufsätzen sehr eindringlich und teilweise auch für Nichtphysiker geeignet, worum es ihm geht:[1] Da die Schrödingergleichung bisher alle Tests mit Bravour bestanden hat, ist sie für ihn die allein gültige Beschreibung der Quantenwelt. Mit ihr wird auch die Dekohärenz beschrieben, die durch die Umwelteinflüsse entsteht. Wie wir gesehen haben, zerfällt hierbei ein Sowohl-Als-Auch-Zustand nach einer typischerweise sehr kurzen Dekohärenzzeit in einen Entweder-Oder-Zustand. Die verschiedenen alternativen Anteile dieses Zustands sind dann mit ihrer Umwelt verschränkt, die aber für jeden dieser Anteile jeweils eine andere ist.

Wir schauen uns dazu am besten wieder den Doppelspaltversuch mit der zusätzlichen Ortsmessung an. Das Teilchen kann entweder am linken oder rechten Spalt registriert werden. Dazu gehören aber auch jeweils verschiedene Messgeräte, nämlich im einen Fall eines, das links anzeigt, und im anderen Fall eines, das rechts anzeigt. Und so geht diese Beobachtungskette auch weiter: In der einen Situation sieht der Physiker im Labor, dass das Messgerät links signalisiert, und in der anderen einen Zeigerausschlag nach rechts. Zu dem Teilchen, das links *oder* rechts gemessen wird, gehören jeweils noch das Messgerät und ein Beobachter dazu, die auch etwas Verschiedenes feststellen oder erleben. Und dabei sind die Wellenfunktionen des Messgeräts und auch des Beobachters jeweils so verschieden, dass sie praktisch gar nichts mehr miteinander gemeinsam haben. In dieser Interpretation fällt wegen des fehlenden Kollaps der Wellenfunktion gar keine Entscheidung zwischen links oder rechts. *Beide* Möglichkeiten sind nach dieser Vorstellung realisiert. Sie besitzen allerdings jeweils Wellenfunktionen, die so weit im Takt auseinanderliegen, dass der eine Teilzustand nichts vom anderen mitbekommen kann. Die Welt hat sich beim Durchgang eines Teilchen durch den Doppelspalt in zwei Teile aufgespalten, die ab jetzt getrennte Wege gehen.

Ich möchte, dass Sie sich die Konsequenzen dieses Verhaltens gründlich auf der Zunge zergehen lassen. Bei jedem Quantenereignis mit mehreren Entscheidungsmöglichkeiten teilt sich die Welt in so viele Zweige auf, wie es Möglichkeiten gibt. Dies folgt quasi unmittelbar aus der Schrödingergleichung, zumindest wenn man es ablehnt, dass eine Messung und damit eine Entscheidung geschieht. In diesem Bild gleicht das Universum einem Stammbaum, der beim Urknall beginnt und sich seither unzählige Male verzweigt hat. Die Zahl der Spaltungen, die sich in unserem beobachtbaren Universum bei geschätzten 10^{90} Teilchen und seither 4×10^{17} Sekunden ereignet hat und auch gerade ereignet, möchte ich gar nicht abschätzen. Dabei befinden wir uns immer noch innerhalb *eines* Universums, das

1 www.zeh-hd.de

lediglich dauernd in Teilwelten zerfällt, die keine Information austauschen können und somit nichts mehr miteinander zu tun haben.

Nun werden Sie sich fragen, warum wir denn trotzdem alle das Gefühl haben, in einer einzigen Welt zu leben und nicht gleichzeitig in mehreren? Dies kommt daher, dass solche eine Spaltung der Welt nicht beobachtet werden kann, denn sonst könnte man ja Informationen über einen anderen Ast des Universums gewinnen. Daher erleben wir mit unserer Wahrnehmung und unserem Bewusstsein immer nur die Ereignisse in einem bestimmten Zweig der Welt. In den anderen Zweigen sind wir zwar auch vorhanden, aber dort nehmen wir die anderen Möglichkeiten eines Quantenereignisses wahr. So weit diese bestechend einfache und schlüssige Argumentation, die schon viele Menschen überzeugt hat. Sie ist durchaus einleuchtend, aber ist sie auch zwingend?

Bevor ich physikalische Gegenargumente ins Feld führen werde, möchte noch stärker auf die Folgen der Viele-Welten-Interpretation eingehen. Sie besagt, dass sich ab dem Urknall alles physikalisch Mögliche auch tatsächlich ereignet hat. Ausgehend von einem Anfangszustand, wobei nicht klar ist, wie dieser wirklich ausgesehen hat, ist buchstäblich alles passiert, was erlaubt ist. Nur eben in verschiedenen Teilwelten, in denen aber genau die gleichen physikalischen Gesetze gelten wie in unserer. Könnten wir für ein bestimmtes Ereignis die entsprechende Teilwelt aufsuchen, so würden feststellen, dass dieses Ereignis dort auch wirklich geschehen ist. Nur befänden wir uns dann nach unserem Gefühl in einem anderen Universum.

Wie verschieden können diese Welten eigentlich sein? Das kommt darauf an, wie früh die Verzweigung gegenüber unserem eigenen Ast stattgefunden hat. In vielen von diesen Welten gibt es nicht einmal die Milchstraße, in anderen kein Sonnensystem oder eine Erde ohne Mond. Beschränken wir uns nur auf die Erde, so ist in etlichen Teilwelten die Entstehung des Lebens ganz anders abgelaufen als bei uns. Hier laufen ganz andere Lebensformen herum oder vielleicht sind die Dinosaurier noch nicht ausgestorben, weil dort der Asteroid, der für ihr Aussterben verantwortlich gemacht wird, die Erde verfehlt hat. Schließlich gibt es natürlich viele Zweige des Universums, wo die Menschheit bisher noch nicht entstanden ist.

Aber wir müssen gar nicht so weit in die Vergangenheit gehen. Bleiben wir innerhalb Ihrer oder meiner Lebensgeschichte. Natürlich gibt es innerhalb unseres Universums auch Teilwelten, in denen Sie einige Entscheidungen in Ihrem Leben anders getroffen haben, und es Ihnen dadurch besser ergeht als gerade jetzt. Das mag tröstlich erscheinen, denn wir alle trauern bestimmten Lebenssituationen nach, gerade weil wir sie nicht rückgängig machen können. Aber das Gedankenspiel geht auch in die negative Richtung. In einem Viele-Welten-Universum gibt es bestimmt auch Zweige, in denen ich beim Schreiben dieser Zeilen todkrank bin und nicht gesund. Ebenso ist auch eine Teilwelt vorhanden, in denen nicht ich, sondern Sie dieses Buch schreiben, und zwar genau denselben Text. Ich bin dann vielleicht nicht der Autor, sondern Ihr späterer Leser. Selbstverständlich kann man das Ich und Sie nicht ganz wörtlich nehmen, denn auch unsere Persönlichkeiten, die durch unsere Lebensgeschichten geprägt werden, wären dann ja unterschiedlich. Aber wir würden trotzdem absolut gleich aussehen.

Doch es geht noch drastischer. Ganz sicher gibt es auch eine Teilwelt, wo jetzt neben Ihnen beim Lesen ein Revolver liegt. Und mit diesem feuern Sie sich eine Kugel in den Kopf, noch bevor Sie diesen Satz zu Ende gelesen haben. Schön, dass Sie weiterlesen und nicht in diesem Zweig des Universums leben. Merken Sie etwas? In solch einem Universum ist alles möglich, was denkbar ist, aber nicht physikalisch verboten. Es gibt Teilwelten, wo Sie oder ich ein Heiliger sind oder ein 100-facher Lottogewinner oder aber ein Massenmörder. All das ist nach dieser Deutung gleichzeitig verwirklicht. Und damit bekommt sie auch einen moralischen Aspekt.

Moral ist zwar nichts, was einen Physiker von einer als richtig erkannten Theorie abbringen sollte, aber trotzdem möchte ich darauf eingehen. Die oben skizzierte Welt zerfließt meines Erachtens zur Belanglosigkeit und Beliebigkeit. Man kann leicht auf den Gedanken kommen, dass es sich überhaupt nicht lohnt, sich anzustrengen oder gut zu seinen Mitmenschen zu sein. Warum sollte negatives Verhalten etwas Verwerfliches an sich haben? Es gibt ja ganz sicher auch immer eine Teilwelt, in der man das Gute und nicht das Schlechte tut. Tatsächlich benehmen wir uns jedoch fast alle so, dass wir unseren Mitmenschen möglichst wenig Schaden zufügen. Nur solch ein Verhalten macht in einer Lebensgemeinschaft wirklich Sinn. Aber welchen Sinn machen unsere Wertevorstellungen, wenn jegliches Verhalten in einer der Teilwelten realisiert ist?

Wenn es keine Entscheidung zwischen den Weltenzweigen gibt und ich in einem anderen auch als Auftragskiller herumlaufe, wie kann es dann jemals dazu kommen, dass ich mich überhaupt entscheide? Und damit sind wir bei einem ganz heiklen Thema angekommen, das hier auch angeschnitten werden muss: dem freien Willen. Auch wenn mir nicht klar ist, ob dieser freie Wille wirklich existiert oder nur eine Illusion unseres Bewusstseins ist, so sehe ich doch in solch einem Universum gar keinen Platz für ihn. Es geschieht hier einfach alles, was geschehen kann, und keiner dürfte hier für irgendetwas verantwortlich gemacht werden.

Nach diesem Ausflug in die weltanschaulichen Aspekte der Viele-Welten-Interpretation möchte ich zur Physik zurückkehren. Die Hauptfrage ist doch, ob unser Wissen über die Schrödingergleichung tatsächlich ausreicht, um die Existenz aller dieser Teilwelten wahrhaftig zu fordern. Und dies, obwohl wir sie nicht nachweisen können. Nach dem vorangestellten Existenzprinzip ist diese Schlussfolgerung ganz und gar unzulässig, weil wir von den anderen Teilwelten keine Informationen erhalten können. Sie sind zwar unzweifelhaft alle *möglich*, aber deshalb nicht notwendigerweise real. Auch Carl Friedrich von Weizsäcker verneint die Existenz dieser Weltenzweige.[1] Nach seiner Analyse ist die Quantentheorie ja gerade der Versuch, eine möglichst gute Beschreibung der Naturphänomene zu liefern. Die Aufspaltung der Welt in Zweige ist aber gerade *kein* Phänomen, das wir beobachten können, und deshalb auch kein Gegenstand der Quantentheorie.

Wir werden später noch sehen, dass die Existenz eines Objekts keineswegs so offensichtlich gegeben ist, wie wir dies normalerweise annehmen. Die *Existenz* von etwas in unserer physikalischen Welt kann nämlich weder gefordert, noch bewiesen werden, sondern sie kann nur *festgestellt* werden. Und dies ist wiederum an Vorbedingungen geknüpft. Wir werden dies deutlich in Kapitel 37 herausarbeiten, wo es um die grundlegendsten Fragen überhaupt geht: Warum existiert unser Universum? Und warum hat es diese und keine anderen Naturgesetze und Naturkonstanten? Ohne eine genaue Untersuchung, was Existenz überhaupt bedeutet, werden wir hier nicht weiterkommen. Im Gegensatz zur Mathematik, wo es durchaus reine Existenzbeweise gibt, die von der Mehrzahl der Mathematiker auch anerkannt werden, geht dies in der Physik nicht so einfach. Eine Existenzforderung ohne einen direkten Nachweis ist und bleibt eine Spekulation, solange dieser nicht erbracht ist.

Aber neben diesen Kritikpunkten gibt es noch weitere. Mir ist nicht bekannt, wie sich die Aufspaltung des Universums wirklich vollziehen soll und wie sie mit der allgemeinen Relativitätstheorie, die die Raum- und Zeitstruktur im Großen beschreibt, vereinbar ist. Passiert diese Aufspaltung überall gleichzeitig oder nur lokal, und breitet sie sich dann mit Lichtgeschwindigkeit aus? Ebenso gibt es gelinde gesagt Schwierigkeiten, die etablierte Wahrscheinlichkeitsvorhersage der Quantentheorie mit Teilwelten zusammenzubringen. Wir erinnern uns kurz: Die Wellenfunktion besagt, wie *wahrscheinlich* der Ausgang einer Messung für ein bestimmtes Ergebnis ist. Dies ist auch in allen Experimenten immer wieder bestätigt worden. Was aber soll diese Wahrscheinlichkeit bedeuten, wenn sich die Welt sowieso in *alle* möglichen Zweige aufteilt? Mit der Wahrscheinlichkeit einer Entscheidung können wir etwas anfangen, aber was macht eine Wahrscheinlichkeit für einen bestimmten Weltenzweig für einen Sinn, wenn er doch sowieso vorhanden ist?

Das stärkste Argument gegen diese Interpretation ist für mich jedoch, dass die Schrödingergleichung gar nicht die vollständige Beschreibung für Quantenphänomene sein *kann*. Die Quantentheorie macht nämlich einen großen Bogen um die Gravitation, denn diese hat sich bisher trotz aller Bemühungen der Integration in die Quantentheorie widersetzt. Versucht man die Schwerkraft im üblichen Standardverfahren in die Quantentheorie einzubauen, so erhält man nur unsinnige Resultate. Alle Rechnungen ergeben den Wert unendlich. Ein einfaches Überstülpen der Quantentheorie auf die allgemeine Relativitätstheorie darf man daher getrost als gescheitert ansehen.

---

1 Weizsäcker (1985), Kap. 13.3

Warum dies so problematisch ist, sehen wir wieder am Doppelspalt. Wir führen unseren Versuch diesmal mit Molekülen durch, die etwa so schwer wie 1600 Protonen sind. Diese Masse krümmt nach der allgemeinen Relativitätstheorie den Raum und die Zeit, und zwar genau dort, wo sie sich befindet. Aber wo befindet sie sich eigentlich? Wo ist das Molekül in der Nähe der Spalte, wenn es sich am Schirm mit sich selbst überlagert? Wie wird der Raum bei den Spalten gekrümmt? Ist die Masse hier über beide Spalte verschmiert? Befindet sich also jeweils die Hälfte der Masse und damit die Hälfte der Raum- und Zeitkrümmung an je einem Spalt?

Aus der Quantentheorie wissen wir, dass wir hierüber gar keine Aussage machen können. Das Teilchen befindet sich *nicht* an einem der beiden Spalte, sondern es gibt nur eine Wellenfunktion, die die Wahrscheinlichkeiten für sein Auftreten beinhaltet. Versucht man aber trotzdem, den Versuch gleichzeitig mit zwei realistischen Flugbahnen im Rahmen der allgemeinen Relativitätstheorie durchzurechnen, so landet man beim nächsten Problem: Ein Molekül am linken Spalt krümmt den Raum und die Zeit auf eine ganz bestimmte Weise. Und diese Krümmung wirkt sich nicht nur dort, sondern im Prinzip im gesamten Universum aus. Zwar ist sie Lichtjahre von unserem Versuch entfernt ausgesprochen schwach, aber eben doch anders, als wenn das Molekül durch den rechten Spalt geflogen wäre.

Beide Raum- und Zeitgeometrien, die sich aus den verschiedenen Flugbahnen ergeben, sind nicht dieselben. Man kann daher auch von *verschiedenen* Universen sprechen, die sich aus dem Durchqueren des linken oder des rechten Spalts ergeben. Dies passt aber ganz und gar nicht mit *einer* Schrödingergleichung zusammen, die diesen quantentheoretischen Vorgang beschreibt.[1] Nach der allgemeinen Relativitätstheorie ergeben sich also unterschiedliche Raum- und Zeit-Welten, wobei die Quantentheorie im Gegensatz dazu mit einer einzigen auskommt. Dies liegt ganz einfach daran, dass in der Schrödingergleichung überhaupt keine Raum- und Zeitkrümmung vorkommt. Hier sind Raum und Zeit, wie man auch sagt, flach.

Eine ähnliche Frage wie oben kann man sich auch bezüglich der elektrischen Ladung eines Teilchens stellen: Wo befindet sich eigentlich die Ladung eines Elektrons, wenn es durch einen Doppelspaltversuch fliegt? Auch dafür gibt es keine eindeutige und anschauliche Antwort, aber im Gegensatz zu seiner Masse gibt es hier auch keine Probleme mit der allgemeinen Relativitätstheorie. Die Schrödingergleichung beschreibt im Rahmen der Quantentheorie das Auftreten des Elektrons und damit auch das Auftreten seiner Ladung korrekt und vollständig. Und dies funktioniert, weil die elektrische Ladung gerade *nicht* den Raum und die Zeit krümmt. Nur wenn wir die Masse eines Teilchens mit in unsere Betrachtung einbeziehen,

---

[1] Penrose (2004), Ch. 30.11

kommen beide Theorien miteinander in Konflikt. Neue Ansätze sind daher gefragt, wenn es um eine einheitliche Beschreibung aller Grundkräfte der Physik geht. Diese Versuche, eine Weltformel zu konstruieren, sehen wir uns in Kapitel 35 an.

Trotz alle dem wird für die Viele-Welten-Interpretation oft ins Feld geführt, dass die Schrödingergleichung von so überzeugender Einfachheit ist, dass diese Einfachheit auch in allen neuen Theorien überleben wird. Ihre Überlagerungszustände entstehen nämlich durch eine ganz einfache Addition: Sind zwei Lösungen der Gleichung bekannt, so sind auch deren Summe, deren Differenz und auch beliebig andere aufsummierte Vielfache dieser Lösungen ebenfalls wieder eine Lösung der Gleichung. Dieses Gesetz, das sogenannte *Superpositionsprinzip*, sei so harmonisch und ästhetisch, dass es auch in einer Weltformel gelten müsse. Und daraus wird dann auch in diesem Fall die Existenz vieler Welten abgeleitet. Nur hat die Physik dummerweise schon öfter erleben müssen, dass sich ganz einfache Gesetze später als falsch herausgestellt haben.

Die besten Beispiele dazu habe ich Ihnen bereits vorgestellt. Die kreisförmigen Planetenbahnen der Antike stellten sich nach genauerer Analyse als Ellipsen heraus. Newton erklärte diese Ellipsen durch ein mathematisch ganz einfaches Gravitationsgesetz: Die Schwerkraft ist proportional zu den beteiligten Massen und umgekehrt proportional zum Quadrat ihres Abstands. Viel einfacher als dieses Gesetz geht es eigentlich gar nicht mehr, aber auch Kreise sind ja auch eine ganz einfache geometrische Figur. Trotzdem sind diese beiden Beschreibungen nichts mehr als Näherungen, die wiederum von der allgemeinen Relativitätstheorie abgelöst wurden. Und auch bei der speziellen Relativitätstheorie hatten wir gesehen, dass das einfache Gesetz von der Addition der Geschwindigkeiten, das für unser Alltagsleben völlig ausreichend ist, durch etwas Komplizierteres ersetzt werden muss.

Heute stehen wir an der Schwelle zu einer neuen Betrachtungsweise in der Physik, die ich Ihnen im nächsten Kapitel vorstellen möchte. Wenn sie sich als richtig erweisen sollte und durchsetzt, so ist davon auszugehen, dass danach unsere bisherigen Theorien ebenfalls nicht mehr dieselben sein werden. Aber egal, wie es ausgehen sollte, falls die beiden heutigen Haupttheorien, die Quantentheorie und die allgemeine Relativitätstheorie, zu einer einzigen vereint werden sollten, so werden beide dabei nicht ungeschoren davon kommen, sondern Federn lassen müssen. Davon wird aber ganz sicher auch ihre mathematische Struktur betroffen sein und damit das so einfache Superpositionsprinzip der Quantentheorie. Natürlich ist dies alles noch Zukunftsmusik. Es zeigt aber dennoch, auf welch wackeligem Fundament die Viele-Welten-Interpretation steht.

27 Fundament der Wirklichkeit

> Wer hohe Türme bauen will, muss lange beim Fundament verweilen.
> *Anton Bruckner, Komponist*

Was also ist real? Was existiert in unserer Welt, und wie können wir das feststellen? Um diese Frage zu ergründen, begeben Sie sich bitte gedanklich an einen Ihrer Lieblingsorte. Vielleicht haben Sie von dort aus einen weiten Blick über eine wunderschöne Landschaft, vielleicht hören Sie die Meereswellen rauschen oder spüren die Grashalme einer Wiese an Ihren Fußsohlen. Eventuell befinden Sie sich auch in einem Gebäude oder einfach nur in Ihrem Lieblingssessel. Auf jeden Fall empfinden Sie dort eine tiefe Vertrautheit und Zufriedenheit.

Wenn wir uns nun fragen, wo sich dieser Ort im Universum befindet, so kommen wir in erhebliche Schwierigkeiten. Diese Frage lässt sich nämlich mit unseren heutigen Mitteln kaum beantworten. Egal, welches vernünftige Koordinatensystem wir auch verwenden, unser Lieblingsort wird sich ständig darin bewegen. Die Kontinente heben und senken sich mit Ebbe und Flut und driften in Erdzeitaltern über den Globus. Die Erde dreht sich um sich selbst und bewegt sich um die Sonne. Die Sonne umkreist das galaktische Zentrum und unsere Milchstraße stürzt auf die Andromedagalaxie zu. Und unsere lokale Galaxiengruppe treibt ebenfalls durch den intergalaktischen Raum. Suchen wir unseren Lieblingsort also zu verschiedenen Zeiten auf, so lässt sich physikalisch nur äußerst ungenau sagen, wo er sich überhaupt befindet. Aber trotzdem ist er uns ungeheuer vertraut. Warum eigentlich?

Wir finden dort genau das vor, was wir auch erwarten. Von einem Aussichtspunkt im Gebirge sehen wir stets dasselbe Panorama, im Stadtpark stehen noch dieselben Bäume wie beim letzten Mal und unser Sessel hat sich augenscheinlich auch nicht verändert. Wir nehmen mit unseren Sinnen unzählige Informationen über unseren Lieblingsort wahr, speichern einen Teil davon ab und vergleichen diese Erinnerungen beim nächsten Besuch mit unseren Erwartungen. Dabei helfen uns unsere Erfahrungen, die augenscheinlichen Veränderungen einzuordnen und zu bewerten. Eine Landschaft sieht im Sommer eben anders aus als im Winter, denn eventuell liegt nun Schnee oder es ist neblig. Auch der Sessel hat ganz sicher etwas Staub angesetzt. Unser Lieblingsort hat sich zwar verändert, ist für uns aber noch der gleiche.

Alles, was wir überhaupt über diesen Ort erfahren können, übermitteln uns unsere Sinnesorgane in Form von Informationen. So ergeht es uns mit jedem Objekt im Universum. Auch die Physiker und Astronomen erhalten mit ihren Messinstrumenten lediglich Informationen über das, was wir Wirklichkeit nennen. Daraus entwerfen sie Bilder und konstruieren mathematische Theorien, die diese Wirklichkeit angemessen beschreiben sollen. Einen anderen Zugang zur Wirklichkeit besitzen wir nicht.

Vergleichen mit unseren Alltagserfahrungen befinden sich die Wissenschaftler aber keineswegs in einer komfortableren Situation, nur weil sie unter kontrollierten Bedingungen mit möglichst einfachen Objekten arbeiten. Wir hatten dies deutlich beim Doppelspalt gesehen: Alles, was wir über ein Teilchen in der Versuchsanordnung in Erfahrung bringen können, sind Ortsinformationen zu einer bestimmten Zeit mit einer gewissen Genauigkeit. Mehr ist nicht möglich.

Dabei ist schon der Begriff eines Teilchens genau genommen eine Idealisierung. Wir stellen uns bei einem Elementarteilchen, wie beispielsweise einem Elektron, auf der einen Seite ein punktförmiges Objekt vor. Auf der anderen Seite wissen wir aber aufgrund der heisenbergschen Unbestimmtheitsrelation, dass der Ort dieses Objekts niemals genau auf den Punkt bestimmbar ist. Im Prinzip machen wir also nichts anderes, als der Summe aller Informationen, die wir von einem Objekt erhalten können, mit einem Namen zu versehen, zum Beispiel Elektron oder Photon. Aber auch der Begriff des Objekts hat seine Tücken. Er ist nämlich nur dann sinnvoll, wenn sich ein Objekt so verhält, dass es eine Einheit darstellt, die man vom Rest der Welt in guter Näherung als getrennt ansehen kann.

Ausgehend von unserer Alltagswelt liegt es nahe, unsere Welt mit Teilchen zu beschreiben, zwischen denen Kräfte und Felder wirken. Die Einheiten dieser Welt, die Elementarteilchen, werden also einerseits als voneinander getrennt betrachtet, andererseits verbinden wir sie aber über Wechselwirkungen wieder miteinander. Sie sind getrennt und doch verknüpft, was nur dann ein passendes Bild ergibt, wenn ihre äußere Verknüpfung lockerer ist als ihr innerer Zusammenhalt. Im Grunde genommen entwerfen wir damit aber immer nur Vorstellungen, die wir uns von einem *ganzheitlichen* Universum machen. Um es begreifen zu können, unterteilen wir es in Bausteine und Kräfte: in Elementarteilchen und Wechselwirkungen.

Können wir hoffen, jemals mehr über diese Teilchen zu erfahren als die Informationen, die sie preisgeben? Ist es überhaupt vorteilhaft, sich beispielsweise bei einem Elektron noch irgendeine Vorstellung darüber hinaus zu machen? Geprägt von unseren täglichen Erlebnissen, kennen wir nichts anderes als reale Gegenstände, die sich an einer Position befinden und die ein ganz bestimmtes Volumen besitzen. Deshalb ist es ganz verständlich, dass wir uns *wünschen*, dass die Objekte in der Quantenwelt genauso konkret sind, wie wir es gewohnt sind. Aber aus den obigen Betrachtungen ist hoffentlich klar geworden, dass es keinen Sinn macht, etwas zu suchen, was gar nicht vorhanden ist. Wir werden niemals ein Elektron finden, das mit einem Alltagsgegenstand vergleichbar wäre.

Viele Physiker lehnen es daher rundherum ab, sich über die Wirklichkeit eines Elektrons irgendwelche weitergehende Gedanken zu machen. Für sie ist seine quantentheoretische Beschreibung alles, was sich über ein Elektron sagen lässt. Eine darüber hinaus gehende Realität lehnen sie ab und glauben auch nicht, dass es sich lohnt, darüber nachzudenken. Aber mir erscheint dieser Standpunkt eher wie eine Kapitulation vor dem Unbekannten. Ich vermisse darin den Versuch, das nur schwer Fassbare zu ergründen und zu erklären.

Wir alle gehen davon aus, dass es eine von uns unabhängige Wirklichkeit gibt, durch die wir uns bewegen. Wie können wir diese Wirklichkeit nicht nur beschreiben, sondern was macht sie aus? Diese Frage gehört nicht mehr in den Bereich der Physik, sondern in den der Philosophie. Ich halte sie aber nicht nur für legitim, sondern auch für notwendig, wenn wir die Natur verstehen wollen. Wie einige andere Physiker bin ich davon überzeugt, dass es uns weiterbringen wird, wenn wir uns nicht nur fragen, *wie* sich ein Elektron verhält, sondern auch *was* ein Elektron *ist*.

Diese Forscher behaupten, dass neben den Informationen, die wir von einem Elektron erhalten können, rein gar nichts existiert. Das bedeutet, dass ein Elektron in letzter Konsequenz *nur* aus Information besteht und aus nichts anderem. Wenn Ihnen dies im Moment zu abstrakt erscheint, so befinden Sie sich in guter Gesellschaft, aber vielleicht überzeugen Sie ja noch weitere Argumente.

Anton Zeilinger, einer der führenden Experimentalphysiker für Quantenverschränkung, hat das Verhältnis zwischen Wirklichkeit und Information in seinen Büchern und Veröffentlichungen klar herausgearbeitet. Alles, was wir über die Wirklichkeit um uns herum erfahren können, sind Informationen *über* diese Wirklichkeit. Etwas anderes ist nicht möglich, und weitere Annahmen über die Wirklichkeit führen nur zu Vorstellungen, die uns paradox erscheinen. Nach einer umfangreichen Betrachtung der bestehenden Interpretationen der Quantentheorie kam er 1999 zu dem Schluss, dass die *Quantentheorie* auf dem Begriff der *Information* aufgebaut werden muss.

Wenn sich dies als richtig erweist, so sollten größere Objekte mehr Informationen tragen als kleinere. Ein Apfel beinhaltet demzufolge mehr Informationen als ein Atom oder gar ein Elementarteilchen. Der Apfel enthält nicht nur die Informationen über seine Farbe und seinen Geschmack, sondern auch über die Orte aller seiner Atome. Ein Atom hingegen besitzt wesentlich weniger Information. Wenn wir seine Protonen- und Neutronenzahl kennen, ist dadurch sein Kern schon festgelegt und ebenso seine Elektronenzahl. Befinden sich Kern und Elektronenhülle jeweils im Zustand niedrigster Energie, so ist ein Atom durch diese Zahlen schon vollständig charakterisiert. Noch weniger Informationen stecken in einem Elektron oder Photon. Ein Photon beispielsweise besitzt nur eine Energie und eine Polarisation, mehr nicht. Dazu kommen noch sein Ort und die Richtung seines Impulses, aber nur im Rahmen der heisenbergschen Unbestimmtheitsrelation, auf die ich später eingehen werde.

In Kapitel 9 haben wir gesehen, dass sich alle Informationen in einem Computer stets auf Bits zurückführen lassen. Aber dies gilt nicht nur für die Informationen in einem Rechner, sondern für jegliche Art von Information. So umfangreich sie auch sein mag, sie kann immer in einen Katalog von Ja-Nein-Antworten umgewandelt werden, also in eine Kette von Bits. Ein Bit stellt also die kleinste und damit unteilbare Menge an Information dar. Es ist gewissermaßen das Elementarteilchen der Information, und noch dazu das einzige. Demnach sollten Bits auch in der Quantentheorie *die* fundamentale Rolle spielen. Zeilinger fasste diese Erkenntnis in einem Satz zusammen:[1]

Das elementarste System trägt 1 Bit an Information.

Dieses sogenannte *zeilingersche Urprinzip* stellt die Quantenwelt auf ein neues Fundament. Nicht mehr die Teilchen und Wahrscheinlichkeitswellen stehen im Vordergrund, sondern der Informationsinhalt eines Systems. Dieses Prinzip mag vielleicht auf den ersten Blick relativ nichtssagend klingen. Es ergeben sich aus ihm auch bislang keine neuen Vorhersagen in Bezug auf Experimente. Negativ ausgedrückt ist es nur eine Umdefinition der Begrifflichkeiten und schon gar keine neue Theorie. Aber ich halte die Verwendung von Begriffen und deren Bedeutung für absolut grundlegend und entscheidend. Auch wenn sich aus diesem Urprinzip im Bereich der Quantenwelt keine nachweisbaren Konsequenzen abzeichnen, so hat Zeilinger doch einen neuen Begriff zum Leitmotiv erklärt. Diese Neuausrichtung der Quantentheorie wird das Denken von Physikern verändern und in neue Bahnen lenken. Mich hat sie jedenfalls auf neue Ideen gebracht, wie man das Rätsel der Dunklen Materie und Dunklen Energie im Universum lösen könnte (Kapitel 31).

Bei der Formulierung seines Urprinzips lässt Zeilinger bewusst offen, was unter einem elementaren System zu verstehen ist. Mit dem Spin oder der Polarisation eines Photons haben wir in Kapitel 24 aber schon eines kennengelernt. Die Polarisationsmessung eines Photons lässt immer nur eine einzige Ja-Nein-Antwort zu. Ein Photon trägt also bezüglich seiner Polarisation genau 1 Bit. Auch der Spin eines Elektrons wird genau durch 1 Bit dargestellt. Wesentlich komplizierter wird es, wie wir noch sehen werden, beim Ort und Impuls eines Elektrons.

Betrachten wir dagegen ein System aus mehreren Teilchen, so wird deren Informationsgehalt größer sein. Ebenfalls in Kapitel 24 hatten wir ein System aus 2 verschränkten Photonen untersucht. Diese tragen mit ihren 2 Polarisationen nach Zeilinger auch 2 Bits. Mit diesen Bits konnten wir erklären, wie die Ergebnisse der Verschränkungsmessungen einerseits gekoppelt und andererseits zufällig sind. Die

---

[1] Zeilinger (1999 und 2003, Kap.V 3.)

beiden Bits waren schon für die Kopplung verbraucht, sodass für die einzelne Polarisation keines mehr zu Verfügung stand. Die Zufälligkeit bei der einzelnen Messung entsteht also durch einen Mangel an Information. Das betrachtete System hat nämlich einen so geringen Informationsgehalt, dass die Information über die Polarisation der einzelnen Photonen nicht auch noch irgendwo im Vorhinein gespeichert werden kann. Sie ist also *vor* der Messung nicht festgelegt, und deshalb regiert der Zufall jede einzelne Polarisationsmessung.

Bei mehreren elementaren Systemen wird deren Informationsinhalt einfach addiert, genau wie bei den zwei verschränkten Photonen. Demzufolge lautet die Verallgemeinerung des zeilingerschen Urprinzips:[1]

N elementarste Systeme tragen N Bits.

Diese Bits verhalten sich allerdings nicht so wie unsere klassischen Bits aus dem Computer. Genauer gesagt handelt es sich um *Quantenbits* oder kurz *Qubits*, die eine kompliziertere mathematische Beschreibung nach sich ziehen. Mit ihnen wird in der Schrödingergleichung gerechnet, aber bei einer Messung ist immer sichergestellt, dass genau wieder eines der klassischen Bits herauskommt. Deshalb möchte ich auch nicht näher auf die Quantenbits und die sich daraus ergebenden Technologien wie Quantencomputer, Quantenverschlüsselung oder Quantenteleportation eingehen.[2] Mir geht es vielmehr um die Grundprinzipien der Physik und ihre Bedeutung. Diese möchte ich in den Vordergrund stellen und nicht ihre Anwendung.

Mit dieser neuen Sichtweise, die auf Bits beruht, verliert auch die heisenbergsche *Unbestimmtheitsrelation* ihren Schrecken und bekommt eine ganz natürliche Erklärung. Wir erinnern uns, dass eine Unbestimmtheitsrelation jeweils zwei Messgrößen miteinander koppelt. Die bekannteste ist die Relation, die die Genauigkeit einer Orts- und Impulsmessung begrenzt:

$$\Delta x \cdot \Delta p \geq \hbar / 2.$$

Das Produkt aus der Orts- und Impulsgenauigkeit ist immer größer oder gleich einer bestimmten Größe. Man sagt auch in der Sprache der Quantentheorie, dass solche Messgrößen wie Ort und Impuls *nicht miteinander vertauschen.* Damit meint man, dass die Reihenfolge bei ihren Messungen eine entscheidende Rolle spielt. Das bedeutet, dass eine Ortsmessung mit einer anschließenden Impulsbestimmung an einem Teilchen zu anderen Ergebnissen führt als die Messungen in umgekehrter Reihenfolge. All dies lässt sich meiner Meinung nach viel besser nachvollziehen, wenn man den Sachverhalt aus der Sicht von Bits betrachtet.

---

1 Zeilinger (1999 und 2003, Kap.V 3.)

2 siehe Zeilinger (2005)

Nehmen wir an, wir haben nur eine feste Anzahl von Bits für die Bestimmung des Ortes eines Teilchens zur Verfügung. Und nehmen wir weiterhin an, dass dieselben Bits auch zur Festlegung seines Impulses verwendet werden müssen. Auf diese Weise haben wir die nicht-vertauschenden Messgrößen gekoppelt. Durch die feste Anzahl von Bits ist ihre Genauigkeit begrenzt. Je nachdem, wie wir die Bits auf Ort oder Impuls verteilen, ist einmal der Ort genauer bestimmt und einmal der Impuls. Dies sehen wir am besten, wenn wir ein Bit, das im Moment für die Ortsfestlegung in Gebrauch ist, ab jetzt für den Impuls verwenden. Damit sinkt die Ortsgenauigkeit um einen Faktor 2, aber die Impulsgenauigkeit steigt im Gegenzug um einen Faktor 2. Das Produkt aus beiden Genauigkeiten ist stets dasselbe. Die maximale Informationsmenge, die in nicht-vertauschenden Größen steckt, ist also begrenzt. Nach diesen Vorbemerkungen lässt sich die *allgemeine Unbestimmtheitsrelation* in eine andere Sprache übersetzen:

> *Die Festlegung von nicht-vertauschenden Größen geschieht mit den gleichen Bits. Deren Menge ist begrenzt.*

Als ich diese Formulierung mitten im Schreiben gefunden hatte, bekam ich das Gefühl, die Quantentheorie viel besser verstanden zu haben. Dieser Satz ist zwar nur eine Umformulierung, aber für mich zeichnet er ein neues Bild. Und Bilder sagen nun einmal mehr als tausend Worte oder mathematische Formeln. Genau wie bei der Erklärung zur Verschränkung und Zufälligkeit, lässt sich mit Bits ein Sachverhalt prägnant ausdrücken: Gekoppelte, also nicht-vertauschende Größen teilen sich einfach die gleichen Bits. Von diesen Bits stehen aber nicht beliebig viele, sondern nur eine bestimmte Anzahl zur Verfügung. Warum das so ist, und wodurch festgelegt ist, welche Größen sich wie viele Bits teilen müssen, kann ich allerdings nicht beantworten.

Aber mit dieser Betrachtungsweise wird auch klar, wieso die Reihenfolge bei Messungen von gekoppelten Größen entscheidend ist. Wird zuerst der Ort mit einer großen Genauigkeit gemessen also festgelegt, so werden viele Bits mit der Ortsinformation gefüllt. Wird anschließend ebenfalls der Impuls mit hoher Genauigkeit gemessen, so muss ein Teil der Ortsbits wieder gelöscht werden, um die volle Impulsinformation aufnehmen zu können. Es ist absolut einleuchtend, warum eine vertauschte Messreihenfolge ganz andere Ergebnisse zur Folge hat. Die Größe, die zuletzt gemessen oder festgelegt wird, diktiert im Zweifelsfall das resultierende Bitmuster nach beiden Messungen.

Wird die gesamte Menge an Bits für eine der beiden Größen verwendet, so ist die andere gänzlich unbestimmt. Eine Messung der zweiten Größe führt dann zu absolut zufälligen Ergebnissen. Wie sich trotz dieser völligen Unbestimmtheit mathematisch unsinnige und damit unendliche Größen in der Unbestimmtheitsrelation vermeiden lassen, sehen wir uns im übernächsten Kapitel an. Hier überlegen wir uns auch, wie groß die Bitmenge für ein Teilchen ist und ob sie zeitlich konstant ist.

Kann es wirklich sein, dass unsere Welt so einfach aufgebaut ist? Nur Bits und nichts anderes? Immerhin ist dieser Ansatz mehr als radikal und widerspricht der bisherigen Lehrmeinung. Deshalb ist auch immer wieder von etablierten Physikern zu hören und zu lesen, dass diese Geschichte mit der Information zwar ganz schön und gut sei. Aber schließlich *müsse* Information ja immer an Materie gebunden sein, und deshalb könne dieses Bild auch nicht der ganzen Wahrheit entsprechen.

Dieser Einwand ist aus dem Blickwinkel der technischen Speicherung von Information erst einmal berechtigt. Wir haben bei der Betrachtung eines Computers ganz deutlich gesehen, dass die Informationsspeicherung in allen verwendeten Speichermedien immer Materie erfordert, die die Informationen in Form von Bits aufnimmt. Was aber die Materie letztendlich ausmacht und woraus sie aufgebaut ist, haben wir dabei komplett außer Acht gelassen. Was also spricht dagegen, dass Materie im Endeffekt *nur* aus Information, also aus Bits besteht?

Mich erinnern die obigen Einwände der Wissenschaftler am ehesten an das Festhalten vom Äther. Auch hier waren die Physiker erst einmal nicht bereit, von einem Medium für die Wellenausbreitung des Lichts abzulassen. Eine Welle *muss* einfach ein Ausbreitungsmedium besitzen, denn etwas anderes war bis dahin nicht bekannt und demnach nicht vorstellbar. Die Konstanz der Lichtgeschwindigkeit war zwar rätselhaft, aber ein Äther musste vorhanden sein. Erst die grundlegende Abkehr vom Raum- und Zeitbegriff in der speziellen Relativitätstheorie löste das Rätsel, nachdem die Konstanz der Lichtgeschwindigkeit durch Einstein zum Prinzip erhoben wurde. Auch bei Zeilinger wird der fehlende Nachweis einer stofflichen Art von Materie zum Leitspruch erhoben: Nicht Materie, sondern[1]

Information ist der Urstoff des Universums.

Dies ist eine klare Absage an jedwede realistische Vorstellung von Materie. Zeilinger behauptet, dass man das Universum nicht nur mithilfe von Information beschreiben kann, sondern dass es tatsächlich aus Informationen, also aus Bits, aufgebaut ist. Bits bilden die Elementarteilchen und diese wiederum die Protonen, Atome, Moleküle, Gegenstände, Lebewesen, Planeten, Sterne und Galaxien. Bits sind das Grundgerüst des gesamten Universums. Nichts anderes ist in diesem Bild vorhanden. Wenn es richtig sein sollte, so müssen wir unsere bekannten Begriffe wie Teilchen, Kräfte, Felder, Energie und Masse darauf aufbauen. Wie das genau im Einzelnen geschieht, ist zwar noch nicht verstanden, aber der Weg ist gewissermaßen vorgegeben. Ich hoffe daher, dass es uns in naher Zukunft auch gelingen

[1] Zeilinger (2003), Kap.V 3.

wird, eine Theorie zu entwerfen, die beispielsweise den Begriff der Masse mithilfe von Bits erklärt.

Zeilinger fordert weiterhin: »Naturgesetze dürfen keinen Unterschied machen zwischen Wirklichkeit und Information«.[1] Sobald man dies nämlich tut, steckt man mehr in eine Theorie hinein, als sich in der Natur wiederfinden lässt. Das führt dann zu Begriffen und Bildern, die niemals experimentell nachgewiesen werden können. Denn die Wirklichkeit besteht aus nichts anderem als aus den Informationen über diese Wirklichkeit. Informationen über die Wirklichkeit und die Wirklichkeit selbst sind demnach identisch. Die griffige Formel, die dies widerspiegelt, lautet:

Wirklichkeit = Information über die Wirklichkeit

Diese Formel oder dieses Prinzip hatten wir schon beim Doppelspaltversuch als *Existenzprinzip* kennengelernt. Es besagt, dass nur etwas wirklich ist, also existiert, wenn auch Informationen darüber vorliegen. Hingegen ist etwas, über das keinerlei Information verfügbar ist, nicht Teil der Wirklichkeit und existiert somit auch nicht. Die Existenz eines Objekts oder einer Messgröße ist also an die Information darüber gebunden. Könnten wir beispielsweise ein Objekt von allen Wechselwirkungen abschirmen und somit völlig isolieren, so würde es geradewegs aus unserem Universum verschwinden, denn wir könnten buchstäblich nichts mehr über dieses Objekt in Erfahrung bringen.

Der Erste, der ein rein informationsbasiertes Universum vorgeschlagen hat, war Carl Friedrich von Weizsäcker. Seine Theorie der Uralternativen wurde zwischen den 1970er und 1990er Jahren ausgearbeitet, reicht aber von der Idee her bis in die 1950er Jahre zurück.[2] Diese kühne Vision kam leider Jahrzehnte zu früh, denn sie fiel in der Fachwelt nicht auf fruchtbaren Boden. Seine Uralternative, die er auch kurz Ur nennt, würden wir heute als Quantenbit bezeichnen. Mit diesen Bits versuchte er, die Struktur der gesamten Physik zu rekonstruieren, was ihm zumindest teilweise gelang. Zum Beispiel konnte er mit wenigen Annahmen die Dreidimensionalität des Raums und die spezielle Relativitätstheorie herleiten, ohne beides vorauszusetzen.

Leider hatte von Weizsäcker damals noch nicht die starke Unterstützung durch die Ergebnisse der Verschränkungsversuche. Mit ihnen hat uns die Natur sozusagen mit der Nase darauf gestoßen, dass der Spin eines Teilchens nichts anderes ist als Information, die mit abgezählten Bits verwirklicht wird. Ich bin mir sicher, dass wir ohne den anfangs rätselhaften Spin, der erstmals in den Atommodellen auftauchte, niemals zu diesem Bild gekommen wären.

---

1 Zeilinger (2003), Kap. V

2 Weizsäcker (1985), Kap. 8

Was aber ist nun real? Was geschieht bei einer Messung und wann kollabiert die Wellenfunktion? Und wie können wir das Rätsel von Schrödingers Katze auflösen? Ich werde nun versuchen, alle diese Fragen möglichst zufriedenstellend zu beantworten. Real sind für mich die Informationen also die Bits, aus denen unsere Welt besteht. Real ist aber ebenso die Wellenfunktion, denn sie repräsentiert unser Wissen von der Welt. Sie besteht damit aber auch nur aus Informationen, also letztlich ebenfalls nur aus Bits. Dies ist aber keine naive Realitätsvorstellung mehr, die unsere Alltagserfahrungen geradewegs in die Quantenwelt projiziert. Im Endeffekt geht es also im Universum nur um Informationen, also Wissen.

Wissen wovon, fragen in diesem Zusammenhang viele Forscher und Denker, denn Wissen ohne einen Zweck mache ja schließlich keinen Sinn? Ich werde diese Frage umfassend am Ende meines Buches beantworten, möchte aber hier die Antwort zumindest andeuten: Das Wissen, um das es bei den Informationen im Universum geht, ist das Wissen um sich selbst. Das Universum erlangt dadurch, dass es Einheiten in ihm gibt, die das Universum wahrnehmen und damit erfassen, Wissen über sich selbst. Diese Einheiten sind die Lebewesen, also unter anderem auch wir. Mit ihnen ist das Universum in der Lage, sich selbst zu erkennen, denn nur dieser Vorgang führt überhaupt dazu, dass es existiert. Existenz an sich gibt es in einem Universum, das nur aus Information besteht, von vorneherein nicht. Eine Existenz kann immer nur festgestellt werden, auch wenn es sich dabei um die Existenz des gesamten Universums handelt. Nur wegen dieser Selbstwahrnehmung existiert unser Universum überhaupt: Es schöpft sich quasi selbst.

Ist der Preis für diese Abstraktion nicht sehr hoch? Und verlieren wir damit nicht das letzte Bisschen Realität? Ist die Physik nicht schon lange dabei, unsere vertrauten Vorstellungen immer wieder zu zerstören? Ich denke nicht, dass der Preis zu hoch ist, denn wir erhalten damit im Gegenzug ein stimmiges Weltbild, das uns auch von einem Jahrhunderte alten philosophischen Problem befreit: dem Leib-Seele- oder Körper-Geist-Problem. Falls das Universum nur aus Information und aus nichts anderem besteht, so macht es überhaupt keinen Sinn, etwas Materielles von etwas Geistigem zu unterscheiden. Materie ist demnach kein Stoff, der im Gegensatz zu geistigen Prozessen steht, sondern sie besteht selbst wiederum nur aus Informationen. Und unser Geist macht nichts anderes als Wissen aus Informationen herauszufiltern und zu verarbeiten.

Nun stellt sich ebenfalls kaum noch die Frage, warum sich die Materie gemäß mathematischen Regeln verhält. Wir hatten uns am Anfang dieses Buches gefragt, weshalb sich Naturgesetze so gut mathematisch ausdrücken lassen. Oder einfach gefragt: Wieso kennt die Materie eigentlich die Mathematik, die ihr Verhalten diktiert? Nun löst sich auch dieses Problem in Wohlgefallen auf: Information, der Grundbestandteil unserer Welt, ist an sich schon etwas ganz Abstraktes und kann nur mit mathematischen Mitteln exakt beschrieben und gemessen werden. Deshalb finde ich es auch nicht verwunderlich, dass mathematische Gesetzmäßigkeiten das Verhalten des Universums regeln. Die gegenständliche Materievorstellung, aus der unsere Frage entstammt, würde ich mittlerweile als überholt bezeichnen.

Zum Schluss dieses Kapitels möchte ich Ihnen schildern, wie ich das Messproblem sehe: Bei einer Messung oder Beobachtung erhalten wir als Teil des Universums Kenntnis über einen anderen Teil. Dies wird durch die plötzliche und sprunghafte Änderung einer Wellenfunktion beschrieben. Wenn man es unbedingt so ausdrücken möchte, kollabiert dabei die Wellenfunktion in einem Beobachter. Dies ist aber kein Zusammenbrechen einer irgendwie materialisierten Welle, die durch den Raum schwingt. Solch ein Übergang muss aber immer sprunghaft erfolgen und darf nicht kontinuierlich ablaufen, denn Informationen besitzen mit dem Bit eine unteilbare Einheit. Weniger als ein Bit an Wissen kann man einfach nicht erwerben, und deshalb muss sich eine Wellenfunktion mathematisch unstetig um mindestens immer ein Bit verändern.

Wie wir bei der Betrachtung der Verschränkung und der heisenbergschen Unbestimmtheitsrelation gesehen haben, wechselt bei einer Messung der Informationsgehalt eines Teilchens oder eines verschränkten Systems. Der Inhalt der Bits und ihre Verwendung oder Bedeutung ändern sich bei diesem Vorgang. Bits, die vorher für den Ort verwendet wurden, werden nun mit Impulswerten gefüllt. Aber dies ist auch wiederum nur ein Bild, denn wo befinden sich diese Bits eigentlich? Wenn wir sie uns als im Raum lokalisierte Ja-Nein-Schalter vorstellen, so bekommen wir schon wieder Probleme. Einerseits befindet sich ein Teilchen ja gar nicht an einem bestimmten Punkt und andererseits sind die verschränkten Zustände über große Distanzen ausgedehnt, also nicht-lokal. Wie wir es auch drehen und wenden, wir gelangen hier mit unseren Vorstellungen an eine Grenze. Unser Wunsch nach einem gegenständlichen Bild vom Univerum ist zwar verständlich, aber ich glaube kaum, dass er erfüllbar ist.

Und nun zu Schrödingers Katze: Unser Wissen ändert sich beim Öffnen des Käfigs und sonst nichts. Natürlich hatte die Katze vorher auch ein Wissen von ihren Lebensumständen, aber damit besitzt sie eben ein anderes Wissen und demzufolge eine andere Wellenfunktion von ihrem Zustand als wir. Die Wellenfunktion, die die Katze von sich selbst hat, ändert sich natürlich mit ihrem Tod, falls das radioaktive Atom zerfällt. Aber unsere eigene Wellenfunktion vom Zustand der Katze ändert sich erst beim Öffnen des Käfigs. Was sich aber vor dem Öffnen im Käfig abspielt, wissen wir einfach nicht.

Ein weniger drastisches Beispiel drückt vielleicht besser aus, was ich damit meine: Nehmen wir ein Sportereignis wie beispielsweise ein Endspiel einer Fußballweltmeisterschaft, das spät nachts stattfindet. Sie sitzen vor dem Fernseher, sind aber schon sehr müde und schalten daher ab und gehen ins Bett. Am nächsten Morgen fragen Sie sich, wie das Spiel wohl ausgegangen ist? Wie können Sie auf diese Frage eine Antwort erhalten? Abgesehen von einem sehr unwahrscheinlichen Spielabbruch ist klar, dass entweder die eine oder die andere Mannschaft gewonnen hat, aber welche?

Dies entspricht genau der Information von einem Bit, nur kennen Sie den Wert dieses Bits noch nicht. Sie müssen schon das Radio oder den Fernseher einschalten, eine Zeitung aufschlagen oder jemanden fragen, denn nur so können Sie die Information einholen. Ohne diese Beobachtung oder Messung des Spielergebnisses bleiben Sie für alle Zeit im Unklaren. Genau dies, nicht mehr und nicht weniger, will uns Schrödingers Katze sagen. Wir besitzen kein Wissen von einem Objekt oder Vorgang, bevor wir dieses Wissen nicht erworben haben. Die bloße Existenz eines Objekts oder Vorgangs ohne entsprechendes Wissen zu behaupten, macht schlichtweg keinen Sinn. Hier werden uns ganz klar die prinzipiellen Grenzen von Wissen aufgezeigt. Wir können zwar alles Mögliche behaupten, was sich in dem Käfig abspielt, aber dies führt uns nicht weiter. Es bleiben nur Vermutungen, denn ohne Wissen gibt es keine Gewissheit.

Bei einer Messung entscheidet sich das Universum immer für eine von mehreren Alternativen. Dies ist jedenfalls genau das, was wir feststellen, und zwar auch mit den entsprechenden Wahrscheinlichkeiten. Wir stopfen unser bisheriges Wissen über ein Quantensystem in die Schrödingergleichung und erhalten damit eine Vorhersage über unser künftiges Wissen. Damit können wir die Wellenfunktion eines Systems aber nicht unabhängig von unserem Wissen betrachten. Es ist nämlich *unsere* Wellenfunktion des Systems, weil wir sie aufgestellt haben, und nicht die Wellenfunktion des Systems an sich. Daher erhalten wir immer eine Wellenfunktion, die *unsere* möglichen Messergebnisse korrekt vorhersagt.

Die oft gestellte Frage, was in einem Quantensystem denn nun *wirklich* abläuft, ist meines Erachtens falsch gestellt, denn sie kann prinzipiell nicht beantwortet werden. Es wird immer wieder spekuliert, an welcher Stelle einer Beobachtungskette die Wellenfunktion kollabiert. Geschieht dies zwischen dem System und dem Messgerät, im Messgerät selbst, zwischen dem Messgerät und dem Beobachter, nur im Beobachter oder gar nicht. *Wir* können aber nur feststellen, ob sich *unser* Wissen verändert. Und dies bedeutet, dass unsere Wellenfunktion erst dann kollabiert, wenn wir davon Kenntnis erhalten. Ich bin also ganz eindeutig für ein Universum, das sich zwischen Möglichkeiten entscheidet und sich nicht wie in der Viele-Welten-Interpretation in Zweige aufspaltet, die wir niemals nachweisen können.

Haben wir mit unseren Vorstellungen nun den Gipfel der Abstraktion erreicht? Ich denke ja, denn genauso wie bei einem Computer geht es auch in der Natur nicht einfacher als mit Bits. Vor uns liegt allerdings die Herkulesaufgabe, die bekannten Naturgesetze zumindest teilweise auf dieses neue Grundkonzept umzustellen. Für die heisenbergsche Unbestimmtheitsrelation habe ich das in diesem Kapitel versucht, aber ich bin mir sicher, dass weitere Gesetze folgen werden.

28 Information: Entstehung und Ausbreitung

> Ein Gelehrter in seinem Laboratorium ist nicht nur ein Techniker; er steht auch vor den Naturgesetzen wie ein Kind vor der Märchenwelt.
> *Marie Curie, Physikerin*

Ungeachtet der gravierenden Probleme, die beim Zusammenführen der allgemeinen Relativitätstheorie und der Quantentheorie auftreten, lassen sich beide Theorien dennoch gemeinsam betrachten. Und zwar unter dem Gesichtspunkt der Information, dem Fundament unseres Universums. Für den Rest meines Buches nehme daher an, dass unsere Welt in letzter Konsequenz aus Bits besteht. Eine gewisse Menge von ihnen sollte die Objekte ergeben, die wir heute Elementarteilchen nennen. Das Verhalten dieser Teilchen wird jedoch durch die beiden Haupttheorien der Physik bislang sehr treffend beschrieben. Was ermöglichen diese Theorien und was verbieten sie? Können wir verstehen, welche Bedeutung diese Theorien tragen und vielleicht auch, warum sie sinnvoll sind?

Ich werde versuchen, mich diesen Fragen ohne störende Details zu nähern und mich nur auf das absolut Notwendige beschränken. Deshalb lasse ich in diesem Kapitel alles beiseite, was beide Theorien voneinander trennt, nämlich die unterschiedliche Behandlung von Raum und Zeit und die Gravitation. Damit verlieren wir zwar wesentliche Eigenschaften der allgemeinen Relativitätstheorie, aber eine wichtige bleibt uns noch erhalten: die Endlichkeit der Lichtgeschwindigkeit. Neben dieser Kernaussage möchte ich die Beschränktheit der Information in der Quantentheorie hervorheben. Auf diese zwei Beobachtungstatsachen werde ich mich in diesem Kapitel konzentrieren.

Die *Quantentheorie* legt fest, wie aus Informationen Fakten *entstehen.* Sie erklärt, wie sich die Natur in Bezug auf mögliche Fakten entwickelt und mit welchen Wahrscheinlichkeiten diese eintreten können. Fakten entstehen durch eine Entscheidung zwischen Möglichkeiten. Dabei erwirbt ein Beobachter als ein Teil des Universums Wissen über einen anderen Teil. Diese Fakten nimmt ein Beobachter als Wirklichkeit wahr. Dabei existieren Fakten nicht *vor* einer Beobachtung, sondern entstehen erst dabei.

Teilchen verkörpern Fakten und damit Informationen. Und Informationen werden durch unteilbare Bits repräsentiert. Die Informationsmenge, die einem Teilchen zur Verfügung steht, ist begrenzt. Insbesondere teilen sich nicht-vertauschende Größen die gleichen Bits. Dies führt dazu, dass die Reihenfolge bei Beobachtungen eine entscheidende Rolle spielt. Wird eine Größe durch eine Messung eingeschränkt, so erhält die andere im Gegenzug mehr Möglichkeiten. Was nicht durch entsprechende Bits festgelegt ist, geschieht absolut zufällig, da hierüber keine Information vorhanden ist. Ein Teilchen lässt sich also durch Messungen nie vollständig einengen oder festlegen. Deshalb ist die Zukunft eines Teilchens offen und damit alles andere als vorherbestimmt.

Die Unbestimmtheitsrelationen zwischen nicht-vertauschenden Größen wie beispielsweise Ort und Impuls bewirken eine effektive Komplexitätsbremse im Universum. Sie beschränken die Menge der Bits, die für physikalische Größen zur Verfügung steht. Und beschränken sie damit auch die gesamte Informationsmenge eines Teilchens. Dabei ist zugegebenermaßen der Zusammenhang zwischen unseren Elementarteilchen und Bits noch größtenteils unklar. Jedoch lassen sich schon heute einige interessante Folgerungen aus dieser Tatsache ziehen.

Scheinbar kontinuierliche Größen wie der Ort und der Impuls eines Teilchens können niemals exakt festgelegt sein. Es ist daher sinnlos, sie mit unendlich genauen Kommazahlen auszudrücken. Vielmehr gibt es, wie wir im nächsten Kapitel sehen werden, im Universum eine prinzipielle *Genauigkeitsgrenze* für Ortsangaben, die bei etwa 10^{-35} m liegt. Wie sie genau zustande kommt, sehen wir uns noch ausführlich an, doch kann ich schon vorwegnehmen, dass sie aus fundamentalen Naturkonstanten hergeleitet wird. Aber nicht nur für den Ort eines Teilchens gibt es solch eine Genauigkeitsgrenze, sondern für alle seine physikalischen Größen. Somit ist es ohne Abstriche möglich, das Universum lediglich innerhalb gewisser Grenzen zu betrachten. Denn außerhalb dieser Grenzen macht es gar keinen Sinn, von einer Betrachtung zu reden.

In der klassischen Physik ist eine unendlich genaue Ortsangabe etwas ganz Normales und nur durch die Rechenkapazität unserer Computer begrenzt. Hier wäre es nicht nur wahrscheinlich, sondern auch zu erwarten, dass bei Abständen unterhalb von 10^{-35} m ganz neue Phänomene entdeckt werden. Eine ganz neue Physik könnte bei 10^{-100} m oder 10^{-1000} m auftauchen, denn schließlich stellt sich in der klassischen Welt einem Abstand niemals eine physikalische Schranke in den Weg. Ganz anders ist dies in der Quantentheorie und damit in unserer Realität. Wir können wegen dieser prinzipiellen Genauigkeitsgrenzen vielmehr sehr *sicher* sein, dass in diesen Bereichen nichts Neues gefunden werden kann. Und zwar, weil in der Natur noch nicht einmal die Informationsmenge vorhanden ist, um solch eine Größe auszudrücken. Unser Universum wird also durch die Unbestimmtheitsrelationen überschaubar.

Die Teilchen, die wir beobachten, stellen eine notwendige Idealisierung dar, ohne die es nicht möglich wäre, eine Aussage über das Universum zu treffen. Nur weil diese Einheiten in guter Näherung vom Rest der Welt getrennt sind, können *wir* als ein Teil des Universums einen anderen überhaupt betrachten. Die Endlichkeit der Informationsmenge der Teilchen verhindert aber, dass dieses so etwas wie individuelle Merkmale tragen können. Aus diesem Grund müssen sie absolut identisch sein. Dies erklärt, warum wir in der Natur *identische Elementarteilchen* vorfinden. Aber der Mangel an Information oder Ausdrucksmöglichkeiten führt meines Erachtens auch dazu, dass wir es nur mit einer kleinen Menge von verschiedenen Elementarteilchen zu tun haben. Eine größere Menge von verschiedenen Teilchen lassen die begrenzten Informationspakete, die die Teilchen darstellen, nicht zu.

Fakten entstehen im Universum immer durch eine Wechselwirkung. Ohne eine Wechselwirkung verbleibt ein Teilchen im Reich der Möglichkeiten und bildet somit keinen Teil der Wirklichkeit. Von den grundlegenden Wechselwirkungen gibt es nur vier. Sie lassen sich alle bis auf die Gravitation mit der Quantentheorie beschreiben. Auch diese geringe Anzahl von Kräften ist meiner Meinung nach eine Notwendigkeit, die sich aus dem begrenzten Informationsinhalt eines Teilchens ergibt. In den Bits eines Teilchens muss schließlich festgelegt sein, wie es sich in Bezug auf die verschiedenen Wechselwirkungen verhalten soll. Und da diese Bitmenge endlich ist, können dies nicht allzu viele Wechselwirkungen sein. Daraus ergibt sich, dass ein Teilchen nur einer kleinen Menge von Gesetzmäßigkeiten unterworfen sein sollte. Und dies führt insgesamt dazu, dass es in der Natur nur eine geringe Anzahl von *grundlegenden Gesetzen* geben kann.

Teilchen können miteinander verschränkt sein, in dem ihre Bits dazu verwendet werden, Gemeinsamkeiten auszudrücken. Wir hatten dies bei den verschränkten Photonen gesehen, wo die Bits festgelegt haben, dass die Polarisationen bei jeder Messrichtung gleich sind. Auf diese Weise wird die Individualität von Teilchen aufgehoben und die Information nicht-lokal über möglicherweise große Distanzen verteilt. Dieser Mechanismus ist aber auch der Einzige, mit dem sich Informationen von verschiedenen Teilchen koppeln lassen. Nur über Verschränkungen ist es daher möglich, dass mehrere Teilchen über ein synchrones Verhalten verfügen können, wie beispielsweise die Photonen in einem Laser. Erst durch die Verschränkungen, die einen fundamentalen Bestandteil der Quantentheorie bilden, werden synchronisierte Vorgänge im Universum möglich.

Weder ein Teilchen noch ein Messapparat oder ein Beobachter ist im Allgemeinen isoliert, sondern muss stets im Zusammenhang mit seiner Umwelt betrachtet werden. Diese Umwelt führt, wie wir in Kapitel 25 gesehen haben, zum Phänomen der Dekohärenz. Die Umwelt oder Umgebung bewirkt über Wechselwirkungen mit allen an einer Messung beteiligten Objekten, dass sich nur eine gewisse Anzahl von stabilen und damit beobachtbaren Größen für ein Teilchen herausbildet. Dies ist für atomare Größenordnungen typischerweise die Energie eines Teilchens und für Gegenstände des Alltags deren Position. Die Umgebung eines Quantensystems bewirkt ebenfalls, dass alle Interferenzzustände von makroskopischen Körpern innerhalb von sehr kurzer Zeit in ein Nebeneinander von trennbaren Zuständen zerfallen. Das Phänomen der Dekohärenz erklärt somit, unter welchen Umständen ein Faktum entstehen kann, das uns Informationen über ein Teilchen vermittelt.

Die *Relativitätstheorien* bestimmen, wie sich Information in Form von Signalen im Universum *ausbreitet*. Sie legen fest, dass dies nie schneller als mit Licht- oder *Informationsgeschwindigkeit* geschehen kann. Ein Signal übermittelt dabei Informationen über ein Faktum. Der Strom der Photonen, die wir mit den Augen empfangen, besteht in diesem Sinn aus Signalen, die uns über den Zustand unserer Umwelt in Kenntnis setzen. Photonen mit einer Wellenlänge von sichtbarem grünen Licht teilen mir beispielsweise mit, dass dies die Farbe des Apfels ist, der auf meinem Tisch liegt. Diese Photonen tragen also eine Information über eine schon bestehende Information, nämlich die Farbe des Apfels. Deutlich sieht man dies bei Funk-, Radio- oder Fernsehsignalen, denen eine Codierung zugrunde liegt. Diese bestimmt, wie die Signale zu übersetzen sind, sodass sich aus einer Kette von Bits beispielsweise ein Bild ergibt.

In der Natur ist nun offensichtlich die Ausbreitung von Information durch die Lichtgeschwindigkeit beschränkt. In keinem Experiment konnte bisher Information schneller übertragen werden. Und das, obwohl es durchaus Phänomene gibt, die mit einer Überlichtgeschwindigkeit verträglich sind. Wir hatten dies bei der unendlich schnellen »Absprache« von Photonen bei Verschränkungsversuchen gesehen oder bei der unbegrenzten Ausdehnungsgeschwindigkeit des Raums im Universum. Warum aber ist die Informationsgeschwindigkeit endlich und damit begrenzt? Haben all die sich daraus ergebenden relativistischen Effekte wie die Längenverkürzung, die Zeitverlangsamung oder der Verlust an absoluter Gleichzeitigkeit einen tieferen Sinn?

Diese Fragen können wir beantworten, wenn wir einmal annehmen, dass die Licht- oder Informationsgeschwindigkeit *nicht* endlich wäre, sondern unendlich. Licht, Teilchen und jegliche Art von Information könnten sich dann unendlich schnell ausbreiten. Damit würde jeder Punkt im Raum ständig und ohne Zeitverzögerung über alle Vorgänge im gesamten Universum Informationen erhalten. Da aber die Informationsdichte im Universum aufgrund der Quantentheorie beschränkt ist, wäre prinzipiell überall jede Information jederzeit verfügbar.

In einem solchen Universum ist also überall immer alles bekannt. Kein Teilbereich dieser Welt kann demnach jemals eine unterschiedliche Informationsmenge enthalten wie ein anderer Teilbereich. Denn wäre dies der Fall, so würden sämtliche anderen Teilbereiche sofort ohne Verzögerung von diesem unterschiedlichen Informationsinhalts in Kenntnis gesetzt. Damit ist dieser Informationsunterschied aber nicht mehr auf einen bestimmten Bereich eingeschränkt, sondern überall im

Universum vorhanden. Das führt aber zu der paradoxen Situation, dass dieser Unterschied gar keiner mehr ist. Er würde durch die unendlich schnelle Informationsgeschwindigkeit augenblicklich verbreitet und somit ausgeglichen werden. Diese Welt bestünde also immer aus einem vollkommen einheitlichen Materiebrei.

Solch ein Universum wäre somit nicht nur absolut gleichförmig, hier würde auch keine *Zeit* vergehen. Selbst wenn sich diese Welt verändern würde, so könnte dies nur global ablaufen. Das heißt, eine Veränderung müsste sich überall gleichzeitig vollziehen. Dies kann aber von niemandem jemals festgestellt oder gemessen werden. Laut Einstein ist Zeit keine abstrakte Größe, sondern muss mithilfe von Uhren gemessen werden. Keine Anzeige einer Uhr würde sich aber in diesem Universum vom Rest der Welt unterscheiden und sich damit verändern. Und auch kein Beobachter würde sich je vom Rest der Welt unterscheiden. Daher ist es absolut unmöglich, hier irgendeine Art von Zeitablauf festzustellen. Und daher ist Zeit hier keine Größe, die *gemessen* werden kann. Sie existiert also nicht in einer Welt mit einer unendlich schnellen Informationsgeschwindigkeit.

Eine begrenzte Informationsgeschwindigkeit ist demnach eine Vorbedingung dafür, dass sich in einer Welt überhaupt Informationsunterschiede dauerhaft aufbauen können und nicht augenblicklich wieder ausgeglichen werden. Eine Mitteilung über eine lokal vorhandene Information kann sich in unserem Universum schließlich nur mit Lichtgeschwindigkeit ausbreiten. Erst deren Endlichkeit ermöglicht es, dass Entwicklungsprozesse in unserer Welt überhaupt stattfinden können. Eine Entwicklung ist nämlich gerade dadurch ausgezeichnet, dass sie an einem bestimmten Ort zu einer bestimmten Zeit abläuft und dass man dies auch feststellen kann. Also muss sich dieser Ort in seinem Informationsgehalt vom Rest des Universums unterscheiden.

Dies ist aber bei einer unendlich schnellen Informationsausbreitung, wie wir gesehen haben, unmöglich. Ohne eine endliche Informationsgeschwindigkeit gäbe es daher weder Unterschiede im Universum noch Entwicklungsprozesse jeglicher Art. Es könnten sich überhaupt keine Galaxien, Sterne, Planeten oder Lebewesen bilden. Weil sich aber der Informationsgehalt und damit die Faktenlage in unserem Universum an verschiedenen Punkten zu verschiedenen Zeiten unterscheiden kann, ist ein sich entwickelndes Universum und damit ein Ablauf von Zeit möglich.

Interessant an der Beziehung zwischen der Informationsgeschwindigkeit und der Zeit ist meiner Meinung nach, dass die Ausbreitungsgeschwindigkeit für Information offenbar fundamentaler ist als die Zeit selbst. Und dies, obwohl eine Geschwindigkeit ja mittels der Zeit definiert wird, und zwar als zurückgelegter Weg pro Zeiteinheit. Dabei muss man aber deutlich zwischen der Größe in einer Gleichung unterscheiden wie bei ›Geschwindigkeit gleich Weg durch Zeit‹ und einer Größe, die sich auch *verhält* wie eine Zeit. Unsere erlebte und auch die gemessene Zeit zeichnet sich nämlich gerade durch einen Ablauf aus, also durch eine Richtung.

Sie schreitet voran und trennt mit der Gegenwart die Vergangenheit von der Zukunft. Die Endlichkeit der Informationsgeschwindigkeit ist schlussendlich eine Voraussetzung für diese Richtung. Eine weitere Vorbedingung für die Richtung der Zeit lernen wir in Kapitel 33 kennen, wenn wir den Anfangszustand des Universums beleuchten. Hier führen wir auch eine genauere Untersuchung der Zeitrichtung durch.

Hat man den Zusammenhang zwischen Zeit und Informationsgeschwindigkeit einmal erkannt, so ist es auch notwendig, dass die Informationsgeschwindigkeit in jedem Bezugssystem gleich groß ist. Wäre dies nämlich *nicht* der Fall, so könnte man sie durch eine Änderung des eigenen Bewegungszustands immer weiter erhöhen oder verringern und sie somit über alle Grenzen schieben. Die Lichtgeschwindigkeit *muss* also für alle Beobachter stets die gleiche sein. All dies folgt aus der einfachen Tatsache, dass wir täglich feststellen können, dass wir Unterschiede, Abläufe und Entwicklungsprozesse in unserer Welt beobachten.

Im Endeffekt hätte man auf die Konstanz der Lichtgeschwindigkeit schon viel früher zu einem zentralen Prinzip erheben können. Allein aus der Tatsache, dass es so etwas wie eine messbare Zeit gibt, hätte man die Konstanz der Informationsgeschwindigkeit und damit die komplette spezielle Relativitätstheorie folgern können. Aber erst im Nachhinein erscheint dies ebenso offensichtlich wie die Lösung des olbersschen Paradoxons aus Kapitel 20. Dort wurde der dunkle Nachthimmel erst dadurch möglich, weil unser Universum zeitlich und räumlich begrenzt ist. Und hier wird ein Zeitablauf erst möglich, weil die Ausbreitungsgeschwindigkeit von Informationen endlich ist.

Zusammengenommen führen die beiden Endlichkeiten dieses Kapitels, die Begrenztheit der Menge und der Ausbreitungsgeschwindigkeit von Informationen, noch zu weiteren erstaunlichen Folgerungen. Zunächst einmal ist die global im Universum verfügbare Informationsmenge ebenfalls endlich. Dies ergibt sich aus der ebenfalls endlichen Ausdehnung des beobachtbaren Universums. Wir hatten in Kapitel 20 gesehen, dass der Beobachtungshorizont unseres Universums etwa 45 Milliarden Lichtjahre von uns weg ist. Innerhalb dieses Raums können uns heute Lichtsignale erreichen, und was außerhalb des Beobachtungshorizonts liegt, können wir folglich nicht feststellen. Nach dem Existenzprinzip endet *unser* Universum bei diesem Horizont und außerhalb davon existiert nichts mehr, zumindest für uns. Die Zahl der Bits in unserem Universum ist nach diesen Bemerkungen keineswegs unendlich, sondern beträgt etwa 10^{123}, wie wir im nächsten Kapitel sehen werden.

Aus der Begrenztheit der Information folgerten wir, dass das Universum nur aus einer endlichen Anzahl von identischen Elementarteilchen aufgebaut sein kann. Wir schlossen ebenfalls daraus, dass zwischen ihnen nur eine endliche Zahl von Wechselwirkungen bestehen kann. Dies ist gleichbedeutend damit, dass es nur eine endliche Anzahl von grundlegenden Gesetzmäßigkeiten geben kann. Ich behaupte nun zusätzlich, dass es genauso naheliegend ist, dass diese Gesetze im Universum überall die gleichen sind. Denn wäre dies nicht der Fall, so müsste die zusätzliche Information über die Unterschiedlichkeit dieser Gesetze irgendwie in Form von Bits gespeichert sein. Ein Teilchen müsste quasi wissen, dass es sich in verschiedenen Raumbereichen oder zu unterschiedlichen Zeiten anders verhalten sollte, als beispielsweise hier und heute.

Obwohl ich dies nicht beweisen kann, gehe ich davon aus, dass die Bits, die dazu nötig wären, nicht vorhanden sind. Unter diesen Annahmen wäre dann auch die universelle Gültigkeit der Naturgesetze eine Auswirkung der Begrenztheit von Information. Oder mit anderen Worten: Die Endlichkeit der Information verursacht universell gültige Gesetze, also genau das, was wir unter einem *Naturgesetz* verstehen. Damit wären nicht nur die universellen Elementarteilchen, sondern auch die universellen Naturgesetze mit ihren Naturkonstanten eine Folge davon, dass Information im Universum nicht unerschöpflich vorhanden ist.

Nach diesen Vorüberlegungen lässt sich auch begründen, warum wir in der Lage sind, das Universum als Ganzes zu verstehen. Wir können zwar lediglich einen kleinen Ausschnitt der Welt direkt untersuchen, werden aber darin trotzdem *alle* Naturgesetze und Teilchen verwirklicht finden. Wir sind demnach also in der Lage durch die Erforschung eines Teilbereichs auf das gesamte Universum zu schließen. Wir müssen dazu lediglich die Größe des Teilbereichs unseren Experimenten anpassen. Indem wir *lokal* an bestimmten Orten Beobachtungen durchführen, können wir *global* das gesamte Universum verstehen.

Diese Vorgehensweise entspricht exakt der Arbeitsweise von Naturwissenschaftlern, insbesondere der von Physikern und Astronomen. Nur habe ich den Erfolg dieser Arbeitsweise nicht vorausgesetzt, sondern aus der Begrenztheit der Information und der Endlichkeit der Lichtgeschwindigkeit mithilfe von plausiblen Annahmen hergeleitet. Wir sehen also, *warum* wir unser Universum als Ganzes verstehen können. Und dies, obwohl wir begrenzte Wesen sind, denen nur Teilbereiche von Raum und Zeit zugänglich sind. Unser Universum besitzt eben eine Struktur, die es uns ermöglicht, seine Gesetze vollständig erforschen zu können. Wir leben in einer endlichen, überschaubaren und einfachen, aber nicht vorherbestimmten Welt. Sie lässt sich wegen der Begrenztheit der Information nicht im Einzelnen vorausberechnen, denn in ihr geschehen viele Dinge rein zufällig. Unsere Welt ist aber gerade deswegen ein *verständliches Universum.*

29 Einheiten und Bits

Ohne Spekulation gibt es keine neue Beobachtung.
Charles Darwin, Naturforscher

In den letzten beiden Kapiteln habe ich Ihnen einen Überblick über die Information in der Physik gegeben. Sie gehört meines Erachtens in den Mittelpunkt zukünftiger Betrachtungen, denn, wenn sie das Fundament unserer Welt bildet, dann hat sie auch die Hauptrolle verdient. Wenn wir diese Annahme ernst und wörtlich nehmen, müssen wir die Formulierung unserer bisherigen Naturgesetze überdenken und die Information in die Aufklärung von Rätseln und die Suche nach einer Weltformel mit einbeziehen. Doch davon ist die Wissenschaft noch ein ganzes Stück weit entfernt.

Wir werden uns ab dem nächsten Kapitel wieder dem Kosmos zuwenden und uns folgenden Fragen widmen: Woraus besteht er? Wie ist er entstanden? Wie können wir uns seinem Anfang nähern? Welche Ansätze für eine Weltformel besitzen wir? Und welche Modelle für die Welt ergeben sich daraus? Und schließlich: Warum existiert das Universum überhaupt, und welche Rolle spielt das Leben darin?

Doch zuvor möchte ich versuchen, einen Übergang zwischen der Information und unserem heutigen Bild von der Teilchenwelt zu finden. Hierbei geht es mir einzig und allein um die Frage, wie viele Bits einem Teilchen zur Verfügung stehen und wie viele für bestimmte Messgrößen benötigt werden. Auf diese zwei Fragen werden wir leider ganz unterschiedliche Antworten erhalten. Dies wird ein eher unbefriedigendes Bild ergeben, was uns deutlich darauf hinweist, wie lückenhaft unser Verständnis von Teilchen und Information noch ist.

Doch lassen Sie sich dadurch nicht entmutigen, denn auch unsere Vorstellungen von der Dunklen Materie, dem Urknall und dem Universum als Ganzem sind genauso unsicher. Hier geistern zwar allerlei Modelle durch die Theorie- und Bücherlandschaft, aber einen harten Test mit Beobachtungsdaten hat noch keines von ihnen bestanden. Denn dazu liegen uns noch immer viel zu wenige Daten über die Zeit kurz nach dem Urknall vor. Wir verlassen nun nach den präzisen Experimenten zur Quantentheorie die gesicherte Basis der Physik. Denn ab jetzt wenden wir uns eher spekulativen Ideen zu, die uns auf ein unsicheres, aber nicht minder interessantes Terrain führen.

Wie viele Bits benötigt man, um den Ort eines Teilchens im Universum festzulegen? Hier stellt sich neben der Größe des Universums erst einmal die Frage, wie genau dies überhaupt möglich ist. Im Prinzip suchen wir eine natürliche, kleinste

Einheit für eine Orts- oder Entfernungsbestimmung. Wie groß ist sie und wie findet man sie? In unseren Theorien ist jedenfalls keine Konstante mit der Dimension einer Länge vorhanden, die diesen Platz einnehmen könnte. Beim Spin oder Drehimpuls sieht es da ganz anders aus. Hier hatten wir gesehen, dass alle Elementarteilchen einen Spin von einem ganz- oder halbzahligen Vielfachen der Größe $\hbar = h/2\pi$ (gesprochen: h quer) besitzen. In diesem Fall bildet also $\hbar$ eine natürliche, kleinste Einheit.

Es war der Verdienst von Max Planck, dass er schon frühzeitig erkannt hat, dass man aus den bestehenden Naturkonstanten viele weitere konstruieren kann. Man muss sie dazu nur geeignet miteinander multiplizieren, dividieren, gegebenenfalls die Wurzel ziehen und dabei darauf achten, dass die gewünschte Dimension oder Einheit herauskommt. Mit nur drei Konstanten konnte Planck auf diese Weise ein ganzes System aus natürlichen Einheiten erzeugen, den sogenannten *Planck-Einheiten.* Er verwendete dazu die seiner Meinung nach fundamentalsten Naturkonstanten: sein gerade entdecktes Wirkungsquantum $\hbar$, die Lichtgeschwindigkeit c und die Gravitationskonstante G.

So konnte er die kleinste Länge bestimmen, die im Rahmen aller bekannten Theorien noch einen Sinn macht. Es ist dies die *Planck-Länge* mit gerade einmal $1{,}6\times10^{-35}$ m. Dividieren wir die Planck-Länge durch die Licht- oder Informationsgeschwindigkeit, so erhalten wir die kürzest mögliche Zeitspanne, die *Planck-Zeit* mit $5{,}4\times10^{-44}$ s. Wir haben also durch eine geschickte Kombination bestehender Naturkonstanten eine kürzeste Länge und eine kürzeste Zeit gefunden. Verglichen mit atomaren Dimensionen zwischen 10^{-10} m und 10^{-15} m ist die Planck-Länge noch einmal 20 Größenordnungen kleiner als ein Atomkern. Dies ist dasselbe Größenverhältnis wie das eines Einfamilienhauses zur Milchstraße oder eines Atomkerns zu einer Megacity. Selbst mit unseren besten Teilchenbeschleunigern sind wir in der Ortsauflösung immer noch 16 Größenordnungen von der Planck-Länge entfernt. Und dasselbe gilt auch für die Planck-Zeit. Beide sind so winzig, dass wir nicht die geringste Idee haben, wie wir jemals in diese Bereiche mit Experimenten vorstoßen könnten.

Wir sehen lediglich, dass unterhalb dieser Grenzen alle unsere Theorien zur Beschreibung der Natur versagen. Dies liegt daran, dass es noch keine etablierte Theorie gibt, die das Wirkungsquantum, die Lichtgeschwindigkeit und die Gravitationskonstante unter ihrem Dach miteinander verbindet.

Was bedeutet es aber nun, dass wir keine Abstände unterhalb der Planck-Länge beschreiben können? Hier gehen die Meinungen schon auseinander, denn auf der einen Seite wird behauptet, dass die Struktur des Raumes unterhalb der Planck-Länge schaumartig wird und nicht mehr glatt und strukturlos ist. Andere Physiker dagegen schlagen vor, dass der Raum nur noch aus einem Raster oder Gitter besteht, dass also die Planck-Länge eine echte Längeneinheit ist. Wir hätten hier dasselbe Verhalten wie beim Spin, der ja nur feste Werte annehmen kann, zwischen denen keine weiteren existieren. Dies würde auf den Raum übertragen bedeuten, dass ein Teilchen bei einer Bewegung verschiedene Gitterpunkte entlang hüpft. Doch darf man diese Vorstellung nicht zu wörtlich nehmen, da wir schon gesehen haben, dass man auch mit einem simplen Teilchenbild schnell an Grenzen stößt.

Ich gebe zu, dass ein gitterförmiger Raum mein Favorit ist, denn ein Schaum unterhalb der Planck-Länge macht keinen Sinn mehr, wenn diese sowieso eine fundamentale Grenze darstellt. Dennoch werden in etlichen Veröffentlichungen nach wie vor Berechnungen unterhalb der Planck-Länge durchgeführt, was ich persönlich für bedeutungslos halte. Wenn wir uns aber unseren Raum als Gitter vorstellen, so ergibt sich natürlich die Frage, in welchem Koordinatensystem denn diese Gitterpunkte liegen? Nach Einstein sind nämlich alle Koordinatensysteme gleichberechtigt und keines darf bevorzugt werden. Die Forderung nach einem absoluten Koordinatensystem für das gesamte Universum widerspricht also den Relativitätstheorien. Ich werde Ihnen aber in Kürze anhand der kosmischen Hintergrundstrahlung zeigen, dass wir dieses Koordinatensystem sehr wohl besitzen. Nur ist diese Beobachtungstatsache noch nicht in eine Theorie integriert worden.

Bleiben wir aber im Moment bei den Planck-Einheiten. Für die Länge und die Zeit scheint alles klar zu sein. Sie sind beide sehr klein und eignen sich daher als Einheiten. Ganz anders sieht es da bei der *Planck-Masse* aus, die mit $2{,}2\times10^{-8}$ kg ausgesprochen groß im Vergleich zu den Elementarteilchen ist. Sie ist ganze 22 Größenordnungen schwerer als ein Elektron. Keines unserer Elementarteilchen liegt mit seiner Masse auch nur annähernd in der Nähe der Planck-Masse, die etwa dem Gewicht eines Staubkorns entspricht. Diese Masse scheint also als kleinste Einheit völlig ungeeignet zu sein, was ein großes Rätsel für die Teilchenphysik darstellt. Trotzdem gehen viele theoretische Physiker nach wie vor davon aus, dass die Planck-Masse die natürliche Masse eines Teilchens widerspiegeln müsste. Sie ersinnen dann Mechanismen, wieso die beobachteten Massen viel kleiner sind, aber bisher können sie nicht erklären, warum die beobachteten Massen auch noch völlig unterschiedlich sind (Tabellen auf Seite 99).

Etwas anders sieht es bei der *Planck-Energie* aus, die man erhält, wenn man die Planck-Masse wie bei $E = m \cdot c^2$ mit c^2 multipliziert. Hier geht man davon aus, dass dies der Energie entspricht, bei der sich alle vier Wechselwirkungen zu einer einzigen vereinigen lassen. Beschleunigt man also ein Teilchen auf die Planck-Energie, so könnte man es mit nur einer Wechselwirkung beschreiben. Dies entspricht dem Traum der Teilchenphysiker von einer Weltformel. Doch leider sind wir auch mit dem leistungsfähigsten Teilchenbeschleuniger, dem LHC, noch 16 Größenordnungen davon entfernt. Es gibt jedoch schon gewisse Anzeichen, dass sich die vier Wechselwirkungen bei der Planck-Energie nicht mehr voneinander unterscheiden lassen. Man betrachtet die Planck-Energie daher eher als die größtmögliche Energie für ein Teilchen und nicht als die kleinste Energieeinheit. Dasselbe gilt auch für den Planck-Impuls und die Planck-Dichte, also der Planck-Masse pro Planck-Volumen.

Betrachten wir einmal unser Universum aus dem Blickwinkel der Planck-Einheiten: Es ist 13,7 Milliarden Jahre alt, hat einen Radius von 45 Milliarden Lichtjahren und besteht ganz grob geschätzt aus etwa 10^{80} Protonen. Dies ergibt ein Alter von $8{,}0\times10^{60}$ Planck-Zeiten, einen Radius von $2{,}6\times10^{61}$ Planck-Längen und ein Gewicht von $7{,}7\times10^{60}$ Planck-Massen. Diese Zahlen befinden sich verglichen mit ihrer Größe relativ nahe beieinander. Der Grund dafür sind die sehr speziellen Anfangsbedingungen, mit denen unser Universum beim Urknall gestartet ist. Wir werden uns diese Anfangsbedingungen daher später noch genauer ansehen.

Ich möchte hier nochmals betonen, dass es keinen eindeutig Weg gibt, die Gesamtgröße des Universums festzulegen (Kapitel 20). Wenn wir uns sehr weit entfernte Galaxien anschauen, so war deren Entfernung zum Zeitpunkt der Lichtaussendung wesentlich kleiner als heute. Und auch der Weg, den das Licht durch den expandierenden Raum zurücklegte, hat wiederum eine andere Länge als ihre heutige Entfernung. Wir müssen also genau angeben, welche Art von Entfernung wir meinen. Als Größe des Universums nehme ich hier, wie im gesamten Buch, den Beobachtungshorizont. Er umfasst die am weitesten entfernten Punkte, von denen wir heute Signale empfangen. Bis dahin ist auch das Licht vorgedrungen, das von unserer Position beim Urknall abgestrahlt wurde.

Nehmen wir nun den Durchmesser des Universums und schreiben ihn etwas um: $5{,}2\times10^{61}$ Planck-Längen = 2^{205} Planck-Längen. Mit anderen Worten, wir benötigen lediglich 205 Bits, um einen Ort im Universum rein mathematisch bis auf eine Planck-Länge genau festzulegen. Da unser Raum aber nicht nur eine Dimension, sondern drei besitzt, müssen wir dieses Ergebnis noch mal drei nehmen. Die Natur wäre also mit 615 Bits in der Lage, die Position eines Teilchens im gesamten beobachtbaren Raum mit maximaler Genauigkeit festzulegen.

Wir werden nun eine ganz andere Sichtweise kennenlernen, die zu einem viel größeren Ergebnis kommt als nur ein paar Hundert Bits. Doch dazu muss ich etwas ausholen und zu den *Schwarzen Löchern* zurückkehren, jenen Gravitationsmonstern, die mit ihrer Schwerkraft alles verschlingen und sogar das Licht vom Entweichen abhalten. Alles, was innerhalb des Ereignishorizonts eines Schwarzen Lochs gelangt, wird unweigerlich hineingezogen. Von außen nachweisbar sind nur die Masse des Lochs, seine elektrische Ladung und sein Drehimpuls, denn alle anderen Informationen sind darin verborgen. Dabei gilt es als wahrscheinlich, dass diese Informationen beim späteren Verdampfen des Schwarzen Lochs wieder in seine Umgebung zurückgelangen (Kapitel 18).

Schwarze Löcher sind die kompaktesten Objekte im Universum. Sie enthalten bezogen auf ihre Größe die maximale Menge an Information und geben davon so gut wie nichts preis. Von allen Objekten besitzen sie nicht nur die maximale Dichte, sondern auch die maximale Entropie. Dieser Begriff, der ursprünglich aus der Wärmelehre stammt (Kapitel 7), beschreibt die Wahrscheinlichkeit, mit der ein Materiezustand vorkommt. Eine gleichwertige Definition der Entropie beschreibt sie als die Informationsmenge eines Objekts, die für einen Betrachter von außen nicht zugänglich ist. Ist diese Informationsmenge groß, so gibt es viele Möglichkeiten, die die Werte der Bits in seinem Inneren annehmen können. Und das, obwohl das Objekt von außen gleichartig erscheint. Wegen dieser großen Zahl an Möglichkeiten ist aber die Wahrscheinlichkeit für solch einen Zustand auch besonders hoch. Deswegen drücken auch beide Definitionen der Entropie das Gleiche aus.

Weil Schwarze Löcher nur ganz wenig Information preisgeben, stellen sie auch den wahrscheinlichsten Materiezustand in der Natur dar. Sie sind wesentlich wahrscheinlicher als Galaxien, Sterne oder Planeten. Und nur die speziellen Anfangsbedingungen beim Urknall haben dafür gesorgt, dass sie bis jetzt den Sternen an Zahl und Masse unterlegen sind. Doch weil die Entropie nach dem zweiten Hauptsatz der Wärmelehre mit der Zeit unweigerlich anwächst, werden Schwarze Löcher in ferner Zukunft das Universum dominieren.

In den 1970er Jahren entdeckte Jacob Bekenstein (*1947) einen ganz bemerkenswerten Zusammenhang zwischen dem Informationsinhalt eines Schwarzen Lochs und der Planck-Länge.[1] Er fügte in einem Gedankenexperiment einem Schwarzen Loch genau 1 Bit an Information hinzu und fragte sich, was dabei geschieht. Dazu ließ er ein einzelnes Photon in ein Schwarzes Loch fallen. Dessen Wellenlänge ist so gewählt, dass sie genauso groß ist, wie das Loch selbst. Man kann daher nicht feststellen, *wo* das Photon in das Schwarze Loch hineinfällt, sondern nur, *dass* es darin verschwindet. Dies stellt aber genau ein Bit an Information dar.

Das Schwarze Loch gewinnt durch das Photon etwas an Energie oder Masse und wird deshalb auch ein wenig größer. Die Oberfläche seines Ereignishorizonts dehnt sich also aus. Wenn man diesen Flächenzuwachs ausrechnet, so stellt sich heraus, dass er bis auf einen kleinen konstanten Faktor genauso groß ist wie ein Quadrat mit der Kantenlänge von einer Planck-Länge. Bei *einem Bit* an zusätzlicher Information wächst also die Oberfläche eines Schwarzen Lochs proportional zu einer Planck-Fläche, der Planck-Länge im Quadrat. Auf diese Weise sind so unterschiedliche Dinge wie Schwarze Löcher, Information und Planck-Einheiten miteinander verknüpft.

Nun kennen wir also für ein gegebenes Schwarzes Loch seinen Informationsinhalt. Die Zahl seiner Bits entspricht der Oberfläche seines Ereignishorizonts, gemessen in Planck-Flächen. Damit können wir seine Bitmenge auch direkt aus seiner Masse ableiten. Für ein Schwarzes Loch von einer Sonnenmasse erhalten wir

---

[1] Susskind (2008), Ch. 9

demnach etwa 10^{77} Bits. Wenn wir noch hinzunehmen, dass diese Masse hauptsächlich aus 10^{57} Protonen bestand, so entfallen auf jedes Proton 10^{20} Bits. Dies ist verglichen mit den wenigen Hundert Bits aus dem letzten Abschnitt eine geradezu gigantische Zahl. Aber wir können sie noch steigern.

Wir nehmen dazu an, dass das gesamte beobachtbare Universum ein einziges riesiges Schwarzes Loch wäre. Solch ein Loch hätte bei einer Masse von etwa 10^{80} Protonen einen Radius, der mit 26 Milliarden Lichtjahren dem wirklichen Radius des Universums relativ nahe kommt. Wir erhalten unter diesen Voraussetzungen für unsere Welt eine Gesamtmenge von 10^{123} Bits. Teilt man diesen Kuchen gleichmäßig auf, so erhält also jedes Proton davon ganze 10^{43} Bits! Die Anzahl der Bits eines Protons ist nicht nur unvorstellbar groß, sondern auch noch davon abhängig, wie groß oder schwer jeweils das betrachtete Schwarze Loch ist. Was sollen wir mit dieser Zahl anfangen? Und wie passt sie zu dem geringen Informationsgehalt, von dem wir bisher in der Teilchenwelt ausgegangen sind?

10^{43} Bits sollen also in einem einzigen Proton versammelt sein. Dies entspricht der Anzahl der Atome im Sand der Sahara. Sollen wir dies wirklich so verstehen? Dazu treten wir einmal einen Schritt zurück und vergleichen die beiden Ansätze. Bei der ersten Rechnung mit den 615 Bits bin ich rein mathematisch vorgegangen und habe vor allem angenommen, dass alle drei Raumrichtungen voneinander *unabhängig* sind. Ich hatte mir die Bits für eine Richtung ausgerechnet und das Ergebnis mal drei genommen.

Dies ist auch in der Quantentheorie ein übliches Vorgehen und gilt insbesondere für den Ort und den Impuls in der Unbestimmtheitsrelation. Für die drei Koordinaten unseres Raums gibt es nämlich insgesamt drei Unbestimmtheitsrelationen, die nichts miteinander zu tun haben. Wird der Ort beispielsweise für die waagerechte Links-Rechts-Koordinate bestimmt, so hat das zwar einen Einfluss auf den Impulsanteil in dieser waagerechten Richtung, aber nicht für den Impuls in der senkrechten Oben-Unten-Richtung. Dieser und auch der Impulsanteil in der dritten Richtung, der waagerechten Vorne-Hinten-Koordinate, bleiben davon völlig unbeeinflusst. Dabei ist die Lage des Koordinatensystems, bezüglich dessen eine Messung durchgeführt wird, natürlich weiterhin frei wählbar.

Außerdem hatte ich bei dieser Herleitung angenommen, dass ein Teilchen die Bits für die Ortsbestimmung irgendwie bei sich trägt. Dies erscheint erst einmal ganz natürlich, denn wo sollten sie sich denn sonst befinden? Aber wenn der Ort eines Teilchens niemals genau bestimmt ist, *wo* sind dann seine Bits? Man kann diese Frage auch noch radikaler angehen. Wenn die Information absolut grundlegend für unsere Welt ist, wer ist dann wichtiger: die Bits oder der Raum? Ist der Raum eine Bühne, in der sich die Bits befinden, oder wird er erst durch die Ortsinformationen geschaffen, die die Bits darstellen? Wenn wir Anton Zeilinger mit seinem Urprinzip wörtlich nehmen, dann geht die Antwort eindeutig in Richtung der zweiten Frage. Wir dürfen einen Raum von vorneherein gar nicht voraussetzen, sondern dieser wird erst durch Summe aller Ortsinformationen gebildet. Die Bits dürfen also gar nicht *im* Raum liegen und schon gar nicht am unscharfen Ort eines Teilchens.

Die zweite Herleitung mit der Information, die in ein Schwarzes Loch hineinfällt, geht ganz anders vor. Dadurch, dass wir nur ein Bit zu einem Schwarzen Loch hinzufügen wollen, haben wir die Wellenlänge eines Photons festgelegt. Dies geschieht aber automatisch in *allen* Raumrichtungen. Man kann leicht ausrechnen, von welchen Größen der Bitzuwachs eines Schwarzen Lochs abhängt. Er ist proportional (~) zur Größe des Ereignishorizonts geteilt durch die Lichtwellenlänge:

Bitzuwachs ~ Ereignishorizont / Wellenlänge

Je schwerer ein Schwarzes Loch ist, um so größer ist es auch. Daher muss auch die Wellenlänge eines Photon um größer sein, damit es für ein schwereres Loch noch genau ein Bit darstellt. Dasselbe Photon, das einem Schwarzen Loch von 1 Sonnenmasse genau 1 Bit hinzufügt, würde bei einem Loch von 10 Sonnenmassen schon 10 Bits ergeben. So können wir nachvollziehen, warum ein Photon und auch ein Proton bei einem leichten Loch weniger Bits hinzufügt als bei einem schweren. Und dies, obwohl dasselbe Teilchen mit der gleichen Masse oder Energie hineinfällt. Wir können die obige Formel so umschreiben, dass dies klar wird:

Bitzuwachs ~ Masse des Schwarzen Lochs · Masse des Teilchens

Nun sehen wir auch, warum ein wesentlich leichteres Elektron viel weniger Information zu einem Schwarzen Loch hinzufügt als beispielsweise ein Proton. Die unterschiedliche Masse geht nämlich direkt als Faktor in den Informationszuwachs ein. Demnach fällt der Informationsinhalt eines leichteren Teilchens, das von einem Schwarzen Loch geschluckt wird, entsprechend seiner Masse geringer aus. Aber was mir immer noch gegen den Strich geht, ist die Abhängigkeit des Bitzuwachses von der anderen Größe der Gleichung, von der Masse des Schwarzen Lochs. Warum sollte ein identisches Teilchen nicht immer dieselbe Anzahl von Bits beisteuern? Was bleibt denn von einem Teilchenbild noch übrig, wenn noch nicht einmal der Bitinhalt eines Teilchens unter allen Umständen konstant ist?

Schauen wir uns dazu noch einmal an, was hierfür verantwortlich ist. Wir haben ein Bit und damit ein Photon so festgelegt, dass es in Bezug auf ein Schwarzes Loch eine ganz bestimmte Wellenlänge hat. Dies müssen wir tun, weil beim Hineinfallen keinerlei Bereich auf der Oberfläche des Lochs bevorzugt sein darf. Wir betrachten also immer die gesamte Oberfläche des Schwarzen Lochs gleichzeitig, und nicht wie in der ersten Herleitung drei Raumrichtungen getrennt voneinander. Die Oberfläche wächst durch die Masse des Photons an und nimmt seine Informationsmenge auf. Es sieht also so aus, als ob sich die Bits aller Teilchen, die jemals in ein Schwarzes Loch gefallen sind, auf seiner Oberfläche versammeln. Die *Oberfläche* scheint also die Informationen zu tragen und nicht die Teilchen selbst.

Dieses Bild, das von Gerardus 't Hooft (*1946) und Leonard Susskind (*1940) in den 1990er Jahren entworfen wurde, wird als *holografisches Prinzip* bezeichnet. Der Name kommt von den Hologrammen, die beispielsweise auf Kreditkarten der Fälschungssicherheit dienen. Bei einem Hologramm ist die Information über ein dreidimensionales Objekt auf einer zweidimensionalen Fläche gespeichert. Wird es geeignet beleuchtet, so sehen wir das Objekt dann wieder dreidimensional im Raum vor uns schweben. Auch bei einem Schwarzen Loch scheinen die Informationen über alle Teilchen, die in ihn verschwunden sind, auf seiner Oberfläche gespeichert zu sein. Die Oberfläche und nicht das Volumen des Lochs ist der Träger der Bits.

't Hooft und Susskind haben dieses Prinzip auch auf das gesamte Universum angewendet. Demzufolge sind auch hier die Ortsinformationen aller Teilchen auf seinem Horizont gespeichert. Dies bedeutet, dass ein Teilchen seine Informationen gar nicht bei sich trägt, sondern dass sie sich irgendwo nicht-lokal auf dem Horizont des Universums befinden. Die Informationen sind also nicht *im* Raum vorhanden, sondern auf seinem Rand. Zumindest dürfen wir uns dies so vorstellen, denn der Informationsinhalt des betrachteten Raums ist genauso groß wie seine Oberfläche. Nicht das gesamte Volumen enthält Informationen, so wie wir das aus unserem Alltag gewohnt sind, sondern nur seine Oberfläche.

Dies kann man auch einigermaßen anschaulich einsehen. Informationen in Form von Teilchen lassen sich in einem Volumen nicht beliebig dicht zusammenpacken. Überschreitet die Dichte der Teilchen einen bestimmten Wert, so fällt das gesamte Volumen mit all seinen Teilchen zu einem Schwarzen Loch zusammen. Alle Informationen der Teilchen sind nun darin verschwunden oder befinden sich nach dem holografischen Prinzip nun auf seiner Oberfläche. Versuchen wir immer noch mehr Masse in diesem Volumen zusammenzupacken, so wächst ab jetzt nur noch die Oberfläche des Schwarzen Lochs an. Diese Oberfläche und nicht mehr der Rauminhalt bestimmt also die vorhandene Informationsmenge.

Wenn wir das gesamte Universum nach dem holografischen Prinzip betrachten, müssen wir berücksichtigen, dass es keine konstante Größe besitzt, sondern sich ständig erweitert. Damit wächst auch seine Oberfläche, die als Quelle neuer Bits die darin befindlichen Teilchen mit Informationen ausstattet. Was aber fangen die Teilchen mit all diesen Bits an? Wenn einem Proton wirklich 10^{43} Bits zur Verfügung stehen, benötigt es sie dann wirklich für seine Ortsinformation? Wenn ich der Quantentheorie vertraue, so ist das ganz sicher nicht der Fall, denn dann sind die 615 Bits absolut ausreichend. Wofür stehen dann aber all die anderen Bits, falls sie vorhanden sind? Und werden sie wirklich genutzt?

Ich vermute, dass all diese Bits vor allem für die Wechselwirkungen *zwischen* den Teilchen verwendet werden. Denn auch die Kräfte, die auf ein Teilchen einwirken, müssen irgendwie mit Bits ausgedrückt werden. Denn wie sollen die Wechselwirkungen sonst beschrieben werden? Und da die Anzahl dieser Bits wiederum endlich ist, kann diese Beschreibung nicht beliebig genau sein. Anders gesagt: Ein Teilchen kann gleichzeitig nicht mit beliebig vielen anderen Teilchen wechselwirken, und schon gar nicht mit einer beliebigen Genauigkeit. Wir werden auf diese Feststellung im übernächsten Kapitel zurückgreifen.

Die Bitmenge eines Teilchens ist im holografischen Weltbild jederzeit endlich, wenn auch sehr groß. Auch wenn wir noch nicht wissen, wie die Bits auf die einzelnen Größen in den Unbestimmtheitsrelationen verteilt sind, so beugt doch die Begrenztheit unseres Kosmos unsinnigen Resultaten vor. Selbst wenn der Ort eines Teilchens unendlich unbestimmt ist, so kann er niemals weiter weg sein als der Beobachtungshorizont des Universums. Und falls sein Impuls komplett unbestimmt ist, so dürfte er für ein einzelnes Teilchen nicht größer sein, als der Planck-Impuls, die Planck-Masse mal die Lichtgeschwindigkeit.

Was sollen wir von diesem Weltbild halten? Und gibt es noch weitere Erklärungsmöglichkeiten für den riesigen Unterschied für den Informationsinhalt eines Teilchens? Nur ungern möchte ich die unerwartete Beziehung zwischen der Information, der Oberfläche von Schwarzen Löchern und der Planck-Länge leichtfertig ignorieren. Streng genommen kann sie eine mathematische Zufälligkeit darstellen, die gar nichts aussagt. Aber solche einfachen Zusammenhänge sind selten zufällig und oft ein starker Hinweis auf die Richtigkeit der Folgerungen. Trotzdem scheint mir ein wenig Vorsicht geboten, und darum möchte ich einmal alles aufzählen, was mir als Gegenargument dazu einfällt.

Wir beschreiben heute Schwarze Löcher und auch das Universum als Ganzes mit der allgemeinen Relativitätstheorie, wissen aber nicht sicher, ob das überhaupt die korrekte Beschreibung ist. Ich möchte hier nur an die Unvereinbarkeit der allgemeinen Relativitätstheorie mit der Quantentheorie erinnern. Ebenso konnten wir unsere theoretischen Herleitungen noch nie mit einer direkten Beobachtung eines Schwarzen Lochs vergleichen. Es gibt zwar sehr starke Hinweise für die Existenz von höchst kompakten Objekten im Weltraum, aber ob diese wirklich ein Schwarzes Loch verkörpern, so wie wir es beschreiben, wissen wir nicht. Verbesserte Beobachtungen würden uns auch hier zu mehr Vertrauen in die Theorie verhelfen.

Ebenso möchte ich anmerken, dass unser Universum nicht dadurch wächst, dass wie bei einem Schwarzen Loch Materie hineinfällt. Es dehnt sich vielmehr aus, weil sich einerseits sein Raum ausdehnt und anderseits auch immer neue Raumbereiche an seinem Rand sichtbar werden. Und in jenen Bereichen ereignet sich von uns aus gesehen gerade der Urknall. Daher könnte es sein, dass sich der Ereignishorizont eines Schwarzen Lochs und der Beobachtungshorizont unseres Universums ganz unterschiedlich verhalten.

Ferner erscheint mir die Beziehung zwischen der Masse eines Teilchens und seinem Informationsinhalt etwas zu einfach zu sein. Es wird gelegentlich behauptet,[1] dass diese Relation nicht nur bei Schwarzen Löchern gültig ist, sondern ganz allgemein. Danach wäre Masse immer gleich Information, so wie Masse nach Einsteins $E = m \cdot c^2$ immer gleich Energie ist. Ich halte das allerdings für einen Schnellschuss, der uns lediglich zeigt, dass hier völlig unterschiedliche Konzepte aufeinanderprallen. Die Quantentheorie ist unbestritten eine Theorie der Information, aber von der allgemeinen Relativitätstheorie würde ich das nicht ohne Weiteres behaupten. Sie ist eine klassische, geometrische Theorie, die beschreibt, wie Massen den Raum und die Zeit krümmen und sich darin bewegen. Die Information ist darin mit der Lichtgeschwindigkeit als größter Ausbreitungsgeschwindigkeit nur am Rande vertreten. Und mit dieser Theorie werden Schwarze Löcher vollkommen klassisch berechnet.

Wäre Masse wirklich gleich Information, so müssten sich auch die Massen der Elementarteilchen aus ihrem Informationsinhalt herleiten lassen. Der Blick auf die Massen dieser Teilchen hatte uns in Kapitel 14 vor ein großes Rätsel gestellt. Sie scheinen völlig unsystematisch und willkürlich festgelegt zu sein. So wiegt beispielsweise das Myon, der schwerere Bruder des Elektrons, 207-mal mehr als ein Elektron (Tabelle auf Seite 99). Diese größere Masse aber einfach mit dem Informationsinhalt des entsprechenden Teilchens gleichzusetzen, ist mir bei Weitem zu kurzsichtig. Dies würde bedeuten, dass ein Myon 207-mal mehr Information trägt als ein Elektron. Als ehemaliger Teilchenphysiker kann ich das leider nicht nachvollziehen, denn ein Myon verhält sich bis auf seine Masse und seinen Zerfall exakt wie ein Elektron. Wenn es 207-mal mehr Bits zur Verfügung haben sollte, müsste sein Verhalten aber viel reichhaltiger sein. Ich glaube daher eher, dass wir noch gar nicht verstanden haben, wie Masse und Information miteinander zusammenhängen.

Ein weiteres Argument gegen das holografische Weltbild betrifft die Entropie. Sie ist als Informationsmaß für Schwarze Löcher keine quantentheoretische, sondern eine klassische Größe. Wie Anton Zeilinger und Časlav Brukner aber gezeigt haben,[2] beruht sie auf stillschweigenden Annahmen, die in der Quantentheorie gar nicht zutreffen. Die Entropie setzt nämlich voraus, dass die Eigenschaften eines Objekts vor einer Messung immer schon vorhanden sind und dass auch die Reihenfolge von Messungen verschiedener Eigenschaften ohne Belang ist. Diese beiden Annahmen sind aber in der Quantentheorie im Allgemeinen nicht gerechtfertigt.

1 Görnitz (2007), Kap. 6

2 http://arxiv.org/abs/quant-ph/0006087

Wenn man also ein Schwarzes Loch informationstheoretisch und damit auch quantentheoretisch beschreiben möchte, so müssten diese wichtige Tatsachen mit einfließen. Das bedeutet aber, dass man die klassische Entropie der Wärmelehre für ein Schwarzes Loch nicht einfach ungeprüft übernehmen darf.

Mein letzter Einwand betrifft die Planck-Einheiten selbst. Wir haben eine kleinste Länge und Zeit kennengelernt, aber schon bei der Masse und Energie gab es Probleme, denn sie scheinen nicht als kleinste Einheiten geeignet zu sein. Des Weiteren sind die Planck-Länge und Planck-Zeit so weit von allem technisch Erreichbaren entfernt, dass wir uns auch ernsthaft fragen könnten, ob wir sie überhaupt richtig berechnet haben? Wir ziehen aus diesen Einheiten weitreichende Folgerungen für den Energiebereich einer vereinheitlichten Teilchenphysik und für die kleinstmöglichen Strukturen im Universum. Dabei verlassen wir uns die ganze Zeit darauf, dass Planck damals auch die richtigen Konstanten für diese Betrachtungen ausgewählt hat.

Würden wir heute eine andere Wahl treffen? Ganz sicher nicht, aber noch haben wir auch keine einheitliche Theorie für alle Naturvorgänge vorliegen. Eine Theorie, die beschreibt, ob das Universum insgesamt abgeschlossen oder unendlich groß ist. Eine Theorie, die vielleicht ohne die mysteriöse Dunkle Materie des nächsten Kapitels auskommt, und die die beiden heutigen großen Theorien nahtlos vereint. Ich erwarte, dass uns diese Theorie auch mindestens eine neue fundamentale Naturkonstante bescheren wird, die wir heute noch gar nicht kennen. Diese Konstante sollte sich dann aber auch in den Planck-Einheiten wiederfinden, denn zu diesen sollte sie dazugehören. Ergeben sich aber mit dieser hypothetischen Konstante dann nicht ganz andere Längen- und Zeit-Einheiten und eventuell doch eine sinnvolle Masseneinheit?

Sind Sie nun verwirrt und wissen nicht mehr, was Sie glauben sollen? Dann geht es Ihnen in etwa wie mir, denn auch ich bin hin- und hergerissen zwischen den verschiedenen Alternativen für die Bits eines Teilchens. Ich kann Ihnen aber beim besten Willen keine schlüssige und endgültige Antwort bieten, sondern jeweils nur Argumente für die eine oder andere Seite. Für eine Materie, die ausschließlich aus Bits besteht, sind diese Überlegungen aber überaus zentral, sodass ich mich trotz mancher Unsicherheit entschlossen habe, Sie daran teilhaben zu lassen. Das holgrafische Prinzip hat Ihnen dabei einen Vorgeschmack auf Kapitel 36 gegeben, in dem wir uns weitere Weltmodelle gemeinsam ansehen werden.

30 Dunkle Materie und Dunkle Energie

Die Nacht verbirgt die Welt, enthüllt aber das Weltall.
aus Persien

Stellen Sie sich vor, Sie fahren mit einem Schiff am Rand der Arktis entlang. Geschickt manövriert der Kapitän seine Passagiere durch eine Landschaft, die gespickt ist mit Eisbergen. Diese erhabenen weißblauen Giganten haben viele verschiedene Größen und Formen, doch eines ist allen gemeinsam: Wir sehen nur etwa ein Zehntel von ihnen, denn der Rest liegt unter dem Meeresspiegel verborgen. Wir wissen zwar, dass sich der Eisberg unter Wasser fortsetzt, aber sehen können wir dies nicht.

So ähnlich präsentiert sich auch das Universum, wenn die Astronomen ihren Blick darauf richten. Der Großteil seiner Materie bleibt unsichtbar, obwohl es viele Anzeichen gibt, dass sie vorhanden ist. Wie schon in Kapitel 19 angedeutet, ist dieses Problem der fehlenden Materie die härteste Nuss, an der sich die Himmelsforscher nun seit Jahrzehnten die Zähne ausbeißen.

Zum ersten Mal wurde man auf fehlende Materie in den 1930er Jahren aufmerksam. Galaxien in Galaxienhaufen bewegen sich viel schneller, als es der Haufen zulassen dürfte. Summiert man das Licht aller Galaxien eines Haufens und nimmt an, dass die Galaxien im Allgemeinen so beschaffen sind wie unsere Milchstraße, so ergibt sich daraus die Masse des Haufens. Damit kann man die Fluchtgeschwindigkeit berechnen, die eine Galaxie haben muss, um das Gravitationsfeld ihres Haufens zu verlassen. Das Ergebnis war erschütternd: *Alle* Galaxien besitzen innerhalb ihrer Haufen eine Geschwindigkeit, die *größer* ist, als die Fluchtgeschwindigkeit des Haufens. Das bedeutet, dass sich alle Galaxien so schnell bewegen, dass die betrachteten Haufen sofort auseinander fliegen sollten. Trotzdem sind die Haufen augenscheinlich stabile Formen, und das über Milliarden von Jahren. Obwohl diese Beobachtungen eindeutig ein Alarmsignal darstellten, nahm aber zunächst kaum jemand davon Notiz.

Der nächste Schock folgte in den 1960er Jahren, als die Umlaufgeschwindigkeiten von Sternen in Galaxien erstmals genau gemessen wurden. Diese Rotationskurven (Abbildung 38, Seite 138) brachten den Nachweis, dass sich auch unsere Milchstraße und alle anderen Galaxien augenblicklich auflösen müssten. Für einen Zusammenhalt durch die Gravitation ist auch hier bei Weitem nicht genügend sichtbare Materie in Form von Sternen und Gaswolken vorhanden. Nach den Gesetzen der Himmelsmechanik sollten alle Sterne einfach nur geradeaus fliegen und nicht um ein galaktisches Zentrum rotieren.

Auch die Entdeckung von Gravitationslinsen (Abbildung 34, Seite 127 und Abbildung 39, Seite 140) lieferte dasselbe Resultat. Solch eine Linse lenkt das Licht einer weit entfernten Quelle je nach vorhandener Masse mehr oder weniger stark ab. Dabei handelt es sich bei einer Gravitationslinse typischerweise um eine schwere elliptische Galaxie. Um aber das Licht genügend stark abzulenken oder den Raum zu krümmen ist viel mehr Masse für die Linse nötig, als man bislang nachweisen konnte. Die leuchtende Materie in der schweren Galaxie, die die Linse bildet, würde normalerweise keinen so starken optischen Effekt verursachen.

Wie man es auch dreht und wendet, seit den 1980er Jahren war es offensichtlich, dass unser Universum zu allerhöchstens 10% aus sichtbaren Objekten besteht. Das Bild von einer *Dunklen Materie* verfestigte sich: eine Materieform, die benötigt wird, um Galaxien und Galaxienhaufen zusammenzuhalten und die man nicht sieht. Es begann ein regelrechter Wettlauf um die Entdeckung der Dunklen Materie. Dieser Wettlauf hält bis heute an, denn trotz aller Anstrengungen hat man die Dunkle Materie noch nicht gefunden.

In vielen Himmelsdurchmusterungen hat man seitdem mit immer ausgefeilteren Beobachtungstechniken regelrechte Volkszählungen für astronomische Objekte durchgeführt. Zu den beeindruckenden Ergebnissen gehören zahlreiche neue Galaxien und viele kühlere rot leuchtende Sterne innerhalb der Galaxien. Einige Forschergruppen konzentrierten sich auf schwach leuchtende Objekte aus normaler Materie, auf die sogenannten MACHOs (Massive Astrophysical Compact Halo Object = schweres Objekt im kugelförmigen Raum um Galaxien). Man vermutet, dass sich größere Mengen von ihnen in einer kugelförmigen Verteilung außerhalb des sichtbaren Bereichs von Galaxien aufhalten. Als Kandidaten kommen alte, nur noch schwach leuchtende Weiße Zwerge in Betracht, aber auch Neutronensterne oder Schwarze Löcher ohne nennenswerte leuchtende Gasscheiben. Und vor allem leuchtschwache Rote und Braune Zwerge, denn insbesondere die Letzteren sind zu leicht für eine Kernfusion und geben daher nur ganz wenig Licht ab. Der erfolgreiche Nachweis von MACHOs darf zwar als gelungen gelten, aber die insgesamt gefundene Masse ist viel zu gering, um die Stabilität einer Galaxie zu sichern.

Selbst wenn es genügend MACHOs gäbe, so können sie gar nicht die endgültige Antwort auf die Frage nach der Dunkle Materie sein. Man kann nämlich aus gewissen Elementhäufigkeiten im Universum auf die Bedingungen schließen, die in den ersten drei Minuten herrschten, als fast das gesamte Helium in Kernverschmelzungsprozessen entstanden ist. Daraus ergeben sich wiederum Randbedingungen für die Häufigkeit der normalen baryonischen Materie, die ausschließlich aus

Quarks besteht. Diese Modellrechnungen zeigen eindeutig, dass der Löwenanteil der Dunklen Materie *nicht* aus Quarks bestehen kann. Sie muss aus einem Stoff aufgebaut sein, wie wir ihn überhaupt nicht kennen. Die Inventarisierung der Galaxien und Haufen führt also bestenfalls zu einem kleinen Teil Dunkler Materie, wobei der größere Rest nicht aus Quarks zusammengesetzt sein darf.

Zunächst nahm man an, dass diese Lücke von den Neutrinos geschlossen werden könnte. Lange Zeit war es unbekannt, ob diese nur schwach wechselwirkenden, aber sehr häufig vorkommenden Teilchen überhaupt eine Masse besitzen. Doch, seitdem man Umwandlungen zwischen den verschiedenen Neutrinosorten beobachtet hat, ist klar, dass sie zumindest eine geringe Masse tragen müssen. Nur leider zeigen die Abschätzungen, die sich aus verschiedenen Experimenten ergeben, dass auch die Neutrinos nicht genügend auf die Waage bringen, um Galaxien zusammenzuhalten.

Ein weiteres Problem bei Neutrinos ist ihre ausgesprochene Leichtigkeit. Weil sie nur eine geringe Masse tragen, bewegen sie sich automatisch auch sehr schnell. Man geht daher davon aus, dass Neutrinos im Universum wie ein Brei verteilt sind. Nur in den Größenordnungen der größten vorkommenden Strukturen, der Superhaufen und Voids (Kapitel 20) bildet dieser Brei Verklumpungen aus. Neutrinos sind einfach zu schnell, als dass sie sich in eher kleinräumigen Bereichen zusammenballen, so wie die Materie einer Galaxie. Für Galaxien benötigt man also Dunkle Materie, die aus schweren und damit langsameren Teilchen gebildet wird.

Dies wird auch von anderer Seite gefordert: Seit Jahren versucht man, die Strukturbildung im Universum mit Computermodellen zu simulieren. Man geht von einer anfänglich sehr gleichmäßigen Materieverteilung aus, die man aus der kosmischen Hintergrundstrahlung ableitet. Diese Messungen dieser Strahlung zeigen, dass die Temperatur und Dichte des Universums 400 000 Jahre nach dem Urknall im gesamten Raum hochgradig gleich war. Es konnten lediglich Abweichungen von einem Zentausendstel der Durchschnittwerte gefunden werden. Dies wäre so, als wenn die Temperatur auf der gesamten Erdoberfläche bis auf Unterschiede von nur drei hundertstel Grad überall gleich wäre. Und daraus ergibt sich, dass auch die Dichte der Materie damals ähnlich gleichmäßig gewesen sein muss.

Ausgehend von diesen minimalen Dichteschwankungen sollten sich innerhalb von wenigen Hundert Millionen Jahren die ersten Sterne und Galaxien gebildet haben. Dies kann man in den Computermodellen aber nicht mit normaler Materie erreichen. Startet man mit diesen winzigen Ungleichheiten in der Dichte, so ist die Gravitation zu schwach und der Zeitraum zu kurz, als dass Galaxien entstehen können. Weil dies so ist, modelliert man stattdessen das Universum mit einer schweren, langsamen und damit kalten Dunklen Materie. Man nimmt zusätzlich noch an, dass sie 400 000 Jahre nach dem Urknall schon viel stärker verklumpt war als die normale Materie. Diese Dunkle Materie dominiert mit ihrer Masse also die Entwicklung des Universums und zieht später die normale baryonische Materie in

47 Bild des gesamten Himmels im Licht der kosmischen Hintergrundstrahlung (Mikrowellen): Die hellen und dunklen Flecken markieren Bereiche mit Temperaturunterschieden von wenigen zehntausendstel Grad.

ihre ausgeprägten Gravitationszentren hinein. Nur mit diesem Trick, mit einer stark verklumpten Dunklen Materie, können die Astrophysiker die relativ schnelle Entstehung von Galaxien überhaupt erklären (Abbildung 43, Seite 147). Die Dunkle Materie wirkt in diesen Modellen bei der Galaxienbildung wie ein Katalysator.

Die exotischen und langsamen Teilchen, aus denen diese kalte Dunkle Materie bestehen soll, bezeichnet man als WIMPs (Weakly Interacting Massive Particles = schwere, schwach wechselwirkende Teilchen). Doch keines unserer bisherigen Elementarteilchen besitzt die benötigten Eigenschaften eines WIMPs. Entweder sind sie zu leicht oder sie unterliegen der starken Wechselwirkung, sind also Baryonen und damit aus Quarks aufgebaut. Die Hoffnungen setzt man hier auf bislang unentdeckte Teilchen, die sogenannten supersymmetrischen Partner unserer Teilchen.

Supersymmetrische Theorien versuchen den Bruch zwischen Fermionen und Bosonen, also zwischen Teilchen mit halbzahligem und ganzzahligem Spin zu vermeiden. Sie verlangen, dass es zu jedem normalen Fermion ein supersymmetrisches Boson als Partner gibt. Das gleiche gilt natürlich auch umgekehrt für die normalen Bosonen und ihre supersymmetrischen Partnerfermionen. Da man diese supersymmetrischen Teilchen aber allesamt noch nie beobachtet hat, geht man davon aus, dass sie viel schwerer als alles sind, was wir bis jetzt mit unseren Teilchenbeschleunigern erzeugen konnten. An dieser Stelle könnte der LHC den ersehnten Durchbruch bringen und damit die Entdeckung der ersten supersymmetrischen Teilchen. Das leichteste von ihnen müsste einerseits stabil sein und andererseits schwer genug, um die fehlenden Masse im Universum bereitzustellen. Aber noch ist dies alles pure Spekulation, obwohl fieberhaft nach WIMPs gesucht wird.

Halten wir bis hierhin einmal fest: Unser Universum scheint hauptsächlich *nicht* aus Sternen, Gaswolken oder Neutrinos zu bestehen, sondern aus einer unbekannten Materieform. Diese Materieform macht sich nur durch ihre Schwerkraft oder eventuell durch die schwache Wechselwirkung bemerkbar. Aber das Rätsel um die Dunkle Materie wird noch von einem weiteren übertroffen. Etwa 70% des Universums bestehen laut neueren Forschungsergebnissen noch nicht einmal aus Dunkler Materie, sondern aus etwas, was man *Dunkle Energie* getauft hat. Um dies besser zu verstehen, müssen wir die allgemeine Relativitätstheorie, die Krümmung des Raumes sowie die Ausdehnung des Universums mit ins Boot nehmen.

Schon in den 1920er Jahren wurden die Gleichungen der allgemeinen Relativitätstheorie auf das gesamte Universum angewendet. Dabei stellte sich heraus, dass man im einfachsten Fall nur drei verschiedene Lösungen erhält, die man folgendermaßen charakterisieren kann:

Die erste Lösung ergibt ein räumlich geschlossenes Universum. Es dehnt sich bis zu einer bestimmten Größe aus und stürzt dann wieder in sich zusammen. Nach dem Urknall am Anfang beendet es seine Existenz mit einem Endknall. Vergleichen wir den Lebenszyklus dieses Universums mit einem Steinwurf, so fliegt der Stein mit geringer Geschwindigkeit. Er fliegt zunächst nach oben, fällt aber irgendwann zurück auf die Erde. Der Abwurf entspricht dem Urknall und der Aufprall dem Endknall. Solch ein Universum besitzt nach der allgemeinen Relativitätstheorie eine positive Krümmung des Raums. Diese Art von Raumkrümmung kann man mit den Eigenschaften einer Sammellinse vergleichen, die das Licht bündelt.

Die zweite Lösung ist das genaue Gegenteil. Wir erhalten ein räumlich offenes Universum, das sich bis in alle Ewigkeit weiter ausdehnt. Und dies, obwohl die Ausdehnung von der Schwerkraft gebremst wird. Sein Lebenszyklus entspricht einem Steinwurf mit einer Geschwindigkeit, die größer ist als die Fluchtgeschwindigkeit der Erde. Der Stein besitzt also eine so hohe Geschwindigkeit, dass er das Schwerefeld der Erde für immer verlassen wird. Solch ein Universum hat eine negative Raumkrümmung, die man mit einer Zerstreuungslinse gleichsetzen kann. Hier wird die Lichtintensität nicht vergrößert, wie bei einer Sammellinse, sondern verringert.

Dazwischen befindet sich nun die dritte Lösung der einsteinschen Gleichungen. Dieses sehr spezielle Universum ist zwar auch räumlich offen, dehnt sich aber gerade so stark aus, dass seine Ausdehnung zwar immer schwächer wird, aber niemals ganz zum Erliegen kommt. Diese Lösung entspricht einem Wurf mit exakt der Fluchtgeschwindigkeit. Aber auch die Raumkrümmung eines solchen Universums hat einen ganz besonderen Wert: Sie ist nämlich genau null. Statt einer Linse, die einen Lichtweg beeinflusst, befände sich hier nur eine Glasplatte, die das Licht einfach passieren lässt. Wir befinden uns in dieser speziellen Welt nicht wie in den ersten beiden Fällen in einem gekrümmten, sondern in einem sogenannten flachen Raum.

Welche Lösung für ein konkretes Universum jeweils vorliegt, hängt einzig und allein von seiner Dichte ab, also von der Masse oder genauer der Energie pro Volumen. Besitzt ein Universum exakt die sogenannte *kritische Dichte*, so ist die dritte Lösung verwirklicht. Ist seine Dichte größer, so ist es räumlich geschlossen und wird wegen der stärkeren Gravitation wieder zusammenfallen. Dies entspricht der ersten Lösung. Ist seine Dichte dagegen kleiner als die kritische Dichte, so befinden wir uns in Lösung zwei, in einer sich immer weiter ausdehnenden Welt. Wir müssen also lediglich den gesamten Inhalt unseres Universums bestimmen und wissen dann, in welcher Art von Welt wir leben. Dazu müssen wir aber alles berücksichtigen, was eine Energie oder eine Masse trägt: die normale Materie, die Neutrinos, die Dunkle Materie, deren Masse nur indirekt bestätigt ist, und die gesamte Strahlung in Form von Photonen.

Wenn wir dies alles aufsummieren, so erhalten wir einen Wert für die Dichte unseres Universums von etwa 30% der kritischen Dichte. Dabei trägt die Strahlung nur zu zwei Zehntausendstel bei, wobei man das Sternenlicht ganz vernachlässigen kann. Der Strahlungsanteil stammt hauptsächlich von den Photonen der kosmischen Hintergrundstrahlung, denn diese sind zwar energiearm, aber auch Milliarden Mal häufiger als die Photonen des Sternenlichts. In der Frühzeit des Universums war dies jedoch ganz anders: Damals war die Wellenlänge dieser Photonen noch zehntausendfach größer, denn sie war noch nicht durch die Raumausdehnung um diesen Faktor gestreckt worden. Und dementsprechend war ihre Energie auch zehntausendmal größer als heute. Nur wenige Tausend Jahre nach dem Urknall war deshalb die Energie der Strahlung im Universum sogar größer als die Gesamtenergie der Materie.

Nach diesen Überlegungen und Dichtemessungen sah es bis in die 1990er Jahre so aus, als ob unser Universum sich für Lösung zwei entschieden hätte. Es wäre demnach offen und dehnt sich für alle Zeiten aus, obwohl es dabei von der eigenen Gravitation abgebremst wird. Doch dann fanden verschiedene Forschungsgruppen bei der Beobachtung von weit entfernten Supernovae Anzeichen dafür, dass die Ausdehnungsgeschwindigkeit unseres Universums seit mehreren Milliarden von Jahren nicht mehr ab-, sondern zunimmt. Das Universum verhält sich also überhaupt nicht wie erwartet, denn seine Ausdehnungsgeschwindigkeit verlangsamt sich keineswegs. Vielmehr scheint sie sich seit etwa sechs Milliarden Jahren wieder zu erhöhen.

Solch eine beschleunigte Expansion ist nach den Gleichungen der allgemeinen Relativitätstheorie zwar ebenfalls erlaubt, aber nur dann, wenn man eine spezielle Konstante mit hinzunimmt, die sogenannte *kosmologische Konstante*. Diese Konstante hat die Einheit einer Dichte, trägt also ebenfalls zur Dichte des Universums bei. Sie ergibt sich auf rein mathematischem Weg bei der Herleitung der Gleichungen und wurde jahrzehntelang einfach null gesetzt. Doch nun benötigt man sie, um die allgemeine Relativitätstheorie mit den aktuellen Beobachtungen in Einklang zu bringen. Aus diesen Messdaten berechnet sich der Wert der kosmologischen Konstante grob zu 70% der kritischen Dichte. Dies ergibt zusammen mit den 30% aus der Materiedichte genau 100% der kritischen Dichte. Vieles spricht im Moment daher für die spezielle Lösung drei. Unser Universum wäre demnach offen, besäße aber keine Raumkrümmung und damit einen flachen Raum.

Starke Rückendeckung erhält dieses Resultat durch die neuesten Messungen der kosmischen Hintergrundstrahlung. Hier werden die feinen Temperaturunterschiede im Bereich von zehntausendstel Grad über den gesamten Himmel genau vermessen (Abbildung 47, Seite 239). Aus der Größe der wärmeren und kühleren Flecken kann man Rückschlüsse auf die Geometrie des Universums und damit auf seine globale Raumkrümmung ziehen. Dabei erhielt man das Ergebnis, dass das Universum bis auf 1% genau flach ist, also keine nennenswerte Raumkrümmung hat. Es besitzt innerhalb der Fehlergrenzen genau die kritische Dichte.

All diese Beobachtungen fasst man mit dem sogenannten kosmologischen Standardmodell zusammen, das auf die allgemeine Relativitätstheorie zurückgeht. In Anlehnung an die Dunkle Materie bezeichnet man die kosmologische Konstante mittlerweile mit dem Schlagwort *Dunkle Energie*. Ihr Ursprung liegt mindestens genauso im Dunklen, und deshalb passen die beiden rätselhaften Bestandteile unseres Kosmos nun auch begrifflich gut zusammen. Nach dem kosmologischen Standardmodell besteht unsere Welt zu 72% aus Dunkler Energie, zu 23,4% aus Dunkler Materie und nur zu 4,6% aus normaler Materie. Die leuchtenden Sterne machen dabei lediglich 0,5% der Gesamtmasse des Universums aus.

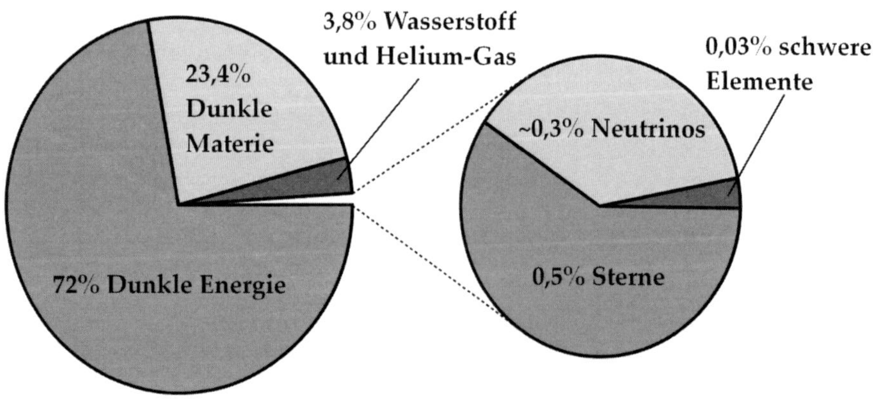

48 Inhalt des Universums nach dem kosmologischen Standardmodell

31 Wege aus dem dunklen Dilemma

Es ist besser, ein einziges kleines Licht anzuzünden, als die Dunkelheit zu verfluchen.
Konfuzius, Philosoph

Was aber ist die *Dunkle Energie*, die für die beschleunigte Ausdehnung des Universums verantwortlich sein soll? Und welche Ideen gibt es dazu? Folgen wir zunächst buchstabengetreu der allgemeinen Relativitätstheorie, so ergibt sich die Dunkle Energie aus einer Konstanten, deren Wert nicht aus der Theorie hergeleitet werden kann. Versucht man ihren Wert jedoch mithilfe der Quantentheorie abzuschätzen, so landet man fast zwangsläufig in der Nähe der Planck-Dichte. Diese Dichte übertrifft aber den tatsächlichen Wert der kosmologischen Konstante um etwa 123 Größenordnungen, was gerne als die falscheste Vorhersage der Physik bezeichnet wird.

Warum dieser Wert in Wirklichkeit so klein ist und warum er gerade im heutigen Zeitalter des Universums relativ nahe an der kritischen Dichte liegt, bleibt dabei ein Rätsel. Nach der allgemeinen Relativitätstheorie hat nämlich die kritische Dichte mit der Expansion des Universums um Dutzende von Größenordnungen abgenommen, während der Wert der Dunklen Energie immer konstant blieb. Wieso aber, sollte eine Konstante ausgerechnet Milliarden Jahre nach dem Urknall dem Wert der kritischen Dichte einigermaßen entsprechen?

Niemand versteht, ob sich hinter dieser relativen Gleichheit ein Zusammenhang verbirgt. Solange wir jedoch den Wert der kosmologischen Konstante nicht einmal annähernd begründen können, bleibt hier der Nachgeschmack eines schier unglaublichen Zufalls zurück. Nicht wenige Wissenschaftler favorisieren deshalb eine *veränderliche* Dunkle Energie, die sie auch Quintessenz nennen. Doch wodurch diese Änderung bewirkt wird und wie stark sie ist, bleibt auch hier im Dunklen. Auf jeden Fall läuft ein solcher Ansatz auf eine Abänderung der allgemeinen Relativitätstheorie hinaus, da die Dunkle Energie hier nicht mehr zeitlich konstant wäre.

Einen ähnlichen Weg beschreiten auch Forscher, die nach vielen Jahren der Fahndung nicht mehr an die Dunkle Materie glauben wollen. Sie veränderten zuerst in den 1980er Jahren das newtonsche Gravitationsgesetz und mittlerweile auch die einsteinschen Gleichungen der allgemeinen Relativitätstheorie. Dabei werden die Gleichungen mit zusätzlichen Ausdrücken versehen, um bestimmte Beobachtungen mit der neuen Theorie in Einklang zu bringen. Das bedeutet, dass freie Parameter so gewählt werden, dass beispielsweise die ungewöhnlichen Rotationskurven von

Galaxien erklärt werden können. Dieses Vorgehen ist zwar legitim, birgt aber auch einen schwerwiegenden Nachteil in sich. Bislang fehlt nämlich ein tiefer liegendes Prinzip, mit dem die Änderungen an der allgemeinen Relativitätstheorie begründet werden können oder aus dem sie hergeleitet werden können. Alle diese Versuche wirken auf mich daher eher wie ein blindes Suchen nach einer neuen Theorie als ein gezieltes Vorgehen. Ebenso kann auch *keiner* der Vorschläge *alle* Beobachtungsergebnisse mit einem einzigen schlüssigen Bild erklären.

95% des Universums bestehen also aus etwas, was wir weder kennen noch richtig verstehen. Was fehlt ist eine zündende Idee, die das Ausdehnungsverhalten des Universums und ebenso die Bildung und den Zusammenhalt von Galaxien und Galaxienhaufen unter einen Hut bringt. Denn alle diese Vorgänge muss eine neue Theorie stimmig erklären. Für den Rest dieses Kapitels möchte ich Ihnen meine eigene Sicht der Dinge schildern. Sie ist sehr spekulativ, und Sie finden sie in keiner anderen Veröffentlichung. Meine Gedanken greifen erneut den Begriff der Information auf und versuchen, ihn auf dieses Problem anzuwenden.

Beginnen möchte ich mit einer Beobachtung, die mich stutzig machte, als ich spaßeshalber die Gravitationskraft zwischen zwei Elektronen in handelsüblichen Einheiten ausrechnen wollte. Ich nahm an, dass sich eines der Teilchen in der Milchstraße befindet und das andere in der Andromedagalaxie. Das Ergebnis, das ich erhielt, war allerdings keine Zahl, sondern eine Fehlermeldung meines Taschenrechners. Die Größe der Schwerkraft zwischen den Teilchen war kleiner als die erlaubten 10^{-100}. Also rechnete ich die Exponenten auf dem Papier aus und wechselte auch gleich in die Planck-Einheiten über: Zwei Elektronen im Abstand von 2,5 Millionen Lichtjahren ziehen sich demnach mit etwa 10^{-161} Planck-Kräften an. Dies ist mit Abstand das kleinste Ergebnis, dass ich je ausgerechnet habe.

Nehmen wir an, dass die Planck-Kraft die natürliche Einheit für Kräfte darstellt. Dann sind zur Darstellung dieser winzigen Zahl ziemlich viele Bits nötig. Und da alle Teilchen über die Schwerkraft miteinander wechselwirken, werden insgesamt sehr viele Bits gebraucht, um alle diese Kräfte in der natürlichen Einheit auszudrücken. Könnte es vielleicht sein, dass für all diese Wechselwirkungen nicht genügend Information in Form von Bits im Universum vorhanden ist? Wenn ja, so könnte sich die Begrenztheit der Information nicht nur im mikroskopisch kleinen, sondern auch im großen kosmischen Maßstab der Galaxien auswirken. Die Endlichkeit der Information würde dann auch hier genauso wie beim Spin in der Quantentheorie sichtbare Effekte bewirken.

Nach diesen Vorstellungen wäre die allgemeine Relativitätstheorie nur näherungsweise gültig, nämlich genau dann, wenn ein Mangel an Bits nicht ins Gewicht fällt. Dies ist meiner Meinung nach eine plausible Rechtfertigung für eine Veränderung der einsteinschen Gleichungen. Sie begründet sich dadurch, dass immer genügend Information für alle Wechselwirkungen vorhanden sein muss. Die allgemeine Relativitätstheorie geht nämlich als klassische Theorie stillschweigend davon aus, dass diese Bedingung immer erfüllt ist. Der Ort und die Geschwindigkeit eines jeden Teilchens sind hier mit absoluter Genauigkeit bekannt, ebenso jede Kraft im Universum. Das bedeutet, dass jede dieser Zahlen mit unendlich genauen Kommazahlen ausgedrückt werden muss. Und dies erfordert in der allgemeinen Relativitätstheorie für jede Messgröße eines jeden Objekts *unendlich* viel Information.

Aber aus der Quantentheorie wissen wir, dass dies gerade *nicht* gegeben ist. Einem Teilchen steht nicht beliebig viel Information zur Verfügung, denn seine verschiedene Messgrößen müssen sind die gleichen Bits teilen. Im Universum sind *nicht* genügend Bits vorhanden, um alles mit unendlicher Genauigkeit auszudrücken. Ich denke, dass dies der Ansatzpunkt ist, den man in der Kosmologie verfolgen sollte, um Licht in die Dunkle Materie und die Dunkle Energie zu bringen.

Viele Astronomen denken, dass sich die Quantentheorie im Universum nur bei der Behandlung des Urknalls oder der Schwarzen Löcher auswirkt, also immer dann, wenn die Schwerkraft genauso stark wird wie die übrigen Wechselwirkungen. Sie übersehen dabei aber, dass Information die Hauptrolle im Universum spielt und niemals vernachlässigt werden darf. Ich behaupte daher, dass zumindest ein Großteil der Phänomene, die wir heute der Dunklen Materie und der Dunklen Energie zuschreiben, in Wirklichkeit auf einen Mangel an Information zurückzuführen sind.

Dabei fallen mir gleich zwei Effekte ein, die uns bezüglich der *Dunkle Materie* aufs Glatteis führen könnten: Falls ein Teilchen nicht genügend Bits für seine Gravitationswechselwirkungen zur Verfügung hat, so könnte es näher liegende Teilchen gegenüber weiter entfernten für seine Wechselwirkungen bevorzugen. Dies könnte es tun, weil diese Wechselwirkungen stärker sind und es zu ihrer Darstellung mit weniger Bits auskommt. Andererseits wäre es auch denkbar, dass ein Teilchen Gravitationskräfte immer aufrundet. Sind diese besonders klein, so ergäbe sich je nach vorhandenen Bits ein spürbarer Effekt. Diese beiden Ideen führen jeweils zu einer höheren Schwerkraft, als wir sie nach Newton oder Einstein berechnen würden. Und diese höhere Schwerkraft gleichen wir im Moment durch das Hinzufügen Dunkler Materie aus, die in Wirklichkeit gar nicht vorhanden wäre. Wie gesagt, falls eine dieser beiden Ideen korrekt wäre.

Mit einem detaillierten informationsbasierten Modell der Gravitation könnte man meines Erachtens die scheinbar zu starke Schwerkraft in Galaxien und Galaxienhaufen erklären. Dabei müsste man auch berücksichtigen, dass einem Teilchen im frühen Universum eventuell weniger Bits zur Verfügung standen als heute. Dies legt zumindest das holografische Prinzip nahe, das wir vor zwei Kapiteln kennengelernt haben. Ich kann mir ebenso vorstellen, dass man dadurch auch die Strukturbildung im frühen Universum von der gleichmäßigen Verteilung der Hintergrundstrahlung bis zu den ersten Galaxien in den Griff bekommen kann. Dies sind zwar nur Gedanken und keine fertige Theorie, aber ich hoffe, dass sie in die richtige Richtung weisen und für Spezialisten auf diesem Gebiet eine Anregung sind. Zumindest stellen sie eine Alternative dar, die noch nie so formuliert wurde.

Gegen diese spekulativen Ideen könnte man einwenden, dass ein Teilchen immer nur die *Summe* aller einwirkenden Kräfte in seinen Bits speichern müsste und nicht alle Wechselwirkungen mit jedem einzelnen Teilchen. Aber ich halte dieses Argument nicht für stichhaltig, denn wodurch sollte denn diese Summe zustande kommen? Um sie zu bilden, müsste man die einzelnen Wechselwirkungen aufaddieren und demzufolge doch irgendwo abspeichern.

Ein weiterer Einwand könnte lauten, dass die allgemeine Relativitätstheorie die Schwerkraft nicht über eine Wechselwirkung ausdrückt, sondern über eine Raum- und Zeitkrümmung. Aber was heißt das? Wie wir im ersten Buchteil gesehen haben, so vermittelt nach der allgemeinen Relativitätstheorie der Raum selbst die Wirkung der Schwerkraft. Alle in ihm befindlichen Teilchen krümmen den Raum mit ihrer Masse und verlangsamen ebenso die Zeit. Aber meines Erachtens ist dies nur ein Bild, denn was *ist* der Raum denn eigentlich? Hat er wirklich eine eigenständige Existenz und damit auch eine Krümmung, die zu ihm selbst gehört? Die allgemeine Relativitätstheorie jedenfalls behandelt den Raum wie ein eigenes Objekt, das die Kraftwirkungen über seine Krümmung weitergibt.

Ich glaube aber nicht, dass diese Sichtweise gerechtfertigt ist, denn sie gibt dem Raum auch dann eine Existenz, wenn sich gar nichts darin befinden sollte. Dies macht in meinen Augen aber überhaupt keinen Sinn. Raum und Zeit bilden zwar in der in der allgemeinen Relativitätstheorie keinen unveränderlichen Hintergrund, werden durch die Theorie aber auch nicht erklärt. Vielmehr werden sie vorausgesetzt und dann durch die Massen der Körper verändert.

Wie wir jedoch in Kapitel 35 noch sehen werden, gehen neuere Ansätze zu einer Weltformel weg von diesem engen Konzept. In ihnen hat der Raum *keine* eigenständige Existenz mehr, sondern wird durch die Summe aller Ortsinformationen erst gebildet. Hier wird der Raum sozusagen aus Information erschaffen und nicht vorausgesetzt. Eine wirklich grundlegende Theorie darf meines Erachtens weder auf einen Raum noch auf einer Zeit aufbauen, sondern muss sie beide erklären. Deswegen halte ich jene neue Theorie für richtungsweisend und die Information über die Orte von Teilchen für grundlegender als den Raum selbst. Ich erwarte daher, dass sich die Raumkrümmung der allgemeinen Relativitätstheorie lediglich als eine Näherung herausstellen wird, die genau dann gültig ist, wenn die Begrenztheit von Information kaum eine Rolle spielt.

Natürlich kann ich nicht ausschließen, dass das Geheimnis der Dunklen Materie nicht doch auf eine andere Art gelüftet wird. Man könnte beispielsweise in Kürze supersymmetrische Teilchen am LHC entdecken. Und das leichteste dieser Teilchen wird schon lange als heißer Kandidat für die Dunkle Materie gehandelt. Trotzdem müsste man auch dann noch nachweisen, dass diese Teilchen tatsächlich die Dunkle Materie im Universum bilden.

Man könnte aber noch ein Argument gegen meine Ideen ins Feld führen: Bislang hat die allgemeine Relativitätstheorie für alle astronomischen Phänomene immer korrekte Vorhersagen gemacht hat. Doch selbst wenn man von dem Problem der Dunklen Materie einmal absieht, liefen alle diese Tests stets innerhalb unseres Sonnensystems ab. Dies ist aber für kosmische Verhältnisse ein geradezu winziger Rahmen, denn schon in unserer unmittelbaren Nachbarschaft gibt es seit Jahren Probleme. Zwar kann man mittlerweile erklären, warum die Bahnen unserer am weitesten entfernten Raumsonden von den ursprünglich berechneten Bahnen abweichen,[1] aber dafür sind enge Vorbeiflüge von Raumsonden an Planeten nicht ausreichend verstanden. Bei diesen Flugmanövern treten nämlich Abweichungen der Bahnen auf, die man sich bisher *nicht* erklären kann. Auch hier scheint sich die Schwerkraft eines Planeten stärker auszuwirken als erwartet. Alles in allem können wir meiner Meinung nach die allgemeine Relativitätstheorie für kosmische Abstände getrost mit einem Fragezeichen versehen.

Wie wir gesehen haben, kann man mithilfe der Begrenztheit der Information möglicherweise das Phänomen der Dunklen Materie in den Griff bekommen. Aber wie sieht es mit der *Dunklen Energie* aus? Kann man auch sie mit diesem Ansatz erklären? Um dies beurteilen zu können, müssen wir uns näher mit dem Ausdehnungsverhalten unseres Universums beschäftigen. Wir schauen uns dazu Abbildung 49 an, wo der durchschnittliche Abstand zwischen den Galaxien gegen die Zeit aufgetragen ist. Da die Grafik mehrere Kurven enthält, möchte ich Sie zuerst einmal mit dieser Art der Darstellung vertraut machen.

Alle Kurven beruhen auf einem kosmologischen Modell mit den Gleichungen der allgemeinen Relativitätstheorie. Die Grundannahme dieses Modells ist das kosmologische Prinzip: Es besagt, dass unser Universum im Großen und Ganzen eine gleichförmige Materieverteilung besitzt und von überall betrachtet gleich aussieht. Die einzigen freien Parameter dieses Modells sind die Dichte der Materie Ω_M (gesprochen: ro m) und die Dichte der Dunklen Energie Ω_Λ (gesprochen: ro lamda). Beide gibt man in Einheiten der kritischen Dichte des Universums an.

Zunächst sehen wir uns nur die unterste bogenförmige Kurve an, die mit Ω_M=6 gekennzeichnet ist. Diese Kurve beschreibt ein Universum mit einer Materiedichte, die sechs-mal so groß ist wie die kritische Dichte. Es enthält jedoch keinerlei Dunkle Energie. Solch ein Universum wäre vor 6 Milliarden Jahren entstanden, und würde

[1] Rievers and Lämmerzahl: High precision thermal modeling of complex systems with applicatin to the flyby and Pioneer anomaly, arXiv:1104.3985v2 [gr-qc] oder http://arxiv.org/1104.3985

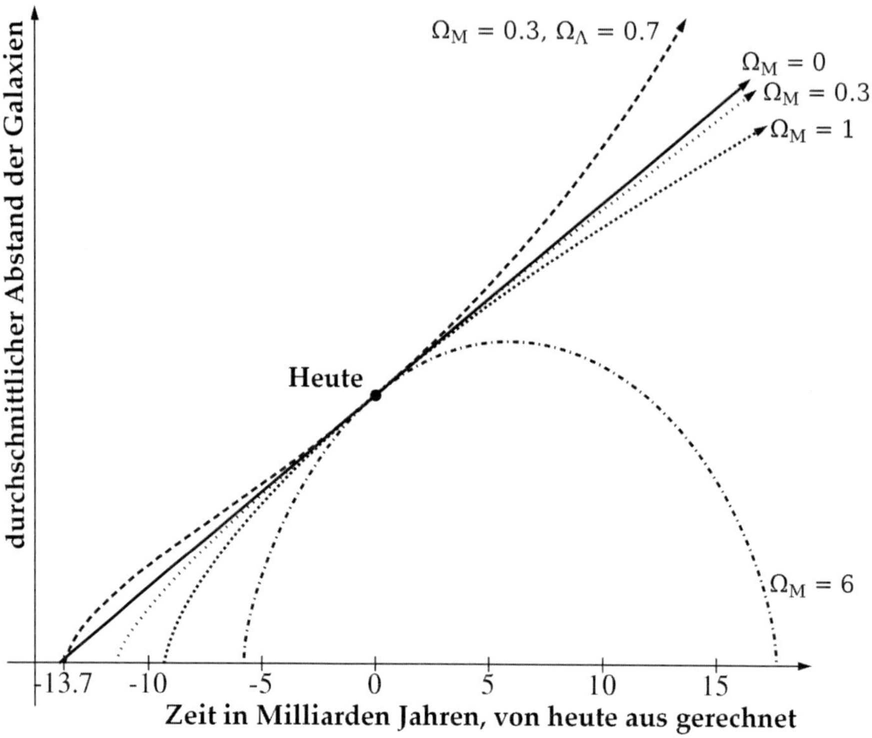

49 Ausdehnungsverhalten des Universums nach der allgemeinen Relativitätstheorie in Abhängigkeit von seiner Dichte

in 18 Milliarden Jahren mit einem Endknall wieder in sich zusammenstürzen. Seine Dichte ist so groß, dass man deutlich erkennt, wie seine Ausdehnung abgebremst wird, bis das Universum schließlich bei seiner maximalen Größe ankommt und danach wieder schrumpft.

Die nächsten drei Kurven mit Ω_M*=1; 0,3* und *0* enthalten ebenfalls keine Dunkle Energie, sondern wiederum nur Materie. Die unterste repräsentiert ein Universum mit genau der kritischen Dichte *(*$\Omega_M=1$*)*, die mittlere ein Materieuniversum mit 30% der kritischen Dichte und die obere ein völlig leeres Universum *(*$\Omega_M=0$*)*. Die allerletzte und oberste Kurve ist die des heutigen kosmologischen Standardmodells. Hier besteht das Universum aus 30% Materie und 70% Dunkler Energie mit insgesamt genau der kritischen Dichte. Bei allen Kurven ohne Dunkle Energie, aber mit Materie, verlangsamt sich die Ausdehnung des Universums seit dem Urknall bis heute. Bei einem leeren Universum passiert jedoch nichts dergleichen und die Kurve ist stattdessen eine gerade Linie.

Der Zeitraum, den wir mithilfe von Supernovae überblicken können, umfasst etwa die letzten 8 Milliarden Jahre. Bevor es diese Beobachtungen gab, erwartete man, dass sich die Ausdehnung des Universums verlangsamen müsste. Man ging schließlich davon aus, dass es aus Materie mit 30% der kritischen Dichte besteht. Aber genau diese vorhergesagte Verlangsamung wurde bei den Untersuchungen der Supernovae seit Ende der 1990er Jahren nicht festgestellt. Meistens wird dieses Ergebnis so dargestellt, dass sich daraus zwingend eine beschleunigte Expansion des Universums ergibt. Doch tatsächlich sind die Beobachtungen auch mit einem völlig anderen Universum im Einklang.

Folgender Satz in der aktuellen Auflage meines früheren Astronomielehrbuchs lies mich aufhorchen:[1] »Sie [Die Beobachtungen von Supernovae] wären formal noch verträglich mit einem völlig leeren Universum, das aber natürlich aus anderen Gründen ausgeschlossen werden kann.« Dies heißt im Klartext, dass aus den Messwerten *nicht* unbedingt auf eine beschleunigte Ausdehnung geschlossen werden darf. Die Beobachtungen zeigen lediglich, dass *keine* Abbremsung des Universums stattfindet, mehr nicht. Mit anderen Worten: Es könnte im Rahmen der Messfehler auch sein, dass sich die Ausdehnungsgeschwindigkeit des Universums überhaupt nicht verändert! Unser Universum verhielte sich demnach genauso wie ein Universum ohne jeglichen Inhalt, denn seine Ausdehnungsgeschwindigkeit bliebe gleich.

Ein solches Verhalten lässt sich aber mit den Gleichungen der allgemeinen Relativitätstheorie bei einem Materieinhalt von 30% der kritischen Dichte nicht erzielen. *Deshalb* wird unserem Universum 70% Dunkle Energie mit hinzugegeben, und so die fehlende Abbremsung erklärbar gemacht. Doch vielleicht ist Ihnen beim Betrachten der Kurven noch eine weitere Merkwürdigkeit aufgefallen: Die Kurven des leeren Universums und des kosmologischen Standardmodells treffen sich fast genau ganz links bei 13,7 Milliarden Jahren. Beide Kurven ergeben dasselbe Weltalter, denn mit dem Weltalter hatten die Kosmologen vorher ein gravierendes Problem. Es war nämlich zu niedrig.

Die ältesten Sterne im Universum haben ein Alter von 11 bis 13 Milliarden Jahren. Sie ließen sich bis in die 1990er Jahre eher schlecht als recht mit einem Universum vereinbaren, das zwar den gewünschten Materieinhalt besitzt, aber nicht mit Dunkler Energie ausgestattet ist (die gepunktete Kurve mit $\Omega_M=0{,}3$). Sein Weltalter von etwa 11,5 Milliarden Jahren passte nicht so recht ins Bild, denn die Sterne schienen älter zu sein als der sie umgebende Kosmos. Nimmt man jedoch die Dunkle Energie mit dazu, so sieht das Bild viel besser aus und das Universum ist wieder älter als seine Kinder. Daher wurde dieses Ergebnis von den Kosmologen mit Erleichterung aufgenommen und seither als Bestätigung der Dunklen Energie gewertet. Doch dieses Resultat lässt sich auch mit einem ganz anderen Universum erzielen.

[1] Weigert (2009), Kap. 14.3.6, Seite 472

Die Kurven des leeren Universums und des kosmologischen Standardmodells liegen insgesamt sehr nahe beieinander. Sie ergeben nicht nur dasselbe Weltalter, sondern lassen sich im Rahmen der Messungenauigkeiten auch im Zeitraum von heute bis vor 8 Milliarden Jahren kaum auseinanderhalten. Tatsächlich hat also ein leeres Universum alle Eigenschaften, die sich mit diesen Beobachtungen decken. Sein Alter ist größer als das der ältesten Sterne, seine Ausdehnungsgeschwindigkeit ist konstant und sein Raum ist flach. Sein Raum ist also *nicht* gekrümmt, genau wie es die Messungen der Hintergrundstrahlung nahelegen. Es hat nur einen entscheidenden Schönheitsfehler: Es enthält nämlich rein gar nichts, keine Materie und keine Dunkle Energie. Wie kommt es aber, dass ein so widersinniges Universum trotzdem so gut mit unseren Messungen übereinstimmt? Kann dies wirklich Zufall sein oder sollten wir diesen Fingerzeig ernst nehmen?

Unser Universum *ist* offensichtlich nicht leer, denn es enthält Materie in Form von Sternen und Galaxien. Aber wie könnte es sich *trotzdem* bezüglich seiner Ausdehnungsgeschwindigkeit so verhalten, als ob es praktisch leer *wäre?* Wenn wir diese Frage zufriedenstellend beantworten könnten, dann hätten wir das gesamte Problem mit der Dunklen Energie vom Tisch. Ein Universum, das sich trotz der Materie, die es enthält, konstant ausdehnt, würde sich mit den Beobachtungen decken, *ohne* dass man dafür eine Dunkle Energie benötigt.

Auch für dieses Problem hilft uns wiederum die Begrenztheit der Information. Betrachten wir das Universum einmal mit den Augen eines einzelnen Protons und der idealisierten Sicht der allgemeinen Relativitätstheorie. Laut dieser Theorie zieht dieses Proton alle anderen 10^{80} Materieteilchen im Universum an. Und zwar egal, wie viele dies sind und wie weit weg sie sich befinden. Dazu benötigt es aber wesentlich mehr Information als die 10^{43} Bits, die ihm nach der Abschätzung des vorletzten Kapitels zur Verfügung stehen. Es kann daher gar nicht mit allen anderen Protonen, Neutronen oder Elektronen in Wechselwirkung stehen, sondern nur mit einem winzigen Bruchteil von ihnen. Mehr geben seine Bits gar nicht her, denn mit ihnen lässt sich nur eine begrenzte Anzahl von Wechselwirkungen ausdrücken. Die Frage ist nur, wie sich die Bits eines Teilchens auf die Gravitationswechselwirkung mit den anderen Teilchen verteilen?

Von den allermeisten dieser Teilchen ist unser Proton Milliarden Lichtjahre weit entfernt, was sich allein aus der dreidimensionalen Geometrie unseres Universums ergibt. Die Anziehungskraft zwischen ihm und ihnen ist verschwindend gering und benötigt daher viele Bits, um dies auszudrücken. Wir nehmen nun wie im vorigen Abschnitt an, dass sich unser Teilchen seine Wechselwirkungspartner im Rahmen seiner Bits so aussucht, dass es Teilchen mit einer stärkeren Schwerkraft und damit weniger Bits bevorzugt. Das Teilchen wird daher eher mit weniger weit entfernten Teilchen wechselwirken und nicht mit der Mehrzahl der weiter entfernten Teilchen. Das wirkt sich so aus, als ob die weit entfernten Teilchen bezüglich ihrer

Schwerkraft gar nicht vorhanden sind. Das Proton spürt also eher die Anziehung von näher liegenden Teilchen als die Anziehung von weiter entfernten.

Für ein Teilchen erscheint das Universum also mit wachsendem Abstand immer leerer zu werden. Es spürt die Gravitation der weit entfernten Teilchen nicht mehr, weil ihm dazu die Bits fehlen. Genau dieser Effekt könnte erklären, warum sich unser Universum seit Milliarden von Jahren so verhält, als ob es praktisch leer wäre. In ganz großen Dimensionen bemerken die verschiedenen Bereiche unseres Weltalls *nicht* mehr die Schwerkraft der jeweils anderen Gegenden. Daher wird es in seiner Expansion nicht merklich durch die Gravitation gebremst, weshalb seine Ausdehnungsgeschwindigkeit nahezu konstant bleibt. Und genau dies haben wir auch beobachtet.

Das mag in der Frühphase unserer Welt innerhalb vielleicht der ersten wenigen Milliarden Jahre noch anders gewesen sein. Aber für diesen Zeitraum fehlen uns genaue Messdaten. Um dies jedoch wenigstens theoretisch beurteilen zu können, bräuchten wir erst einmal ein detailliertes Informationsmodell der Gravitation. Es müsste berücksichtigen, wie sich die Bits eines Teilchens auf die Wechselwirkungen verteilen und ob sich dabei Rundungseffekte oder Bevorzugungen ergeben. Auch müsste dieses Modell mit einbeziehen, dass es früher im Universum wahrscheinlich weniger Bits gab als heute. Damals war der Beobachtungshorizont viel kleiner, und aus der Oberfläche dieses Horizonts ergibt nach dem holografischen Prinzip gerade der Informationsinhalt des Universums zu einer bestimmten Zeit.

Bei all diesen Überlegungen sollte man stets im Hinterkopf haben, dass die Dunkle Energie aus den Beobachtungen von Supernovae gefolgert wird. Der kritische Punkt hierbei ist aber die zuverlässige Entfernungsbestimmung jener Explosionen. In diese Bestimmungen geht auch immer ein kosmologisches Modell ein, und damit im Endeffekt die allgemeine Relativitätstheorie. Wäre diese aber für einen kosmischen Maßstab nicht die korrekte Beschreibung, so führt dies für die Supernovae zu anderen Entfernungen und eventuell zu anderen Folgerungen.

Zusammenfassend möchte ich am Ende dieses Kapitels festhalten, dass sich aus meiner Sicht weite Teile des Problems der Dunklen Materie und Dunklen Energie in Luft auflösen werden. Nicht nur im Mikrokosmos der Quantenwelt, sondern auch in den Weiten des Weltalls bestimmt der Mangel an Bits das Verhalten der Materie. Die allgemeine Relativitätstheorie muss meines Erachtens zwangsläufig so abgeändert werden, dass sie dem Rechnung trägt und dies nicht länger ignoriert. Ihre Gleichungen gelten nämlich nur im Grenzfall von unendlich viel Information, wie er im Universum eben *nicht* realisiert ist.

Selbst wenn am LHC neue Teilchen gefunden werden, so glaube ich nicht, dass sie überwiegend zum Materieinhalt unseres Universums und damit zur Dunklen Materie beitragen werden. Die Dunkle Energie hingegen ist nach meinen Überlegungen absolut überflüssig und gar nicht vorhanden. Ich gehe daher davon aus, dass sie genauso wie die kosmologische Konstante wieder in der Versenkung verschwinden wird.

Soweit meine Argumente und Vorhersagen. Natürlich könnte man manches davon auch auf anderem Wege erreichen, beispielsweise durch die Einführung einer absoluten Reichweite der Gravitation. Auch dann würden sich die verschiedenen Teile des Weltalls ab einem bestimmten Abstand nicht mehr spüren. Dieser Ansatz erscheint mir allerdings zu einfach und auch nicht begründet. Die Einbeziehung der Information, die sich je nach Verteilung der Materie unterschiedlich auswirken kann, finde ich persönlich wesentlich attraktiver. Damit ergibt sich eine *effektive Reichweite* der Schwerkraft, die aber zeitlich und räumlich verschieden sein kann.

Mir ist bewusst, dass ich Ihnen mit diesem Kapitel höchstens die Ahnung von einer neuen Theorie skizziert habe. Dabei habe ich mich auf die Hintergrundstrahlung und die Beobachtung von Supernovae konzentriert und die Ergebnisse zur Elemententstehung in den ersten drei Minuten des Universums außen vor gelassen. Jene verkörpern nämlich ein starkes Argument für ein Materieuniversum mit 30% der kritischen Dichte. Ich hoffe aber, dass sich schlussendlich alle Aspekte der Kosmologie in einem überzeugenden Informationsmodell unterbringen lassen werden.

Wenn Sie mich nun fragen, aus was unser Universum in Wirklichkeit besteht, so tendiere ich dazu, die Dunkle Energie komplett zu streichen und die Dunkle Materie zumindest größtenteils. Trotzdem denke ich, dass unser Universum im Sinne einer *neuen* Theorie der Gravitation genau die kritische Dichte haben sollte. Diese Vermutung kann ich aber lediglich damit begründen, dass das Universum mit einem ganz einfachen Zustand gestartet sein sollte. Nur ein solcher Zustand benötigt ausgesprochen wenig Information, die zur damaligen Zeit wahrscheinlich absolute Mangelware war. Dieser ganz einfache Zustand stellt für mich einen Schlüssel dar, mit dem wir den Anfang unseres Universums besser verstehen können. Denn die allgemeine Relativitätstheorie *beschreibt* zwar den Spezialfall einer Welt mit einer kritischen Dichte und einer gleichmäßigen Materieverteilung, aber sie *erklärt* ihn nicht.

Wie wir noch sehen werden, war diese Gleichmäßigkeit ganz nahe am Urknall praktisch perfekt. Diese Beobachtung wird durch die Theorie aber nicht begründet, sondern von Hand als kosmologisches Prinzip hinzugefügt. Dieses Prinzip ist *nicht* Bestandteil der allgemeinen Relativitätstheorie, sondern wird den kosmologischen Modellen vorangestellt. Es ist zwar durchaus plausibel, fällt aber trotzdem vom Himmel. Auch versteht man nicht, warum unser Universum ausgerechnet den unwahrscheinlichen Spezialfall mit einer kritischen Dichte und einem flachen Raum realisiert hat. Auch dies ist zwar in der Theorie enthalten, aber sie sagt nichts dazu, warum es so gekommen ist.

32 Urknall

Aus kleinem Anfang entspringen alle Dinge.
Marcus Tullius Cicero, Redner

Nachdem wir im letzten Kapitel untersucht haben, aus was unser Universum besteht, wenden wir uns nun seinem Anfang zu. Was wissen wir darüber und vor allem, woher wissen wir das? Dass das Universum überhaupt einen Anfang besitzt, darf man bedenkenlos als eine der wichtigsten Entdeckungen des 20. Jahrhunderts bezeichnen. Dieses Ergebnis folgt zum einen aus der *allgemeinen Relativitätstheorie* und zum anderen aus etlichen Beobachtungen.

Mit den ganz einfachen Annahmen eines im Großen und Ganzen einheitlichen Universums, das von überall und in jeder Richtung betrachtet gleich aussieht (= kosmologisches Prinzip), ergibt sich aus den einsteinschen Gleichungen automatisch ein expandierendes Weltall. In diesem Kosmos dehnen sich alle Entfernungen und damit der gesamte Raum mit der Zeit aus. Den Anfang der Welt markiert genau der Zeitpunkt, an dem alle Abstände zwischen den Raumpunkten den Wert null hatten. Hier begann schlichtweg alles: der Raum und die Zeit zusammen mit der Masse und Energie, die sich darin befinden. Vor diesem Ereignis, das wir Urknall nennen, gab es buchstäblich nichts. Es gab keine Zeit und keinen Raum vor dem Urknall, genauso wenig wie es einen Raum außerhalb des Universums gibt. Soweit die Theorie, die an dieser Stelle allerdings heftig mit der Mathematik zu kämpfen hat. Beim Urknall waren nämlich nicht nur alle Abstände im Universum unendlich klein, sondern die Dichte und Temperatur des Universums waren auch unendlich groß. Und mit unendlich kommt keine Theorie besonders gut zurecht, sodass der eigentliche Zeitpunkt null für uns gar nicht beschreibbar ist.

Doch der Urknall folgt nicht nur aus Gleichungen, sondern auch aus zahlreichen Messdaten. Hier ist zuerst einmal die beobachtete *Ausdehnungsgeschwindigkeit* des Universums zu nennen, die man aus den Lichtspektren von Galaxien abgeleitet hat. Nimmt der Abstand der Galaxien zu, so steigt sie immer weiter an, wie man es nach der allgemeinen Relativitätstheorie auch erwartet. Die nächste Stütze des Urknalls ist die *kosmische Hintergrundstrahlung*, die uns aus allen Richtungen fast gleichmäßig erreicht. Man deutet sie als das Licht eines mehrere Tausend Grad heißen Weltalls gerade einmal 400 000 Jahre nach dem Urknall. Damals waren Atomkerne und Elektronen noch nicht zu Atomen verbunden, da die energiereichen Photonen diese sofort wieder zerlegten. Doch mit der Raumausdehnung wurde die Dichte und auch die Temperatur des Universums geringer, sodass die Energie der Photonen zum Zerstören von Atomen nicht mehr ausreichte. Das Weltall bestand nun aus Atomen und Photonen, die sich seitdem ungehindert ausbreiten können. Ihre Wellenlänge wurde durch die Expansion des Raums danach tausendfach gedehnt, sodass wir sie heute als kalte Mikrowellen empfangen.

Diese beiden Tatsachen zeigen eindeutig, dass das Universum früher dichter und heißer gewesen sein muss. Das Einzige jedoch, was man ab diesem Punkt tun kann, ist all unser physikalisches Wissen zu nehmen und ausgehend von den Beobachtungen unser Universum rückwärts in der Zeit zu berechnen. Je kleiner die Raumabstände werden, desto dichter und heißer wird es auch. Lange Zeit passiert nichts Aufregendes, doch schließlich wird die Temperatur so hoch, dass die ersten *Verschmelzungen von Atomkernen* einsetzen. Dies geschieht etwa 3 Minuten vom Anfang des Universums entfernt.

Aus der Kernphysik sind die verschiedenen Reaktionen mit ihren Wahrscheinlichkeiten gut bekannt, sodass man berechnen kann, wie viele der verschiedenen Atomkerne unter diesen Bedingungen entstanden sein müssen. Ausgehend von Protonen und Neutronen bildeten sich jedoch nur leichte Kerne mit maximal 7 Bausteinen. Für mehr war entweder die Zeit zu kurz, das Universum schon zu kalt oder die Dichte ebenfalls schon zu gering. Als Hauptreaktionsprodukte aus dieser Phase entstanden Helium und Deuterium, der sogenannte schwere Wasserstoff mit einem Proton und einem Neutron in seinem Kern. Vergleicht man diese Rechnungen mit den tatsächlichen Häufigkeiten dieser Stoffe, so zeigt sich eine gute Übereinstimmung. Dies ist das dritte Standbein der Urknalltheorie, denn offensichtlich können wir diese Phase der Elemententstehung gut beschreiben und somit verstehen, was damals im Universum vor sich ging.

Wenn wir noch weiter in der Zeit zurückgehen wollen, so sind wir auf die Erkenntnisse angewiesen, die wir an Teilchenbeschleunigern gewinnen. In der ersten Sekunde seines Anfangs waren die Teilchen des Universums so energiereich wie in diesen Experimenten. Unser Kosmos bestand zu dieser Zeit aus einer Suppe von allen möglichen Teilchen und Antiteilchen. In der ersten millionstel Sekunde flogen sogar die Quarks als freie Teilchen umher, denn ihre Energie war noch größer als die Bindungskräfte, die sie später in Protonen, Neutronen oder anderen Teilchen gefangen halten sollten. Die höchsten, bisher in Beschleunigern erzeugten Energien entsprechen einer Zeit, die noch einmal 6 Größenordnungen weiter an den Urknall heranreicht, bis auf 10^{-12} Sekunden seit dem Beginn der Zeit.

Jetzt aber verlassen uns alle experimentellen Daten. Wir sind von nun an allein auf theoretische Modelle angewiesen, die uns weiter in der Zeit zurückführen. Und genau dies tun die theoretischen Astrophysiker auch und überbrücken Größenordnung um Größenordnung, bis sie schließlich in die Nähe der Planck-Einheiten vordringen. Hier brechen alle unsere Theorien zusammen, bei Abständen und Zeiten unterhalb der Planck-Länge (10^{-35} m) und der Planck-Zeit (10^{-43} s) oder bei Dichten und Temperaturen oberhalb der Planck-Dichte (10^{97} kg/m^3) und Planck-Temperatur (10^{32} Grad). Was nach diesen Rechnungen innerhalb der ersten billionstel Sekunde (10^{-12} s) geschah, hängt also stark von den jeweiligen Annahmen ab. Man geht aber davon aus, dass das Universum einige heftige Übergänge, sogenannte *Phasenübergänge* durchgemacht hat.

Phasenübergänge in unserem Alltag geschehen immer dann, wenn ein Stoff seinen Aggregatszustand wechselt. Beispielsweise wird Eis beim Schmelzen flüssig und Wasser beim Verdampfen gasförmig. Jedes Mal ist der Stoff danach kaum wiederzuerkennen, obwohl er chemisch noch genau der gleiche ist. So etwas Ähnliches ist womöglich auch mehrmals im Universum passiert, und zwar immer dann, wenn sich die physikalischen Bedingungen entscheidend geändert haben.

Einen dieser Übergänge haben wir bei der Hintergrundstrahlung schon kennengelernt. Dadurch, dass sich das Universum ausdehnte und die Photonen zunehmend energieärmer wurden, konnten sich aus Atomkernen und Elektronen neutrale Atome bilden. Dadurch aber fehlten den Photonen plötzlich die geeigneten Wechselwirkungspartner, sodass sie sich nun frei bewegen konnten. Das Universum verwandelte somit im Alter von 400 000 Jahren sein Aussehen ganz maßgeblich, denn es war nun zum ersten Mal für Licht durchsichtig. Dies ist der Grund, weshalb wir mit unserer optischen Astronomie nicht weiter zurückschauen können, denn davor war das Universum eine undurchsichtige Teilchensuppe.

Ein weiterer Übergang muss sich nach der ersten Zehntelsekunde abgespielt haben. Damals trennten sich die leichten Neutrinos vom Rest der Welt und fliegen seitdem im Prinzip ohne Wechselwirkung durch den Raum. Ein Nachweis dieser energiearmen Neutrinos vom Anbeginn der Zeit steht allerdings aus, weil er experimentell äußerst schwierig ist. Könnten wir aber eine Aufnahme des Universums im »Licht« dieser Neutrinos machen, so könnten wir zeitlich viel weiter zurückblicken als uns es die Mikrowellen der Hintergrundstrahlung erlauben.

Auch das Einschließen der Quarks in Teilchen wie Protonen und Neutronen war sicherlich ein heftiger Übergang im frühen Universum. Aber darüber hinaus sollten sich zu noch früheren Zeiten ebenfalls Phasenübergänge ereignet haben, nämlich jedes Mal, wenn sich eine der vier Grundkräfte von den übrigen abgekoppelt hat. Dies sagen uns zumindest die vereinheitlichten Theorien der Teilchenphysik (Kapitel 14, Tabelle Seite 103). Nach ihnen ist die Welt mit einer einzigen Urkraft gestartet, die sich schrittweise in nur 10^{-11} Sekunden in unsere bekannten vier Kräfte aufgespaltet hat. Auch jeder dieser drei vermuteten Phasenübergänge sollte das Universum nachhaltig verändert haben.

Phase	Zeit
Planck-Zeit, Abspaltung der Gravitation	10^{-43} s
Abspaltung der starken Kraft	10^{-35} s
Inflation?	10^{-35} – 10^{-33} s
Materie in Teilchenbeschleunigern	10^{-12} s
Aufspaltung der elektroschwachen Kraft	10^{-11} s
Einschluss der Quarks	10^{-6} s
Materieüberschuss	bis 10^{-6} s
Entkopplung der Neutrinos	1 s
Kernverschmelzungen	1 – 100 s
Hintergrundstrahlung	400 000 Jahre
Erste Galaxien und Sterne	2 – 3×10^{8} Jahre
Sonnensystem	$9{,}1\times10^{9}$ Jahre
Entstehung des Lebens auf der Erde	9,8 – $10{,}2\times10^{9}$ Jahre

Bis hierhin scheint der Urknall ein recht gut verstandener Vorgang zu sein, aber nun möchte ich auf seine rätselhaften Aspekte zu sprechen kommen. Wir beschäftigen uns dazu mit den Fragen, warum es überhaupt Materie im Universum gibt und warum der Urknall so überaus gleichmäßig ablief.

Materie ist im Universum allgegenwärtig. Aber nach der Teilchenphysik gibt es zu jedem Teilchen ein Antiteilchen und nichts spräche erst einmal dagegen, wenn es da draußen genauso viel Antimaterie gäbe wie Materie. Allerdings hat man im Universum noch keine Antimaterie gefunden. Besser gesagt, man hat keine Gegenden gefunden, in denen Materie auf Antimaterie stößt und sich gegenseitig in Energie vernichtet. Genau dies muss sich aber in der ersten Sekunde des Universums ständig abgespielt haben. Am Ende jedoch ist die gesamte Antimaterie von der Materie zerstrahlt worden, wobei ein winziger Rest Materie übrig blieb. Genauer gesagt gab es pro etwa eine Milliarde Antiteilchen einen Überschuss von einem einzigen Materieteilchen. Das gleiche Verhältnis hätten wir, wenn unsere Weltbevölkerung genau vier Frauen mehr umfassen würde als Männer.

Die gesamte Energie, die durch diese Zerstrahlungsprozesse damals entstanden ist, sehen wir heute als kosmische Hintergrundstrahlung. Diese Strahlungsenergie übertraf also bei ihrer Entstehung die Energie der Materie um das Milliardenfache.

Doch die Wellenlänge aller dieser hochenergetischen Photonen wurde seitdem durch die Raumausdehnung noch viel stärker gestreckt, sodass sie ihre Energie heute gegenüber der Energie der Materie nur eine untergeordnete Rolle spielt.

Materie und Antimaterie waren im frühen Universum fast perfekt ausbalanciert, aber eben nur fast und nicht perfekt. Denn alle Galaxien, Sterne, und natürlich auch wir bestehen aus dem unscheinbaren Überbleibsel an Materie, das sich damals herausgebildet hat. Dies alles wissen wir aus einem Vergleich der Teilchenzahlen von Materie und Photonen. Die Photonen der Hintergrundstrahlung sind nämlich die am häufigsten vorkommenden Teilchen im Universum. Auf jede Milliarde von ihnen kommt gerade mal ein Elektron oder Proton, denn diese Photonen stammen im Endeffekt aus den Vernichtungsreaktionen zwischen Materie und Antimaterie. Aber wieso gibt es überhaupt ein Ungleichgewicht zugunsten der Materie? Hierauf gibt es im Wesentlichen zwei Antworten: Die eine führt uns geradewegs in den Bereich zwischen Physik und Philosophie und die andere in die Teilchenphysik.

Wenn es exakt gleich viel Materie und Antimaterie gäbe, so wäre das Universum ziemlich uninteressant, denn es bestünde nur aus Photonen. Vor allem aber wären wir oder jegliche andere Lebewesen gar nicht da. Da wir aber unzweifelhaft existieren, muss dieses Ungleichgewicht auch vorhanden sein. Dies ist die Argumentation des sogenannten *anthropischen Prinzips*, genauer gesagt seine schwache Variante. Der Name ist eher unglücklich gewählt, denn streng genommen hat dieses Prinzip gar nichts mit dem Menschen (griech. anthropos) zu tun. Es meint vielmehr, dass die Bedingungen im Universum offensichtlich so eingerichtet sind, dass *irgendein* vernunftbegabtes Wesen darüber nachdenken kann. Denn wäre das nicht der Fall, so könnten wir dies auch nicht tun.

Auf den ersten Blick erscheint das anthropische Prinzip eine Selbstverständlichkeit zu sein. Jedoch ist es keineswegs trivial, dass in einem Universum die Bedingungen für höheres Leben auch erfüllt sind. Tatsächlich hängen diese Voraussetzungen von vielerlei Parametern ab, wie wir später noch sehen werden.

Das anthropische Prinzip kann man immer dann zurate ziehen, wenn überhaupt nicht klar ist, warum bestimmte Dinge im Universum passieren. So war beispielsweise noch in den 1950er Jahren nicht bekannt, wie Kohlenstoff und damit alle schwereren Elemente in Sternen erzeugt werden können. Denn nach den damaligen Erkenntnissen fehlte dazu die nötige Energie. Da aber die Materie um uns herum zu einem Großteil aus Kohlenstoff und Sauerstoff besteht, muss es auch einen Mechanismus zu ihrer Entstehung geben. Aufgrund dieser Argumentation fand man auch kurze Zeit später die verantwortlichen kernphysikalischen Resonanzphänomene, die bis dahin übersehen worden waren. Sie sind für sich genommen schon sehr unwahrscheinlich, aber zusammen mit anderen Merkwürdigkeiten zeigen sie uns, dass die Entstehung von Leben scheinbar am seidenen Faden hängt.

Das *schwache* anthropische Prinzip besitzt keinerlei Erklärungskraft. Es sagt uns nicht, *warum* beispielsweise Materie und Antimaterie nicht gleich verteilt vorkommen, geschweige denn, warum Materie gegenüber Antimaterie genau *diesen* beobachteten Überschuss besitzt. Diesen neutralen Standpunkt verlässt die *starke* Variante des anthropischen Prinzips. Es behauptet, dass das Universum von Anfang an gezielt auf die Entstehung von Leben, also auch auf unsere Existenz, ausgerichtet war. Nicht der Zufall sorgte für lebensfreundliche Bedingungen, sondern der Plan einer höheren Macht. Ob dies ein Gott gewesen ist oder eine hoch technisierte Zivilisation, die unser Universum geschaffen hat und deren Mitglieder uns somit gottgleich erscheinen würden, sei einmal dahingestellt. Auf jeden Fall wälzt das starke anthropische Prinzip die Frage nach den Bedingungen im Universum nach außen ab. Irgendetwas außerhalb unseres Universums sei für diese verantwortlich. Dies ist der Grund, warum es unter Physikern gelinde gesagt nicht sonderlich beliebt ist.

Das schwache anthropische Prinzip gibt uns lediglich Hinweise auf bestimmte Bedingungen im Universum, während die Erklärungen des starken anthropischen Prinzips als nicht-wissenschaftlich abgelehnt werden. Wir kommen noch einige Male auf diese scheinbar vertrackte Situation zurück und werden am Schluss dieses Buches auch einen möglichen Ausweg daraus finden.

Die zweite Erklärung für die Ungleichheit zwischen Materie und Antimaterie betrachtet sie im Rahmen der Teilchenphysik. Tatsächlich spielen hier *Symmetrien* die entscheidende Rolle. Viele von Ihnen kennen Symmetrien wahrscheinlich noch aus der Geometrie, denn manche der dort vorkommenden Figuren ändern sich bei bestimmten Operationen nicht. Beispielsweise bleibt ein Quadrat bei Drehungen von 90 Grad um seinen Mittelpunkt genau gleich. Man sagt auch, dass es symmetrisch bezüglich dieser Drehungen ist.

Tatsächlich weiß man seit den 1910er Jahren, dass jedem *Erhaltungssatz* einer physikalischen Größe eine Symmetrie in unserem Universum zugrunde liegt. So folgt zum Beispiel aus der Tatsache, dass wir ein Experiment zu einem beliebigen Zeitpunkt durchführen können, die Erhaltung der Energie. Aus der symmetrischen Verschiebungsmöglichkeit in der Zeit resultiert also der Energieerhaltungssatz. Aber wir können einen Versuch nicht nur zeitlich verschieben, sondern auch räumlich. Führen wir dasselbe Experiment um ein paar Meter versetzt aus, so wird es dennoch dieselben Resultate liefern. Aus dieser räumlichen Verschiebungsmöglichkeit leitet sich mit ein wenig Mathematik der Impulserhaltungssatz her. Diese beiden Erhaltungssätze gelten nach unserem Wissen streng, also immer mit absoluter Genauigkeit.

Bei anderen Erhaltungssätzen und ihren Symmetrien ist dies nicht der Fall. Wir sehen dies ganz deutlich an unserem Beispiel mit der Materie und der Antimaterie. Hier ist die Symmetrie zwischen beiden Materieformen nicht erhalten, sondern, wie man sagt, gebrochen. Doch wie kam es dazu? Man geht heute davon aus, dass dieser Unterschied nicht von Anfang an bestand, sondern dass er sich dynamisch entwickelt hat. Das Universum startete also mit genau gleich viel Materie und Antimaterie. Doch die nun ablaufenden Teilchenreaktionen bevorzugten dann die Materie im Gegensatz zur Antimaterie.

Alle diese Teilchenreaktionen fußen auf drei Symmetrien: der Symmetrie zwischen Materie und Antimaterie, der Spiegel-Symmetrie zwischen links und rechts und der Symmetrie in der Richtung der Zeit. Für die elektromagnetische und die starke Wechselwirkung sind diese Symmetrien alle erhalten. Für die schwache Wechselwirkung jedoch sind seit den 1950er Jahren Verletzungen dieser Symmetrien bekannt. So erhält man bei manchen Experimenten unterschiedliche Resultate, wenn man eine spiegelverkehrte Variante durchführt.

Sogar die gleichzeitige Verletzung von zwei Symmetrien wurde schon beobachtet, und zwar von der Spiegelsymmetrie und der Materie-Antimaterie-Symmetrie. Und genau diese doppelte Symmetriebrechung macht man dafür verantwortlich, dass die Materie im Universum in der ersten millionstel Sekunde die Oberhand gewann. Diese Symmetrieverletzung kann man im Rahmen des Standardmodells der Elementarteilchen aber nur erreichen, wenn es mindestens 3 Generationen von Quarks und Leptonen gibt. Mit weniger Generationen von Teilchen funktioniert dies nicht. Als weitere Zutat benötigt man Quarkmischungen, also unterschiedliche Mischungen der Quarksorten bezüglich der verschiedenen Wechselwirkungen. Und so schließt sich der Kreis zwischen Elementarteilchen und Kosmologie: Materie im Universum scheint es nur deshalb zu geben, weil mindestens 3 Generationen von Elementarteilchen existieren, und weil sich diese auch noch untereinander vermischen. Die Einzelheiten jedoch, durch welche Reaktionen der Materieüberschuss tatsächlich erzeugt wurde, sind allerdings noch völlig unklar.

Die Symmetrien der Teilchenphysik werden allerdings nicht beliebig verletzt. Tatsächlich gibt es bislang keinen Beleg dafür, dass alle 3 gleichzeitig gebrochen sind. Es ist also kein einziger Versuch bekannt, der einen Unterschied zu demjenigen aufweist, bei dessen spiegelverkehrtem Aufbau alle Teilchen durch Antiteilchen ersetzt werden und der gleichzeitig so betrachtet wird, als ob die Zeit rückwärts abläuft.

Auf eine weitere Merkwürdigkeit des Urknalls sind die Astronomen ebenfalls schon vor Jahrzehnten aufmerksam geworden. Bei der Analyse der kosmischen Hintergrundstrahlung stellte man fest, dass diese äußerst gleichmäßig über den gesamten Himmel verteilt ist. Wir hatten schon gesehen, dass sich die Unterschiede zwischen den einzelnen Bereichen der Strahlung in der Größenordnung von einem Zehntausendstel für die Zeit 400 000 Jahre nach dem Urknall bewegten. Dies wirft aber gleich mehrere Fragen auf.

Betrachten wir die Temperatur der Hintergrundstrahlung in ganz verschiedenen Himmelsgegenden, so ist sie fast gleich. Und dies, obwohl diese Gegenden damals 400 000 Jahren nach dem Urknall noch gar keinen Kontakt miteinander haben konnten. Selbst Bereiche, die heute am Himmel nur 4 Vollmonddurchmesser weit auseinanderliegen, befanden sich zum Zeitpunkt der Aussendung der Hintergrundstrahlung weiter als 400 000 Lichtjahre voneinander entfernt. Kein Signal konnte zwischen diesen Bereichen seit dem Urknall ausgetauscht worden sein. Deshalb kann sich die Temperatur auch nicht in diesen 400 000 Jahren irgendwie angeglichen haben, sondern sie muss schon *vorher* überall im ganzen Raum gleich gewesen sein. Wieso aber ist die Temperatur überall im Weltall von Anfang an fast gleich groß?

Die zweite Frage ist eng mit der ersten verknüpft. In der Hintergrundstrahlung sehen wir Unterschiede in Temperatur und Dichte von etwa einem Faktor 10^{-4}.Diese Unterschiede sind aber mit der Zeit gewachsen, da die Gravitation jede Verklumpung unweigerlich langsam verstärkt. Zum Urknall hin waren diese Unterschiede also weniger stark ausgeprägt. Je weiter wir in der Zeit zurück gehen, um so geringer müssen diese Dichteunterschiede werden, sodass wir ganz nah am Urknall von einer ausgesprochen unwahrscheinlichen Gleichverteilung der Temperatur und Dichte ausgehen müssen. Roger Penrose hat mithilfe der Entropie von Schwarzen Löchern abgeschätzt, dass die damaligen Bedingungen so aberwitzig ungewöhnlich waren, dass ihre Wahrscheinlichkeit 1 zu 10 hoch 10^{123} beträgt.[1] Dies ist tatsächlich eine Zahl mit 10^{123} Nullen! Wie aber ist es möglich, dass ein solch unwahrscheinlicher Zustand zufällig entstanden ist?

Die dritte Frage, die im Zusammenhang mit der Hintergrundstrahlung als Problem angesehen wird, ist die Flachheit des Universums. Die Wahrscheinlichkeit für ein Universum ohne eine nennenswerte Raumkrümmung ist nämlich ebenfalls ungeheuer gering. Zumindest, wenn man absolut zufällige Anfangsbedingungen annimmt. Warum also sollte unser Universum ausgerechnet genau einen flachen, und keinen gekrümmten Raum besitzen?

Ein Erklärungsansatz, der alle diese Fragen hinreichend beantworten möchte, ist die hochspekulative Theorie der *Inflation*. Nach ihr gab es im ganz frühen Universum ein sogenanntes falsches Vakuum. Solch ein Zustand entspricht keinem leeren Raum, wie wir ihn kennen, ist aber mit der Teilchenphysik und der allgemeinen Relativitätstheorie vereinbar. Ein falsches Vakuum ist jedoch nicht stabil, sondern übt einen gewaltigen Druck nach außen aus. Dieser Druck führte zu einer ungemein raschen Ausdehnung des Raums, die zwar nur sehr kurz anhielt, aber das Universum wie bei einem Phasenübergang unwiderruflich veränderte. Nach der Theorie, die 1981 von Alan Guth (*1947) aufgestellt wurde, dehnte sich das Uni-

---

1 Penrose (2004), Ch. 27.13

versum in der Zeit zwischen 10^{-35} und 10^{-33} Sekunden nach dem Urknall um einen Faktor von mindestens 10^{27} aus. Alle 10^{-35} Sekunden verdoppelte es seine Größe. Und weil sich hier nur der Raum ausdehnte, war diese Expansion auch nicht durch die Lichtgeschwindigkeit begrenzt. Mittlerweile gibt es viele Spielarten der Inflationstheorie, auch mit längeren Zeiträumen und Ausdehnungsfaktoren von bis zu $10^{100\,000\,000}$.

Die Inflationstheorie behauptet nun, dass diese geballte, inflationäre Ausdehnung des Universums jede vorhandene Krümmung des Raums quasi glatt gebügelt habe. Er müsste uns daher unweigerlich glatt und flach erscheinen. Des Weiteren geht sie davon aus, dass sich die Temperatur unseres beobachtbaren Universums *vor* dieser inflationären Phase angeglichen hat. Wegen des riesigen Ausdehnungsfaktors war unser beobachtbarer Teil des Universums damals entsprechend kleiner, und genau deshalb blieb für diesen Bereich auch genügend Zeit für einen Temperaturausgleich. Da alle Teile unseres heutigen Universums bis 10^{-35} Sekunden nach dem Urknall miteinander in Kontakt standen, wäre die Gleichmäßigkeit der Hintergrundstrahlung keine Zufälligkeit, sondern eine Folge der inflationären Expansion.

Damit scheinen nicht nur alle unsere Fragen durch die Inflation beantwortet zu sein, nein, noch ein weiteres Rätsel der Astronomie wird offenbar mühelos beseitigt. Es handelt sich um das Problem der Entstehung der größten Strukturen im Kosmos, der Superhaufen und Voids, jener schwammartigen Struktur aus Galaxienhaufen und gigantischen Leerräumen (Kapitel 20). Wegen der riesigen Expansion waren diese Gebiete aber vor der Inflation geradezu winzig. Obwohl in dem Raumbereich, aus dem später unser gesamtes beobachtbares Universum hervorgehen sollte, die gleichen Bedingungen herrschten, so waren diese dennoch nicht überall absolut gleich. Dies ist nämlich nach der heisenbergschen Unbestimmtheitsrelation verboten. Vielmehr müssen sie von Ort zu Ort ein klein wenig verschieden gewesen sein, woraus sich automatisch eine etwas höhere oder geringere Dichte ergibt. Diese Dichteunterschiede, die direkt aus der Quantentheorie folgen, sind dann durch die Inflation bis auf kosmische Größenordnungen aufgebläht worden. Sie bildeten die Keimzellen für Materieverdichtungen der späteren Galaxienhaufen und Superhaufen. Die größten Strukturen im Weltall sind nach der Inflationstheorie ein Produkt der kleinsten, unvermeidlichen Schwankungen der Quantentheorie.

Die Theorie der Inflation gehört mittlerweile schon fast zur Standardkosmologie. Sie schlägt einen Bogen von der Quantentheorie zu den Anfängen unserer Welt und räumt etliche Probleme anscheinend mit Leichtigkeit aus dem Weg. Nur leider liegt kein einziger stichhaltiger Beweis für ihre Richtigkeit vor. Einen solchen Beweis wirklich zu liefern, gilt als experimentell extrem schwieriges Unterfangen. Er könnte von der Teilchenphysik her kommen, wenn ein Phasenübergang bei der Abspaltung einer der Grundkräfte entdeckt werden würde, und wenn solch ein Phasenübergang noch zudem ein falsches Vakuum verursachen würde. Nur liegen unsere Experimente bedauerlicherweise um viele Größenordnungen von den Energien entfernt, wo man dies erwartet. Eine andere Bestätigung könnte durch den Nachweis von Gravitationswellen erbracht werden, die aus der inflationären Phase des Universums stammen. Man erwartet, dass sich der Raum damals nicht absolut gleichmäßig ausgedehnt hat und dass er deshalb wie eine gigantische Glocke noch immer nachschwingt. Aber auch hier ist man mit den gegenwärtigen Detektoren weit außerhalb der Nachweisgrenze. Schließlich hat man ja noch überhaupt keine Gravitationswellen gemessen.

Doch es gibt durchaus gewichtige Einwände gegen die Theorie der Inflation. Einer kommt von Roger Penrose, der sie nicht für geeignet hält, die Unwahrscheinlichkeit der Anfangsbedingungen im Universum zu erklären. Diese Bedingungen beschreiben zwar ein sehr heißes, aber auch ein sehr einheitliches Universum. Auf den ersten Blick könnte man meinen, dass ein solcher Zustand eine hohe Wahrscheinlichkeit und damit nach der Wärmelehre auch eine hohe Entropie besitzen müsste. Aber wenn man die Gravitation berücksichtigt, so führt die Gleichverteilung der Materie zu einer extrem niedrigen Entropie und damit zu sehr speziellen Anfangsbedingungen. Wenn nun die gleichmäßige Temperatur des Universums *vor* der Inflation durch einen Temperaturausgleich zustande gekommen wäre, so Penroses Argument,[1] so müsste bei diesem Ausgleich die Entropie nach dem zweiten Hauptsatz der Wärmelehre unweigerlich ansteigen. Dies bedeutet aber auch, dass sich das Universum *vor* diesem Temperaturausgleich in einem *noch* unwahrscheinlicheren Zustand befunden haben muss. Daher taugt die Inflation nicht als Begründung *für* eine solche Unwahrscheinlichkeit, denn diese muss ja schon *vor* der Inflation vorhanden gewesen sein und kann nicht erst durch sie erzeugt worden sein.

Ein weiteres Gegenargument ist die ungeklärte Herkunft des falschen Vakuums. Zwar werden hier meist die Phasenübergänge bei der Abspaltung von Kräften oder das Higgs-Teilchen ins Spiel gebracht, aber ob diese Mechanismen wirklich zu der geforderten Ausdehnung geführt haben, ist keineswegs erwiesen. Auch ist nicht klar, wieso das Universum überall so gleichmäßig die inflationäre Phase verlassen hat. Wäre dies nämlich nicht der Fall gewesen, so würden sich daraus wiederum Dichteunterschiede ergeben. Diese könnten wir leicht als ausgeprägte Temperaturunterschiede in der Hintergrundstrahlung beobachten, wofür es jedoch keine Anzeichen gibt.

Einen letzten Einspruch gegen die Inflationstheorie möchte ich selbst vorbringen. Meiner Meinung nach berücksichtigt sie nicht, dass Information in der Frühphase des Universums ein äußerst knappes Gut gewesen ist. Eine alternative Betrachtungsweise, die auf dieser Annahme aufbaut und die ohne eine inflationäre Expansion auskommt, möchte ich Ihnen in einem späteren Kapitel vorstellen.

---

[1] Penrose (2004), Ch. 28.5

33 Zeit

Gib jedem Tag die Chance, der schönste deines Lebens zu werden.
Mark Twain, Schriftsteller

Ab wann konnte in unserem Universum - zumindest prinzipiell - eine Zeit gemessen werden? Auf diese unverfängliche Frage hätte ich während meines Studiums wohl ohne zu zögern mit dem Zeitpunkt null oder mit der Planck-Zeit geantwortet. Aber ganz so einfach ist der Sachverhalt nicht. Wenn man wie Einstein fordert, dass Zeit mit realen Uhren gemessen werden muss, kommt man zu einem anderen Resultat.

Zeit ist, wie wir in Kapitel 22 gesehen haben, unentwirrbar an Veränderungen gekoppelt. Ohne, dass Zeit vergeht, kann sich nichts ändern, und ohne, dass sich etwas verändert, kann keine Zeit verrinnen. Und genau dies ist der springende Punkt im ganz frühen Universum. Es muss sich erst einmal irgendetwas verändern oder ereignen, damit man überhaupt feststellen kann, dass eine gewisse Zeit vergeht.

Betrachtet man die Dichte der Materie kurz nach dem Urknall, so zeigt sich, dass das Universum am Anfang eine Dekohärenzzeit von etwa 10^{-36} Sekunden hatte.[1] Dies ist die Zeitspanne, die benötigt wird, damit sich eine quantentheoretische Wellenfunktion von einem Überlagerungszustand aufgrund von Wechselwirkungen in einen Entweder-Oder-Zustand umwandelt. Erst *nach* dem Ablauf dieser Dekohärenzzeit kann man durch eine Messung einen eindeutigen und damit informationstragenden Zustand feststellen. *Davor* ist dies nicht möglich, weil eine Messung kein Ergebnis im Sinne eines Faktums liefern würde.

Das bedeutet aber gleichzeitig, dass auch eine Uhr gleich welcher Bauart erst *nach* dem Ablauf der Dekohärenzzeit irgendetwas angezeigt hätte. *Davor* wäre weder eine Veränderung an der Uhr feststellbar gewesen noch hätte irgendein Beobachter dieses Resultat abspeichern können. Eine *Messung* der Zeit war also erst nach Ablauf von 10^{-36} Sekunden möglich, was immerhin mehr als 10 Millionen Planck-Zeiten entspricht. Doch was verging hier eigentlich, wenn nicht Zeit? Und was hat das Universum währenddessen gemacht?

Nach den Gleichungen der Physik hat es sich auch zwischen 10^{-43} und 10^{-36} Sekunden schon um Größenordnungen ausgedehnt, wobei sich seine Dichte und Temperatur verringert hat. Wir können dies ziemlich genau ausrechnen, aber messbar waren diese Unterschiede eben nicht. Denn für eine Messung benötigt man

[1] Kiefer (2008), Kap. 6

eine ausreichend gute Trennung zwischen dem Messobjekt, einem Messapparat und einem Beobachter. Und diese Trennung war vor dem Ablauf der Dekohärenzzeit noch nicht gegeben. Im ganz frühen Universum konnten somit noch keine Fakten entstehen und damit auch keine Messungen durchgeführt werden. Die Zeit und auch jede andere physikalische Größe war nicht messbar, da das Universum damals noch eine untrennbare Einheit darstellte. Somit entzieht sich sein Anfang zwar nicht unserer Beschreibung, aber jedwede Überprüfung dieser Beschreibung in Form einer Messung war innerhalb dieses noch jungen Universums unmöglich.

Damit löst sich aber der gewohnte Ablauf der Zeit noch weit vor der Planck-Zeit buchstäblich in Nichts auf. Die Mathematik sagt uns zwar, dass sich hier etwas änderte, was wir heute Zeit nennen, aber physikalisch messbar war dies nicht. Das Universum war einfach noch nicht so weit, dass etwas *in* ihm beobachtbar war. Besser kann ich es jedenfalls nicht ausdrücken, weil uns für diesen Sachverhalt die geeigneten Worte fehlen.

Nur ein hypothetischer Blick von *außen* hätte gezeigt, dass sich das Universum ausdehnt. Da wir aber nicht wissen, wo bezüglich unseres Universums außen ist, noch wie man dort hingelangen könnte, ist solch ein Bild nur mit äußerster Vorsicht zu genießen. Um unser Universum von außen betrachten zu können, müssen wir es unbedingt in einen äußeren Raum einbetten. Und um hier eine Veränderung an diesem Universum feststellen zu können, benötigen wir in diesem Raum auch einen Zeitablauf. Wenn wir aber den Urknall ernst nehmen, so entstand mit ihm erst der Raum und die Zeit, zumindest *innerhalb* unseres Universums. Ob überhaupt ein Außerhalb davon existiert, entzieht sich definitionsgemäß unserer Kenntnis, denn der Begriff Universum ist ja gerade so festgelegt, dass er alles umfasst, was uns zugänglich ist. Obwohl diese äußere Perspektive recht häufig zu Erklärungszwecken herangezogen wird, ist sie nichts weiter als reine Fantasievorstellung.

Die Zeit, die wir erleben, ist nicht nur durch Veränderungen charakterisiert, sondern auch durch ihren *Ablauf* oder ihre Richtung. Ein zukünftiger Zeitpunkt erreicht nach einer festgelegten Spanne den Moment, den wir Gegenwart nennen, wird damit Wirklichkeit und gehört gleich danach der Vergangenheit an. Wir unterscheiden nicht nur sprachlich klar zwischen Vergangenheit, Gegenwart und Zukunft, sondern richten unser ganzes Leben danach aus. Vergangene Ereignisse sind *geschehen* und lassen sich nicht mehr ändern. Man kann sich an sie erinnern oder sie anhand von Dokumenten rekonstruieren. Zukünftige Ereignisse jedoch sind noch nicht passiert, sondern präsentieren sich uns lediglich als *mögliche* Ereignisse. Die Vergangenheit ist erledigt und abgehakt, während die Zukunft offen und ungewiss ist. In der Gegenwart, dem Jetzt, spielt sich dagegen das aktuelle Geschehen ab.

Dies alles spiegelt unsere Erfahrung von Zeit wieder. Sie vergeht, wobei die Gegenwart unaufhaltsam Richtung Zukunft vorwärts gleitet. Doch was sagt die

Physik zu dieser wahrgenommenen Richtung der Zeit, dem sogenannten *Zeitpfeil*. Wo findet man ihn in den mathematischen Beschreibungen der Theorien?

Um es kurz und schmerzlos zu machen: Es gibt nicht eine einzige grundlegende Gleichung der Quantentheorie und der Relativitätstheorien, die nicht symmetrisch in der Zeit ist. Die theoretische Physik macht keinen Unterschied zwischen der Vorwärts- und der Rückwärtsrichtung der Zeit. Zwar hat die Zeit in den Theorien ein Vorzeichen genau wie eine Raumkoordinate, aber dieses Vorzeichen hat keine tiefere Bedeutung. So wie man festlegen muss, wo links und rechts oder oben und unten ist, so legt man auch Vergangenheit und Zukunft fest. Der fundamentale Unterschied jedoch, dass die Vergangenheit schon vorbei ist und die Zukunft noch kommen wird, lässt sich nirgendwo ablesen. Auch die Tatsache, dass die Zeit in nur in *eine* der beiden Richtungen fließt, kann man den mathematischen Beschreibungen leider nicht entnehmen.

Ignorieren also die Physiker den Zeitpfeil? Ganz und gar nicht, denn seit über 100 Jahren versuchen sie zu ermitteln, wodurch er zustande kommt. Zum einen haben sie sich die fundamentalen Wechselwirkungen genau angesehen und zum anderen die offensichtlich zeitasymmetrischen Phänomene in der Natur.

Beginnen wir mit den Wechselwirkungen: Die Gravitation, die elektromagnetische und die starke Wechselwirkung verletzen keine der Symmetrien der Teilchenphysik: weder die Spiegel-Symmetrie noch die Materie-Antimaterie-Symmetrie noch die Zeit-Symmetrie. Lediglich die schwache Wechselwirkung verletzt die erste und in seltenen Fällen sogar die erste zusammen mit der zweiten Symmetrie. Wie wir im letzten Kapitel gesehen haben, ist aber bisher noch keine Verletzung von allen drei Symmetrien gleichzeitig festgestellt worden. Dies bedeutet, dass unter der schwachen Wechselwirkung auch die dritte Symmetrie, die Zeit-Symmetrie, gebrochen sein muss. Denn nur so kann man erreichen, dass alle drei Symmetrien zusammen erhalten sind. Wenn man jedoch daraus schließt, dass dies die Ursache für den Zeitpfeil in der Natur darstellt, so würde man in vorschnellen Jubel ausbrechen. Ein Experiment, das man rückwärts in der Zeit betrachtet, liefert zwar ein anderes Resultat, aber diesen Missstand kann man beheben, wenn man es gleichzeitig spiegelverkehrt mit Antiteilchen durchführt. Ein Zeitfluss und damit eine Unterscheidung zwischen Vergangenheit und Zukunft wird dadurch aber nicht festgelegt.

Wenn sich also der Zeitpfeil nicht in den Grundgleichungen der Physik finden lässt, wie kann er dann Teil einer physikalischen Beschreibung sein? Nun ganz einfach: Er wird von Hand dazu gesetzt, und zwar an zwei Stellen, dem Urknall und der quantentheoretischen Messung. Beide Stellen entstammen nicht aus einem fundamentalen Gesetz, sondern spiegeln Erfahrungstatsachen wieder, die jedenfalls bislang nicht hergeleitet werden können.

Zeitasymmetrische Vorgänge sind in der Natur eher die Regel als die Ausnahme. Lichtwellen oder Photonen strömen immer weg von einer Lichtquelle und niemals auf sie zu. Das Gleiche gilt für Schallwellen. Auch sie entfernen sich von der Schallquelle, obwohl das Gegenteil nicht durch den Energie- oder Impulserhaltungssatz verboten wäre. Auch das Abkühlen einer Tasse Tee oder das Herunterfallen und Zerbrechen dieser Tasse sind zeitasymmetrische Vorgänge, deren Umkehrung durchaus erlaubt ist. Würden sich die Atome des Bodens, auf den die Tasse gestürzt ist, genau zeitumgekehrt bewegen, so würden sie alle Scherben der Tasse exakt an die Aufprallposition zurückbefördern, sodass sich die Tasse zusammenfügt und wieder nach oben in unsere Hand fliegt. Aber warum geschieht so etwas niemals?

Die Antwort auf diese Frage haben wir schon in Kapitel 7 über Wärme kennengelernt. Eine rein zufällige Bewegung aller Atome des Bodens, die zur Wiederherstellung der Tasse führen, ist so gänzlich unwahrscheinlich, dass dies selbst in Milliarden von Jahren nicht einmal geschehen würde. Auch wenn wir das gesamte beobachtbare Universum mit identischen Zimmern und Scherben ausfüllen würden, würde es immer noch nicht passieren. Der umgekehrte Vorgang ist zwar durch kein Naturgesetz verboten, aber praktisch unmöglich. Man spricht daher von unumkehrbaren oder irreversiblen Vorgängen, deren zeitliches Gegenstück rein prinzipiell zwar stattfinden kann, aber trotzdem niemals so ablaufen wird.

Diese Erfahrungstatsache beschreibt der zweite Hauptsatz der Wärmelehre. Er stellt fest, dass die Entropie bei allen Vorgängen, die viele Teilchen betreffen, immer zunimmt. Dies ist gleichbedeutend damit, dass bei jedem natürlichen Geschehen der Endzustand wahrscheinlicher ist als der Anfangszustand. Je größer die Anzahl der Teilchen ist, die an einem Vorgang teilnehmen, desto genauer ist diese Feststellung erfüllt. Wenn wir hingegen nur eine Handvoll von Teilchen betrachten, so kann es durchaus vorkommen, dass der zeitumgekehrte Prozess sich ebenso ereignet. Er ist ja nicht von vorneherein ausgeschlossen, sondern unter realistischen Bedingungen nur äußerst unwahrscheinlich.

Ein weiteres Beispiel für einen praktisch unumkehrbaren Vorgang ist das Phänomen der Dekohärenz. Wir hatten gesehen, dass die Wellenfunktion eines Quantensystems für normale Umweltbedingungen in sehr kurzer Zeit von einem Überlagerungs- in einen Sowohl-Als-Auch-Zustand übergeht. Dabei geht die Beziehung zwischen den verschiedenen möglichen Endzuständen irreversibel für immer verloren. Sie können nicht mehr alle zusammen eintreten wie vor der Dekohärenz, sondern nur ein einziger von ihnen wird sich einstellen. Welcher das ist und was dies zu bedeuten hat, hängt allerdings stark von der gewählten Interpretation der Quantentheorie ab.

Die Anhänger der Kopenhagener Deutung beziehungsweise der Standardinterpretation sprechen hier vom Kollaps der Wellenfunktion, denn offensichtlich tritt immer nur ein Endzustand auf. Beispielsweise fliegt ein Teilchen bei einer Positionsmessung am Doppelspalt immer nur durch einen und nie durch zwei Spalte gleichzeitig. Auch dies ist eine Erfahrungstatsache, die von Hand in die Quantentheorie mit eingebaut wurde und die einen Zeitpfeil vorgibt. Wird beispielsweise an einem Teilchen zuerst der Ort und dann der Impuls gemessen, so erhält man andere Resultate, als wenn man die Reihenfolge der Messungen umkehrt. Damit sind aber beide Zeitrichtungen unterscheidbar geworden.

Diese Argumentation lassen die Verfechter der Viele-Welten-Interpretation jedoch nicht gelten. Ihrer Ansicht nach gibt es keinen Kollaps der Wellenfunktion, da ein solcher noch niemals beobachtet wurde. Allein die Schrödingergleichung inklusive Dekohärenz beschreibt hier die Quantenwelt. Allerdings teilt sich die beobachtbare Welt bei jedem Quantenereignis in so viele Zweige auf, wie es Endzustände gibt. Dem möchte ich zwei Argumente entgegenhalten: Mir ist nicht klar, wie man den Kollaps einer Wellenfunktion überhaupt beobachten will. Aber es ist ebenso offensichtlich, dass eine Aufspaltung unserer Welt auch noch niemals beobachtet wurde. Ich halte diese Aufspaltung daher für viel problematischer als eine spontane Änderung einer Wellenfunktion in Form eines Kollapses. Denn genau dieser Kollaps dokumentiert, dass sich ein Faktum ereignet hat.

Wir haben gesehen, dass die Grundgesetze der Physik zwar symmetrisch in der Zeit sind, dass aber an verschiedenen Stellen eine Zeitrichtung zusätzlich festgelegt werden kann. Insbesondere ist der Endzustand eines natürlichen Vorgangs immer wahrscheinlicher als der Anfangszustand. Und da jeder Anfangszustand wiederum der Endzustand eines vorhergehenden Vorgangs gewesen sein muss, so können wir diese Kette von Vorgängen bis hin zum Urknall fortsetzen. Dies heißt in letzter Konsequenz, dass der Anfangszustand des Universums am Urknall ausgesprochen unwahrscheinlich gewesen sein muss. Seine Entropie muss also extrem niedrig ausgefallen sein.

Wir haben es hier mit einer kosmologischen Anfangsbedingung zu tun. Der Zustand, wie er beim Urknall herrschte, hat die Uhr des Universums gleichsam aufgezogen, weil er so enorm unwahrscheinlich war. Von dieser Unwahrscheinlichkeit zehrt unser Universum noch heute und auch noch in vielen Milliarden Jahren. Doch worin bestand sie eigentlich?

Aus den Untersuchungen zur kosmischen Hintergrundstrahlung wissen wir, dass diese sehr einheitlich das gesamte Universum ausfüllt. Diese Einheitlichkeit hat in Richtung Urknall immer weiter zugenommen, sodass uns nicht anderes übrig bleibt, als ein außerordentlich gleichförmiges Universum am Beginn der Zeit anzunehmen. Die Teilchen waren zwar in dieser Phase extrem schnell und besaßen demnach eine hohe Temperatur, aber ihre Dichte war bis auf winzigste Abweichungen überall gleich. Das Universum war an seinem Anfang also homogen. Aber wieso besitzt ein homogener Kosmos eine so niedrige Entropie?

Auch ich habe dies lange Zeit nicht verstanden, denn unter Physikern ist der Begriff der Entropie normalerweise mit Unordnung verbunden. Und ein homogenes Universum weist ja keine Ordnung auf, ist also maximal ungeordnet. Es müsste demnach eine sehr große statt eine sehr kleine Entropie besitzen. Um dieses Missverständnis aufzuklären, möchte ich nochmals ausführlich auf meine Bemerkung aus Kapitel 7 zurückkommen. Der Denkfehler kommt von dem Beispiel, mit dem im Studium typischerweise der Zusammenhang zwischen Entropie und Wahrscheinlichkeit verdeutlich wird. Man betrachtet ein ideales Gas und die verschiedenen Zustände, die es einnehmen kann. Hier besteht tatsächlich eine feste Beziehung zwischen zunehmender Entropie und wachsender Unordnung. Dabei ist ein ideales Gas gerade dadurch ausgezeichnet, dass seine Atome oder Moleküle wie Billardkugeln zusammenstoßen, dass sie also sonst *keine* weiteren Kräfte aufeinander ausüben. Nimmt man dagegen anziehende Bindungskräfte hinzu, so ergibt sich ein komplett anderes Bild.[1]

Die allgegenwärtige Gravitationskraft, wie sie im Universum in Gaswolken, Sternen und Galaxien herrscht, bewirkt, dass klumpigere Strukturen eine höhere Entropie aufweisen als eine gleich verteilte Materie. Ein Stern besitzt also eine höhere Entropie als die Gaswolke, aus der er entstanden ist. Auch bei der Bildung einer Galaxie und eines Planeten *wächst* die Entropie, obwohl das Endprodukt eine *höhere* Ordnung aufweist als die Ausgangsbestandteile. Das gleiche gilt übrigens für die Molekülbildung in chemischen Strukturen. Sobald anziehende Kräfte zwischen den betrachteten Objekten eine Rolle spielen, kann von einem einfachen Zusammenhang zwischen Entropie und Unordnung keine Rede mehr sein. Leider ist diese einfache Tatsache zumindest meiner Physikergeneration nicht richtig vermittelt worden, denn auch meinen ehemaligen Kollegen war sie nicht geläufig.

Unser Universum ist also mit einem sehr homogenen Materiezustand gestartet, der wie das aufgezogene Federwerk einer Uhr einen Ablauf der Zeit ermöglichte. Ist dieser extrem unwahrscheinliche Zustand aber nun auch die eigentliche Ursache der Zeit oder ist sie durch einen anderen Mechanismus vorgegeben? Um ehrlich zu sein, niemand weiß das. Aber in einem späteren Kapitel werde ich zumindest versuchen, plausibel zu machen, warum das Universum auf diese Weise gestartet sein muss.

Wenn es um fundamentale Fragen in der Physik geht, erwartet die Öffentlichkeit von den Spezialisten meist auch einfache, vor allem aber eindeutige Antworten. Trotzdem kommen aber selbst ausgewiesene Experten bei der gleichen Fragestellung oft zu völlig unterschiedlichen und sich widersprechenden Resultaten. Woran dies liegt, möchte ich Ihnen mit dem folgenden Beispiel verdeutlichen.

---

1 Penrose (2004) Ch. 27.7, Weizsäcker (1985) Kap. 5.5.c

Nehmen wir an, unser Universum würde mehr Materie als die kritische Dichte enthalten. Dann würde es sich nur für eine gewisse Zeit ausdehnen und später wieder zusammenziehen (Abbildung 49, Seite 248, unterste Kurve). Nach der Expansionsphase folgt also eine Kontraktionsphase mit einem Endknall. Wird sich nun in der Kontraktionsphase die Zeitrichtung umkehren oder nicht?

Heinz-Dieter Zeh als ein Vertreter der Viele-Welten-Interpretation sieht das Universum als riesigen Quantenbaum an, dessen Verästelungen mit dem Urknall begonnen haben. Alle Zustände, die es jemals einnehmen konnte und noch einnehmen wird, sind verwirklicht und liegen nebeneinander vor. Würde man dieses Universum von außen betrachten, so wäre es unveränderlich und somit zeitlos. Am besten kann man sich dies mit einem Bild klarmachen, das man das Blockuniversum nennt. Man reduziert in dieser Betrachtung die Raumdimensionen auf zwei und stellt sich das Universum in Form eines Toastbrots vor. Eine Scheibe repräsentiert die Welt, genauer alle Weltenzweige, zu einer bestimmten Zeit. Und alle Scheiben aneinandergefügt ergeben alles, was sich jemals darin ereignet. Von außen gesehen jedoch, ist der ganze Block stets vorhanden. Unsere erlebte Zeit ist hier nichts physikalisch Fundamentales, sondern hängt von den Veränderungen ab, die sich *innerhalb* der Weltenzweige des Blocks abspielen.

Solch ein Universum dehnt sich ausgehend vom Urknall aus und spaltet sich getrieben von Dekohärenzprozessen immer mehr auf, aber was passiert während der darauf folgenden Kontraktion? Hier drehen sich laut Zeh die Vorgänge bezüglich der Dekohärenz einfach um, sodass die verschiedenen Weltenzweige wieder miteinander verschmelzen. Für die Zeit eines Beobachters innerhalb dieser Welt bedeutet das, dass sie während der Expansion in die eine und während der Kontraktion in die andere Richtung verläuft. Am Umkehrpunkt zwischen den beiden Phasen hingegen bleibt die Zeit stehen und verhindert somit einen wirksamen Informationsaustausch zwischen den Zeitrichtungen.

Zu einem ganz anderen Ergebnis kommt dagegen Roger Penrose. Zwar unterstützt er nicht direkt die Kopenhagener Deutung, doch ist für ihn das Universum ganz und gar kein zeitloser Block. In ihm ereignen sich Fakten, sodass die Wellenfunktionen fortwährend kollabieren. Somit ist die Zukunft des Universums offen und ähnelt eher einem Pfad, dessen Richtung durch den zweiten Hauptsatz der Wärmelehre bestimmt wird. Laut seiner Argumentation gibt es keinen Grund, warum sich die Zeit irgendwann umdrehen sollte. Sie verläuft von einem homogenen Universum in Richtung einer Welt mit vielen Sternen und Schwarzen Löchern. Eine spätere Kontraktion würde weder die Prozesse im Universum umkehren noch Schwarze Löcher wieder in Sterne zurück verwandeln. In seinem Modell läuft die Zeit deshalb in beiden Phasen in die gleiche Richtung.

Zwei Experten, zwei entgegensetzte Ergebnisse, doch was ist der tiefere Grund dafür? Nun, es kommt offensichtlich nicht nur darauf an, von welchen Grundannahmen man ausgeht, sondern auch, welche man überhaupt gelten lässt. Ohne experimentelle Daten, die aber in diesem Fall gar nicht vorliegen können, weil unser Universum weder die entsprechende Dichte besitzt noch das erforderliche Alter, sind wir rein auf Modelle angewiesen. Niemand sagt uns, ob diese Modelle diesen Fall auch korrekt beschreiben. Jeder Forscher steckt hier eben nicht nur gesicherte Physik hinein, sondern bis zu einem gewissen Grad auch seine weltanschauliche Meinung, sofern sie nicht den etablierten Theorien widerspricht.

Das Einzige, was ich Ihnen in diesen Situationen empfehlen kann, ist äußerst vorsichtig mit den Schlussfolgerungen umzugehen. Schauen Sie sich kritisch die Meinung anderer Autoren zum selben Thema an und nehmen Sie nicht gleich alles wörtlich, was zu hoch spekulativen Szenarien geschrieben wird. Oftmals vertritt ein Forscher in einem populärwissenschaftlichen Buch nämlich nur seinen eigenen Standpunkt und nicht auch noch den der Gegenseite.

Zum Schluss dieses Kapitels möchte ich drei Fragen erörtern, die oft im Zusammenhang mit Zeit gestellt werden und die mir wichtig sind: Sind Zeitreisen möglich? Können wir in unserem Universum eine absolute Zeit festlegen? Und schließlich: Gibt es die völlige Abwesenheit von Zeit?

Zeitreisen sind ein sehr beliebtes Thema in der Science-Fiction-Literatur, aber was sagt die Physik dazu? Reisen in die Vergangenheit sind nach der allgemeinen Relativitätstheorie nicht generell verboten. Allerdings dürfen sich die Ereignisse, die dabei geschehen, nicht widersprechen. Es ist somit beispielsweise *nicht* möglich, in die Vergangenheit zu reisen und dort beispielsweise den eigenen Großvater umzubringen. Denn dadurch würde man seiner eigenen Existenz den Boden unter den Füßen wegziehen. Die praktische Durchführung einer Zeitreise scheint jedoch in unserem Universum unmöglich zu sein. Wir müssten dazu beispielsweise schon sehr nahe an einem Schwarzen Loch vorbeifliegen können. Auch die hypothetischen und viel diskutierten sogenannten Wurmlöcher durch den Raum, die eine überlichtschnelle Reise in die Vergangenheit ermöglichen sollen, helfen uns für eine Zeitreise nicht weiter. Sie sind so instabil, dass sie in sich zusammenfallen würden, bevor wir auf der anderen Seite des Wurmlochs angekommen wären.

Wir müssen uns daher mit unserer eigenen Reise durch die Zeit begnügen. Deren Geschwindigkeit, also die Zeit, die wir auf einer Uhr ablesen, die wir bei uns tragen, können wir überhaupt nicht beeinflussen. Verändern können wir unsere Zeit nur bezüglich des Zeitablaufs im Rest der Welt. Nach den Relativitätstheorien können wir unsere Zeit einerseits verlangsamen, wenn wir uns schnell bewegen beziehungsweise in einem starken Gravitationsfeld befinden, oder andererseits minimal beschleunigen, wenn wir uns vom Schwerefeld der Erde entfernen. Der Zeit entrinnen, können wir aber nicht. Wir sollten sie deshalb so nutzen, dass wir es später nicht bereuen.

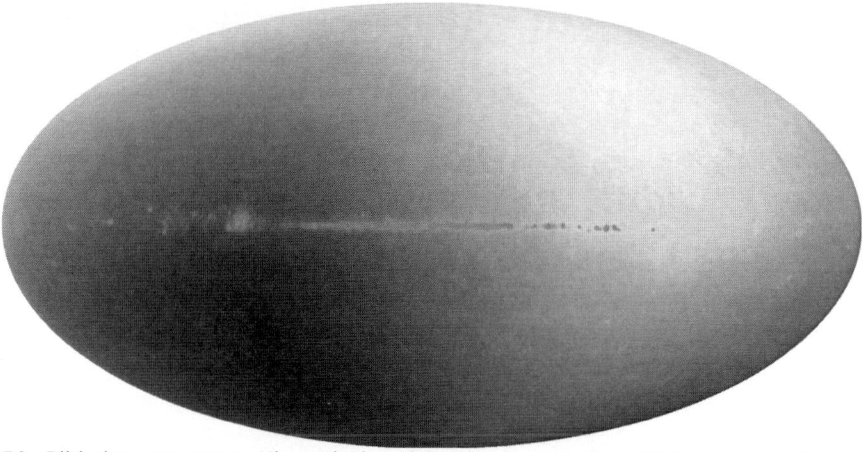

50 Bild des gesamten Himmels im Licht der kosmischen Hintergrundstrahlung (Mikrowellen) *vor* der Korrektur der Eigenbewegung der Erde. Das Band in der Bildmitte stammt von der Milchstraße.

Kommen wir zur zweiten und meines Erachtens viel interessanten Frage: Gibt es eine *absolute Zeit* im Universum? Dies dürfte für einen Anhänger der Relativitätstheorien eventuell eine Provokation darstellen, denn diese Theorien haben uns doch von Newtons absoluter Zeit befreit und damit erst eine einheitliche Beschreibung aller relativistischen Effekte ermöglicht. Ich möchte diese Fortschritte hier nicht infrage stellen, sondern untersuchen, ob es *trotzdem* eine absolute Zeit im Universum gibt und was dies bedeutet.

Dazu schauen wir uns Abbildung 50 an. Sie zeigt wie Abbildung 47 (Seite 239) die kosmische Hintergrundstrahlung, sicht aber gänzlich anders aus. Unsere frühere Abbildung mit der körnigen Struktur ist nämlich erst durch einen aufwendigen Korrekturprozess entstanden. Zunächst wurde vom Spektrum der gemessenen Mikrowellen der Mittelwert über den gesamten Himmel abgezogen, sodass nur noch die Unterschiede zwischen verschiedenen Regionen übrig blieben.

Dieses errechnete Bild sehen wir in Abbildung 50. Es weist neben den Störungen durch die Milchstraße in der Bildmitte eine große helle und eine große dunkle Flächen auf. Und dieses Ungleichgewicht zwischen hell und dunkel ist gerade am größten an zwei gegenüberliegenden Punkten unseres Himmels. Der helle und dunkle Fleck wird durch die *Eigenbewegung* unseres Sonnensystems verursacht, die immerhin 370 km/s gegenüber der Hintergrundstrahlung beträgt. In dieser Bewegung ist die Rotation der Sonne um das galatische Zentrum und die Gesamtbewegung der Milchstraße enthalten. Sie führt zu einem Dopplereffekt mit einer relativ starken Rot- bzw. Blau-Verschiebung der Mikrowellen in entgegengesetzten Himmelsbereichen. Und diese Verschiebungen überdecken in Wirklichkeit alle anderen Abweichungen vom Mittelwert.

Bitte verwechseln Sie diese Rotverschiebung nicht mit der kosmologischen Rotverschiebung, die durch die Raumausdehnung verursacht wird. Hier handelt es sich um eine *echte* Bewegung *durch* den Raum. Erst wenn diese Bewegung berücksichtigt wird und damit das Bild ein zweites Mal korrigiert wird, verschwindet der helle und dunkle Fleck, und wir erhalten die gewohnte vorherige Abbildung 47 (Seite 239).

Wir sehen also, dass wir mittels der Hintergrundstrahlung die Bewegung der Sonne oder auch der Erde zum Rest des Weltalls messen können. Wir können nicht nur den Betrag dieser Geschwindigkeit, sondern auch ihre Richtung mit etwas technischem Aufwand sehr genau bestimmen. Damit sind wir aber in der Lage zu messen, wann wir uns bezüglich des beobachtbaren Universums in absoluter Ruhe befinden. Machen wir dazu ein Gedankenexperiment.

Wir stellen uns vor, dass wir ein Lebewesen wären, dass sehr empfindliche Augen für Mikrowellen besäße. Weit ab vom Schwerefeld einer Galaxie sitzen wir in einem Raumschiff mit nahezu unbegrenzten Treibstoffvorräten. Nun schauen wir uns die Hintergrundstrahlung genau an und setzen unseren Antrieb so ein, dass die Mikrowellen in allen Richtungen im Mittel möglichst gleich hell erscheinen. Nach einigem Probieren haben wir unser Raumschiff so weit beschleunigt, dass dieses Ziel erreicht ist. Wir bewegen uns nun relativ zur Hintergrundstrahlung überhaupt nicht mehr. Es ist uns also experimentell gelungen, einen absoluten Ruhezustand zum Rest des Universums herzustellen. Dieser Zustand ist aber nicht nur durch die nicht vorhandene Bewegung, sondern auch durch die Zeit ausgezeichnet, die hier verstreicht.

Egal, wo wir diesem Zustand herstellen, in ihm vergeht die Zeit immer gleich schnell. Selbst wenn wir nach einer Weile wieder durch ferne Massen beschleunigt werden sollten, so können wir dies gegenüber den Mikrowellen messen und eine Uhr dementsprechend korrigieren. Das Universum stellt uns also mit der Hintergrundstrahlung ein Bezugssystem zur Verfügung, mit dem wir nicht nur unsere Bewegung, sondern auch unsere Zeit global einordnen können. Dies alles folgt aus dem kosmologischen Prinzip,[1] also aus der Gleichförmigkeit des Universums im Großen, wenn man über die Materieverteilung in Galaxienhaufen, Superhaufen und Voids hinweg mittelt. Deswegen hat die Hintergrundstrahlung im Durchschnitt in jeder Himmelsregion die gleiche Temperatur, ist also gleich hell.

Unsere Welt verfügt demnach über eine universelle Uhr. Der Lauf einer realen Uhr an einem bestimmten Raumpunkt ist zwar Schwankungen durch ihre Eigenbewegung unterworfen, da sie durch Massen beschleunigt wird. Dies kann aber mittels der Hintergrundstrahlung gemessen werden und die Zeit der Uhr entsprechend korrigiert werden. Im Gegensatz zu den Relativitätstheorien finden wir daher in unserem *realen* Universum sehr wohl eine *absolute* Zeit.

---

1 Greene (2004), Kap. 8

Diese wichtige experimentelle Tatsache muss sich meines Erachtens an zentraler Stelle in einer zukünftigen Theorie wiederfinden, die die Quantentheorie und die allgemeine Relativitätstheorie miteinander vereint. Beide bisherigen Theorien haben damit nämlich ein Problem. In der Quantentheorie tickt immer noch die Uhr der speziellen Relativitätstheorie, die überhaupt keine Gravitation und die damit verbundene Verlangsamung der Zeit berücksichtigt. Diese Effekte sind zwar in der allgemeinen Relativitätstheorie enthalten, aber dafür sind dort alle Bezugssysteme und damit alle Zeitangaben vollkommen gleichberechtigt. Sie zeichnet *keine* Zeit gegenüber einer anderen aus.

Dies kommt daher, dass in der allgemeinen Relativitätstheorie alle Koordinatensysteme absolut gleichwertig sind. In unserem Kosmos stellt aber das Koordinatensystem, das gegenüber der Hintergrundstrahlung in Ruhe ist, etwas ganz Besonderes dar. Diese Besonderheit ist zwar in der Theorie enthalten, aber sie erklärt nicht, *warum* sie vorhanden ist. Das kosmologische Prinzip ist eben *kein* Teil der Theorie, sondern wird ihr bei der Herleitung eines kosmologischen Modells hinzugefügt. Warum dieses Prinzip jedoch für unser Universum so gut erfüllt ist, bleibt rätselhaft. Genau in diesem Sinne halte ich die allgemeine Relativitätstheorie für unvollständig. Sie bietet zwar einen akzeptablen Rahmen für kosmologische Modelle, schweigt aber, warum unser Universum einen ausgesprochen speziellen und damit unwahrscheinlichen Anfangszustand besaß.

Eine absolute Zeit ist ganz sicher keine Nebensächlichkeit. Sie erlaubt uns, beispielsweise überall im Universum von einem ganz bestimmten Alter der Welt zu sprechen. Meiner Meinung nach ist sie außerdem äußerst hilfreich, wenn es um das Verständnis der Verschränkung in der Quantentheorie und deren Auflösung bei einer Messung geht. Wir hatten in Kapitel 24 gesehen, dass wir wegen der Relativität der Gleichzeitigkeit in der speziellen Relativitätstheorie nicht entscheiden können, ob die Messung an Teilchen 1 vor der Messung an Teilchen 2 stattfindet oder umgekehrt. Rein prinzipiell wird diese Festlegung bei verschränkten Systemen auch nirgendwo benötigt. Ich finde es allerdings nur schwer vorstellbar, dass die Natur den Zeitpunkt für die Auflösung einer Verschränkung nicht kennt. Ein absolutes Bezugssystem, wie das der Hintergrundstrahlung, würde aber gerade diesen Mangel beheben.

Kommen wir nun zur letzten Frage dieses Kapitels: Gibt es die Abwesenheit von Zeit? Oder anders formuliert: Bei welchen Bildern setzen wir indirekt eine Zeit immer schon voraus?

Am Anfang dieses Kapitel haben wir gesehen, dass die Zeit in den ersten 10^{-36} Sekunden des Universums nicht messbar war. War unsere Welt demzufolge damals zeitlos? Nach den Gleichungen unserer Theorien hat sich sehr wohl eine physikalische Größe namens Zeit geändert, jedoch war diese Größe innerhalb des frühen Universums noch nicht messbar. Welche Realität sollte man aber einer sich ändernden Größe zuschreiben, die man gar nicht messen kann? Ich bin mittlerweile überzeugt, dass man in diesem Fall genau denselben strengen Maßstab anlegen sollte, wie in der Quantentheorie. Nach dem Existenzprinzip ist eine Größe nicht vorhanden, wenn man sie nicht beobachten kann. Und da man die Zeit in diesem Frühstadium des Universums nicht beobachten kann, so existiert sie dort auch nicht.

Dies sehen etliche Physiker sicher ganz anders. Wenn sie auf ihre Gleichungen schauen, so ändert sich dort fortwährend die Zeit. Die Mathematik sagt ihnen, dass die Zeit auch damals existierte, weil sie doch auf dem Blatt Papier in ihren Gleichungen vorkommt. Aber eben diese Gleichungen machen für mich keinen Sinn, wenn sie etwas ausdrücken, dass niemand in diesem Stadium beobachten konnte. Auch den Einwand, dass sich unser Universum von außen betrachtet ganz sicher verändert hat und demnach auch eine Zeit vorhanden war, halte ich für irreführend. Ein Universum besitzt definitionsgemäß kein Außen, denn es enthält einfach alles, was es gibt. Aber selbst wenn wir diesen äußeren Beobachtungsposten einmal einnehmen, so betten wir uns doch automatisch in einen Raum und eine Zeit ein. Wir können gar nicht anders, denn ohne einen Ort, wo sich ein Beobachter befindet und ohne eine Zeit, die für ihn vergeht, können wir uns einen Beobachter gar nicht vorstellen.

In unserer heutigen Welt werden wir einen zeitlosen Zustand wohl nicht finden, aber oftmals werden mathematische Gesetze als Beispiel für Zeitlosigkeit angeführt. Tatsächlich scheinen solche Wahrheiten wie ›2 + 2 = 4‹ absolut zeitlos zu sein, denn sie gelten immer. Aber schon das Überprüfen eines solchen Satzes benötigt Zeit. Wie schon Carl Friedrich von Weizsäcker darauf hingewiesen hat, kommt das Zählen nämlich nicht ohne Zeit aus.[1] Tatsächlich kann man nur feststellen, dass *zwei* Dinge vorhanden sind, wenn man *erst* das eine und *dann* das andere registriert hat. Auch bei den Zahlen kommt erst eins, dann folgt zwei und schließlich drei. Zählen ohne Zeit macht also keinen Sinn. Deshalb bin ich zumindest im Zweifel, ob mathematische Wahrheiten wirklich zeitlose Tatsachen darstellen. Sie gelten zwar immer, aber sie können ohne eine Zeit gar nicht gedacht werden.

Ein weiteres Beispiel, das wir später noch benötigen werden, ist die Vorstellung von einem allmächtigen und zeitlosen Gott. Solche Gottheiten sind Gegenstand vieler großer Weltreligionen. Ihre Existenz kennt dort weder eine Begründung noch einen Anfang, denn sie waren schon immer da. Aber diese Götter sind nicht passiv, sondern sie besitzen einen Willen und handeln danach. Meist erschaffen sie unsere Welt und offenbaren sich später den Menschen. Damit wird die Idee von Göttern aber mehr als problematisch, denn jede Handlung und auch jede Willensänderung

[1] Weizsäcker (1992) Kap. I5.4.3 und I7.B.3

setzen die Zeit schon voraus. Daraus resultieren automatisch solche Fragen wie: »Was hat denn Gott die ganze Zeit gemacht, bevor er mit der Schöpfung angefangen hat?« Ebenso könnte man fragen, warum er denn die Welt ausgerechnet zu diesem und zu keinem anderen Zeitpunkt erschaffen hat. Ein handelnder Gott macht darum für mich ebenfalls keinen Sinn ohne einen Zeitbegriff.

Auch der Einwand, dass ein allmächtiger Gott zu bestimmten Zeiten in den Lauf unseres Universums eingreifen könnte, *ohne* selbst einer Zeit unterworfen zu sein, ist für mich nicht schlüssig. Er würde sich nach diesem Argument dann nur für die Dauer einer solchen Aktion freiwillig der Zeit unterwerfen. Dies müsste er tun, denn für jede Aktion ist zwingend eine Zeit erforderlich, denn ohne einen Zeitablauf können keine Handlungen stattfinden. Aber wie soll solch ein Eingriff geschehen? Wenn sich ein zeitloser Gott entschließt, eine Korrektur des Weltenlaufs vorzunehmen, so ist dies schon wieder eine Handlung und damit ebenfalls nicht ohne eine Zeit vorstellbar. Sogar die freiwillige Unterordnung unter einen Zeitablauf müsste einen Anfang und ein Ende besitzen, und findet demzufolge nicht außerhalb, sondern innerhalb einer Zeit statt.

Selbst wenn unser Universum von außen betrachtet zeitlos wäre, wie das vorgestellte Blockuniversum in Form eines Toastbrots, so kann ein Gott auch hier nicht ohne eine Zeit eingreifen. Würde er die Abläufe in diesem Blockuniversum manipulieren oder gar das Toastbrot erschaffen, dann wären auch dies wiederum Handlungen, die nur innerhalb einer Zeit denkbar sind. Götter, die etwas denken oder tun, können dies nur *innerhalb* eines Zeitablaufs bewerkstelligen. Und Götter, die nichts tun, kommen auch in den Religionen nicht vor.

34 Lebensbedingungen

Mit dem Wissen wächst der Zweifel.
Johann Wolfgang von Goethe, Dichter

Wir haben in den letzten Kapiteln gesehen, dass das Universum mit einem sehr speziellen Anfangszustand gestartet ist. Es hatte am Beginn der Zeit praktisch überall dieselbe Dichte, auch wenn seine verschiedenen Regionen noch nicht miteinander in Kontakt standen, also Information austauschen konnten. Außerdem besitzt es nach dem kosmologischen Standardmodell genau die kritische Dichte und deswegen einen Raum ohne nennenswerte Krümmung. Diese Beobachtungen sind für viele Kosmologen schon erstaunlich genug, aber was in den letzten Jahrzehnten noch alles an scheinbar merkwürdigen Zufälligkeiten zusammengetragen wurde, verursacht selbst bei kühlen Denkern ein ziemlich ratloses Grübeln. Doch um welche Untersuchungsergebnisse handelt es sich dabei, und welche Schlussfolgerungen ziehen die Forscher daraus?

Die Abläufe in unserem Universum werden nach allem, was wir wissen, ohne Ausnahme durch *Naturgesetze* bestimmt. Als Haupttheorien für diese Weltbeschreibung haben wir die Quantentheorie und die allgemeine Relativitätstheorie kennengelernt. Alle Kräfte, die in der Natur vorkommen, lassen sich auf vier fundamentalen Wechselwirkungen zurückführen. Die Bestandteile des Universums bilden die Elementarteilchen, die sich im Laufe der Zeit zu immer größeren und auch komplexeren Objekten verbunden haben. Wir fassen unsere Welt mit zwei Standardmodellen zusammen: im Kleinen mit dem der Elementarteilchen, das sich aus der Quantentheorie ableitet, und im Großen mit dem der Kosmologie, das sich aus der allgemeinen Relativitätstheorie ergibt. All dies kann man dicht gedrängt in mathematischer Form auf einer DIN-A4-Seite hinschreiben.

Wenn man sich nun fragt, durch wie viele Größen unser Universum gesteuert wird, so kommt man auf etwa 30 freie Parameter. Ihre Zahlenwerte lassen sich nicht weiter begründen, fallen also quasi vom Himmel. Es sind dies die Massen aller Elementarteilchen, die Stärken der Wechselwirkungen, die Lichtgeschwindigkeit, das plancksche Wirkungsquantum, die Hubble-Konstante, die Dichte der baryonischen und Dunklen Materie, die kosmologische Konstante und noch ein paar weniger bekannte Größen.

Da diese *Naturkonstanten* scheinbar durch nichts festgelegt sind, haben die Physiker und Astronomen versuchsweise ihre Werte verändert und sich jeweils überlegt, wie sich ein Universum unter diesen neuen Randbedingungen entwickeln würde.

Jeder Parameter, der gegenüber seinem tatsächlichen Wert, vergrößert oder verkleinert wird, ergibt somit ein weiteres Modelluniversum, dessen Inhalt zu verschiedenen Zeiten analysiert werden kann. Diese systematischen Variationen sind viel mehr als nur Zahlenspielereien, denn sie untersuchen, wie empfindlich die Strukturen unseres Universums von den gewählten Anfangsbedingungen abhängen. Die wichtigsten Ergebnisse möchte ich hier kurz und knapp zusammenfassen:[1]

- Wäre ein Elektron nur etwas schwerer, nämlich schwerer als der geringe Massenunterschied zwischen Neutron und Proton, dann wären nicht die Protonen, sondern die Neutronen stabile Teilchen. Das Universum bestünde nur aus Neutronen und Neutrinos und hätte höchstens Neutronensterne hervorgebracht. Schwere Elemente, Planeten oder gar Leben wären hier unmöglich.
- Wäre das Neutron genauso schwer wie ein Proton, so wäre nach den Kernverschmelzungen der ersten drei Minuten des Universums nur Helium übrig geblieben. Kein Wasserstoff wäre mehr vorhanden, und damit hätte niemals Wasser oder eine organische Chemie entstehen können.
- Wenn wir die Massen von Proton und Neutron hingegen vertauschen, so wären in den Sternen die Neutronen zu Helium verschmolzen. Da sie jedoch elektrisch neutral sind, geht diese Reaktion viel heftiger und schneller vonstatten, sodass diese Sterne nur eine geringe Lebenszeit aufweisen. Für eine Evolution auf Planeten bliebe nicht genügend Zeit.
- Vergrößern wir die Gravitationskonstante, so würde dies die Kernfusion in Sternen mit einer geringeren Masse ermöglichen. Diese Sterne wären kleiner und lebten kürzer. Wäre die Gravitationskonstante zehnmal stärker, so würde die Sonne nur 10 Millionen Jahre alt werden. Ebenfalls viel zu kurz, um Leben entstehen zu lassen.
- Wäre die Gravitationskonstante hingegen kleiner, so wären die Sterne massereicher. Man vermutet, dass die Planeten dann einen geringeren Abstand zu ihrem Stern besäßen und ihre Oberflächen somit eine höhere Temperatur. Wahrscheinlich wäre hier Leben ebenfalls unmöglich.
- Wird die Gravitation noch weiter verringert, so würden sich irgendwann keine Sterne mehr bilden. Dies ist dann der Fall, wenn die Ausdehnung des Universums gegenüber der anziehenden Schwerkraft die Oberhand gewinnt.
- Würde die schwache Wechselwirkung etwas kleiner ausfallen, so würden die Neutrinos, die bei der Bildung eines Neutronensterns entstehen, ungehindert die restliche Sternmaterie durchdringen. Die gigantischen Supernovaexplosionen würden unterbleiben und damit die Anreicherung der interstellaren Materie mit schweren Elementen, die das Leben als Bausteine benötigt.

[1] bis auf einen Zahlenwert aus Lesch (2003) Kap. 13

- Wäre die schwache Wechselwirkung dagegen etwas stärker, so blieben die Neutrinos noch im Neutronenstern stecken, und es käme ebenfalls zu keiner Supernovaexplosion.
- Wäre die Reichweite der starken Wechselwirkung nicht auf die Ausdehnung von Atomkernen beschränkt, so würde das Universum aus riesigen Kernen bestehen und nicht aus den uns bekannten Elementen.
- Würde die starke Wechselwirkung auch Elektronen beeinflussen, so würden diese in die Atomkerne hineingezogen und jegliche Chemie unmöglich machen.
- Wäre die starke Wechselwirkung gegenüber der elektromagnetischen nur halb so stark, so wären fast alle Atomkerne radioaktiv. Bei einer nochmals halbierten Stärke würden sie getrieben von der elektrischen Abstoßung spontan auseinanderfliegen.
- Die Erzeugung von Kohlenstoff in Sternen durch Kernverschmelzung findet nur deshalb statt, weil die Energieniveaus der beteiligten Kerne extrem fein ausbalanciert sind. Wäre die Stärke der elektromagnetischen Wechselwirkung im Verhältnis zur starken Wechselwirkung nur ein halbes Prozent unterschiedlich, so würde kein lebensnotwendiger Kohlenstoff erzeugt werden.
- Dieser Kohlenstoff ist aber auch für die Bildung von neuen, vor allem mittelgroßen Sternen unerlässlich. Die Gaswolken, aus denen sie entstehen, müssen groß und vor allem kalt sein. Ohne einen hohen Kohlenstoffanteil sind diese Bedingungen aber nicht zu erfüllen und ein Gravitationskollaps bleibe aus.
- Die Stärke der Gravitation ist gegenüber den anderen Wechselwirkungen gerade so schwach, dass sich unser Universum in Zeiträumen von Milliarden von Jahren ausdehnt und dabei Sterne hervorbringt, die schwere Elemente erzeugen und ebenfalls Millionen bis Milliarden Jahre leuchten. Deswegen ist unser Weltall so groß und auch so alt. Nur deshalb herrschen auf erdähnlichen Planeten in der Nähe sonnenähnlicher Sterne über Milliarden von Jahren relativ stabile Bedingungen. Und ohne diese Bedingungen hätte unsere biologische Evolution niemals stattgefunden.

Das Drehen an den Stellschrauben der Naturkonstanten bringt also teils dramatische Veränderung mit sich. In vielen Fällen ist der modellierte Kosmos im Vergleich zu unserem kaum wiederzuerkennen. Geradezu erschreckend ist die vielfältige Abhängigkeit des Lebens von den gewählten Zahlenwerten. Dabei tragen die Naturkonstanten ihren Namen völlig zu Recht, denn es gibt kein einziges stichhaltiges Beobachtungsergebnis, das auf eine zeitliche Veränderung dieser Zahlen hinweist. Dies lässt offenbar nur eine einzige Schlussfolgerung zu: Unser Universum war schon bei seiner Geburt so eingerichtet, dass es Milliarden Jahre später einmal Leben erzeugen kann.

Doch die Physiker haben nicht nur die Naturkonstanten in ihre Überlegungen einbezogen, sondern noch wesentlich grundlegendere Eigenschaften unseres Universums. Sie haben untersucht, was passieren würde, wenn unser Raum nicht drei Dimensionen hätte, sondern zwei, vier oder mehr.[1] In einer Welt mit nur zwei Raumdimensionen ist Leben eigentlich nicht vorstellbar. Alles wäre so flach wie ein Blatt Papier, und schon so etwas Banales wie ein Verdauungstrakt würde ein Lebewesen in zwei Hälften teilen. Auch das berührungsfreie Kreuzen von Bahnen wie beispielsweise von Nervensträngen oder Blutgefäßen ist in einer flachen Welt unmöglich, denn solch eine Kreuzung müsste in der dritten Dimension stattfinden, die aber gar nicht vorhanden ist.

Dagegen bekommen wir in einem Universum mit vier oder mehr Dimensionen ganz andere Probleme. Hier würden die elektrische Kraft und die Gravitationskraft nicht mit dem Quadrat des Abstands abnehmen, sondern noch stärker. Dies führt aber gleichzeitig zu instabilen Planetenbahnen und Atomen, also wieder nicht zu Bedingungen, die Leben zulassen. Solche zusätzlichen Raumdimensionen mögen Ihnen im Moment komplett abwegig erscheinen, doch tatsächlich sind sie ein fester Bestandteil der Stringtheorie, die wir im nächsten Kapitel kritisch betrachten werden.

Nicht nur die Naturkonstanten, sondern auch die Anzahl der Raumdimensionen sind in unserer Welt so abgestimmt, dass Leben immerhin möglich, wenn nicht sogar wahrscheinlich ist. Schon geringe Abweichungen von dieser Zahlenkombination machen aus unserem Universum einen lebensfeindlichen Kosmos, zumindest für das kohlenstoffbasierte Leben, wie wir es kennen. Dabei reichen die Abschätzungen für die Anzahl möglicher Kombinationen von Naturkonstanten von 10^{230} bis 10 hoch 10^{123}, eine Zahl mit 10^{123} Nullen. Im Vergleich dazu ist die Anzahl der Protonen im beobachtbaren Universum mit 10^{80} geradezu lächerlich klein.

Noch einmal kurz zusammengefasst: Die Physik kann heute keine der etwa 30 Naturkonstanten erklären. Offenbar hängt von der Wahl dieser Zahlwerte aber die Fähigkeit des Universums, Leben hervorzubringen, zumindest teilweise sehr empfindlich ab. Da sich die Konstanten zeitlich nicht verändert haben, wurden ihre Werte offenbar beim Urknall festgelegt, wobei das Leben aber erst Milliarden Jahre später entstanden ist. Wenn die Physiker ihrem Ruf als grundlegende Naturwissenschaftler gerecht werden wollen, so müssen sie eine Begründung dafür vorlegen, warum unser Universum aus einer riesigen Auswahlmenge genau diese eine Zahlenkombination verwirklicht hat. Und wieso ist gerade dieser Satz von Konstanten für Leben geeignet? Eine Tatsache, die man als *Feinabstimmung der Naturkonstanten* bezeichnet.

---

1 Rees (2003) Kap. 10

Die verschiedenen Antworten für dieses wohl größte Problem der modernen Physik lassen sich anhand zweier Kriterien charakterisieren: Die Antworten halten die beobachtete Feinabstimmung entweder für zufällig oder notwendig, und sie schließen das Leben in ihre Betrachtung mit ein oder eben nicht.

Beginnen wir mit dem einfachsten Fall, bei dem das Universum *notwendigerweise* so entstanden ist und bei dem das *Leben keine besondere Rolle* spielt. Die Vertreter dieser Antwort glauben, dass das Universum mit einer einzigen Theorie, einer sogenannten Weltformel, beschrieben werden kann. Diese Weltformel beinhaltet die Quantentheorie und die allgemeine Relativitätstheorie und wird meist als Quantengravitation bezeichnet. Das allein wäre noch nichts Besonderes, aber in diesem Fall wird zusätzlich noch erwartet, dass die Weltformel so beschaffen ist, dass sie nur ein einziges Universum ermöglicht. Und dieses Universum ist dann natürlich genau unseres mit seiner Kombination von Naturkonstanten.

Die Konstanten werden hier also nicht aus einer Menge von Zahlenwerten ausgewählt, sondern ergeben sich zwangläufig aus der Weltformel. Dass in diesem Universum Leben entstehen konnte, wird dabei jedoch als reiner Zufall angesehen. Allerdings sind mittlerweile die meisten Physiker und Kosmologen ziemlich skeptisch, dass eine solche Theorie neben der mathematischen Struktur ihrer Gleichungen auch gleichzeitig noch alle Zahlenwerte festlegen wird. Immerhin müssten etwa 30 Parameter durch ein noch nicht entdecktes Prinzip ausnahmslos fixiert sein. Dagegen ist die Hoffnung relativ groß, dass man in Zukunft die Anzahl der Parameter wenigstens reduzieren kann.

Dies führt uns zur zweiten, beliebtesten und größten Gruppe von Erklärungsversuchen, denn mehr als Versuche sind es bisher nicht. Sie alle nehmen ebenfalls das Leben nicht besonders ernst. Teilweise lehnen es ihre Unterstützer sogar ab, überhaupt von einer Feinabstimmung im Sinne von Leben zu sprechen. Sie argumentieren, dass dies vielleicht für unser bekanntes kohlenstoffbasiertes Leben zutreffen mag, aber dass man den Begriff Leben viel weiter fassen sollte. Wenn man dies tut, so gibt es sicherlich noch weitere Sätze von Naturkonstanten, die ganz andersartige Evolutionen von wahrnehmenden und sich fortpflanzenden Einheiten ermöglichen. Daneben gibt es noch eine Gruppe von Physikern, die sich quasi weigert, das Problem überhaupt anzuerkennen. Überspitzt formuliert, gehört für sie Leben nicht zu ihrem Fachgebiet und damit nicht zu einer physikalischen Theorie. Die meisten Forscher jedoch halten die Feinabstimmung für eine wichtige Beobachtung, die naturwissenschaftlich erklärt werden muss. Sie berücksichtigen bei ihren Überlegungen allerdings das *Leben nur indirekt* und sehen die Werte der Naturkonstanten als *zufällig* an.

Entweder gibt es nach diesen Theorien nur ein Universum mit einer zufälligen Kombination von Naturkonstanten und zufällig entstandenem Leben oder es existiert nicht nur *ein* Universum, sondern viele. Diese vielen Welten hängen je nach

Modell miteinander zusammen oder existieren völlig getrennt voneinander. Nach diesen Vorstellungen ist unser beoachtbares Universum nur ein oftmals winziger Teil einer Menge von Welten, die man insgesamt *Multiversum* nennt. Das Multiversum ist also das große Ganze, das viele Universen beinhaltet. Wie sich diese manchmal zahllosen Universen voneinander unterscheiden, hängt stark vom gewählten Modell ab. Wenn man diese Denkrichtung komplett ausreizt, kann man ein vierstufiges Multiversum errichten, das wir uns ausführlich im übernächsten Kapitel anschauen werden. Es enthält absolut alles, was sich mit Gesetzmäßigkeiten irgendwie vereinbaren lässt.

Manche der Universen im Multiversum sind nur räumlich voneinander getrennt, andere haben verschiedene Naturkonstanten und wieder andere sogar unterschiedliche Naturgesetze. Der Fantasie sind hier kaum Grenzen gesetzt. In manchen Theorien ist daher die Anzahl der Universen viel größer als die Zahl der Teilchen in unserem eigenen. Welche dieser Universen nun aber Leben tragen, ist rein zufällig und hängt von den dort geltenden Gesetzen und Konstanten ab. Und wir befinden uns genau deshalb in unserem Universum, weil hier die Bedingungen für unsere Existenz gegeben sind. Dies ist exakt die Argumentation des *schwachen anthropischen Prinzips*: Wir sind hier, weil wir uns hier entwickeln konnten.

Die Theorien des Multiversums erklären überhaupt nicht, warum unser Universum so ist, wie es ist, weder im Sinne von Naturgesetzen und Naturkonstanten noch im Sinne von Leben. Sie stellen lediglich eine genügend große Menge von Universen bereit und lassen dann den Zufall walten. Es muss nur sichergestellt sein, dass irgendeines von ihnen für uns geeignet ist. Und in diesem befinden wir uns dann eben. Das ist alles. Weitere Kritikpunkte möchte ich noch nicht in dieser Übersicht vorbringen, sondern erst, wenn ich Ihnen die verschiedenen Versionen des Multiversums genauer erläutert habe.

Wir wenden uns nun einer dritte Gruppe von Antworten zu, die im Gegensatz zu den bisherigen das Leben in ihren Mittelpunkt stellen. Diese Theorien gehen davon aus, dass unser Universum *notwendig auf die Entstehung von Leben ausgerichtet* ist. Dazu verlassen sie allerdings den Pfad der Naturwissenschaften und legen die speziellen Anfangsbedingungen unserer Welt in die Hände eines Schöpfers. Ob dies ein Gott im Sinne unserer Religionen gewesen ist, ein intelligenter Designer, eine hoch entwickelte Zivilisation oder etwas gänzlich Unbekanntes macht keinen wirklichen Unterschied. Die Wahl der Naturgesetze und Naturkonstanten geschah nach diesem Bild zielgerichtet in der bewussten Absicht, dass unser Universum Leben hervorbringen soll. Da das gottgleiche Wesen alle Konsequenzen vorher absehen konnte und dies von Anfang an geplant hatte, musste es auch notwendigerweise so geschehen.

Dies ist eine durchaus glaubwürdige und für viele auch annehmbare Erklärung für unsere Existenz. Die Anhänger dieser Sichtweise erkennen damit deutlich an, dass uns der Anfang unserer Welt nicht zugänglich ist. Aber wir stoßen bei dieser Deutung auch auf Probleme. Bis wohin sollen wir wissenschaftlich vorgehen und ab wann müssen wir die Kontrolle einem Gott überlassen? Wenn dieser Gott so allmächtig ist, dass er eine Welt erschaffen kann, warum gelten dann in dieser Welt Naturgesetze? Wenn ihm so viel an der Schöpfung von Leben liegt, warum hat er es dann nicht direkt erzeugt, sondern erst in einem Milliarden Jahre langen Prozess? Die meisten religiösen Menschen werden nun antworten, dass wir ja nicht erwarten können, Gottes Willen vollständig zu ergründen, und eher zur Demut raten.

Trotzdem finde ich diese Fragen als Naturwissenschaftler legitim und interessant, denn sie zeigen uns, dass wir uns Gott fast automatisch als planendes und handelndes Wesen vorstellen. Wie wir aber im letzten Kapitel gesehen haben, setzen Handlungen automatisch einen Zeitablauf voraus. Dies ist jedoch nicht mit einem allmächtigen Wesen vereinbar, denn dieses Wesen wäre dann einer Zeit unterworfen.

Ich werde diesen kniffligen Gedankengang im übernächsten Kapitel wieder aufgreifen und genauer untersuchen, ob uns ein göttliches Wesen bei der Feinabstimmung der Naturkonstanten wirklich weiterhilft. Dann werden wir auch sehen, dass es neben einer umfassenden Theorie mit fixierten Parametern, vielen Theorien von einem Multiversum oder einem Gott noch eine weitere Antwortalternative für dieses Problem gibt. Doch zuvor wenden wir uns den verschiedenen Bemühungen zu, eine Weltformel zu finden, also eine Theorie der Quantengravitation. Dabei sehen wir uns auch an, welchen Standpunkt diese Theorien zur Feinabstimmung der Naturkonstanten einnehmen.

35 Weltformel

> Man entdeckt keine neuen Erdteile, ohne den Mut zu haben, alte Küsten aus den Augen zu verlieren.
> *André Gide, Schriftsteller*

Warum besitzen wir keine einheitliche Theorie zur Beschreibung *aller* Naturvorgänge? Oder anders gefragt: Wieso ist es den Physikern bisher nicht gelungen eine Theorie von allem oder kurz, eine Weltformel zu finden? Gibt es diese Theorie oder Formel überhaupt und was wird sie uns enthüllen? Mit diesen Fragen und der Suche nach Antworten möchte ich mich in diesem Kapitel beschäftigen.

Historisch betrachtet hat die Physik immer versucht, eine gewisse Menge von Phänomenen möglichst einfach, exakt und vor allem zutreffend zu beschreiben. Für ganz verschiedene Bereiche wurden auf diese Weise mathematische Naturgesetze hergeleitet und fortwährend überprüft. So entstanden unter anderem die Mechanik, die Elektrizitätslehre und die Wärmelehre mit völlig unterschiedlichen Naturgesetzen. Wenn man einen bestimmten Vorgang berechnen will, so sucht man sich die passende Formel aus und wendet sie an. Wir kennen dies alle noch bestens aus der Schulphysik.

Im Lauf der Jahrhunderte jedoch gelang es, immer mehr der verschiedenen Beschreibungsinseln miteinander zu verschmelzen. Beispielsweise wurden die getrennten Theorien der Elektrizität und des Magnetismus zur Elektrodynamik vereint, die nun beide Gebiete einheitlich erklärt. Heute sind nur noch zwei Physikkontinente übrig geblieben, die durch Einstein und die stürmische Entwicklung der Atomphysik geprägt wurden: die allgemeine Relativitätstheorie und die Quantentheorie. Warum aber konnten diese Theorien noch nicht zu einem Superkontinent zusammengefasst werden oder zumindest über eine Landbrücke miteinander verbunden werden? Obwohl jede von beiden auf ihrem Gebiet äußerst erfolgreich die Natur beschreibt, so arbeiten sie doch dennoch mit völlig unterschiedlichen Konzepten von Raum und Zeit und insbesondere von dem, was jeweils als real angesehen wird.

In der allgemeinen Relativitätstheorie ist jedes Geschehen jederzeit objektiv real und mit beliebiger Genauigkeit feststellbar. Massen oder Energien in Form von Teilchen und Feldern beeinflussen den Raum und die Zeit. Sie verformen die Geometrie des Raumes und verlangsamen den Zeitablauf. Beide Effekte haben wir als Raum- und Zeitkrümmung kennengelernt. In der Quantentheorie hingegen ist weder der Ort noch die Bahn eines Teilchens scharf definiert. Erst bei einer Messung werden physikalischen Größen festgelegt, und zwar nur bis zu einem gewissen Grad, der niemals unterschritten werden kann. Eine Raum- oder Zeitkrümmung durch Massen oder Energien spielt hier aber nicht die geringste Rolle. Raum und Zeit sind in der Quantentheorie nur Zuschauer. Lediglich die Effekte der speziellen Relativitätstheorie, die durch die Endlichkeit der Lichtgeschwindigkeit verursacht werden, sind in beiden Theorien enthalten.

Am besten sehen wir die Unterschiede zwischen diesen konkurrierenden Naturbeschreibungen, wenn wir noch einmal den Doppelspaltversuch betrachten. Nach der *allgemeinen Relativitätstheorie* fliegt hier ein Elektron auf einer ganz bestimmten Bahn durch die gesamte Versuchsanordnung. An jedem Punkt des Raums krümmt es ihn durch das Vorhandensein seiner Masse und beeinflusst dort ebenfalls die Zeit. Egal, wie klein diese Auswirkungen auch sein mögen, sie gehen stets vom Ort des Elektrons aus. Das Elektron legt also einen durchgehenden Weg zurück, der immer genau durch einen der beiden Spalte führt. Und entlang dieses Weges werden Raum und Zeit so verändert, dass diese Einflüsse zwar sehr gering ausfallen, sich aber prinzipiell im gesamten Universum auswirken und damit messbar sind. Raum und Zeit werden durch die Massen von Körpern gekrümmt und beeinflussen durch ihre Krümmung wiederum die Bahnen von Körpern. Einen unveränderlichen Hintergrund aus Raum und Zeit gibt es in diesem Bild also nicht. Man bezeichnet daher die allgemeine Relativitätstheorie auch als eine *hintergrundfreie* Theorie.

Mit den Augen der *Quantentheorie* ergibt sich allerdings für den Doppelspaltversuch ein ganz anderer Ablauf. Solange der Ort des Elektrons bei den Spalten nicht gemessen wird, so existiert er dort objektiv nicht. Wir können und dürfen nicht davon ausgehen, dass das Elektron einen definierten Weg zurücklegt, wenn wir ihn nicht feststellen. Genauso wenig macht es in meinen Augen Sinn, davon zu sprechen, dass das Elektron in diesem Fall beide Spalte gleichzeitig durchquert hat. Schon das Bild vom Durchfliegen eines Spalts ist damit irreführend. Wir erhalten immer nur dann Informationen über den Ort des Elektrons, wenn wir diesen auch messen. Mehr können wir über diesen Vorgang gar nicht sagen. Und genau deshalb bildet sich auch ein Interferenzmuster auf dem Beobachtungsschirm heraus. Die Quantentheorie besitzt jedoch im Gegensatz zur allgemeinen Relativitätstheorie einen unveränderlichen Hintergrund aus Raum und Zeit. Dieser Hintergrund kann durch keinen Vorgang irgendwie beeinflusst werden. In diesem Sinne ist die Quantentheorie somit eine *hintergrundabhängige* Theorie.

Was passiert aber, wenn wir versuchen, beide Beschreibungen mit Gewalt miteinander zu verheiraten? Wie könnte beispielsweise die Raum- und Zeitkrümmung in die Quantentheorie eingebettet werden? Schließlich beschreibt diese Theorie den Doppelspaltversuch ja völlig korrekt und man könnte meinen, dass man sie nur um diesen Aspekt erweitern müsste. Aber wie genau sollte dies geschehen? Mit anderen

Worten: Welche Geometrie soll unser Universum für die verschiedenen Versuchsdurchführungen besitzen?

Falls der Ort eines Elektrons an den Spalten nicht gemessen wird, so stellt sich Frage, gemäß welcher Ortsangabe das Elektron den Raum und die Zeit krümmen soll. Denn wenn das Elektron durch Spalt 1 fliegt, so ergibt sich im gesamten Universum eine andere Geometrie, als wenn es durch Spalt 2 flöge. Überall im Universum müsste für diese zwei Fälle unterschiedlich gerechnet werden. Wir haben es hier also unter geometrischen Gesichtspunkten mit zwei ganz verschiedenen Universen zu tun.[1] Müssen wir also den Mittelwert über die Geometrien dieser zwei Universen bilden, um die korrekte Form des Raums zu erhalten? Wenn wir die Quantentheorie wirklich ernst nehmen, dann gibt es in diesem Fall den Ort des Elektrons gar nicht, weil wir ihn an den Spalten gar nicht messen. Aber trotzdem soll die Masse dieses Elektrons nun an beiden Spalten den Raum krümmen?

Nicht viel besser sieht es aus, wenn wir den Ort des Elektrons an den Spalten tatsächlich feststellen. Nun wissen wir, an welchem Spalt der Raum gekrümmt wird. Aber wann wird diese Krümmung wirksam? Erst dann, wenn die Messung den Ort ermittelt oder aber schon vorher auf dem Weg von der Elektronenquelle bis zum Spalt? Im ersten Fall müsste sich die Raumgeometrie im Augenblick der Messung sprunghaft ändern, denn erst dann befindet sich das Elektron an einem bestimmten Spalt und damit an einem festgelegten Ort. Im zweiten Fall dagegen wäre der Raum entlang der gesamten Bahn von der Quelle bis zum Spalt schon gekrümmt, obwohl diese Bahn aber erst *hinterher* durch die Messung indirekt ermittelt wird. Wie wir es auch drehen und wenden, wir kommen mit diesem einfachen Vorgehen nicht richtig weiter.

Eine Übersetzung in die moderne Sprache der Information zeigt uns auf eine andere Art, wie grundlegend die Unterschiede zwischen beiden Theorien sind. In der allgemeinen Relativitätstheorie steht einem Teilchen *unendlich* viel Information zu Verfügung. Diese Theorie geht davon aus, dass alle Informationen objektiv *vorhanden* sind und nur gemessen werden brauchen. Und zwar im Zweifelsfall mit unendlicher Genauigkeit. In der Quantentheorie jedoch ist die Informationsmenge für ein Teilchen in jedem Fall *begrenzt*. Hier geht es nicht nur darum, welche Information vorliegt, sondern vor allem, wie sie *entsteht*. Und genau in diesen Punkten sind beide Naturbeschreibungen unvereinbar: Zwischen einer unendlichen und einer endlichen Menge an Information gibt es einfach kein Mittelding. Und ob jedwede Information von vorneherein existiert oder ob sie erst im Laufe der Zeit entsteht, sind ebenfalls fundamental verschiedene Standpunkte.

---

1 Penrose (2004), Ch. 30.11

Eine Theorie, die sowohl die Quantentheorie als auch die Gravitation beinhaltet, bezeichnet man als *Quantengravitation*. Die Bemühungen, eine solche Theorie aufzustellen, konzentrieren sich im Moment auf zwei verschiedene Ansätze, die unserem Vorstellungsvermögen allerdings jeweils einiges abverlangen: die Stringtheorie und die Schleifenquantengravitation.

Die *Stringtheorie* hat eine durchaus wechselvolle Geschichte hinter sich, die bis in die 1960er Jahre zurückreicht. Ursprünglich markierte sie den Versuch, die starke Wechselwirkung mit Hilfe von Bändern oder Saiten aus Energie anschaulich zu verstehen. Diese Bänder haben eine Länge von der Größenordnung des Durchmessers eines Protons. Sie besitzen eine Spannung und können schwingen wie die Saite eines Musikinstruments, beispielsweise die Saite einer Gitarre oder Geige. Diese Saiten oder Strings sind das grundlegende Objekt der Theorie, zumindest in ihrer ursprünglichen Fassung.

Schon wenige Jahre danach hatten sich die Stringtheoretiker auf ihre Fahnen geschrieben, alle vier Grundkräfte und alle Teilchen in ihren Theorierahmen zu integrieren. Die Stringtheorie wurde zum Programm einer allumfassenden Theorie, die alles erklären und nichts schuldig bleiben sollte. Alle Teilchen sind demnach nichts anderes als die verschiedenen Schwingungsmuster ein und desselben Urteilchens: eines Strings. Und auch alle Wechselwirkungen mit ihren Austauschteilchen werden ebenfalls mithilfe von Strings beschrieben.

Neben den Strings, die eine offene oder geschlossene Form annehmen können, gibt es also keine anderen Objekte mehr. Damit aber ein String dies alles leisten kann, darf seine Ausdehnung nicht wesentlich größer sein als die Planck-Länge. Die Länge der Strings wurde daher in den 1970er Jahren um sage und schreibe 20 Größenordnungen nach unten korrigiert, von der Größenskala der Atomkerne auf die Planck-Skala. Würde man denselben Faktor auf die Milchstraße anwenden, so würde sie auf die Größe eines Einfamilienhauses schrumpfen.

Schwingende und sich bewegende, offene oder geschlossene Strings sind in der Stringtheorie die Urobjekte unserer Welt. Sie lösen die uns vertrauten punktförmigen Elementarteilchen als Grundbausteine ab. Wegen ihrer endlichen Größe vermeiden sie bei Berechnungen viele mathematische Unendlichkeiten, die in der normalen Quantentheorie dadurch entstehen, dass die Teilchen dort überhaupt keine Größe besitzen. Trotzdem ist es noch niemandem gelungen, unsere Elementarteilchen auf Strings zurückzuführen. Denn nach der Stringtheorie müssten diese Teilchen ein Vielfaches der Planck-Masse besitzen. Alle bisher gefundenen Teilchen jedoch sind um 17 bis 22 Größenordnungen leichter als die Planck-Masse. Sie sind also für die Stringtheorie nahezu masselos. Die Massen unserer Elementarteilchen bleiben daher auch in diesem Modell mehr als rätselhaft.

Richtig fantastisch wird diese Theorie allerdings erst, wenn wir uns fragen, in welchem Raum sich die Strings bewegen und schwingen? Dies ist nämlich *nicht* mehr unser gewohnter dreidimensionaler Raum, der aus Länge, Breite und Höhe besteht. In ihm lässt sich die Stringtheorie nämlich gar nicht widerspruchsfrei formulieren. Stattdessen fordert ihre Mathematik sieben *zusätzliche* Raumdimensionen, sodass die Stringtheorie nicht drei, sondern insgesamt zehn Raumdimensionen umfasst.

Nun werden Sie sich zurecht fragen, wo denn in unserem Universum noch Platz für zusätzliche Raumdimensionen ist. In welche Richtung sollen wir uns denn bewegen, damit wir diese Dimensionen feststellen können? Wo befinden sich diese für uns nicht zugänglichen Dimensionen und warum bemerken wir sie nicht? Auch darauf hat die Stringtheorie eine Antwort: Die Zusatzdimensionen haben sich im ganz frühen Universum in winzige Strukturen von der Größenordnung der Planck-Länge zusammengerollt. Würde man den Raum mit einem riesigen Mikroskop betrachten, so wäre er nicht glatt, sondern bestünde aus aufgerollten sieben-dimensionalen Gebilden. Nur aus unserer Warte erscheint er gleichförmig und dreidimensional. Aber unsere drei Dimensionen sind in Wirklichkeit nur der sichtbare Rest einer viel reichhaltigeren Raumarchitektur.

Mit diesen Konzepten stellten die Theoretiker bis Mitte der 1990er Jahre nicht nur eine einzige Stringtheorie auf, sondern eine ganze Handvoll verschiedene. Es war der Verdienst von Edward Witten (*1951), *dem* führenden Kopf der Theoriefamilie, dass er gesehen hat, dass ihnen allen eine einzige Theorie zugrunde liegt. Sie trägt den Namen *M-Theorie*, wobei nicht zweifelsfrei geklärt ist, wofür der Buchstabe M steht. Genauso nebulös wie die Bedeutung ihres Namens sind aber auch die Grundgleichungen der M-Theorie. Trotz der Anstrengungen von vielen Hundert Theoretikern ist es seit 1995 nicht gelungen, sie vollständig niederzuschreiben. Die M-Theorie ist also nach wie vor ein Programm und keine fertige Theorie, die überprüft werden kann.

Woran dies liegen könnte, zeigt ein Blick auf einige Problemkreise, mit denen die Stringtheoretiker zu kämpfen haben. Die Theorie hat ebenfalls seit den 1990er Jahren ganz wesentlich ihre ästhetische Einfachheit verloren. Man entdeckte, dass sie nicht nur schwingende eindimensionale Saiten, sondern auch zweidimensionale Flächen und ganze mehrdimensionale Räume als Grundbausteine enthält. Welche dieser Möglichkeiten jedoch in unserem Universum verwirklicht ist, ist völlig unklar. Ebenso fand man heraus, dass sich die Zusatzdimensionen nicht nur auf eine Art, sondern auf unzählige verschiedene Arten zusammenrollen können.

Nimmt man dies alles zusammen, so zeigen die Abschätzungen, dass die zugrunde liegende M-Theorie etwa 10^{500} Möglichkeiten bietet, ein konkretes Universum zu entwerfen. Neben dieser gigantischen Zahl an Weltenmöglichkeiten ist die Zahl der 10^{80} Materieteilchen in unserem Universum geradezu überschaubar klein. Und es liegt völlig im Dunklen, warum unser Universum so geformt ist, wie wir es vorfinden. Im Rahmen der Stringtheorie lässt sich also nicht begründen, warum wir gerade in dieser einen von 10^{500} Möglichkeiten zu Hause sind.

Aber es gibt noch weitere Kritikpunkte, die in den letzten Jahren teilweise massiv vorgebracht wurden.[1] Der erste zielt auf die Verlässlichkeit von Berechnungsresultaten der Stringtheorie. Bislang steht nämlich noch immer der Nachweis aus, ob die Stringtheorie wirklich frei von Unendlichkeiten ist, obwohl dies oft gerne behauptet wird. Ein wesentlich gewichtigeres Argument ist jedoch die Tatsache, dass alle bisher aufgestellten Stringtheorien nicht hintergrundfrei sind. Dies bedeutet konkret, dass sie keinerlei Raum- und Zeitkrümmung enthalten wie die allgemeine Relativitätstheorie. Ebenso kann die Stringtheorie nicht den Ursprung von Raum und Zeit erklären, sondern setzt beides voraus. Sie ist daher noch weit von ihrem Ziel entfernt, eine allumfassende Theorie darzustellen. All diese Probleme müsste man aber im Griff haben, um die M-Theorie erfolgreich zu formulieren.

Die Stringtheorie stellt lediglich einen Versuch dar, die Welt mit all ihren Wechselwirkungen und Teilchen auf ein gemeinsames Urobjekt zurückzuführen. Sie lässt aber die wichtigste Frage in diesem Zusammenhang völlig unbeantwortet: Warum sollen ausgerechnet Strings oder ihre mehrdimensionalen Verwandten unser Universum bevölkern? Sind stattdessen vielleicht noch ganz andere Möglichkeiten denkbar?

Diese Fragen zielen darauf ab, auf welchen Grundprinzipien die Stringtheorie aufbaut. So wie zum Beispiel die spezielle Relativitätstheorie komplett aus der Endlichkeit und Konstanz der Lichtgeschwindigkeit hergeleitet werden kann, so würde man sich ebenso einfache Prinzipien auch für die Stringtheorie wünschen. Aber genau diese Leitlinien sind nicht vorhanden, was in meinen Augen den größten Schwachpunkt des gesamten Theoriegebäudes darstellt. Es steht daher insgesamt auf wackeligem Boden, denn es fehlt ihm die Grundidee und damit ein festes Fundament.

Einen ganz anderen Ansatz verfolgt die *Schleifenquantengravitation*. Sie ist einerseits bescheidener, weil sie sich nicht mit allen Wechselwirkungen beschäftigt, sondern nur mit der Gravitation. Andererseits ist sie aber auch anspruchsvoller, da sie auf einen festen Hintergrund aus Raum und Zeit verzichtet. Auch nach dieser Theorie, die 1986 von Abhay Ashtekar (*1949) begründet wurde, besteht unsere Welt auf unterster Ebene nicht aus Elementarteilchen. Vielmehr wird sie durch ein Netzwerk aus Spins aufgebaut, die miteinander in Beziehung stehen. Dieses Informationsnetzwerk bildet die eigentliche Basis des Universums. Der Namen der Theorie kommt übrigens daher, dass man dieses Netzwerk entlang von geschlossenen Kurven, also von Schleifen entlang gehen kann.

---

1 Smolin (2009), Kap. 12 und 16

Wir stellen uns nun dieselbe Frage wie bei der Stringtheorie: In welchem Raum befindet sich dieses Informationsnetzwerk? Die überraschende Antwort lautet, dass dieses abstrakte Netz innerhalb gar keines Raumes liegt. Es ist in *keinen* Raum eingebettet, sondern das Netz selbst *ist* der Raum. Dabei können die Gitterpunkte dieses Netzes nicht beliebig dicht beieinanderliegen, sondern besitzen jeweils Abstände von einer Planck-Länge. Der Raum selbst wird so zu einem Gitter, das nur an seinen Kreuzungspunkten definiert ist. Dazwischen existiert buchstäblich nichts, denn zwischen den Gitterpunkten kann sich niemals etwas aufhalten.

So wie der Raum in der Schleifenquantengravitation nicht mehr durchgängig und glatt ist, so verhält es sich auch mit der Zeit. Auch sie vergeht in diesem Modell nicht gleichmäßig, sondern sprunghaft. Das gesamte Informationsnetzwerk verändert andauernd seinen Zustand aufgrund von Wechselwirkungen zwischen den Spins. Dabei befinden sich die Spins nicht auf den Gitterpunkten selbst, sondern auf den Verbindungslinien dazwischen. Die Werte der Spins können sich ändern, neue Verbindungen können entstehen und alte verschwinden, falls ihr Spin null wird. Doch diese Zustandsänderungen geschehen nicht zu einer beliebigen Zeit, sondern erfolgen mit einem Mal für das gesamte Netz. Im Abstand von jeweils einer Planck-Zeit vollziehen sich alle Änderungen überall gleichzeitig. Deshalb gilt bei der Zeit genau dasselbe wie beim Raum: Diese Änderungen laufen *nicht innerhalb* einer Zeit ab, sondern sie legen dadurch die Zeit erst fest. Die Änderungen des Netzes *sind* also die Zeit.

Die Welt besteht nach der Schleifenquantengravitation aus einem Gitter aus Quanteninformation, das sich mit der Zeit verändert. Die Abstände in diesem Gitter betragen eine Planck-Länge und die innere Uhr dieses Gitters tickt einmal pro Planck-Zeit. Obwohl aber die Theorie keinen losgelösten Hintergrund aus Raum und Zeit besitzt, so enthält sie doch mit dem Spinnetzwerk ein absolutes Bezugssystem. Denn hier sind alle Raum- und Zeitpunkte für den gesamten Kosmos eindeutig festgelegt. Ich finde diese Eigenschaft äußerst bemerkenswert, denn falls sich die Theorie als zutreffend herausstellen sollte, so besäße unsere Welt gleich *zwei* absolute Bezugssysteme: mit dem Spinnetzwerk eines im ganz kleinen Maßstab und mit der kosmischen Hintergrundstrahlung noch ein zweites im ganz großen Maßstab. Ich bin davon überzeugt, dass diese Bezugssysteme eng miteinander verknüpft sind und in Wahrheit die zwei Seiten einer Medaille verkörpern.

Unser Universum ist nach der Schleifenquantengravitation nichts anderes als ein gigantisches Informationsnetzwerk, das nicht nur alle Objekte beinhaltet, sondern auch noch Raum und Zeit selbst hervorbringt. Dies ist ein außergewöhnlich einfacher Ansatz, der sich an Abstraktheit wahrscheinlich nur schwer überbieten lässt. Deshalb bin ich davon überzeugt, dass er vom Konzept her die vielversprechendere Richtung einschlägt, obwohl es auch hier noch zahlreiche ungelöste Probleme gibt.

Beispielsweise ist es in der Schleifenquantengravitation ebenfalls noch niemandem gelungen, unsere Elementarteilchen aus dieser Theorie abzuleiten. Man geht aber im Allgemeinen davon aus, dass Teilchen durch bestimmte Spingruppierungen des Netzwerks repräsentiert werden. Doch wie dies genau geschieht, ist völlig unbekannt. Auch ist nicht klar, wie die übrigen drei Wechselwirkungen neben der Gravitation in die Theorie eingebaut werden sollen. Und ebenso macht auch die Schleifenquantengravitation keine Aussage darüber, warum unser Universum eine ganz bestimmte Kombination von Naturkonstanten verwirklicht hat.

Bei beiden Theorien kämpfen die Forscher mit ausgesprochen komplizierten mathematischen Herausforderungen. Doch dies spornt sie eher an, als dass sie sich davon entmutigten lassen. Denn schließlich gilt es nicht irgendeine Theorie aufzustellen, sondern eine Theorie, die *alle* Vorgänge im Universum beschreibt. Deshalb ist es eine durchaus legitime Frage, ob es solch eine Theorie überhaupt gibt? Doch was wäre die Alternative zu einem physikalischen Grundgesetz, das überall und jederzeit gilt?

Ein Gegenvorschlag zu einer Weltformel ist die Idee, dass sich physikalische Gesetze durch das Zusammenspiel aller Teile des Universums spontan über die Zeit hinweg herausbildet haben. In diesem Bild gibt es zur Zeit des Urknalls noch gar keine Naturgesetze, die alles bestimmen. Vielmehr organisiert sich die Welt selbst, ausgehend von einem völlig chaotischen Anfangszustand, bis sie schließlich so geordnet aussieht wie heute. Demnach wären die Naturgesetze, die wir jetzt beobachten, nicht die Vorbedingungen, sondern das Ergebnis eines Entwicklungsprozesses. Sie hätten sich genau wie alle anderen Strukturen im Universum erst gebildet und liegen heute so gefestigt vor, dass sie uns wie in Stein gemeißelt erscheinen.

Ich halte diesen Denkansatz im Kern für korrekt, denn wenn der Urknall der Beginn von absolut allem gewesen ist, dann dürfen dort auch noch keine Naturgesetze gegolten haben. Es sei denn, man koppelt die Naturgesetze von der Entstehung unseres Universums ab und gesteht ihnen eine unabhängige Existenz zu. Soweit möchte ich allerdings nicht gehen und werde dies später auch noch ausführlich begründen. Trotzdem gehe ich davon aus, dass in unserer heutigen Welt allgemeine und umfassende naturgesetzliche Regeln gelten, die alle Abläufe im Universum bestimmen.

Was wird uns eine Weltformel mitteilen, falls wir sie finden werden? Zunächst einmal wird sie die Grundgesetze beinhalten, die in unserem Universum gelten. Sie wird uns sagen, was unsere Welt im Innersten zusammenhält. Und vermutlich wird sie dies mit mathematischen Begrifflichkeiten tun, die sehr weit von unseren Alltagsvorstellungen entfernt sind. Ich nehme an, dass es dabei um Informationen also Bits gehen wird und darum wie sich aus ihnen die Teilchen formen, die wir als elementar bezeichnen. Ob dies unsere momentanen Elementarteilchen sind wie beispielsweise das Elektron, sei einmal dahingestellt. Es könnte sich durchaus bei sehr hohen Energien herausstellen, dass ein Elektron gar nicht elementar, sondern wiederum zusammengesetzt ist.

Eine Weltformel muss auch die Kräfte beschreiben, die die verschiedenen Teilchen aufeinander ausüben. Alle vier fundamentalen Wechselwirkungen müssen darin enthalten sein. Wie sie miteinander zusammenhängen oder wie sie sich aus einer Grund- oder Urkraft im frühen Universum entwickelt haben, sollte ebenfalls mit dieser Theorie erklärt werden.

Aber wird solch eine Theorie auch *alle* Eigenschaften der Teilchen und Kräfte herleiten können? Wird sie uns sagen, *warum* Teilchen bestimmte Massen besitzen und *warum* die verschiedenen Wechselwirkungen so unterschiedliche Stärken aufweisen? Kurz: Wird eine Weltformel wirklich alle unsere Naturkonstanten erklären? Ich kann mir dies genau wie viele andere Physiker nicht vorstellen, denn wieso sollten sich genau diese Zahlenwerte ergeben? Irgendein verborgener mathematischer Mechanismus müsste sie exakt so erzeugen, wie wir sie messen, und dürfte über keinerlei Spielraum verfügen. Ich glaube daher, dass die Weltformel lediglich einen Rahmen bieten wird, der dann konkret ausgefüllt werden muss. Die Theorie gibt nur die Struktur vor, und unser Universum ist eine bestimmte Ausprägung dieser Struktur. Was es dazu alles für Vorstellungen gibt, sehen wir uns in den nächsten Kapiteln genauer an.

Aber die Weltformel sollte nicht nur Teilchen und Kräfte beschreiben, sondern auch begründen, wie unser Universum aus Raum und Zeit aufgebaut ist. Warum hat es genau drei Raumdimensionen und weshalb besitzt es eine flache Geometrie? All das darf diese Theorie nicht voraussetzen, sondern es muss sich aus ihr ergeben. Sie muss also wie die Schleifenquantengravitation hintergrundfrei sein und darf nicht wie die Stringtheorie Raum und Zeit schon als Bühne von vorneherein mitbringen.

Eine Weltformel wird aber nicht in der Lage sein, alle Phänomene im Universum zu beschreiben. Dies liegt nicht etwa daran, dass sie nicht universell gültig wäre, sondern daran, dass es viele Vorgänge gibt, die sich gar nicht auf dieser untersten Ebene abspielen. Ein Rückblick auf Kapitel 9, in dem wir die Zerlegung der Informationen in einem Computer in Bits betrachtet haben, soll dies verdeutlichen.

Alle Dateien in einem Rechner werden durch Bits aufgebaut, egal ob es sich dabei um Programme oder um Bild- oder Musikdateien handelt. Nehmen wir als Beispiel eine Bilddatei, die einen stattlichen Baum inmitten einer Gebirgslandschaft zeigt, oder eine Musikdatei, die beim Abspielen bei uns eine Gänsehaut hervorruft. Wenn wir nun lediglich die Bits dieser Dateien untersuchen, werden wir dann den Baum vor uns sehen oder die vertraute Musik hören? Nein, denn erstens müssen wir gleichzeitig sehr viele Bits zusammen betrachten und zweitens müssen wir dafür ihre Codierung kennen, also die Vorschrift, wie die Bits die Bild- oder Toninformationen repräsentieren. Der Seh- oder Höreindruck entsteht also gar nicht auf der Ebene der Bits, sondern erst durch deren Gesamtwirkung. Obwohl also die komplette Dateiinformation mit den Bits vorliegt, werden uns die Bits allein nicht verraten, wie der Baum aussieht oder wie das Musikstück wirklich klingt. Um dies zu erleben, müssen wir uns von ihnen lösen und auf eine höhere Wahrnehmungsebene begeben.

Genau wie bei den Dateien mit ihren verschiedenen Bedeutungsebenen, so gibt es auch in der Physik zahlreiche Eigenschaften, die erst durch das Zusammenwirken vieler Teilchen auf einer höheren Ebene zustande kommen. Ein Beispiel hierfür ist die Temperatur der uns umgebenden Luft, die ohne Zweifel eine sinnvolle und messbare Größe darstellt. Von einer Temperatur kann man aber immer erst dann sprechen, wenn viele Teilchen zusammenkommen, die miteinander wechselwirken. Ein einzelnes Teilchen besitzt gar keine Temperatur, sondern lediglich eine Geschwindigkeit. Die Temperatur ist demnach keine Teilcheneigenschaft, sondern eine Größe, mit der man nur eine *Menge* von Teilchen charakterisieren kann. Auf der unteren Ebene der Teilchen findet man keine Temperatur, sondern nur Geschwindigkeiten und auf der oberen Ebene der Luft treten die Einzelgeschwindigkeiten der Moleküle in den Hintergrund und die Temperatur in den Vordergrund. Allerdings hängen beide miteinander zusammen, denn die Temperatur eines Gases lässt sich aus der Durchschnittsgeschwindigkeit aller seiner Teilchen ableiten.

Neue physikalische Größen können in der Natur immer dann entstehen, wenn viele Teilchen oder Materiebestandteile zusammenkommen und dabei ein kollektives Verhalten an den Tag legen. Oftmals ergeben sich dadurch ganz neue Verhaltensmuster, Strukturen und Vorgänge, die es auf der Ebene der Bestandteile gar nicht gibt. All diese Phänomene wird uns aber eine Weltformel nur äußerst indirekt beschreiben, wenn überhaupt. Wir werden daher nicht aus einer Weltformel ablesen können, welche Atomkerne stabil sind, welche chemischen Verbindungen miteinander reagieren, wie die Oberfläche eines Kristalls funkelt, wie ein Eisblock schmilzt und welche Formen von Planeten, Sternen und Galaxien es im Universum gibt. All diese Eigenschaften sind auf der untersten Ebene der Weltformel noch gar nicht vorhanden.

Eine Weltformel wird daher ganz sicher nicht das Ende der Physik einläuten, denn sie wird lediglich die Gesetze für die tiefliegendste Ebene des Universums umfassen. Eventuell wird sie uns beim Versuch, die Welt als Ganzes zu verstehen, ein gewaltiges Stück weiterbringen. Aber für die Physik zwischen diesen beiden Grenzbereichen, im Bereich unseres alltäglichen Lebens, wird eine Weltformel nur eine sehr eingeschränkte Aussagekraft und Bedeutung besitzen.

36 Weltmodelle

Phantasie ist wichtiger als Wissen, denn Wissen ist begrenzt.
Albert Einstein, Physiker

Modelle unserer Welt gibt es fast so viele wie Physiker und Astronomen, die sich mit diesem Thema beschäftigen. Auch ich werde Ihnen im nächsten Kapitel mein eigenes Weltmodell vorstellen. Es unterscheidet sich aber in ganz wesentlichen Punkten von den etablierten, die wir uns zunächst ansehen werden. Bei manchen dieser Modelle werden Sie vielleicht kaum glauben, dass sie von einem Naturwissenschaftler entworfen wurden, denn sie erscheinen Ihnen möglicherweise allzu weit hergeholt oder gar ziemlich befremdlich.

Trösten Sie sich, denn mit dieser Einstellung sind Sie nicht alleine. Die meisten Modelle repräsentieren längst nicht mehr gesicherte Physik, sondern sind das Ergebnis von Bemühungen, ein Gesamtbild der Welt zu malen, obwohl eine überprüfbare Grundlage dafür fehlt. Dies liegt vor allem an der unzureichenden Datenlage, aber vielleicht auch an mangelnden Ideen für eine Weltformel.

Wenn sich die Quantengravitation zum Beispiel erst in der Nähe der Planck-Länge und Planck-Zeit bemerkbar machen sollte, so sind wir eben mit unseren Experimenten noch 16 Größenordnungen davon entfernt und werden mit ziemlicher Sicherheit niemals in diese Bereiche vordringen. Dasselbe gilt für die ersten 10^{-12} Sekunden nach dem Urknall und für den Aufbau des Universums als Ganzes. Wie sich die Natur hier wirklich verhält, wissen wir ehrlicherweise nicht.

Trotzdem kann man die theoretischen Physiker und Kosmologen natürlich nicht davon abhalten, sich mittels Gleichungen und Mathematik bis dorthin vorzuwagen. Dabei entfernen sie sich gelegentlich aber dramatisch von ihren experimentellen Fachkollegen. Die einen entwerfen überspitzt formuliert Gedankengebäude, die mitunter meilenweit von jedweder Überprüfbarkeit entfernt sind, während die anderen manchmal verzweifelt versuchen, ein mit Hochtechnologie vollgestopftes Experiment zum Laufen zu bringen. Dementsprechend verschieden sind folglich die Motivation und die Sprache dieser beiden Gruppen, die für die Allgemeinheit jedoch zusammengehören. Treffen Theoretiker und Experimentatoren bei einer Fachkonferenz aufeinander, so ist es oft alles andere als einfach, ein gemeinsames Verständnis für die Arbeit und Probleme des anderen zu schaffen.

Deshalb gibt es nicht wenige experimentell orientierte Wissenschaftler, die dem Treiben der Theoretiker und damit ebenfalls den folgenden Weltmodellen eher skeptisch und vielleicht sogar mit Kopfschütteln gegenübertreten. Jene Modelle stellen den tastenden Versuch dar, absolutes Neuland mit Hilfe von Annahmen und Mathematik zu betreten. Nicht weniger verbirgt sich dahinter, aber auch nicht mehr, denn sonst hätten wir nicht so viele konkurrierende Weltbilder, sondern ein einziges, nämlich das zutreffende. Da wir dieses Modell aber nicht besitzen oder eventuell nie an diesen Punkt gelangen werden, wird munter spekuliert, denn es geht um viel, um nicht weniger als die Deutungshoheit über die Welt.

In früheren Zeiten wurde dieser Platz von den Schamanen, Propheten und Priestern besetzt. Aber immer stärker melden sich heutzutage die Naturwissenschaftler zu Wort. Dabei treten sie nicht wirklich gegen die Religionen an, sondern bieten eher nüchterne, auf Gesetzen basierende Alternativen an. Heutzutage malen die Buchautoren unter den Forschern die neuen Weltbilder für den Mann und die Frau auf der Straße, wobei jene die Zusammenhänge kaum noch einordnen und verstehen können. Wie unter den Religionen herrscht auch hier ein nicht zu unterschätzender Wettbewerb um Macht, Anhänger und Einfluss, aber ebenso um Forschungsgelder und Forschungsstellen. Wer überzeugend für seine Theorie oder sein Modell werben kann, der hat es in der Gemeinde der Forscher zu etwas gebracht.

Doch es gibt noch einen ganz einfachen Grund, warum so zahlreiche Weltmodelle in Umlauf gebracht werden. Verständlicherweise möchte jeder der Erste sein, der mit seiner Idee den Nagel auf den Kopf getroffen hat, falls es einmal verwertbare Beobachtungsdaten geben sollte, die zwischen den verschiedenen Modellen der Weltentstehung entscheiden können. Mir geht es da nicht anders als den Kollegen, obwohl ich noch gar kein Weltmodell im Sinn hatte, als ich mit dem Schreiben dieses Buches anfing.

Dabei stellt sich die Öffentlichkeit meines Erachtens eine Urteilsfindung zwischen unterschiedlichen Modellen oder Theorien in wesentlichen Punkten zu einfach und zu idealisiert vor. Zum einen sind experimentelle Resultate, insbesondere bei Versuchen in unbekanntem Terrain, anfänglich oft mit relativ großen Fehlern behaftet. Diese stammen hauptsächlich von der begrenzten Messzeit und von den technischen Gegebenheiten des Versuchsaufbaus, aber auch von der Genauigkeit von Annahmen, die in die Datenanalyse mit einfließen. Zum anderen sind Modelle und Theorien meist relativ biegsam. Sie lassen sich beispielsweise häufig über unbekannte Modellparameter leicht an eine veränderte Datenlage anpassen. Gelingt dies nicht auf Anhieb, so wird die Theorie jedoch keineswegs gleich fallen gelassen, sondern es wird um sie gekämpft. Dabei werden die Annahmen, auf denen sie beruht, so lange verfeinert oder gar abgeändert, bis die Theorie wieder passt.

Dieser Prozess kann sich leicht über Jahrzehnte hinziehen, denn selten ist die Indizienlage auf Anhieb eindeutig. Vielmehr kommt es stark auf das persönliche Auftreten der Hauptakteure an, sowie auf die Anzahl ihrer Veröffentlichungen in Fachzeitschriften. Schließlich geht es hierbei nicht nur um ihre eigene Universitätskarriere, sondern auch um den drohenden Verlust einer Gedankenwelt, die ihnen im Laufe der Jahre ans Herz gewachsen ist. Am Ende sollte zwar immer noch das Experiment oder die Beobachtung das letzte Wort haben, aber ob jenes Ziel bei den Modellen dieses Kapitels irgendwann erreicht wird, wage ich stark zu bezweifeln.

Damit wir uns in dem Dschungel der unterschiedlichen Weltmodelle zurechtfinden, möchte ich kurz vorwegnehmen, nach welchem Schema ich sie Ihnen vorstellen werde. Zunächst werden wir uns noch einmal die verschiedenen Konzepte ansehen, mit denen wir heute unser Universum beschreiben. Danach wenden wir uns der fernen Zukunft unseres Kosmos zu und fragen uns, ob er neben dem Anfang auch ein Ende besitzen wird. Schließlich betreten wir die Modellwelten des Multiversums, die ich in vier Stufen einteilen möchte.[1] Sie umfassen der Reihe nach das beobachtbare Universum, das gesamte Universum, miteinander verbundene Universen und zu guter Letzt völlig verschiedene und getrennte Welten. Wenn Ihnen dies im Moment eventuell zu abstrakt ist, warten Sie bitte einfach ab und lesen Sie trotzdem weiter.

Universum: Theorien und Modelle. Wir beschreiben die Naturgesetze heute mit zwei Theorien, der Quantentheorie und der allgemeinen Relativitätstheorie. Aus ihnen wurden zwei Modelle entwickelt, die unsere Welt im Speziellen charakterisieren: das Standardmodell der Elementarteilchen und das kosmologische Standardmodell mit Dunkler Materie und Dunkler Energie. Zusätzlich gibt es hier noch das nicht allgemein anerkannte Modell der Inflation für die ersten Sekundenbruchteile nach dem Urknall. Dabei ist klar, dass dies nur ein Zwischenstand auf dem Weg zu einer einheitlichen Theorie sein dürfte. Wie viele Parameter oder Naturkonstanten diese Weltformel enthalten wird, ist unklar. Es ist zu hoffen, dass dies weniger sind als die bisherigen 30, aber eher unwahrscheinlich, dass ihre Zahl auf 0 reduziert werden kann.

Genau dies fordern aber die Befürworter einer speziellen Art von Weltformel. In ihr gäbe es nicht mehr die freie Wahl für die Werte der Naturkonstanten, denn sie wären allesamt schon durch die Theorie festgelegt. Ursprünglich waren viele Stringtheoretiker in den 1980er Jahren mit diesem Ziel gestartet. Sie wollten nicht nur eine einheitliche Weltbeschreibung finden, sondern erwarteten zudem noch, dass ihre Theorie am Ende auch alle Zahlenwerte bestimmen wird. Mittlerweise scheint die Stringtheorie jedoch dieses Ziel völlig verfehlt zu haben. Demzufolge glauben nur noch wenige Naturwissenschaftler an solch ein besonderes Weltmodell.

Weitere Theorien, die sich auf unser Universum beschränken und kein Multiversum fordern, sind die informationsbasierten Ansätze, die Bits in den Mittelpunkt ihrer quantentheoretischen Formulierung stellen. Hier möchte ich die Theorie der

[1] nach Hürter (2009), Kap. 7, wobei ich Stufe 3 an den Anfang gestellt habe

Uralternativen von Carl Friedrich von Weizsäcker und das holografische Prinzip von Gerardus 't Hooft und Leonard Susskind nennen. Weizsäckers sogenannte Urtheorie stellt den ersten Versuch dar, die gesamte Physik nur aus Bits aufzubauen, und das holografische Prinzip gibt an, wie groß die Bitmenge im Universum zu einer gegebenen Zeit ist. So begründet und wegweisend diese Theorien auch sein mögen, im Moment stecken sie noch in den Kinderschuhen.

Als letztes Erklärungsmodell in dieser Kategorie möchte ich die Möglichkeit anführen, dass unser Universum von einem Gott oder gottgleichen Wesen geschaffen worden ist. Dieses Wesen wäre dann auch für die Wahl der Naturgesetze verantwortlich und könnte die Feinabstimmung der Naturkonstanten erklären, denn zu diesem Rätsel schweigen die bisherigen Modelle. Wenn Gott die Entstehung von Leben im Sinn hatte, dann müssen die Gesetze und Konstanten notwendigerweise so beschaffen sein, dass es dazu kommt oder zumindest kommen kann.

Es mag auf den ersten Blick unwissenschaftlich erscheinen, Gott als Ursache für physikalische Vorgänge und Gesetze ins Spiel zu bringen. Doch einerseits stellt der Anfang der Welt einen Punkt dar, der sich weitgehend unseren Beschreibungsversuchen entzieht, und andererseits kennen wir nicht die Ursache für die Existenz unserer Welt. Ich halte es daher für *noch* unwissenschaftlicher, Gott von vorneherein von der Diskussion auszuschließen, sondern werde mich stattdessen später kritisch mit dieser Möglichkeit auseinandersetzen.

Universum: die zukünftige Entwicklung. Die ferne Zukunft unseres Universums sieht in jedem Fall lebensunfreundlich aus. Glauben wir dem kosmologischen Standardmodell mit der Dunklen Energie, so führt diese zu einer beschleunigten Ausdehnung des Kosmos, die sich schon heute zumindest schwach bemerkbar macht. Diese Beschleunigung wird jedoch im Laufe der Zeit dazu führen, dass sich der Raum immer schneller ausdehnt, was schließlich zu einer Art Raumexplosion führen wird. Dieses Ereignis geschieht Abschätzungen zufolge in 30-50 Milliarden Jahren und wird das große Zerreißen genannt (engl. Big Rip). Zuvor werden jedoch alle Strukturen, die durch Kräfte zusammengehalten werden, auseinandergerissen. Zuerst sind dies die Galaxienhaufen, dann die Milchstraße, dann das Sonnensystem, schließlich die Erde, die Moleküle, die Atome, die Atomkerne und danach selbst die Protonen. Vom Universum bleibt nichts mehr übrig bis auf fein verteilte Elementarteilchen in einem unermesslichen Raum.

Lehnt man wie ich die Dunkle Energie ab, weil man die Daten für nicht stichhaltig hält, so sieht es auch nicht besser aus. Auf der Erde wird es für Leben in einer Milliarde Jahre zu heiß werden, weil die Temperatur der Sonnenoberfläche ansteigen wird. In etwa 3 Milliarden Jahren werden die Milchstraße und die Andromedagalaxie miteinander verschmelzen, und in 7 Milliarden Jahren wird der Sonne endgültig der Kernbrennstoff ausgehen. Dies ist aber alles fast nichts gegen die Zeiten, die noch folgen. In 10^{14} Jahren, also in 100 000 Milliarden Jahren, werden die letzten Sterne verlöschen. Nun besteht das Weltall nur noch aus Braunen Zwergen, Weißen Zwergen und Neutronensternen, die sich allesamt immer weiter abkühlen. Daneben gibt es noch die Schwarzen Löcher, die ganz langsam unmerklich durch Hawking-Strahlung verdampfen. Glaubt man den vereinheitlichten Theorien der Teilchenphysik, so sollten auch die Protonen im Laufe kosmischer Zeiträume zerfallen, sodass nach 10^{40} Jahren keine mehr übrig wären. Ab jetzt beginnt eine absolut öde und düstere Zeit, die nur ganz selten vom Zerstrahlen eines Schwarzen Lochs erhellt wird. Doch nach 10^{100} Jahren sind auch die Letzten von ihnen verschwunden. Was nun kommt, kann niemand sagen.

Multiversum Stufe 1: beobachtbares Universum. Nach diesem Ausflug in die Zukunft kehren wir gedanklich in unser heutiges Universum zurück. Wir betrachten nun die Weltmodelle, die ein Multiversum, also viele einzelne Universen, vorschlagen. Die erste Stufe in dieser Reihe ist streng genommen gar nicht auf unser beobachtbares Universum beschränkt und auch kein Modell eines echten Multiversums. Es ist aber das einzige Modell, in dem schon unser beobachtbares Universum viele einzelne Welten enthält, und zwar, um so mehr, je weiter die Zeit fortschreitet. Dies ergibt sich zumindest aus der Viele-Welten-Interpretation der Quantentheorie, nach der sich das Universum bei jedem Quantenereignis aufspaltet. Diese Weltenzweige existieren dann nebeneinander her, ohne dass es möglich ist, zwischen ihnen Information auszutauschen. Zur Feinabstimmung der Naturkonstanten trägt dieses Modell allerdings nichts bei, denn sie haben überall dieselben Werte.

Multiversum Stufe 2: das gesamte Universum. Nun wird es unweigerlich komplizierter, aber auch unvollständig, denn ich kann Ihnen wegen der Fülle der Modelle nur ein paar wenige, ausgewählte vorstellen. Diese Stufe betrachtet unser gesamtes, und nicht mehr nur unser beobachtbares Universum. Dazu müssen wir uns erst einmal fragen, was denn das gesamte Universum überhaupt sein soll, denn aus unserer Perspektive ist das beobachtbare Universum ja gerade alles, was uns heute zugänglich ist. Dieser Raum vergrößert sich nach dem kosmologischen Standardmodell pro Sekunde allerdings um immerhin mehr als 10^{15} Kubiklichtjahre. Viele Astronomen fragen sich daher, wie es hinter unserem Beobachtungshorizont weitergeht und wie viel Raum unsere Welt insgesamt einnimmt. Was wäre beispielsweise, wenn sie unendlich groß wäre?

Ein *räumlich unendliches* Universum ist ein wichtiger Baustein im Modell von Alexander Vilenkin, das in Summe allerdings der Stufe 3 angehört. Mit den schockierenden Folgerungen, die sich daraus ergeben, wurde ich das erste Mal in den frühen 1980er Jahren konfrontiert. Meine Schule veranstaltete damals am Beginn der Oberstufe eine einwöchige Klassenfahrt zu verschiedenen Zielen. Ich entschied mich für den Besuch des antiken Pompeji und eine Besteigung des Vesuvs. Wir wohnten zusammen mit anderen Schulklassen in einer einfachen Holzhüttensiedlung im malerischen Städtchen Sorrent. Eines Abends lernte ich einen älteren Schüler kennen, der ebenso wie ich von der Physik und vom Kosmos fasziniert war. Wir unterhielten uns angeregt und kamen irgendwann auf das Thema Unendlichkeit zu sprechen.

Völlig unerwartet fragte er mich, ob mir auch klar sei, dass unser Gespräch in einem unendlich großen Universum keine einmalige Sache sei. In einem tatsächlich unendlichen Raum findet es nicht nur einmal hier auf der Erde statt, sondern beliebig oft auf identischen Kopien unseres Planeten mit genau denselben Akteuren und Zuhörern. Ich war verblüfft und bin es auch heute noch, wenn ich daran zurückdenke, denn unendlich ist nicht einfach nur riesig groß, sondern sprengt jeden Rahmen.

Die wichtigste Zutat bei dieser Betrachtung ist die endliche Anzahl von Teilchen und Zuständen in allem, was wir überblicken können. Sei es unser eigener Körper, die Erde, das Sonnensystem oder auch das gesamte beobachtbare Universum, immer haben wir es mit endlichen Zahlen zu tun. Wenn wir uns auch noch vergegenwärtigen, dass eine Unterscheidung von Zuständen jenseits der Planck-Länge und Planck-Zeit sinnlos ist, so können wir ihre Anzahl sogar berechnen. Die Zahl der Zustände in unserem beobachtbaren Universum ist also endlich. Und somit ist auch die Anzahl aller möglichen beobachtbaren Universen und aller ihrer Geschichtsverläufe in jedem Fall endlich.

Alexander Vilenkin schätzt diese beiden Zahlen ganz grob auf 10 hoch 10^{90} und 10 hoch 10^{150} ab.[1] Die doppelte Hochstellung ist hier wie schon bei vorherigen Textstellen kein Versehen, sondern Absicht, da die Zahlen sich sonst nicht ausdrücken lassen. Diese Endlichkeit bedeutet aber, dass wir in einem unendlich ausgedehnten Universum nicht nur irgendwann auf eine exakte Kopie unserer beobachtbaren Region treffen werden, sondern dass diese Region auch genau dieselbe Geschichte durchlaufen hat wie unsere eigene. Egal, wie unermesslich uns diese Entfernungen mit vielleicht mehr als 10 hoch 10^{150} Lichtjahren auch erscheinen mögen, für die Unendlichkeit sind sie nicht mehr als ein Katzensprung. In einem wahrhaft unendlichen Universum schreibe ich dieses Buch demnach nicht nur einmal, sondern unendlich oft. Ich finde diese Vorstellung allerdings ziemlich absurd, denn ich werde niemals Kontakt zu meinen anderen Ichs aufnehmen können.

Nicht nur die Lichtgeschwindigkeit, sondern auch das kosmologische Standardmodell legen uns hier Fesseln an. Nehmen wir die beschleunigte Ausdehnung des Raums durch die Dunkle Energie für den Moment einmal als gegeben an, so zeigt

---

1 Vilenkin (2008), Kap. 11. Schon die erste Zahl ist meiner Meinung nach zu klein und müsste 10 hoch 10^{123} lauten. Siehe auch Barrow (2006) Abb. 8.2.

sich, dass unser beobachtbares Universum niemals größer werden wird als ein Bereich mit einem Radius von etwa 60 Milliarden Lichtjahren. Keine Quelle, deren Licht uns irgendwann in der Zukunft erreichen wird, wird sich zu diesem Zeitpunkt jemals weiter von uns entfernt befinden. Gehen wir also in Gedanken lediglich 100 Milliarden Lichtjahre weit weg, so bleibt uns schon diese Region auf ewig verborgen. Niemals werden wir einen Stern erblicken können, der dermaßen weit entfernt ist. Wenn wir aber niemals Information von dort erhalten können, so ist solch eine Region praktisch genauso unerreichbar wie ein völlig anderes Universum.

Aber auch, wenn wir die Dunkle Energie einmal beiseitelassen, machen Abstände von 10 hoch 10^{150} Lichtjahren für mich keinen Sinn mehr. Wie groß das Universum tatsächlich ist, wissen wir nicht. Wir wissen lediglich, dass es größer sein muss als unser beobachtbares Universum und dass es einen flachen Raum besitzt. Dies heißt aber noch nicht unbedingt, dass es insgesamt unendlich groß sein muss. Sein Raum könnte durchaus eine endliche Ausdehnung haben, wobei die Grenzen quasi zusammengeklebt sind. Zur Veranschaulichung helfen mir hier die frühen Computerspiele. Verlies man als Spieler den Bildschirm auf der linken Seite, so tauchte man einfach auf der rechten Seite wieder auf. Genau so, nur in 3 Dimensionen, könnte unser Universum gebaut sein. Es besitzt zwar keine Grenzen, ist aber dennoch endlich.

Im Zusammenhang mit der Feinabstimmung der Naturkonstanten wird aber meist ein räumlich unendliches Universum favorisiert. Hier kann zusätzlich noch gefordert werden, dass sich in weit entfernten Regionen die Naturkonstanten voneinander unterscheiden. Auf diese Weise erschafft man ein Multiversum, in dem es dann auch zwangsläufig Regionen geben muss, die für Leben geeignet sind. Dabei nimmt man in Kauf, dass in einem räumlich unbegrenzten Universum allerlei Merkwürdigkeiten passieren können. Hier gibt es auch irgendwo eine Tasse, die sich wieder aus ihren Scherben zusammensetzt, oder das rein zufällige Zusammentreffen von Atomen, die ein fahrbereites Auto erzeugen. All dies ist erlaubt und wird in einem unendlichen Universum mit Sicherheit unendlich oft geschehen.

Man kann unser Universum aber nicht nur als räumliches Multiversum betrachten, sondern auch als *zeitliches*. Roger Penrose hat dies in seinem neuen Weltmodell getan, das allerdings ziemlich konstruiert erscheint. Er geht von einem Kosmos aus, der sich aufgrund der Dunklen Energie in der Zukunft immer schneller ausdehnt. Diese beschleunigte Raumausdehnung lässt er ganze 10^{100} Jahren andauern, bis auch das letzte Schwarze Loch verschwunden ist. Dabei geht er im Gegensatz zu seinem Kollegen Stephen Hawking davon aus, dass die gesamte Information, die jemals in ein Schwarzes Loch gefallen ist, unwiederbringlich verloren ist. Nach dem Verdampfen aller Schwarzen Löcher fehlt dem Universum sozusagen eine überwältigende Menge an Bits, was seine Entropie insgesamt gewaltig reduziert. Auf diese Weise hat sein Universum am Ende denselben extrem entropiearmen Zustand wie beim Urknall, obwohl sich das Universum außerhalb der Schwarzen Löcher immer gemäß des zweiten Hauptsatzes der Wärmelehre verhalten hat. Alle Prozesse außerhalb der Schwarzen Löcher erhöhen weiterhin die Entropie, aber am Schluss fehlt dem Universum einfach der überwältigende Teil seiner Gesamtentropie.

Gleichzeitig nimmt Penrose an, dass sich die Massen aller Teilchen mit der Zeit reduzieren, sodass sie in dieser fernen Zukunft praktisch null sind. Damit verbleiben nur noch masselose, stabile Elementarteilchen. Da man aber mit diesen Teilchen keine Uhr mehr bauen kann, betrachtet er diese Welt als zeitlos. Und nun kommt ein mathematischer Trick oder besser gesagt eine Art Koordinatentransformation. Unter einem bestimmten mathematischen Blickwinkel besehen, gleicht diese ferne Zukunft dem Urknall bis aufs Haar, obwohl das intuitiv nicht einsichtig ist.

Penrose folgert daraus, dass nach der explosionsartigen Ausdehnung des Universums in etwa 10^{100} Jahren im Endeffekt ein neuer Urknall geschieht. Und damit entsteht eine neue Welt aus unserer eigenen wie ein Phönix aus der Asche. Unser Universum ist demnach nur ein Zeitalter in einem ewig andauernden Universum, in dem das Leben nur ein winziges Intermezzo darstellt. Warum dieses Universum überhaupt da ist und warum es sich gemäß bestimmter Gesetze und Konstanten verhält, verrät Penrose aber nicht.

Multiversum Stufe 3: verbundene Universen. Die meisten Modelle dieser Stufe bauen auf der Theorie der Inflation auf. Nach ihr besteht der Raum, ob endlich oder unendlich, aus einer schaumartigen Struktur mit Blasendurchmessern in der Größenordnung der Planck-Länge. Ab und zu kann eine solche Blase des Quantenschaums eine genügend große Menge an sogenanntem falschem Vakuum enthalten, sodass sie sich zu einem ganzen Universum ausdehnen kann. Ein solches Universum kann nach Alexander Vilenkin sogar wiederum unendlich groß sein, zumindest wenn man es von innen betrachtet.

Aus dem Schaum entstehen nach den typischen Modellen mit der Zeit fortwährend neue Universen, während sich der Schaum selbst auch wiederum ausdehnt. Man spricht hier auch von ewiger Inflation, da die Gesamtstruktur im Wesentlichen immer gleich aussieht. Obwohl der Raum dieses Multiversums zwar insgesamt zusammenhängend ist, so gibt es dennoch keine Möglichkeit von einem Universum ins andere zu reisen, denn dafür geschieht die Ausdehnung an den Rändern einfach zu schnell. Nur aus einer hypothetischen Außenperspektive würde man erkennen, dass außer dem eigenen Universum noch weitere vorhanden sind. Woher aber der Schaum und die darin geltenden Gesetze stammen, wird meist nicht erklärt.

Mittlerweile wird dieses Modell vor allem von führenden Anhängern der Stringtheorie wie beispielsweise Leonard Susskind und seit Kurzem auch von Stephen Hawking favorisiert. In diesem Multiversum beinhalten die verschiedenen Universen *alle* unterschiedlichen Variationen, wie sich die zusätzlichen Raumdimensionen in der Stringtheorie zusammenfalten können. Alle 10^{500} möglichen Universen der Stringtheorie sind nach diesem Bild irgendwo verwirklicht, wobei man insgesamt von der sogenannten Stringlandschaft spricht. Statt wie ursprünglich von den Stringtheoretikern anvisiert, ein einziges und damit eindeutiges Modell unseres Universums zu entdecken, hat man die unglaubliche Fülle von Lösungen kurzerhand zur Realität erklärt. Und dies, ohne sich ehrlich einzugestehen, dass man sein Ziel grandios verfehlt hat. Man macht stattdessen munter weiter und erläutert der erstaunten Öffentlichkeit, dass ein Multiversum mit mindestens 10^{500} einzelnen Welten existiert. Meines Erachtens ist das die größte Unverfrorenheit der Forschungsgeschichte. Sie lenkt vor allem davon ab, dass eine Theorie trotz der harten Arbeit von vielen Hundert Forschern über Jahrzehnte hinweg nichts wirklich Greifbares erbracht hat.

Multiversum Stufe 4: getrennte Welten. Den Gipfel aller möglichen Universen erreichen wir mit dem Multiversum von Max Tegmark (*1967). Hier gibt es keinerlei Beschränkungen mehr, was Naturkonstanten, Naturgesetze und Raumdimensionen oder gar Zeitdimensionen anbelangt. Schlicht und ergreifend alles ist erlaubt, was man mathematisch formulieren kann. Und nach Tegmarks Vorstellungen existieren alle diese Welten auch irgendwo oder irgendwann. Ob es möglich ist, von einer zur anderen Welt zu reisen, ist hierbei völlig ohne Belang. Sein umfassendes Multiversum schließt natürlich auch alle vorherigen Stufen mit ein, also die Viele-Welten-Interpretation, räumlich und zeitlich unendliche Universen und solche Universen, die immerwährend aus einem unendlich ausgedehnten Quantenschaum entstehen. All dies ist für ihn Wirklichkeit.

Er umgeht mit dieser Annahme geschickt das Hauptproblem, das alle Multiversen der anderen Stufen besitzen. Keines dieser Modelle kann nämlich begründen, warum hier nur eine bestimmte Auswahl von Naturgesetzen verwirklicht sein soll. Egal, ob dies die Stringtheorie oder Schleifenquantengravitation ist, warum sollte in einem Multiversum ausgerechnet diese oder jene gelten? Wer oder was hat dies so eingerichtet? Bei Tegmark macht diese Frage keinen Sinn mehr, denn nun sind alle Theorien zutreffend, nur eben in völlig verschiedenen Welten. Und in manchen Welten sind dann eben die Bedingungen so günstig, dass sich Leben entwickeln kann. Wir sind in einer von ihnen zu Hause und denken gerade darüber nach, ob es noch andere gibt.

Nun sind wir fast am Ende unserer Reise durch die Weltmodelle angelangt. Ich hoffe, dass Sie mir bis zum Schluss noch folgen konnten und nicht ganz so durcheinander sind wie ich, als ich mich in das Thema eingelesen habe. Vielleicht haben Sie nun das Gefühl, dass Sie nicht mehr wissen, was Sie glauben können und wem

Sie vertrauen sollten. Welches Modell trifft denn nun auf unsere Wirklichkeit zu? Wer hat tatsächlich die besten Argumente und damit die plausibelste Vorstellung?

Um dieses Dickicht zu lichten, möchte ich die Idee von einem *Multiversum* generell kritisieren. Alle diese Modelle besitzen einen ganz gravierenden Nachteil, denn sie können nicht überprüft werden. Bis auf das räumlich ausgedehnte Multiversum in Stufe 2 geht dies noch nicht einmal prinzipiell. Denn niemand kann eine Vorschrift formulieren, wie man in einen anderen Teil eines Multiversums gelangen kann. Wir wissen nicht, wo diese anderen Universen liegen, noch ob sie in irgendeiner Form gleichzeitig zu unserem eigenen existieren. Diese Existenz dieser Welten ist eine reine theoretische Spekulation und kann physikalisch nicht untermauert werden.

Diese vielen Universen bringen uns im Zusammenhang mit den Problemen in unserem eigenen Universum überhaupt nicht weiter. Auf der einen Seite haben wir noch nicht einmal unsere Hausaufgaben gemacht, denn wir besitzen noch keine umfassende Theorie der Quantengravitation und haben nach der gängigen Lehrmeinung keine Ahnung, aus was 95% unseres Universums bestehen. Und auf der anderen Seite setzten die Kosmologen Myriaden von fremden Universen in die Welt, die niemals jemand zu Gesicht bekommen hat oder bekommen wird. Entscheiden Sie selbst, ob Sie diese Situation nicht auch ein wenig grotesk finden.

Trotzdem wird die »Entdeckung« des Multiversums mittlerweile von vielen Theoretikern geradezu gefeiert, und zwar als Fortsetzung der kopernikanischen Revolution. Zuerst war die Erde in der menschlichen Vorstellungswelt nur eine Scheibe und später ein Himmelskörper im Mittelpunkt der Welt. Doch dann hat Nikolaus Kopernikus (1473–1543) die Sonne in den Mittelpunkt seines Universums gestellt. Schließlich wurde entdeckt, dass die Sonne nur ein Stern der Milchstraße ist und dass sich die Milchstraße als Galaxie unter Milliarden anderen befindet. Immer weiter dehnte sich unser Wissenshorizont aus. Und heute soll unser Universum eben nur noch eines unter unzähligen innerhalb eines riesigen Multiversums sein. Dabei wird aber im Überschwang der gegenseitigen Schulterklopferei total vergessen, dass es für die früheren Übergänge zwischen den Weltbildern jeweils handfeste Beobachtungsdaten gab. Für ein Multiversum hingegen spricht hingegen objektiv gesehen rein gar nichts. Die Existenz eines Multiversums folgt lediglich aus gewissen Annahmen, deren Richtigkeit wir aber nicht bestätigen können.

Ein Multiversum ist eine scheinbar bequeme Lösung, um die Feinabstimmung der Naturkonstanten zu erklären, auch wenn dies im Einzelfall beim Aufstellen eines konkreten Modells gar nicht beabsichtigt war. Bei alledem geht man streng wissenschaftlich vor, lässt also nur den Zufall gelten und nicht das Eingreifen einer höheren Macht. Dies erkauft man sich mit einer ungeheuren Menge an Welten, deren Existenz blindlings gefordert wird, obwohl sie durch nichts gerechtfertigt ist.

Man übersieht dabei aber meines Erachtens den entscheidenden Punkt, nämlich das Leben.

Wenn man begründen möchte, *warum* unser Universum eine bestimmte lebensfreundliche Kombination von Naturkonstanten besitzt, muss man das *Leben* in seine Betrachtungen mit einschließen. Und zwar gerade, *weil* unser Universum Leben trägt und weil eben dieses Leben diese Frage stellt. Solange man also so tut, als ob Leben nur ein unbedeutendes zufälliges Nebenprodukt unseres Kosmos ist, wird man kaum erwarten können, dass es in einer Theorie eine andere als eine zufällige Rolle spielt. Um dies zu ändern, muss man sich aber ernsthaft die Frage stellen, was das besondere am Leben ist und ob es das Universum entscheidend verändert und prägt. Diesen Weg werden wir im nächsten Kapitel beschreiten.

Bisher haben wir nur physikalische Weltmodelle kennengelernt, in denen eine bestimmte Kombination von Naturkonstanten rein zufällig zustande kommt. Im Gegensatz dazu finden wir in der belebten Natur aber eine *evolutionäre Entwicklung,* die immer durch Auswahlprozesse beeinflusst wird. Dieser Selektionsdruck kommt durch die Umwelt, aber auch durch einen Wettbewerb um Nahrung, Lebensraum und Geschlechtspartner zustande. Könnte es sein, dass solche Auswahlprozesse auch die Werte von Naturkonstanten beeinflussen?

Diesen erfreulich anderen Weg geht Lee Smolin (*1955) mit seinem Weltmodell, das man auf Stufe 3 eines Multiversums platzieren kann. Nach seiner Theorie befindet sich im Inneren jedes Schwarzen Lochs ein eigenes Tochteruniversum. Auch wir mit unserem Universum befinden uns demzufolge innerhalb eines Schwarzen Lochs, das wiederum in ein übergeordnetes Universum eingebettet ist. Smolin nimmt nun an, dass die Naturkonstanten in diesen Universen nicht dieselben Werte annehmen, sondern dass sie sich beim Abkapseln eines Tochteruniversums etwas verschieben können. Dies entspricht den zufälligen Mutationen in unserer biologischen Evolution.

Die Selektion, also die Bevorzugung bestimmter Naturkonstanten, wird in diesem Multiversum dadurch bewirkt, dass manche Universen mehr Schwarze Löcher hervorbringen können als andere. Ein Universum, in dem es vor Schwarzen Löchern nur so wimmelt, hat unter diesem Blickwinkel also mehr Nachkommen. Seine Kombination von Naturkonstanten, also quasi seine Gene, verbreiten sich daher stärker als in Universen mit weniger Schwarzen Löchern. Mit der Zeit sollten deshalb Universen, die viele Schwarzen Löchern beinhalten, in der Überzahl sein.

So verblüffend dieser Evolutionsgedanke für Naturkonstanten auch ist, so falsch ist leider meines Erachtens das Selektionskriterium. Wenn es nur darum ginge, möglichst viele Schwarze Löcher zu erzeugen, so könnte unser eigenes Universum wesentlich mehr von ihnen enthalten. Aber da wir nur ein einziges Universum kennen, wissen wir auch nicht, wie typisch unser Universum für dieses Multiversum wäre. Smolin versucht dies zwar abzuschätzen, aber mehr als einen vagen Anhaltspunkt erhält er dabei nicht.

Eine Auswahl von Universen aus einem gewissen Angebot ist meines Erachtens zur Erklärung der Feinabstimmung unabdingbar, aber keineswegs über eine Bedingung, die an Schwarze Löcher geknüpft ist. Sie würde uns zwar helfen, dass bei uns überhaupt Schwarze Löcher entstehen können und damit Sterne mit schweren Elementen, die für das Leben Voraussetzung sind. Doch ist ihre Zahl im Vergleich zu den Sternen eher gering, weshalb mich dieses Kriterium nicht überzeugt.

Wie Sie gesehen haben, bin ich weder ein Freund der Multiversen noch der Anhänger einer Evolution auf der Basis von Schwarzen Löchern. Bleibt also nur *Gott* auf der Suche nach dem Ursprung der Welt? Ist *er* verantwortlich für die Existenz unseres Universums und die Auswahl der Naturgesetze und Naturkonstanten? Nicht alle Naturwissenschaftler halten diese Fragen für angebracht, aber es hilft auch nichts, ihnen dogmatisch aus dem Weg zu gehen. Ich halte sie keineswegs für abwegig, denn sie führen uns zu einer überraschenden Schlussfolgerung.

Kommen wir deshalb zu der Frage zurück, ob es überhaupt einen planenden und handelnden Gott geben kann? Wie wir im vorletzten Kapitel gesehen haben, wäre dieser Gott dann zwangsläufig einer Zeit unterworfen, in der seine Handlungen ablaufen. Aber wenn sich ein solcher Gott nach einer Zeit richten muss, ist er dann noch allmächtig? Wurde er etwa wiederum von einer übergeordneten Instanz geschaffen, die auch für seine Zeit verantwortlich ist? Aber wie sollte man dann die Existenz dieser Instanz begründen?

Mir ist natürlich klar, dass wir diese Fragen niemals beantworten können, aber sie zeigen uns deutlich, worin das eigentliche Problem besteht. Sie entspringen unserer klassischen Denkweise und unserer Sehnsucht, für alles eine Ursache und einen Anfang zu finden. Und hierbei geht es um nicht weniger als die Frage nach der allerersten Ursache für den Anfang unserer Welt. Vielleicht aber gibt es ja darauf noch nicht einmal eine Antwort, denn es ja könnte sein, dass überhaupt keine konkrete Ursache für diesen Anfang vorhanden war.

Das Problem mit Ursache und Wirkung ist nämlich, dass beides nicht ohne einen zeitlichen Ablauf gedacht werden kann. Wenn wir also nach einer eindeutigen und letzten Ursache für die Entstehung der Welt suchen, geraten wir zwangsläufig in einen Teufelskreis. Für jedes Ereignis müssen uns ständig fragen, welches vorhergehende dafür verantwortlich ist. Dabei hilft uns auch ein handelnder Gott nicht weiter, denn auch er wäre in dieser unendlichen Spirale von Ursache und Wirkung gefangen. Sobald wir uns fragen, wann und wieso seine Existenz begonnen hat, haben wir uns darin verstrickt. Die Lösung dieses Anfangsproblems könnte nun darin liegen, einen ewigen Gott ohne Ursache einfach vorauszusetzen. Aber dann dürfte er sich auch niemals verändern und kann demzufolge auch nichts erschaffen.

Ein allmächtiger und gleichzeitig handelnder Gott, der die Welt erschaffen hat, ist also ein Widerspruch in sich und hilft uns überhaupt nicht weiter.

Wir sehen, dass wir bei der Suche nach der Ursache für unser Universum mit unseren traditionellen Methoden eine Grenze erreichen, die wir so nicht überschreiten können. Solange wir an einem Denkmuster festhalten, das auf *Ursache und Wirkung für einen Anfang* basiert, werden wir das Problem *nicht* lösen. Man kann dieses Schema allerdings auf mehreren Wegen hinter sich lassen. Zunächst einmal ist es möglich, *auf den Anfang zu verzichten*, indem man ein zeitlich wiederkehrendes und damit effektiv ewiges Universum entwirft.

Roger Penrose hat dies mit seinem Weltmodell des sich ausdehnenden und schließlich wieder neu entstehenden Universums verwirklicht. Aber auch bei Martin Bojowald (*1973), einem prominenten Vertreter der Schleifenquantengravitation, findet sich ein Weltmodell ohne Anfang. Hier durchläuft ein winzig kleines Universum seit unendlicher Zeit einen Kreislauf, in dem es sich ausdehnt und wieder zusammenzieht. Irgendwann einmal jedoch nimmt es einen Zustand mit einem falschen Vakuum an, der augenblicklich dazu führt, dass es sich inflationär ausdehnt und zu einem Universum von kosmischer Größe wird. Beide Modelle von Penrose und Bojowald kommen zwar ohne einen zeitlichen Anfang aus, begründen aber nicht die eigentliche Existenz des Universums.

Einen ganz anderen Weg gehen die Weltmodelle von Alexander Vilenkin und Stephen Hawking. Sie verzichten nicht auf einen Anfang, aber sie *verzichten auf eine Ursache* für diesen Anfang. Obwohl sie im Einzelnen unterschiedlich aufgebaut sind, entsteht bei beiden ein ganzes Multiversum einfach aus dem Nichts, und zwar ohne jeden Grund. Bei Vilenkin beginnt die Existenz seiner Welt mit einem quantentheoretischen Tunnelprozess, während Hawking einen mathematischen Kniff benutzt, um die Zeit aus dem Nichts entstehen zu lassen.

Beide Modelle scheinen jedoch auf den ersten Blick den Energieerhaltungssatz zu verletzen. In unserem Universum befindet sich nämlich jede Menge Masse mit einer positiven Energie, die nicht einfach aus dem Nichts entstehen kann. Doch nach unserem Wissen ihr steht genauso viel Gravitationsenergie gegenüber, die allerdings negativ gerechnet werden muss. Dies sieht man am besten daran, dass man eine positive Energie aufwenden muss, um die Bestandteile eines Körpers voneinander zu trennen, der durch die Gravitation gebunden ist. Beispielsweise müssen wir eine erhebliche Menge an positiver Energie aufwenden, um einen Satelliten in eine Erdumlaufbahn zu befördern, ihn also vom Erdboden zu trennen. Da aber hierbei die Gesamtenergie erhalten bleibt, muss die Gravitationsenergie des Satelliten das umgekehrte Vorzeichen tragen. Die Gravitationsenergie der Bestandteile eines Körpers muss daher negativ sein. Und dies gilt auch für die Bestandteile des gesamten Universums. Unsere Welt könnte somit gerade deshalb aus dem Nichts entstanden sein, weil ihre Gesamtenergie exakt null ist.

Eine Entstehung des Universums aus dem Nichts ist zwar nach der Quantentheorie möglich, setzt aber doch zwingend die Gültigkeit der physikalischen Gesetze für diesen Zeitpunkt voraus. Zum Zeitpunkt des Urknalls muss also die Quantentheorie gegolten haben, auch wenn die Gesamtenergie des Universums null ist. Die Modelle von Vilenkin und Hawking sind jedoch beide auf ein umfassendes Multiversum angewiesen, um die Bedingungen für Leben in unserer Welt plausibel zu machen.

Es gibt aber noch eine weitere Möglichkeit, das Rätsel um den Beginn des Universums anzugehen. Auf diesem Pfad werden wir uns gezielt davon verabschieden, dass Ursache und Wirkung sich immer hintereinander ereignen müssen. Dies erscheint zwar auf den ersten Blick undenkbar, ist aber trotzdem möglich, sobald *zwei* Vorgänge zusammenkommen, die gegenseitig voneinander abhängen. Könnte es nicht sein, dass beide Abläufe parallel aus dem absoluten Nichts hervorgehen?

Da einer der Prozesse nicht ohne den anderen auskommt, stellen sie beide jeweils die Begründung für den anderen dar. Damit ziehen sie sich gegenseitig aus dem Sumpf der Nichtexistenz, ohne dass eine eindeutige Ursache für den gesamten Vorgang benannt werden könnte. Merken Sie sich bitte diesen Gedankengang gut, denn er beinhaltet für mich den zentralen Schlüssel zur gemeinsamen Existenz des Universums und des Lebens.

37 Information: Existenz und Wissen

> Manchmal braucht man Jahre, um die richtigen Fragen zustellen.
> *Albrecht Brandis, Mathematiker*

Während Sie diese Zeilen lesen, wissen Sie ohne jeden Zweifel, dass Sie existieren. Auch wenn Sie die Augen schließen, wird diese Gewissheit nicht vergehen. Was aber macht Sie so sicher? René Descartes (1596–1650) hat sich dieselbe Frage schon im 17. Jahrhundert gestellt und kam auf die bestens bekannte Antwort: »Ich denke, also bin ich.«

Er ließ nur diesen einen Satz gelten, denn alle anderen Annahmen über die Existenz seines Ichs konnte er nicht schlüssig beweisen. Aber er konnte sich jederzeit beim Denken selbst beobachten, und wusste daher, dass er existiert. Dieses Wissen um die eigene Existenz kann einem durch nichts genommen werden. Deshalb möchte ich Descartes zentralen Satz etwas umformulieren: »Nur, weil ich weiß, dass ich denke, bin ich mir sicher, dass ich existiere.« Daraus ergibt sich aber, dass eine Existenz ohne ein Wissen über diese Existenz gar keinen Sinn macht.

Es ist also völlig sinnlos, die *Existenz* von Dingen anzunehmen, über die man kein *Wissen* erwerben kann. Und mit Wissen erwerben meine ich kein bloßes Nachdenken, sondern die Beobachtung eines Faktums, das sich im Universum ereignet. Existenz begründet sich also meiner Meinung nach *nur* durch Beobachtungen und das Wissen um diese Beobachtungen. Wir hatten dies sehr deutlich beim Doppelspaltversuch und seinen verschiedenen Resultaten gesehen. Je nachdem, ob wir den Ort des Teilchens an den Spalten beobachten oder nicht, existiert er dort oder eben nicht. Ohne die Beobachtung dieses Orts gibt es keine Ortsinformation, kein Wissen darüber und demzufolge auch nicht die Existenz des Teilchens an diesem Ort.

Deshalb ärgert es mich und stimmt mich gleichzeitig traurig, wenn gerade Physiker von der Existenz unzähliger Universen sprechen und im selben Atemzug zugeben, dass wir niemals durch eine Beobachtung etwas über sie erfahren werden. Ich kann dies jedes Mal kaum glauben, denn ich finde, sie sollten gelinde gesagt nicht so sorglos mit dem Begriff der Existenz umgehen. Solange mir niemand sagen kann, wie man diese Universen beobachten kann, kann ich ihre Existenz nicht anerkennen. Dasselbe gilt für die Weltenzweige der Viele-Welten-Interpretation der Quantentheorie. Auch hier halte ich die Annahme einer Existenz ohne eine prinzipielle Beobachtungsmöglichkeit nicht nur für leichtfertig und unangebracht, sondern für völlig bedeutungslos.

Unsere eigene Existenz wird durch das Wissen um diese Existenz getragen. Dieses Wissen gibt es aber nicht seit ewigen Zeiten, sondern wir haben es im Laufe unseres Lebens erworben. Unser Leben hat nämlich mit den Ereignissen von Empfängnis und Geburt einen definierten Anfang. Trotzdem können wir selbst nicht beantworten, wann unser Denken begonnen hat. Dieses Rätsel entsteht unter anderem dadurch, dass wir die Erlebnisse von unserem Aufenthalt im Mutterleib und vom ersten Lebensjahr nicht abgespeichert haben. Aber das ist nicht der Hauptgrund. Vielmehr liegt es daran, dass die Grenze, ab wann unser Denken begonnen hat, einfach nicht scharf ist. Unser Bewusstsein entstand nicht schlagartig, sondern hat sich allmählich entwickelt.

Wir stoßen hier auf folgende scheinbar paradoxe Situation: Obwohl wir wissen, wann unser Leben begonnen hat, können *wir* nicht sagen, wann wir selbst das erste Mal davon wussten. Dies liegt einerseits daran, dass wir von unserem Anfangsdatum erst nachträglich erfahren haben, und andererseits daran, dass wir nicht entscheiden können, wann unser Denken angefangen hat. Ich werde Ihnen nun zeigen, dass nicht nur unser Denken, sondern auch unser Universum auf eine ganz ähnliche Art und Weise begonnen haben könnte.

Im letzten Kapitel habe ich die bestehenden Weltmodelle teilweise sehr heftig beanstandet. Aber wie bei meiner Kritik an der Dunklen Materie und Dunklen Energie, möchte ich auch hier einen konstruktiven Weg zu einer neuen Sichtweise einschlagen, die jedoch nicht von vielen geteilt wird. So wie ich bei der Quantentheorie die Information in den Vordergrund gestellt habe, so kreist bei den Weltmodellen mein Denken um den Begriff der Existenz. Und genau wie dort wird mein veränderter Blickwinkel erst einmal nicht zu neuen Vorhersagen führen. Mein Modell, dass ich Ihnen nun vorstellen möchte, ist also nach den Maßstäben der Physik keine Theorie, sondern nur eine Idee davon.

Mit diesem Modell versuche ich, mehrere Fragen gleichzeitig und nachvollziehbar zu beantworten: Was ist die Ursache für die Existenz des Universums? Warum ist unser Universum für Leben geeignet? Was ist das Besondere am Leben und welche Rolle spielt es im Universum? Wie kommt die Wirklichkeit und damit die Existenz des Universums zustande? Und schließlich: Warum besaß das Universum einen überaus gleichmäßigen Anfangszustand?

Schon bevor ich mit dem Schreiben dieses Buches begonnen habe, war mir völlig klar, dass man diese Fragen nicht isoliert sehen darf. Man riskiert sonst nämlich unweigerlich, dass man einen wichtigen und wesentlichen Aspekt auf der Suche nach einer Lösung übersieht. Betrachtet man dagegen alle Fragen gemeinsam, so ist dies zwar wesentlich komplexer, führt aber eventuell zu unvorhergesehenen Einsichten. Mit der Zeit entstand in meinem Kopf ein sich verdichtendes Geflecht von Gedanken, die versuchten, diese Fragen zu analysieren und auf den Punkt zu bringen. Ich werde nun zuerst dieses Geflecht für Sie aufdröseln, bevor ich es dann in einem zweiten Schritt als Ganzes betrachte.

Mein erster Ansatzpunkt ist die Annahme, dass die *Information* nicht nur eine neue Sichtweise auf die Quantentheorie liefert, sondern dass sie tatsächlich die alleinige Realität im Universum darstellt. Das Universum besteht eben nicht aus irgendwelchen Kügelchen, die wir Elektronen oder Photonen nennen, sondern in letzter Konsequenz nur aus Bits mit einem bestimmten Verhalten. Diese Bits sind aber keine winzigen Schalter, die irgendwo im Raum platziert sind, sondern nur abstrakte Informationseinheiten ohne einen materiellen Träger. Ihre Realität und damit ihre Existenz ist somit aber überhaupt nicht mehr greifbar. Wodurch also kommt ihre Existenz zustande?

Mein zweiter Ansatzpunkt ist eine genaue Analyse der Voraussetzungen, die in das Paradoxon der *Feinabstimmung der Naturkonstanten* eingehen. Warum eigentlich finden wir diese Feinabstimmung so bemerkenswert? Machen wir uns dies noch einmal ganz bewusst: Das Universum entstand vor 13,7 Milliarden Jahren mit einer bestimmten Kombination von Naturgesetzen und Naturkonstanten. Diese sind für Leben offensichtlich ziemlich gut geeignet, wobei allerdings schon kleine Abweichungen das Leben, wie wir es kennen, unmöglich machen. Obwohl die Naturkonstanten schon seit dem Urknall fixiert scheinen, entstand das Leben allerdings erst nach einem Entwicklungsprozess, der Jahrmilliarden gedauert hat. Es sieht also ganz danach aus, als ob das Universum als Bühne für das Leben schon ganz am Anfang darauf vorbereitet war. Aber wieso? Wieso ist diese Bühne so eingerichtet?

Wir sehen das Universum normalerweise immer als Ursache und das Leben als Wirkung an, denn das Universum hat schließlich das Leben hervorgebracht. Tatsächlich jedoch basiert diese Schlussfolgerung auf einer stillschweigenden Annahme, die niemals ausgesprochen wird: Wir gehen stets davon aus, dass das Universum schon mit dem Urknall genauso fest gefügt existiert hat wie heute. Aber alles, was wir zur Rechtfertigung dieser Annahme beitragen können, ist lediglich unser *heutiger Blick* auf das Universum. Seine *damalige Existenz* können wir dagegen nicht beweisen.

Wenn Sie sich jetzt fragen, ob ich nun plötzlich all die Indizien für den Urknall und das Weltalter nicht mehr anerkennen will, so kann ich Sie beruhigen. Ich stelle sie keineswegs infrage, und ebenso auch nicht all die anderen Beobachtungen der Physiker und Astonomen. Ich möchte auf etwas ganz anderes hinaus: All dies sind *heutige* Beobachtungen, die ohne Zweifel in einem existierenden Universum stattfinden. Aber wenn Existenz, wie oben festgestellt, untrennbar an Wissen gekoppelt ist, war denn dieses Wissen im frühen Universum auch schon vorhanden? Wenn nicht, dann hat die Welt in diesem Sinne damals noch gar nicht existiert.

Sie könnten nun einwenden, dass wir doch stets in die Vergangenheit zurückblicken, wenn wir weit entfernte Galaxien beobachten und dass diese Galaxien doch eindeutig vorhanden sind. Aber dies ist eben eine *heutige* Beobachtung unseres Kosmos und nicht eine, die in ferner Vergangenheit gemacht wurde. Wie unsere Welt damals wirklich ausgesehen hat und ob sie schon genauso existierte, wissen wir nicht, denn wir haben dies damals nicht festgestellt.

Mein dritter Ansatzpunkt dreht sich um das *Leben*. Was zeichnet das Leben im Universum aus? Oder anders gefragt: Was ist das Besondere am Leben? Lebewesen sind wesentlich komplexer aufgebaut als alle unbelebten Strukturen. Ihr Zellstoffwechsel wird aus zahlreichen miteinander verflochtenen biochemischen Reaktionsketten aufgebaut. Diese werden seit mehr als 3,5 Milliarden Jahren immer weiter verfeinert und mittels des genetischen Codes an die nächste Generation von Zellen weitergegeben. Dieser genetische Informationsspeicher ist nicht nur relativ dauerhaft, sondern beinhaltet auch Reparaturmechanismen, die Kopierfehler und kleine Schäden beheben können, die beispielsweise durch hochenergetische kosmische Teilchen verursacht werden.

Das Genom des Menschen besteht aus etwa 6,5 Milliarden Bits, also etwas weniger als 1 Gigabyte. Hierin sind auch die Spezialisierungen beschrieben, die unsere Zellen veranlassen, verschiedenste Aufgaben zu übernehmen. Eine Nervenzelle ist beispielsweise ganz anders aufgebaut als ein weißes Blutkörperchen, eine Zelle in der Darmwand, eine Sehzelle, eine Samenzelle oder eine Eizelle. Erst diese Bandbreite an Zelltypen ermöglichte die ungeheure Artenvielfalt der vielzelligen Organismen, die vor etwa 540 Millionen Jahren förmlich explodierte. Die Tiere und Pflanzen haben genau wie die Pilze und Einzeller mittlerweile jeden Winkel der Erde besiedelt.

Die komplexesten belebten Strukturen sind die Gehirne der Lebewesen, insbesondere die der Säugetiere. Beim Menschen besteht das Gehirn aus ca. 100 Milliarden Nervenzellen mit etwa 100 Billionen (10^{14}) Verknüpfungen. Auch unser Langzeitgedächtnis mit geschätzten 2×10^{15} Bytes befindet sich im Gehirn. Es funktioniert aber nicht elektrisch, sondern wird in chemischer Form abgelegt.

Unser Gehirn ist die Quelle unseres Bewusstseins, das uns in der Gegenwart verankert. Wir nehmen mit unseren Sinnesorganen ständig Informationen über uns selbst und unsere Umwelt auf und vergleichen diese mit abgelegten Erfahrungen. Ständig analysieren wir unsere derzeitige Situation, entwerfen hypothetische Handlungen, bewerten deren Ausgang und entscheiden uns für einen dieser Handlungsstränge. Viele dieser Abläufe passieren gleichzeitig und werden uns erst im Nachhinein und meist nur teilweise bewusst. Nur mit den obersten dieser vielschichtigen Ebenen unseres Bewusstseins erleben wir uns quasi selbst. Hier planen wir, halten Rückschau und denken über uns selbst, unsere Mitgeschöpfe und das Universum nach.

Das Leben ist die einzige Instanz im Universum, die in der Lage ist, das Universum zu erkennen, zu spüren und Wissen darüber anzusammeln. Keine unbelebte

Struktur ist dazu in der Lage, geschweige denn über dieses Wissen zu verfügen und seine Bedeutung zu erfassen. Mit seiner Fähigkeit zum Erleben und vor allem zum bewussten Erleben erschafft sich das Leben überhaupt erst den gefühlten Zustand, den wir Gegenwart nennen. Wir wissen, dass wir hier und jetzt existieren, und zwar genau, weil wir dies erleben und wortwörtlich mit dabei sind. Diese gefühlte und scheinbar ewig andauernde Gegenwart macht unsere eigentliche Existenz aus, denn sie begleitet uns von dem nebligen Anfang unseres Bewusstseins bis hin zu unserem Tod. Wie ungewöhnlich und einzigartig diese Eigenschaft ist, macht ein Vergleich mit einem Elementarteilchen deutlich.

Dies führt mich zu dem vierten Punkt meiner Überlegungen, wo ich mir vorzustellen versuche, wie das *Universum ohne Leben* aussieht. Insbesondere möchte ich mir darüber klar werden, welches Wissen hier vorhanden ist. Was weiß zum Beispiel ein Elektron von der Welt? Klassisch betrachtet besitzt es einen Ort und einen Impuls. Beide Größen sind allerdings nach der Quantentheorie nur mit einer bestimmten Anzahl von Bits festgelegt. Stößt ein Elektron vereinfacht betrachtet mit einem anderen Teilchen zusammen, so ändern sich zwar sein Ort und Impuls, aber streng genommen bekommt das Teilchen davon überhaupt nichts mit. Es wird bei dem Stoß weder deformiert, noch spürt es dabei irgendetwas, noch hat es ein Gedächtnis für seinen früheren Bewegungszustand. Der einzige dauerhafte Informationsspeicher eines Elektrons ist sein Spin, sofern er nicht durch eine Wechselwirkung verändert wird. Und dieser Spin umfasst genau ein Bit, mehr nicht. Alles, was ein Elektron über seine Umwelt abspeichern kann, ist also ein einziges Bit.

Doch dieses Bit allein ist praktisch nichts wert, denn aus ihm ergibt sich keinerlei Wissen. Um dies deutlich zu sehen, betrachten wir nun nicht mehr nur ein Elektron, sondern einen ganzen Stern wie etwa die Sonne. Die Sonne besteht zwar aus 10^{57} Elektronen, Protonen und Neutronen mit entsprechend vielen gespeicherten Bits ihrer Spins, aber trotzdem weiß die Sonne nichts über sich selbst. Obwohl die Sonne als Körper gegenüber dem Rest des Weltalls genauso gut getrennt ist wie unsere eigener Körper von unserer Umwelt, besitzt sie keinerlei Sinneswahrnehmung oder einen Informationsspeicher, den sie als solchen nutzen könnte. Auch eine Galaxie oder das gesamte Universum besäße ohne das Leben kein nennenswertes Wissen. Zwar bilden sich auch in einem unbelebten Universum Strukturen heraus wie beispielsweise ganze Gebirgszüge auf Planeten, aber die dort abgelegten Informationen sind für niemanden zugänglich noch stellen sie Wissen dar. Ein Universum ohne Leben ist also im wahrsten Sinne des Wortes tot und bedeutungslos.

Mein fünfter Gedankengang beschäftigt sich mit dem *Urknall*. Was ist hier geschehen und was war vorher schon festgelegt? Nach landläufiger Meinung sind mit dem Urknall Raum und Zeit, ebenso wie Masse und Energie entstanden. Aber was bedeutet dies, wenn man überzeugt davon ist, dass das Universum im Grunde nur aus Bits besteht? Sind die Bits damals entstanden? Da Bits im Universum nichts

Materielles darstellen, macht diese Frage dann überhaupt Sinn? Ich denke nein. Wenn aber die Bits nicht wirklich von Belang sind, was dann?

Das Entscheidende sind meiner Meinung nach nicht die Bits, sondern ihr Verhalten. Nicht der Raum oder die Materie, sondern die Naturgesetze und Naturkonstanten waren vor dem Urknall nicht vorhanden. Dies steht im Gegensatz zu vielen Weltmodellen, wo der Urknall schon ganz exakten Gesetzmäßigkeiten unterworfen ist, oder wo es schon vor dem Urknall eine Zeit und ein früheres Universum gab.

Aber waren die Naturgesetze und Naturkonstanten mit dem Urknall schon auf die Werte festgelegt, die wir heute messen? Auch diese Frage möchte ich mit Nein beantworten. Ich gehe davon aus, dass sie zwar festgelegt, aber nicht fixiert waren. *Festgelegt* in dem Sinn, dass sie überall und zu jeder Zeit im Universum gleich sein müssen, aber *nicht fixiert,* weil die Gesetzmäßigkeiten bzw. die Zahlenwerte noch unbestimmt waren.

Als Analogie zu diesem Bild möchte ich den Verschränkungsversuch mit den zwei Teilchen anführen. Hier wurden zwei Bits dazu verwendet, zwei Teilchen zu koppeln, sodass bei beiden stets dieselbe Polarisation bei einer Messung entsteht. *Nach* der Messung sieht es dann so aus, als ob beide Teilchen auch schon *vor* der Messung dieselbe Polarisation gehabt hätten. Diese Sichtweise ist aber nicht gerechtfertigt und wurde durch genaue Experimente sogar eindeutig widerlegt.

Wieso sollte sich solch ein Vorgang nicht auch bei den Naturgesetzen abgespielt haben? Die Bits, die diese Gesetze und Konstanten repräsentieren, waren meines Erachtens am Anfang so eingestellt, dass überall im Universum die *gleichen* Gesetze zu gelten haben. Aber es war beim Urknall noch nicht festgelegt, *welche* dies sind, sondern nur, *dass* sie überall und zu jeder Zeit gleich sind. Ich gehe weiterhin davon aus, dass die Gesetze und Konstanten ihre Werte behalten haben, sobald sie einmal fixiert waren. Dies wäre dann nicht nur die Erklärung dafür, warum wir überall dieselben Naturgesetze und Naturkonstanten finden, sondern warum sie sich auch mit der Zeit nicht verändern. Wie und wann sie ihre heutigen Werte angenommen haben, versuche ich in diesem und im nächsten Kapitel zu beantworten.

Als letzte Zutat für mein Rezept eines Weltmodells möchte ich die Feststellung vom Anfang dieses Kapitels wiederholen: *Existenz* macht ohne Wissen für mich keinen Sinn. Deshalb weiß man erst, *ob* etwas existiert, wenn man durch eine Beobachtung festgestellt hat, *dass* es existiert.

Natürlich kann man dieser Aussage entgegenhalten, dass sie nichts anderes ist als die unbewiesene Behauptung einer bestimmten philosophischen Denkrichtung. Würde beispielsweise ein Tennisball auch dann durch einen bestimmten Spalt fliegen, wenn dies niemand beobachten könnte? In meinem Freundeskreis werden hierzu völlig unterschiedliche Meinungen vertreten: Zum einen wird streng davon ausgegangen, dass die Flugbahn des Balls auch dann existiert, wenn absolut niemand hinschaut. Zum anderen wird gefolgert, dass diese Bahn nicht existiert, weil niemand davon wissen kann. Meist geht es bei diesen Diskussionen relativ emotional zu, da es sich hier um grundverschiedene Auffassungen von Realität handelt.

Ein weiterer Einwand, mit dem ich schon konfrontiert wurde, bezieht sich auf die Gleichungen der Quantentheorie: Wo kommt in deren mathematischer Formulierung der Begriff Wissens vor, oder gar Leben und Bewusstsein? Die Quantentheorie mache hierüber doch gar keine Aussage. Wenn aber Wissen und Bewusstsein so wichtig wären, wie würde man dies mathematisch in eine Formel einbetten? Um ehrlich zu sein, habe ich darauf keine vollständige Antwort. Ich möchte aber nochmals feststellen, dass die Quantentheorie eine Theorie der Information ist und das ihre Wellenfunktionen die Wahrscheinlichkeiten für zukünftiges Wissen beschreiben. Bei einer Messung oder Beobachtung geht es um die Entstehung von Information, also um den Erwerb von Wissen. Dieser Messprozess liegt aber gerade *außerhalb* der Gleichungen der Quantentheorie und ist nach wie vor nicht vollständig verstanden. Wissen ist meiner Meinung nach aber der Schlüssel zum Verständnis des Messproblems. Nur Wissen verhilft einer Messgröße zur Existenz.

Ich bleibe daher bei meiner Realitätsauffassung, obwohl mir klar ist, dass man mit einer anderen Definition von Realität mein Gedankengebäude zum Einsturz bringen kann. Denn ich sehe einfach nicht, wie man die Existenz eines Objekts oder einer Messgröße durch bloße Annahmen oder mathematische Gleichungen rechtfertigen kann. Eine Existenz kommt erst dadurch zustande, dass man sie feststellt.

Was haben wir aus diesen Überlegungen bisher gelernt?

- Ein Universum, das nur aus Bits aufgebaut ist, existiert nicht einfach so aus sich heraus, denn es gibt hier nichts Materielles, was von vorneherein vorhanden ist.
- Über die Ausprägung der Naturgesetze und Naturkonstanten in den ersten Jahrmilliarden der Existenz unseres Universums können wir nichts aussagen. Wir messen sie *heute*, aber haben sie nicht *damals* beobachtet. Wir sehen lediglich, dass die gleichen Werte überall gelten. Aber dies ist eine heutige Aussage und keine Feststellung, die in der fernen Vergangenheit getroffen wurde.
- Des Weiteren haben wir gesehen, dass nur das Leben in der Lage ist, das Universum durch seine Umwelt und Umgebung zu erkennen und wahrzunehmen. Ob bewusst oder unbewusst macht es sich dieses Wissen zu eigen und nutzt es im täglichen Überlebenskampf.
- Ein unbelebtes Universum hingegen besitzt kein Wissen über sich selbst. Hier ist buchstäblich niemand zu Hause, der die Existenz dieses Universums feststellen könnte.
- Und schließlich möchte ich nochmals betonen, dass Existenz erst durch Wissen entsteht.

Nehmen wir dies alles zusammen, so ergibt sich, dass die Existenz des Universums erst durch das Leben mit seinem Wissen um eben diese Existenz zustande kommt. Vor dem Auftreten des Lebens gab es noch kein Wissen und somit auch noch keine Existenz des Universums. Das Universum existierte somit noch gar nicht, bevor es Leben gab.

Diese Schlussfolgerungen scheinen erst einmal allem zu widersprechen, was wir jemals über unsere Welt gelernt haben. Die Naturwissenschaften vermitteln uns seit vielen Jahrzehnten ein Bild, in dem das Universum eine unveränderliche Bühne für das Leben darstellt. Das Universum existierte seit dem Urknall mit all seinen Naturgesetzen und Naturkonstanten und hat das Leben ermöglicht und schließlich auch hervorgebracht. Das Universum ist die Ursache und das Leben die Wirkung. Und nun soll auf einmal alles umgekehrt sein? Jetzt ist das Leben die Grundlage für die Existenz des Universums. Wirkung und Ursache haben ihre Rollen vertauscht. Das Leben ist plötzlich die Ursache und das Universum die Wirkung, denn erst durch das Leben existiert das Universum überhaupt. Wie passen diese völlig unterschiedlichen Vorstellungen zusammen?

Nun, nicht die eine *oder* die andere Auffassung ist zutreffend, sondern *beide*. Das Universum und das Leben sind *nicht entweder* Ursache oder Wirkung, sondern hängen sie *beide* voneinander ab. Eines kann nicht ohne das andere sein und umgekehrt. Das Universum hat das Leben hervorgebracht, und *gleichzeitig* hat das Leben das Universum geschaffen. Wir haben es hier nicht mit einer einfachen Kette von Ursache und Wirkung zu tun, sondern mit einem geschlossenen Kreis, in dem das Universum und das Leben jeweils die Ursache *und* die Wirkung des anderen sind. Das Universum hat nicht nur das Leben entstehen lassen, sondern wurde erst durch das Leben zu einem existierenden Lebensraum. Das Leben hat sich zwar im Universum entwickelt, hat aber erst durch sein Wissen die Existenz des Universums ins Leben gerufen.

Leben und Universum hängen nach dieser Sichtweise so stark voneinander ab, dass eines nicht ohne das andere auskommt. Wir haben damit unsere traditionellen geradlinigen Denkmuster hinter uns gelassen und einen ähnlichen Weg eingeschlagen, wie ihn John Archibald Wheeler (1911–2008) schon in den 1980er Jahren beschritten hat. Er entwickelte ebenso ein Bild eines sich selbst erzeugenden Universums, von dem ich aber erst mitten im Schreiben dieses Kapitels erfahren habe. Auch bei Wheeler führt erst die Rückkopplung zwischen den Lebewesen und der physikalischen Welt zur beiderseitigen Existenz. Nur so kann das Universum sich selbst erkennen, sich selbst verstehen und damit sich selbst bewusst werden. Das Universum beobachtet sich selbst, und zwar von *innen* heraus und nicht von außen, denn ein Außerhalb kann es definitionsgemäß gar nicht geben.

Dieses Weltmodell ist alles andere als irgendeine esoterische, an den Haaren herbeigezogene Spinnerei, denn es lässt sich durchaus physikalisch begründen. Wir müssen stets bedenken, dass wir uns nicht in einer klassischen Welt, sondern in einer Quantenwelt befinden. Hier gibt es keine Eigenschaften von Objekten ohne eine Beobachtung, die diese Eigenschaft auch feststellt. Vor einer Beobachtung oder Messung sind lediglich die Möglichkeiten für verschiedene Eigenschaften vorhanden. Ich gehe nun einen Schritt weiter und dehne diesen Leitgedanken auch auf die Naturgesetze und Naturkonstanten aus. Auch sie waren meiner Meinung nach beim Urknall nur als Möglichkeiten vorhanden und noch nicht fest ausgeprägt. Bei der Beantwortung der Frage, wie diese Ausprägung sich abgespielt haben könnte, müssen wir jedoch sehr behutsam vorgehen.

Bisher habe ich eine wichtige Tatsache außen vor gelassen. Sie betrifft die schon in Kapitel 22 getroffene Feststellung, dass eine strenge Unterscheidung zwischen belebt und unbelebt oder lebendig und tot gar nicht getroffen werden kann. Sind gewisse chemische Reaktionen in der Natur schon ein Anzeichen für Leben oder erst, wenn sie zusammengenommen innerhalb einer Zellmembran stattfinden? Ist unser Erbgut schon lebendig oder kommt diese Eigenschaft erst durch das Auslesen seiner Information zustande? Alle diese Gedanken führen uns zu der Frage, ab wann wir eine primitive Zelle lebendig nennen sollen. Wir können zwar genau definieren, was *wir* unter Leben verstehen wollen, aber tatsächlich waren die Übergänge zwischen den verschiedenen Stadien der Zellentwicklung auf der noch jungen Erde absolut fließend. Wir können also vernünftigerweise nicht entscheiden, wann das Leben auf unserem Planeten begonnen hat, denn es entwickelte sich völlig kontinuierlich aus anfangs unbelebten Strukturen. Was bedeutet dies aber für den Begriff der Existenz?

Normalerweise ist Existenz für uns etwas, was entweder gegeben ist oder nicht. Eine Kaffeetasse existiert in unserem Küchenschrank oder eben nicht. Zwischen diesen zwei Möglichkeiten bleibt kein Platz für Alternativen. Wir haben es bei der Frage nach einer Existenz typischerweise mit einem harten Entweder-oder zu tun. Genauso denken auch die Mathematiker und Physiker. Entweder ist eine ganze Zahl durch zwei teilbar oder nicht. Entweder trägt ein Teilchen eine elektrische Ladung oder nicht. Und entweder existiert ein Universum oder nicht. Aber wenn wir die Existenz des Universums an die Existenz von Leben und Wissen koppeln, funktioniert diese einfache Beurteilung nicht mehr.

Wir müssen uns von der Auffassung lösen, dass Existenz einen Zustand darstellt, der einfach so besteht. Vielmehr kommt Existenz meines Erachtens erst durch einen Prozess zustande, an dem Wahrnehmung, Information und Wissen beteiligt sind. Und je nachdem wie umfassend dieser Prozess verläuft, um so ausgeprägter ist dann die sich daraus ergebende Existenz. Ich gehe also gerade *nicht* davon aus, dass sich unser Universum mit einem Schlag materialisiert hat, als sich irgendwo innerhalb seiner Grenzen das erste Leben gezeigt hat. Eine solche Vorstellung wäre reichlich naiv und führt zu nichts. Vielmehr muss es einen fließenden Übergang zwischen Nichtexistenz und Existenz gegeben haben, und zwar in genau demselben

Tempo, wie das Leben seine Fähigkeiten zur Informationsaufnahme, Informationsverarbeitung und Informationsspeicherung verbessert hat. Je mehr Informationen über das Universum in den Lebewesen vorhanden war, desto mehr nahmen seine nebligen Konturen Gestalt an. Besser kann ich es jedenfalls nicht ausdrücken.

Der Grad an Existenz ist also an den Informationsgehalt des Wissens über diese Existenz gekoppelt. Je nach Umfang dieses Wissens ergibt sich ein entsprechendes Ausmaß an Existenz. Daraus folgt, dass die Existenz des Universums keine einfache Entweder-oder-Entscheidung sein kann. Genauso wie das Bewusstsein eines Kindes schrittweise heranreift und genauso wie das Leben sich allmählich gebildet hat, genauso entstand auch das Universum erst durch einen Entwicklungsprozess, bei dem das Leben allerdings Pate stand. Ich gehe nämlich davon aus, dass bei allen drei Feldern – beim Bewusstsein, beim Leben und beim Universum – dasselbe Entstehungsmuster zugrunde liegt. Zunächst waren sie überhaupt nicht vorhanden. Heute jedoch können wir unzweifelhaft ihre Existenz feststellen. Beim Bewusstsein und beim Leben haben wir die fließenden Stadien zwischen Nichtexistenz und Existenz eingesehen und akzeptiert. Beim Universum hingegen ist solch eine Sichtweise noch nicht anerkannt. Aber ich finde, dass es sich lohnt, sich mit ihr anzufreunden.

Überlegen Sie doch einmal, wie Ihr eigener Verstand begonnen hat zu existieren, oder betrachten Sie die Entwicklung Ihrer Kinder. Beides entstand quasi aus dem Nichts und ist doch heute vorhanden. Zwar hat Ihr Bewusstsein und auch das Ihrer Kinder unbestritten eine durchgängige materielle Grundlage in Form von Zellen, aber trotzdem hat eine befruchtete Eizelle keinesfalls ein Bewusstsein wie Sie und ich. Es ist nachträglich in kleinen Schritten entstanden, nur wann und wo können wir nicht genau festlegen. Einen Startpunkt dafür anzugeben macht in meinen Augen keinen Sinn. Und ebenso macht es keinen Sinn einen festen Zeitpunkt anzugeben, an dem die Existenz des Universums begann. Seine Anfänge liegen ebenso im Dunkeln wie die Anfänge unseres Verstandes.

Sie werden sich nun zu Recht fragen, wie ich diese Gedanken mit der Beschreibung eines Urknalls unter einen Hut bekomme? Für mich ist der Urknall ein Ereignis, zu dem wir geführt werden, wenn wir unser heutiges Universum im Rahmen unserer Theorien betrachten. Dies ist aber in jedem Fall eine nachträgliche Rückschau durch ein bewusstes Lebewesen auf seine Lebenswelt. Ob diese Welt an ihrem Anfang schon genauso existent war wie heute, wissen wir nicht und können dies auch nicht beobachten. Der Beginn des Universums war meiner Meinung nach nichts weiter als eine neblige Ansammlung von Möglichkeiten, die erst mit dem Auftauchen des Lebens langsam Gestalt annahm. Auf diese Weise konnte sich unser Universum mithilfe des Lebens allmählich aus seiner Nichtexistenz lösen und damit aus dem absoluten Nichts ohne jeglichen Grund entstehen. Das Universum benötigte keine Ursache für einen Anfang, denn es hatte überhaupt keinen festen Anfang.

Seine Existenz fiel dem Universum also nicht einfach in den Schoß. Und hier bewahrheitet sich wieder einmal der Satz, dass alles immer seinen Preis hat. Umsonst gibt es rein gar nichts, nicht einmal die Existenz der gesamten Welt. Diese Existenz musste sich das Universum zunächst quasi erarbeiten, denn sie wurde erst später durch das Leben gefestigt. Und weil dieser Übergang fließend ist, können wir auch nicht davon sprechen, dass das Universum *vor* dem Auftreten des Lebens *überhaupt nicht* existiert hat. Dies wäre eine viel zu harte Feststellung, da wir ja nicht in der Lage sind, hier eine scharfe Grenze zu ziehen. Alles, was wir erahnen können, ist, dass seine frühe Existenz extrem schemenhaft gegenüber seiner heutigen gewesen sein muss. Solange aber die Bitmenge an Wissen über seine Existenz nicht genau null war, können wir auch nicht von einer vollkommenen Nichtexistenz ausgehen.

Nach dieser Neufassung des Begriffs der Existenz und der Vorstellung meines Weltmodells wird es Zeit für eine kritische Beurteilung. Wobei hilft uns diese neue Sichtweise? Erst einmal benötigen wir für das Universum keinen Anfang mehr und auch keine Ursache für diesen Anfang, denn das Leben liefert diese Ursache. Zwar tritt es scheinbar erst weit nach dem Urknall auf, aber nur, wenn wir an dem etablierten Begriff von Existenz festhalten. Ein Universum ohne Beobachter ist aber bedeutungslos und existierte laut meinem Weltmodell noch gar nicht.

Zweitens wird die Feinabstimmung der Naturkonstanten zwanglos erklärt. Ein existierendes Universum *muss* Leben oder eine entsprechende Form von Informationsverarbeitung und Wissen beinhalten. Lebensfeindliche Universen können gar keine Existenz erlangen, denn ein Universum muss etwas von sich selbst wissen, damit es existieren kann. Warum unser Universum jedoch genau diese Kombination von Naturgesetzen und Naturkonstanten besitzt, ist nicht klar. Existieren etwa auch alle anderen möglichen Universen, falls sie Leben tragen? Ich gebe zu, dass dies zumindest eine *denkbare* Möglichkeit darstellt, aber dies führt uns noch lange nicht zwangsläufig zu einem Multiversum.

Wenn wir mit diesen anderen Welten keinerlei Kontakt aufnehmen können oder Information austauschen können, so existieren sie für uns nicht, denn wir müssen hier denselben Maßstab für Existenz anlegen wie bei unserem eigenen Universum. Zwar können wir uns diese Welten vorstellen, aber wir wissen nichts Konkretes über sie. Ihre Existenz findet allenfalls flüchtig in unseren Köpfen statt und ist nicht Teil der physikalischen Realität, in der wir Beobachtungen durchführen. Sie sind also nicht gänzlich bedeutungslos, aber keineswegs so wirklich wie unsere eigene Welt. Solange wir nicht sicher wissen, ob das Universum nur eine einzige Kombination von Gesetzen und Konstanten hervorgebracht hat oder etwa mehrere, sollten wir davon ausgehen, dass unser Universum einmalig ist. Alles andere wären Spekulationen ohne Substanz. Ich gehe daher davon aus, dass sich das Universum analog zu einem Quantensystem verhält und bei einer Beobachtung nur ein einziges Resultat verwirklicht. Allerdings denke ich, dass diese Frage genau wie die Interpretation der Quantentheorie niemals konkret entschieden werden kann. Genau, wie ich die Viele-Welten-Interpretation ablehne, so lehne ich ein Multiversum ab, denn ich bewege mich lieber auf der sicheren Seite und glaube nur das, was ich messen und beobachten kann.

Bezieht man in dieses Weltmodell die Menge der vorhandenen Information mit ein, so löst es noch ein weiteres Problem, das wir im Rahmen der kosmischen Hintergrundstrahlung kennengelernt haben. Sie ist nahezu gleichmäßig über den gesamten Himmel verteilt, und zwar auch für Regionen, die seit dem Urknall noch gar keinen Kontakt miteinander hatten. Diese Tatsache wird als starkes Indiz für die Theorie der Inflation gewertet, jene hypothetische, explosionsartige Raumausdehnung um Dutzende von Größenordnungen bis 10^{-33} Sekunden nach dem Urknall. Nach meinen Ideen ist diese Ausdehnung nicht notwendig, um die Gleichmäßigkeit der Hintergrundstrahlung zu erklären. Ich gehe genau wie bei den Naturgesetzen und Naturkonstanten davon aus, dass die Bedingungen im Universum beim Urknall überall gleich, aber nicht festgelegt waren. Vor allem waren sie ganz einfach.

Der Grund hierfür dürfte im Informationsmangel des sehr frühen Universums liegen. Da es noch sehr kleinräumig war, besaß es nach dem holografischen Weltbild nur einen sehr geringen Informationsinhalt. Es standen also nur wenige Bits für Naturgesetze, Naturkonstanten und Quantenzustände zur Verfügung. Es muss daher zwangsläufig mit einem ganz einfachen Zustand gestartet sein, wie beispielsweise mit einer Planck-Energie pro Raumwürfel von der Kantenlänge einer Planck-Länge. Damit war der Ort dieser Energiemenge aber maximal festgelegt und dementsprechend ihr Impuls maximal unbestimmt. In diesem einfachen Universum ist die Energie dann räumlich gleich verteilt, was einer äußerst geringen Entropie entspricht. Diese niedrige Entropie bestimmt, wie wir gesehen haben, auch heute noch den Zeitablauf in unserem Universum, denn sie verleiht der Zeit ihre Richtung.

Dieser einfache Anfangszustand führte aber nicht nur zu einem eindeutigen Zeitablauf, sondern auch zur Flachheit des Raumes, die ebenfalls zur Unterstützung der Theorie der Inflation angeführt wird. Ich gehe davon aus, dass das Universum genau mit der kritischen Dichte gestartet ist, und zwar genau, weil dies der einfachste mögliche Zustand ist. Er kommt mit den wenigsten Bits aus, liegt genau auf der kritischen Dichte und führt so zwangsläufig zu einem flachen Raum.

Die Gleichförmigkeit der Hintergrundstrahlung und die Flachheit des Raumes ergeben sich also meines Erachtens nicht aus einer Inflation, sondern aus der extrem begrenzten Informationsmenge ganz kurz nach dem Urknall. Dabei ist mir vollkommen bewusst, dass diese Behauptung dem kosmologischen Standardmodell widerspricht. In ihm bestimmt die allgemeine Relativitätstheorie das Verhalten von Raum, Zeit und Materie, wobei der Anteil der Materie rund 30% und der Anteil der

Dunklen Energie etwa 70% beträgt. Noch jedoch berücksichtigt diese Theorie überhaupt nicht, dass Information im Universum ein begrenztes Gut darstellt. Falls diese Tatsache aber in Zukunft mit einbezogen wird, so erwarte ich, dass sich herausstellen wird, dass das Universum wiederum genau mit der kritischen Dichte gestartet ist, *ohne* dass hierfür eine Dunkle Energie benötigt wird.

Eine letzte Frage im Zusammenhang mit der Geometrie des Raumes macht mich zugegebener Maßen etwas nachdenklich. Ist unser Universum unendlich groß oder besitzt es ein endliches Volumen? Für ein unendliches Volumen spräche durchaus der primitive Anfangszustand mit ganz wenigen Bits, denn hier müsste das Volumen gar nicht festgelegt sein. Trotzdem ist ein unendlich großer Raum letzten Endes genauso grotesk wie die Viele-Welten-Interpretation oder ein Multiversum. Wie ich im vorigen Kapitel ausgeführt habe, geschehen hier alle Ereignisse nicht nur einmalig hier und jetzt, sondern unendlich oft. Aber finden sie auch wirklich statt?

Wenn wir unsere Richtschnur für Existenz erneut ernst nehmen, dann ereignen sie sich für uns überhaupt nicht, denn wir können sie nicht beobachten und demzufolge nichts von ihnen wissen. Sie spielen sich wiederum nur in unseren Köpfen ab, falls wir einer bestimmten physikalischen Theorie folgen. Unsere Beobachtungen können ein unendlich ausgedehntes Universum nämlich weder bestätigen noch ausschließen. Auch in dieser Frage stelle ich mich daher wieder auf die sichere Seite und betrachte unser beobachtbares Universum als das gesamte Universum. Es beinhaltet alles, was uns an Informationen und damit an Wissen zugänglich ist. Was außerhalb davon liegt, können wir nicht oder besser gesagt noch nicht beobachten. Die Ereignisse, die dort eventuell geschehen, haben heute keinerlei Bedeutung für uns, denn sie haben keinen Einfluss auf unser heutiges beobachtbares Universum.

Auch hier ist mir absolut klar, dass ich mit diesen Aussagen Widerspruch ernten werde. Ein beobachtbares Universum ist nämlich ein *lokales* Gebilde, das vom jeweiligen Ort abhängt. Schon am Ort eines Nachbarsterns der Sonne überblickt man streng genommen ein anderes Universum, erst recht aber, falls man sich in einer fernen Galaxie befinden würde. Das jeweils zugängliche Universum fällt also je nach Aufenthaltsort des Beobachters ganz verschieden aus. Die Information und damit das verfügbare Wissen ist demnach eine *lokale* Gegebenheit. Diese Tatsache kollidiert aber massiv mit dem Anspruch der Physik und Astronomie, die Naturgesetze und das Universum jeweils als *globale* Objekte zu betrachten. Information und Wissen gibt es nur lokal und damit subjektiv, das Universum stellt aber in unseren Theorien einen globalen und objektiven Rahmen dafür dar. Dieses Spannungsfeld verdient meines Erachtens mehr Aufmerksamkeit, denn es ergeben sich daraus möglicherweise weitreichende Konsequenzen, die ich im nächsten Kapitel erörtern möchte.

38 Leben

An den Scheidewegen des Lebens stehen keine Wegweiser.
Charlie Chaplin, Schauspieler

Wir haben soeben ein Weltmodell kennengelernt, indem die Existenz des Universums mit der Existenz des Lebens untrennbar verflochten ist. Eines ist jeweils die Vorbedingung für das andere und wird doch gleichzeitig von ihm hervorgebracht. Aber welches Leben ist nun konkret für die Existenz des Universums ausschlaggebend? Unser irdisches Leben oder möglicherweise Leben, das sich auch auf anderen Planeten im Weltall entwickelt hat? Auch wenn die Anfänge der irdischen Evolution weder vollständig geklärt sind noch wir bisher ermittelt haben, wo genau auf der Erde das Leben begonnen hat, so ist es doch mit ziemlicher Sicherheit eine lokale Angelegenheit. Es ist auf der Erde entstanden und hat sich noch nicht darüber hinaus ausgebreitet. Hat sich solch ein Vorgang noch öfter im Universum abgespielt und wenn ja, wo und wann?

Noch am Ende meines Studiums Anfang der 1990er Jahre waren überhaupt keine Planeten außerhalb des Sonnensystems bekannt. Doch mittlerweile wurden die Beobachtungsmethoden so stark verbessert, dass es schon mehrere Hundert sind. Ihre Zahl wird schon in wenigen Jahren die Anzahl der mit bloßem Auge sichtbaren Sterne übersteigen. Immer mehr Planeten werden aufgespürt und bald werden auch erdähnliche darunter sein. Ist dort ebenso Leben entstanden wie auf unserem Heimatplaneten? Wenn die Bedingungen dort auch nur annähernd ähnlich sind, dann halte ich dies für so gut wie zwangsläufig, denn das Leben hat sich auf der Erde vergleichsweise rasch gebildet. Wie weit sich Leben allerdings auf anderen Planeten entwickelt hat und ob es auch ein Bewusstsein ausgebildet hat, kann ich natürlich nicht beantworten.

Eine kleine Abschätzung kann uns hier allerdings weiterhelfen. In den letzten Jahren fanden die Planetenjäger zahlreiche Himmelskörper, die um Sterne kreisen, oftmals sogar mehrere von ihnen wie in unserem Sonnensystem. Ihre Anzahl dürfte daher kaum geringer sein, als die Anzahl der Sterne. Aber ich bin hier vorsichtig und nehme an, dass es eine Größenordnung weniger ist. In unserer Milchstraße ergibt dies dann etwa 10 Milliarden Planeten. Nehmen wir nun ganz vorsichtig an, dass gerade einmal jeder Tausendste von ihnen ganz ähnliche Eigenschaften wie die Erde besitzt, so ergibt das allein in unserer Galaxis 10 Millionen belebte Planeten. Wenn wir nun noch mit einbeziehen, dass das tierische Leben auf der Erde schon seit mehr als 10% der Planetengeschichte existiert, dann sollten wenigstens auf

1 Million Planeten Lebewesen herumlaufen. Und dies allein in der Milchstraße, wo es doch noch 100 Milliarden weitere Galaxien gibt.

Welche dieser Lebensinseln im All ist aber nun für die Existenz unseres Universums verantwortlich? Ist es die Lebensgemeinschaft, die sich zuerst gebildet hat, oder die, die sich am weitesten entwickelt hat? Oder ist es etwa die Gesamtheit allen Lebens im Kosmos? Bevor wir uns dieser Frage zu nähern versuchen, möchte ich sie jedoch von einer anderen Seite beleuchten. Ich möchte dazu zunächst den Widerspruch zwischen lokalem Wissen und einem globalen Universum wieder aufgreifen.

Stellen Sie sich bitte einmal vor, dass zum heutigen Zeitpunkt menschenähnliche Lebewesen in einer sehr fernen Galaxie zu Hause sind. Wenn diese die Sterne und Galaxien beobachten, so werden sie einen ganz anderen Himmel vorfinden als wir. Sie sind zwar in der Lage, unsere Milchstraße zu sehen, wie sie vor Milliarden von Jahren ausgesehen hat, aber es ist völlig unmöglich, dass sie beispielsweise unsere heutigen Radiosignale empfangen. Des Weiteren haben sie Galaxienhaufen und Superhaufen in ihrem Blickfeld, die für uns gar nicht beobachtbar sind, da sie außerhalb *unseres* Beobachtungshorizonts liegen.

Leben diese Wesen im Vergleich zu uns nun in einem *anderen* Universum oder im *selben?* Da sie mit uns nur in ferner Zukunft in Kontakt treten können, sind wir kein Teil ihrer jetzigen Welt. Für diese Wesen ist es im Moment völlig irrelevant, ob der Planet Erde jemals entstehen wird. Andererseits ist eine Reise zu diesen Wesen zumindest prinzipiell machbar, weil sie ja im selben Raum leben wie wir. Wir existieren also *jetzt* für diese hypothetischen Wesen genauso wenig wie sie für uns. Andererseits besteht die Möglichkeit, dass wir später von ihrer Existenz erfahren. Nehmen wir einmal an, dass dies geschehen würde. Ab wann hätten dann diese Wesen existiert?

Für uns würde die Existenz dieser Lebewesen erst beginnen, wenn wir sie entdecken oder besuchen würden. Dagegen beginnt für sie selbst ihre eigene Existenz viel früher, was sie uns auch anhand von Fossilien oder Aufzeichnungen nachweisen können. Trotzdem waren sie zu Beginn *ihrer* Existenz nicht Teil *unseres* Universums. Wir konnten damals noch nichts über sie in Erfahrung bringen, da ein Informationsfluss im Universum nur mit Licht- oder Informationsgeschwindigkeit erfolgen kann. Es entstehen demnach im Weltall zuerst einzelne Lebensgemeinschaften und damit Wissensinseln, die nichts miteinander zu tun haben können. Befinden sich diese lokalen Wissensinseln aber in einem gemeinsamen Raum und damit in einer einzigen globalen Welt?

Je nachdem, welchen Argumenten wir den Vorzug geben, fällt die Antwort auf diese Frage völlig unterschiedlich aus. Nehmen wir die gängige Lehrmeinung und den traditionellen Begriff von Existenz, dann ist die Antwort klar und eindeutig. Das Universum existierte als zusammenhängendes Gebilde lange vor dem Leben und folglich ist das Leben darin entstanden, eventuell auch in vielfacher Form. Alle belebten Planeten befinden sich automatisch in einem gemeinsamen Raum. Wenn wir aber die Existenz des Universums streng an Information und Wissen knüpfen, das Lebewesen zu einem bestimmten Zeitpunkt zugänglich ist, so ist die Antwort weit weniger eindeutig.

Wenn wir annehmen, dass die ersten Lebensgemeinschaften annähernd gleichzeitig in weit voneinander entfernten Galaxien entstanden sind, so befinden sie sich zunächst einmal in verschiedenen beobachtbaren Universen. Wenn wir ebenfalls bedenken, dass diese Universen durch das Leben gerade erst schemenhaft aus ihrer Nichtexistenz gelöst werden, so besteht von vorneherein *keine* Notwendigkeit, dass sie alle dieselben Naturgesetze und Naturkonstanten beinhalten. Je nachdem, *wie* sich die Gesetze und Konstanten im Zusammenspiel mit dem Leben herauskristallisieren, könnte dies der Fall sein. Denkbar ist aber auch, dass sich diese ersten Lebensgemeinschaften ihre eigenen Universen mit jeweils verschiedenen Gesetzmäßigkeiten und mit den für sie geeigneten Lebensbedingungen geschaffen haben. Diese Welten wären dann auch physisch voneinander getrennt.

Könnte es gar sein, dass die meisten belebten Planeten in jeweils isolierten Welten entstanden sind? Nahezu ein jeder befände sich dann in seinem eigenen Universum? Diese zugegeben recht bizarre Vorstellung könnte zumindest einen Erklärungsansatz für ein Problem bieten, das Enrico Fermi (1901–1954) im Jahre 1950 zum ersten Mal aussprach. Er fragte sich, wie es sein kann, dass angesichts der Größe der Milchstraße und der Anzahl der wahrscheinlich bewohnten Planeten noch kein Raumschiff oder keine Raumsonde bei uns vorbeigekommen ist. Wenn man sich dieses sogenannte *Fermi-Paradoxon* einmal genauer durchdenkt, so kommt einem diese Tatsache mehr als merkwürdig vor.

Um dies zu sehen, nehmen wir einmal an, dass es bei vielleicht Tausenden von bewohnten Planeten in der Milchstraße nur eine einzige Zivilisation geschafft hätte, ein langlebiges Gesellschaftssystem zu gründen, das über Millionen von Jahren stabil ist. Gehen wir auch noch davon aus, dass diese Zivilisation einen Antrieb erfunden hätte, mit dem intelligente Raumsonden mit 10% der Lichtgeschwindigkeit reisen könnten. Eine so hoch entwickelte Rasse wäre mit Sicherheit genauso neugierig wie wir und entschlossen, ihre Umgebung zu erforschen. Diese Wesen wären mit ihrer Technologie in der Lage, alle belebten Planeten der Milchstraße innerhalb von nur einer Million Jahren zu erfassen. Es müsste ein Leichtes für sie sein, in der Nähe aller dieser Planeten eine Sonde zu platzieren, die sie über die dort stattfindende Entwicklung auf dem Laufenden hält. Diese Sonden könnten sogar selbstständig handeln, falls sie den Kontakt zu ihrer Mutterwelt verlieren.

Gäbe es solch eine Zivilisation, dann hätte sie schon seit 500 Millionen Jahren bemerken können, dass es auf unserem Planeten höheres Leben gibt. Und dann müsste die Erde nicht nur in ihren Datenbanken als interessanter Planet eingestuft sein, sondern dann müsste sich auch eine ihrer Raumsonden im Sonnensystem aufhalten. Auf die Frage, warum wir davon noch nichts bemerkt haben, gibt es verschiedene Antwortversuche.

Die einfachste Antwort verneint die Existenz solch einer Zivilisation. Es ist zwar möglich, dass es noch keine Zivilisation so weit gebracht hat, aber dies ist bei der Fülle an Planeten und dem Ausbreitungs- und Überlebenswillen des Lebens doch eher unwahrscheinlich. Natürlich ist es auch möglich, dass diese Zivilisation schon vor Dutzenden von Millionen Jahren gelebt hat und längst untergegangen ist. Trotzdem könnten ihre Sonden noch immer funktionieren, vorausgesetzt sie wären in der Lage, sich selbst zu reparieren oder gar zu kopieren. In diesem Fall müsste man aber statt von Sonden eigentlich fast schon von Lebewesen reden.

Ein anderes Argument zielt auf die Schwierigkeit ab, einen funktionierenden Antrieb für galaktische Distanzen zu bauen. So etwas liegt heute technologisch definitiv nicht in unserer Reichweite. Nur in Ansätzen liegen entsprechende Vorschläge auf dem Papier vor. Wenn wir uns aber vor Augen führen, dass unsere industriellen Maschinen gerade einmal 200 Jahre alt sind, dann ist ein Ende dieser Entwicklung noch lange nicht abzusehen. Nichtsdestotrotz könnte es sich jedoch herausstellen, dass *keine* Zivilisation in der Lage ist, einen solchen Antrieb zu bauen.

Die weiteren Antworten, auf die Frage, warum wir noch nicht besucht worden sind, sind meist soziologischer Natur. Entweder muss eine Sonde erst ihre Heimatbasis verständigen oder man hält uns noch nicht reif für eine Kontaktaufnahme. Oder unsere Regierungen halten den längst erfolgten Kontakt geheim. Gerade die letzte Möglichkeit halte ich persönlich für totalen Unsinn. Denn so eine epochale Neuigkeit lässt sich meines Erachtens nicht auf Dauer unter Verschluss halten. Natürlich ist es möglich, dass wir im Moment nur passiv beobachtet werden, aber über kurz oder lang müsste eine intelligente und neugierige Zivilisation in unserem Fall aktiv werden. Es sollte für sie ein Leichtes sein, sich auf unser Niveau hinunterzubegeben und eine akzeptable Kommunikation aufzubauen.

Wie gesagt, vorausgesetzt es gibt solch eine Zivilisation überhaupt. Wenn nicht, müssten wir eine plausible Erklärung finden, warum so eine Entwicklung bisher nicht auf einem einzigen Planeten der Milchstraße geglückt ist. Wenn alle anderen Zivilisationen auf genau derselben Stufe wären wie wir, dann gäbe es dieses Problem nicht. Aber dies ist im Hinblick auf die zeitlichen Dimensionen des Universums nahezu ausgeschlossen. Wenn wir beispielsweise nur den statistischen Durchschnitt darstellen, dann sind schon die Hälfte aller Zivilisationen weiter entwickelt als wir. Zumindest eine von ihnen sollte also schon vor langer Zeit ein Stadium der Langlebigkeit erreicht haben.

Was aber, wenn es innerhalb unserer Galaxis oder gar unseres Universums gar keine anderen belebten Planeten geben sollte? Was wäre, wenn sich jede dieser Lebensinseln ihr eigenes Universum geschaffen hätte? Mit den Bedingungen, die für diese Lebensformen jeweils optimal sind. Dann hätte sich das gesamte Fermi-Paradoxon in Luft aufgelöst. Wir wären einfach die Einzigen oder nahezu die Einzigen in unserer Welt und müssten uns auch nicht wundern, dass uns keiner besucht. Ich halte dies bei aller Vorsicht zumindest für einen bedenkenswerten und vor allem neuartigen Erklärungsansatz, der sich aus dem Zusammenspiel von Leben, Existenz und Universum ergibt. Wir wären demnach zwangsläufig allein und hätten mehr als genug Platz, um uns auszubreiten.

Wenn Sie meine Argumentation nicht richtig überzeugen sollte, dann liegt das nicht an Ihnen. Ich selbst halte sie ebenfalls für lückenhaft und für nicht zwingend. Wenn man meinen Ansatz nur auf unsere Galaxie bezieht, dann bin ich jedenfalls unsicher, was ich davon halten soll. Denn unsere Milchstraße ist vergleichsweise klein, aber die Zahl der wahrscheinlich belebten Planeten sehr groß. Müssten sie sich nicht doch alle innerhalb *unserer* Galaxis befinden? Aber warum hat dann noch niemand an unsere Tür geklopft? Oder haben wir das Klopfen überhört?

Wie dem auch sei, ich lasse meinen Vorschlag hier dennoch stehen, und zwar aus zwei Gründen: Erstens habe ich so etwas Ähnliches im Zusammenhang mit dem Fermi-Paradoxon noch nie gelesen. Und zweitens kann nun jemand anderes meine Argumente aufgreifen und eventuell die Lücken darin schließen. Falls Sie aber denken, dass so ein Ansatz komplett abwegig ist, dann möchte ich eine Warnung aussprechen. Oft waren es die anfangs unglaublichen und kaum fassbaren Gedanken, die sich im Endeffekt durchgesetzt haben. Im Grunde genommen halte meine Denkrichtung daher für noch nicht einmal fantastisch genug, um der eigentlichen Wahrheit nahe zu kommen.

Aus meiner Idee scheint sich zugegebenermaßen wiederum ein Multiversum zu ergeben, eines mit einem oder wenigen belebten Planeten pro Galaxis oder pro Universum. Aber auch hier möchte ich meine harte Linie verteidigen und bleibe dabei, dass wir nichts über die Existenz dieser anderen Welten aussagen können. Es macht einfach keinen Sinn, von ihnen als wirklich zu sprechen, solange wir sie nicht beobachten können. Wir können aber weiterhin versuchen festzustellen, ob und wie viel Leben es innerhalb unserer Galaxis gibt. Der Nebel über dem Rätsel des Fermi-Paradoxons wird sich meiner Meinung nach erst lichten, wenn wir mehr über die Verbreitung von Leben in Erfahrung gebracht haben oder wenn sich die anderen bei uns melden.

Zum Abschluss dieses Kapitels möchte ich Ihnen eine Geschichte über die Bewohner eines Planeten erzählen. Von den Anfängen ihres Universums, von ihrer eigenen Entwicklung und davon, wie sich ihre Vorstellungen von ihrer Welt mit der Zeit gewandelt haben. Verstehen Sie bitte die nächsten Seiten als Angebot für eine neue Sichtweise und nicht als dogmatische Wahrheit. Vieles von dieser Geschichte dürfte Ihnen bekannt vorkommen:

Nichts. Absolut nichts. Etwas, das sich niemand auch nur annähernd vorstellen kann. Kein Raum, keine Zeit, keine Materie, ja noch nicht einmal Naturgesetze. Nur eine schemenhafte Fülle von Möglichkeiten für Gesetzmäßigkeiten, Raumdimensionen und Naturkonstanten war vorhanden. Eine Begründung für diesen Zustand war nicht nötig, denn er war nicht wirklich. Er existierte überhaupt nicht und war doch da, zumindest im Nachhinein, denn damals gab es noch keine Zeit. Nichts war und nichts veränderte sich.

Eine Welt geschaffen aus Möglichkeiten. Und doch existierte diese Welt nicht, denn sie wusste noch nichts über sich selbst. Erst später würde es so aussehen, als hätte an ihrem Anfang ein realer heißer Zustand geherrscht, den manche ihrer Bewohner Urknall nannten. Aber noch lag dies in ferner Zukunft, denn diese Welt war noch weit davon entfernt, Leben zu tragen. Mit der Zeit bildeten sich Teilchen, Atomkerne, Atome, Moleküle, Sterne, Galaxien und ganze Haufen von Galaxien. Der Raum dehnte sich aus, und die Galaxien rotierten um ihr Zentrum. Sterne entstanden und verglühten in Explosionen, die die schweren Elemente in den Raum entließen. Schließlich formten sich aus diesen Elementen die ersten Planeten, die später einmal Lebensinseln werden sollten.

Die Zeit, die dies alles benötigte, war so gut wie bedeutungslos, genau wie die gesamte Welt. Niemand war da, der feststellen konnte, ob diese Welt überhaupt vorhanden war. Und genau deshalb war sie noch nicht vorhanden. Diese geisterhafte Welt umfasste unzählige Planeten und auf manchen von ihnen spielte sich mit der Zeit Erstaunliches ab. Wo genau kann heute niemand sagen, aber irgendwo begannen die Moleküle, sich zu immer komplizierteren Strukturen zusammenzuschließen. Um sich gegenüber ihrer Umgebung zu behaupten, grenzten sich die immer komplexeren chemischen Reaktionen davon ab und umgaben sich mit einer Schutzhülle. Diese Vorstufe von Zellen lernte schließlich, ihren eigenen Informationsinhalt abzuspeichern und wieder auszulesen. Damit war aber der erste Schritt in Richtung Wissen getan. Das Leben hatte begonnen, diese Welt ganz allmählich aus dem Reich der Nichtexistenz zu befreien.

Bis zu seiner gezielten Vermehrung war es für das Leben zwar noch ein weiter Weg, aber er bot unvergleichliche Vorteile. Langsam aber stetig entwickelte es sich auf diesem Planeten zu immer zahlreicheren Formen mit immer unterschiedlicheren Eigenschaften. Alle verfügbaren Lebensräume wurden schließlich über Milliarden von Jahren von den Zellen besiedelt. Dabei wurden auch verschiedenste Arten der Energiegewinnung entwickelt und verfeinert. Doch schließlich entdeckte das Leben, dass ein Verband von mehreren Zellen viel weitreichendere Aufgaben abdecken kann als eine einzige. Auf diese Weise bildeten sich die vielen Millionen Tier- und Pflanzenarten heraus, die nach und nach den gesamten Planeten bevölkerten. Und je höher sich die Lebewesen dabei entwickelten desto umfangreicher wurde ihr Wissen über ihre Umwelt und damit über ihre ganze Welt. Ohne es zu wissen, festigten sie damit immer stärker die Existenz ihres Lebensraums.

Das Leben hatte es in seiner Geschichte nicht immer einfach und musste auch herbe Rückschläge wie die Einschläge von Asteroiden einstecken, die jeweils viele Arten vernichteten. Es war aber lediglich eine Frage der Zeit, wann es einmal einer Gruppe von Tierarten gelingen würde, mehr als ein dumpfes Bewusstsein für ihre Artgenossen, ihre Nahrung und ihre Umwelt herauszubilden. Dieses aufkeimende Selbstbewusstsein war insbesondere bei einer Tierart sehr ausgeprägt, ebenso wie ihre Fähigkeiten zu gemeinsamem Handeln und zur Kommunikation. Diese Wesen waren sich selbst und ihrer Mitgeschöpfe hochgradig bewusst und begannen sich mit der Zeit Gedanken darüber zu machen, in welcher Welt sie eigentlich lebten.

Wie war diese Welt entstanden und wer hatte sie geschaffen? Es mussten die Götter gewesen sein, die hinter den übermächtigen Naturgewalten standen, denen diese Wesen schutzlos ausgeliefert waren und deren Ursachen sie nicht verstanden. Ein Gott allein konnte für diese gewaltige Aufgabe nicht ausreichend sein, denn wie sollte ein Einzelner jemals so etwas vollbringen können? Zu unglaublich war dieser Gedanke.

Mit der Zeit begannen die Wesen, sich zu immer größeren Gemeinschaften zusammenzuschließen. Sie vermehrten sich reichlich und entdeckten, dass einige Plätze auf dem Planeten günstigere Lebensbedingungen aufwiesen als andere. Dies führte schließlich zu Neid, Gewalt und zu gegenseitigem Töten. An den Feldzügen in fremde Gebiete nahmen natürlich auch die jeweiligen Götter teil, denn jedes größere Volk besaß seine eigene Götterwelt, die immer helfend und unterstützend eingriff.

So wirkte es vor mehreren Tausend Jahren geradezu revolutionär, als die ersten Wesen verkündeten, dass es nur einen einzigen Gott gäbe. Dieser sei im wahrsten Sinne des Wortes allmächtig und für alles gleichzeitig zuständig. Anfangs war dies für die meisten Wesen kaum vorstellbar und kaum zu ertragen. Ein Gott, der immer und überall vorhanden ist und der alles sieht. Einer, dem man nicht entrinnen kann und der sich auch nicht überlisten lässt.

Doch diese Idee entfaltete eine große Kraft, denn sie vereinte verschiedenste Völker unter einem einzigen Glauben. Trotzdem gab es nach wie vor mehrere Religionen, denn es herrschte keine Einigkeit zwischen den Wesen, was die Absichten dieses Gottes seien und wie er sich ihnen offenbart hat. So kam es nach wie vor zu Kriegen, an denen auch die unterschiedlichen Gottesvorstellungen beteiligt waren. Lediglich eine der großen Weltreligionen verzichtete ausdrücklich auf einen Gott und behauptete stattdessen, dass hinter all den materiellen Dingen rein gar nichts verborgen liegt.

Aber die Wesen beschäftigten sich nicht nur mit ihren Göttern, sondern selbstverständlich auch mit ihrem Lebensraum. Mit der Zeit begannen sie, ihren Planeten und ihre Welt gezielt zu entdecken und zu erforschen. Sie fanden heraus, dass alles in der Natur nach festen Regeln abläuft. Fasziniert von diesen Gesetzmäßigkeiten und ihrer uneingeschränkten Gültigkeit widmeten einige der Wesen ihr ganzes Leben diesen Studien. Sie fragten sich, ob für diese Naturgesetze auch ihr Gott verantwortlich ist und warum seine Vertreter sich dazu nicht äußerten.

Allmählich bildeten sich wegen dieses Schweigens zwei Vorstellungswelten heraus, die bei vielen Wesen ein ungutes Gefühl hinterließen. Gott war für das geistige Wohl der Wesen und ihr Seelenheil zuständig und die aufkommenden Naturwissenschaften für die materielle Welt. Mit dieser Trennung kamen die meisten Wesen im Alltag ganz gut zurecht, aber tief in ihrem

Inneren nagte ein stetiger Zweifel. Sie lebten doch in einer einzigen Welt und nicht in zweien. Und für diese eine Welt sollte es doch eine einzige Erklärung geben und nicht zwei. Immer noch beschäftigte sie die zentrale Frage: Wer hat die Welt geschaffen? Ist die Welt von Gott geschaffen worden oder können die Naturgesetze die Welt ohne einen Gott erklären? Ist etwa Gott nur der Schöpfer der Naturgesetze und nichts weiter?

Auf einem ganz anderen Gebiet machten die Wesen zwischenzeitlich eine erstaunliche Entdeckung. Die Tier- und Pflanzenarten, die sie trotz erfolgreicher Züchtungen in der Landwirtschaft für unveränderlich hielten, hatten sich erst in einem lang andauernden Prozess herausgebildet. Und von diesem Prozess war auch ihre eigene Art nicht ausgeschlossen. Dies war für viele Wesen anfänglich ein richtiger Schock, denn im Prinzip trennte sie nunmehr rein gar nichts von den anderen Arten. Lange Zeit kam dieser speziellen Tierart nämlich überhaupt nicht in den Sinn, dass sie auch nur eine Zwischenstufe auf einer Evolutionsleiter darstellten. Sie fühlten sich stattdessen als etwas ganz Besonderes und schwangen sich in ihrer Überheblichkeit nicht nur als Herrscher über die anderen Kreaturen auf, sondern unterdrückten oder töteten bei vielen Gelegenheiten auch systematisch ihre eigenen Artgenossen. Sie begriffen noch nicht, dass sie sich mit ihrer Umwelt langfristig arrangieren mussten und vor allem gezwungen waren, ihr Bevölkerungswachstum einzugrenzen. Ansonsten drohte ihnen der Absturz in die Barbarei oder gar die völlige Auslöschung ihrer Art.

Auch auf dem Gebiet, das diese Wesen Physik nannten, entdeckten sie tiefe Zusammenhänge. Sie bemerkten, dass ihre Welt von Symmetrien und Erhaltungssätzen regiert wird. Aber nicht alle diese Symmetrien waren streng erfüllt, sondern gebrochen, wie beispielsweise die Materie-Antimaterie-Symmetrie am Anfang ihrer Welt. Den Wesen war schnell klar, dass eine vollkommen symmetrische Welt sie niemals hervorgebracht hätte, denn eine solche Welt wäre total gleichförmig und ohne Struktur. Die gebrochenen Symmetrien waren wie das Salz in der Suppe, aber wer hatte das Salz in die Suppe ihrer Welt gestreut? Und warum war es ausgerechnet an bestimmten Punkten gelandet und offensichtlich auch noch in genau der richtigen Dosierung? Hatte hier Gott die Finger im Spiel oder waren ihre Wissenschaftler in der Lage, dieses Rätsel ohne jenen Koch zu lösen?

In ihrem Forscherdrang stießen die Wesen in immer neue Regionen vor. Sie studierten die Sterne, entdeckten deren Lebenszyklen, beobachteten Galaxien und vermaßen die großräumigen Haufenstrukturen ihres Kosmos. Schließlich stellten sie fest, dass ihre Welt gar nicht seit ewigen Zeiten existierte, sondern dass sie einen Anfang besaß. Und dieser Anfang hatte es in sich, denn hier schon wurde scheinbar der Grundstein für das spätere Leben und damit für die Existenz dieser Wesen gelegt. Wer außer Gott hätte sich solch einen Anfang ausdenken können und die Entwicklung, die darauf folgte? Doch dieser Gedanke widerstrebte den meisten Wissenschaftlern, denn er passte einfach nicht zu ihrem Fachgebiet. Um ohne ihn auszukommen, ersannen einige von ihnen viel umfassendere Welten, in die die unmittelbar zugängliche auf verschiedenste Arten eingebettet sein sollte. Nur konnte man diese Welten leider nicht beobachten, was bei etlichen dieser Wesen einen faden Nachgeschmack hinterließ.

Aber die Wesen blickten nicht nur hinaus in ihren Kosmos, sondern versuchten auch herauszufinden, was die kleinsten Bestandteile ihrer Welt waren. Auf dieser Suche drangen sie schließlich in Bereiche vor, wo ihnen mit der Zeit klar wurde, dass ihre Welt im Innersten gar nicht aus dem bestand, was sie Materie nannten. Schauten sie nur genau genug hin, so löste sich alles Bekannte auf und übrig blieben nur ganz unwirkliche Informationseinheiten. Die meisten Wissenschaftler wollten diese Entdeckung jedoch anfangs nicht wahr haben und viele von ihnen klammerten sich noch Jahre später an eine überkommene Materievorstellung, die ihnen Halt gab. Wieder einmal war ein Gedanke zu erschreckend und abstrakt. Undenkbar war für sie eine Welt, die nur aus Information und aus nichts anderem bestand.

Aber auch diesmal setzte eine neue Idee ungeahnte Kräfte frei. Manche der Wissenschaftler entledigten sich des alten überflüssigen Ballastes und sahen ihre Welt mit neuen Augen. Nun machte mit einem Mal alles Sinn. Sie hatten sich die ganze Zeit gefragt, warum ihre Welt im Kleinen so seltsam unbestimmt war und warum die Eigenschaften von Objekten erst entstanden, wenn man sie beobachtete. Sie begriffen endlich, dass die tiefere Ursache für diese Merkwürdigkeiten daran lag, dass die Informationsträger nicht im Überfluss vorhanden waren, sondern ein begrenztes Gut darstellten. Mit dieser Einsicht konnten sie auch ihre Vorstellungen von Raum und Zeit überarbeiten und damit seltsame dunkle Materie- und Energieformen über Bord werfen, die sie lange vergeblich gesucht hatten oder niemals richtig verstanden hatten.

Aber diese neue Sichtweise hatte weitreichende Folgen für ihr gesamtes Weltverständnis. Ihnen wurde klar, dass die Existenz von Objekten nicht mehr von vorneherein gegeben war, wenn ihre Welt lediglich aus nicht fassbaren Bestandteilen aufgebaut war. Auch die Wirklichkeit ihrer gesamten Welt stand nun plötzlich auf tönernen Füßen. Die Existenz ihrer Welt war nur sichergestellt, wenn sich innerhalb ihrer Grenzen bestimmte Einheiten bilden konnten, die Informationen über diese Welt sammelten und die über dieses Wissen auch verfügen konnten. Erst wenn ihre Welt von sich selbst etwas wusste und sich damit selbst bewusst wurde, dann existierte sie auch und nahm eine greifbare Gestalt an.

Jetzt dämmerte ihnen endlich, dass sie als Ursache für die Entstehung ihrer Welt gar keinen Gott benötigten. Schon seit Längerem hatten sie bemerkt, dass sie diese Vorstellung jedes Mal in logische Widersprüche verwickelte, wenn sie sich gedanklich dem Anfang von allem näherten. Ein handelnder Gott konnte nicht für den Ursprung ihrer Welt verantwortlich sein. Stattdessen waren sie es selbst zusammen mit all ihren Mitgeschöpfen, die diese Welt über viele Zeitalter hinweg erschaffen hatten. Abermals war dies ein ungeheuerlicher Gedanke, der viele der Wesen zunächst abstieß und der heftig bekämpft wurde. Sie wollten sich nicht von ihrem lieb gewonnenen Gott trennen, auch wenn sie dazu niemand zwang.

Aber vielleicht war das ja nur ein konsequenter Schritt in Richtung Selbstbestimmung? Zuerst gab es viele Götter, dann nur einen einzigen Gott und warum sollte sich eigentlich am Ende nicht herausstellen, dass man gar keinen Gott mehr zur Erklärung der Welt benötigt? War dieser Gedankengang schon wieder zu radikal? Niemand wollte den Wesen ihren persönlichen Gott wegnehmen und sie dadurch einsamer machen. Aber trotzdem mussten auch die

Gläubigen unter ihnen zugeben, dass ihr Gott je nach Religion einen unterschiedlichen Charakter hatte und auch unterschiedliche Regeln vorgab. Die Antwort auf diese Seltsamkeit lautete meist, dass die eigene Religion eben das wahre Bild Gottes vermittelte.

Mit der Zeit aber besannen sich die Wesen auf ihre Vernunft. Seit den frühen Zeiten mit den Naturgöttern hatten sie gewaltige Fortschritte beim Verständnis um ihre Welt gemacht. Im Gegensatz zu damals wussten sie nun weitgehend, wie ihre Welt funktionierte und wie sie entstanden war. Ein Gott war in diesen Vorstellungen weder nötig noch hilfreich. Tatsächlich lebten sie alle zusammen in einer einzigen Welt, die sie offensichtlich mitgeschaffen hatten. Dies gab ihnen ein völlig neues Gemeinschaftsgefühl, denn sie fühlten sich ab jetzt wahrhaft mitverantwortlich für ihre eigene Schöpfung, von der auch ihre Existenz abhing. Die Wirklichkeit wurde ihrer Welt nicht durch einen Gott eingehaucht, sondern sie lag buchstäblich mit in ihren eigenen Händen.

Als die Wesen dies verinnerlicht hatten, konnten sie die Widersprüche ihrer Religionen überwinden. Ihr Denken war ab da nicht mehr in unterschiedliche Vorstellungswelten gespalten. Dies setzte neue Kräfte frei und brachte sie auch ihren Mitgeschöpfen näher. Sie sahen nun, dass sie nicht nur die am weitesten entwickelte Tierart auf ihrem Planeten waren, nein, sie existierten nur deshalb in dieser Welt, weil alle anderen Tier- und Pflanzenarten vorher diese Welt erschaffen hatten. Sie benahmen sich daher nicht mehr wie die Herrscher und Ausbeuter ihres Planeten, sondern besannen sich zu guter Letzt darauf, ihn langfristig zu pflegen, zu erhalten und zu bewahren. Nur dies würde ihr eigenes Überleben sichern und es ihnen auch in Zukunft ermöglichen, mehr über ihre Welt zu lernen. Wenn schon die Existenz der gesamten Welt von ihnen abhing, was für weitere fantastische Entdeckungen und Möglichkeiten hielt sie dann noch für sie bereit? War ihre Welt eventuell weitaus formbarer, als sie sich dies bisher in ihren kühnsten Träumen ausgemalt hatten?

39 Schlussbemerkungen

Wissenschaft ist immer nur der aktuelle Stand des Irrtums.
Eckart von Hirschhausen, Mediziner

Am Ende meines Buches möchte ich zunächst zurückblicken. Zurückblicken auf mehrere Hundert Seiten, auf denen Sie mich bei meiner Entdeckungsreise durch unser Universum begleitet haben. Vielen Dank dafür!

Als ich vor zwei Jahren meine ersten Inhaltsentwürfe und zaghaften Schreibversuche unternommen habe, war ich zwar relativ sicher, dass ich solch ein Werk zustande bringen könnte, aber im Nachhinein bin ich doch froh und erleichtert, dass es nun endlich fertig ist. Ich hatte mich beim Umfang des Projekts doch gründlich verschätzt, denn so viele Seiten hatte ich gar nicht geplant. Aber dieses Buch war es mir allemal wert, denn beim Schreiben ist man im Gegensatz zum Denken oder Sprechen gezwungen, eindeutig zu formulieren und Farbe zu bekennen.

Alles, was Sie von mir erhalten, sind nämlich nur diese Worte, denn Sie können keine Rückfragen an mein Buch stellen. Deshalb musste ich mir bei einigen Sachverhalten erst einmal sicher sein, was ich selbst von ihnen halte und wie ich Sie ihnen am besten erläutere. Ich hatte insgeheim gehofft, dass ich vieles nach dem Schreiben klarer sehen werde, und bin nicht enttäuscht worden. Längst nicht alles, was Sie gerade gelesen haben, war zu Beginn fertig in meinem Kopf zurechtgelegt. Tatsächlich haben sich einige der wichtigsten Folgerungen und Kernaussagen erst ergeben, als schon weite Teile des Buches entstanden waren. Dazu zählen die Interpretation der Unbestimmtheitsrelation, die alternativen Erklärungsversuche für die Dunkle Materie, die Dunkle Energie und die Theorie der Inflation und schließlich auch mein Weltmodell.

Von Anfang an hatte ich mir vorgenommen, dass ich möglichst wenig Vorbildung von Ihnen erwarte, denn diese schränkt immer den Leserkreis und damit die Wirkung einer Veröffentlichung ein. Ich wollte Ihnen unser Universum aus physikalischer und astronomischer Sicht nahebringen und bis zu den aktuellen Forschungsgebieten vordringen. Dabei habe ich mich von den ganz einfachen Fragen leiten lassen, die auch mein Kind einmal stellen wird, wenn es mehr über die Welt erfahren möchte. Woraus besteht unsere Welt, wie funktioniert sie und wie ist sie entstanden?

Im ersten Teil meines Buches konnte ich mich größtenteils auf das Hintergrundwissen aus meinem Studium verlassen. Im zweiten Teil habe ich mich hauptsächlich auf die reichhaltige populärwissenschaftliche Literatur gestützt und nur in seltenen

Fällen auf Fachbücher zurückgegriffen. Stets jedoch waren mir Wikipedia und die dortigen Verweise eine große Hilfe. All dies habe ich möglichst verständlich aufbereitet und weitgehend auf Fachbegriffe und Formeln verzichtet. Urteilen Sie selbst, ob mir dies geglückt ist. Falls ja, dann empfehlen Sie dieses Buch doch bitte weiter!

Information ist das große Leitmotiv meines Buches. Sie spielt zusammen mit dem Leben meiner Meinung nach die Hauptrolle im Universum. Aus der Endlichkeit ihrer Ausbreitungsgeschwindigkeit, die ich statt mit Lichtgeschwindigkeit oft mit Informationsgeschwindigkeit bezeichnet habe, ergibt sich erst der Ablauf der Zeit. Denn Zeit würde gar nicht vergehen, wenn diese Geschwindigkeit unendlich groß wäre. Auch aus einer weiteren Endlichkeit, nämlich die der Informationsmenge, folgt ebenfalls etwas ganz Erstaunliches. Diese Beschränkung führt dazu, dass wir alle Gesetzmäßigkeiten, die in unserem Universum gelten, prinzipiell vollständig verstehen können. Unterhalb bestimmter Dimensionen macht es einfach keinen Sinn mehr, unsere Welt weiter zu unterteilen. Deshalb bewirkt die Endlichkeit der Information eine Komplexitätsbremse, unterhalb derer es keine neuen Gesetze geben kann.

In Anlehnung an fünf große Fragen, die John Archibald Wheeler einmal gestellt hat, möchte ich einige der wichtigsten Aussagen meines Buches noch einmal kurz zusammenfassen:

- Das Universum existiert nur deshalb, weil es sich selbst beobachtet und sich dabei seiner selbst bewusst wird.
- Wir nehmen nicht nur am Universum teil, sondern wir erschaffen es in jedem Augenblick mit unserem Wissen zusammen mit allen anderen Lebewesen.
- Das Universum wäre ohne dieses Wissen tot und bedeutungslos. Erst Wissen und die Möglichkeit, dieses Wissen auch abzurufen, schafft Bedeutung.
- Alles, was ist, besteht einzig und allein aus Information. Dazu gehören die Elementarteilchen, die Atome, unsere Körper, aber auch alle anderen Objekte im Universum.
- Die Ursache für die Quanteneffekte in der Natur liegt darin, dass Informationen und damit Bits die Grundlage unserer Welt bilden. Diese sind unteilbar, und ihre Anzahl ist begrenzt.

Was folgt aus diesen Feststellungen? Die moderne Physik beinhaltet meines Erachtens keinerlei Begründung mehr für eine Trennung von Geist und Materie. Es ist höchste Zeit, dass diese einfache Tatsache zum Allgemeinwissen wird. Zwei Vorstellungswelten, eine geistig religiöse und eine materiell wissenschaftliche, sind für unser Denken nicht nur eine unnötige Belastung, sondern hindern uns auch daran, die Welt so zu sehen, wie sie wirklich ist. Die Menschheit lebt nicht in zwei Welten, sondern in einer und hat deshalb auch ein einziges und in sich schlüssiges Weltbild verdient. Ich hoffe, dass dieses Buch Ihnen eine Skizze davon vermitteln konnte.

Wenn Information die Grundlage von allem darstellt, dann ist Materie in diesem Sinn gar nichts Materielles mehr. Sie ist weder anschaulich, noch greifbar, noch existiert sie aus sich heraus. Wir erleben sie nur so, denn alle Gegenstände unseres Alltags fühlen sich so an. Aber schon in atomaren Dimensionen löst sich diese konkrete Welt auf und übrig bleiben nur bestimmte Informationsbruchstücke, je nachdem welche Eigenschaften eines Objekts wir beobachten wollen. Erst durch diese Beobachtungen gelangen die Eigenschaften eines Objekts zur Existenz, denn davor waren sie lediglich als Möglichkeiten vorhanden. Nur eine Eigenschaft, die eingetreten ist, kann auch zu Wissen werden, und nur eine Eigenschaft, die gewusst wird, ist auch wirklich eingetreten. Auf diese Weise beobachtet sich das Universum selbst von innen heraus.

Wegen der Begrenztheit der Information im Universum spielt auch der Zufall eine zentrale Rolle. Er ist bei Quantenereignissen absolut unvermeidlich, denn diese können nicht bezüglich aller möglichen Beobachtungen festgelegt sein. Denn dazu müsste einem Teilchen unendlich viel Information zur Verfügung stehen, was aber nicht der Fall ist. Es liegt an uns, diese Tatsache endlich zu akzeptieren und anzuerkennen. Deshalb müssen alle Theorien, die dies nicht berücksichtigen wie beispielsweise die allgemeine Relativitätstheorie, dahin gehend überarbeitet werden. Leider ist dies bisher noch nicht in dem gewünschten Umfang gelungen, obwohl dafür meines Erachtens genügend Beobachtungsdaten vorliegen.

Die Quantentheorie wurde ursprünglich aus der Not heraus geboren, viele zunächst unerklärliche Messergebnisse an Atomen mit einer einheitlichen Theorie zu beschreiben. Die Experimentatoren trieben die Theoretiker quasi vor sich her, bis sich ein neues Bild der Natur abzeichnete. Je größer die Abweichungen zwischen den Beobachtungen und einer etablierten Theorie sind, desto mehr Ansatzpunkte für eine Neuformulierung müssten sich eigentlich ergeben. Deshalb finde ich die Situation bei der allgemeinen Relativitätstheorie eigentlich sehr aussichtsreich, es sei denn, man betrachtet sie mehrheitlich weiterhin als eine heilige Kuh. Bei ihr weichen die Vorhersagen der Theorie teilweise um Größenordnungen von den Messungen ab, nur versucht man diese Lücken mit Dunkler Materie und Dunkler Energie zu stopfen. Eine Betrachtung auf Basis der Information sollte hier meines Erachtens den Durchbruch bringen.

Am Schluss möchte ich aber nicht nur zurück, sondern auch nach vorne blicken. Werden sich die teils sehr spekulativen Theorien in der Physik und Astronomie auf Dauer halten können? Darunter fallen nach meiner Ansicht die Stringtheorie mit ihren zusätzlichen Raumdimensionen, die Theorie der Inflation mit ihrer explosionsartigen Raumausdehnung und viele der so gut wie gar nicht überprüfbaren

Weltmodelle. Bisher gibt es zwar einige Anhaltspunkte für diese neuen Vorstellungen, aber meist liefern sie bestenfalls wage Vorhersagen, die oftmals meilenweit von unseren experimentellen Möglichkeiten entfernt sind.

Nicht Beobachtungsdaten, sondern die Mathematik und Weltvorstellungen sind ihre Triebfedern. Aber so ansprechend und faszinierend diese Theorien auch sein mögen, ohne vernünftige Tests gegen die Wirklichkeit werden sie nie den Status der Quantentheorie oder allgemeinen Relativitätstheorie erlangen. Sollen wir an Strings und zusätzliche Dimensionen glauben, obwohl wir sie mit unseren Mitteln nicht nachweisen können? Sollen wir dies tun, nur weil etliche Theoretiker trotzdem davon überzeugt sind und die M-Theorie für alternativlos halten?[1] Ich sehe zumindest heute nicht ein, warum ich diesen Weg mitgehen sollte.

Was geschieht, wenn wir in Zukunft nicht in der Lage sein sollten, eine einzige überzeugende Theorie zu entwickeln und auch experimentell zu verankern? Wird die Physik dann unter diesem zentralen Aspekt nach wie vorhin eine Glaubensveranstaltung bleiben? Ich hoffe nicht und vertraue auf meine Kollegen und ihre Fantasie, dass sie uns auch aus dieser Situation wieder hinausmanövrieren werden.

Betrachtet man sich das Ganze allerdings unter technischen und finanziellen Gesichtspunkten, bin ich nicht ganz so optimistisch. Wer einmal erlebt hat, wie aufwendig es ist, die Genauigkeit eines Experiments nur um eine einzige Größenordnung zu steigern, der weiß, wie herausfordernd es ist, noch weitere 16 Größenordnungen bis hin zur Planck-Länge vorzudringen. Ich glaube daher nicht, dass uns dies jemals gelingen wird. Wir müssen uns daher auf indirekte, aber möglichst eindeutige Messergebnisse verlassen, um eine künftige Weltformel kritisch zu beurteilen. Haben wir damit keinen Erfolg und bleiben mehrere gleich gute Theoriekandidaten übrig, dann haben wir die Grenze des Machbaren und somit unsere Grenzen der Physik ausgelotet und erreicht.

Liebe Leserinnen und Leser, es wird Zeit, dass ich mich von Ihnen verabschiede. Dieses Buch konnte ich ohne Rücksicht auf eine Fachkarriere in der Physik verfassen, denn ich arbeite seit vielen Jahren in der Softwareindustrie. Deshalb habe ich mir an etlichen Stellen erlaubt, relativ weitreichende Spekulationen zu äußern oder aufzugreifen und weiterzudenken. Bei manchen dieser Spekulationen mag sich herausstellen, dass ich daneben liege, aber dieses Risiko trage ich gerne, denn ein echter Fortschritt ist nur möglich, wenn man auch einen Fehlschuss wagt. Im Großen und Ganzen aber bin ich davon überzeugt, dass ich mit den meisten meiner Argumente langfristig richtig liege.

Ich wäre sehr zufrieden, falls ich Sie mit meinem Buch zu einem anhaltenden Nachdenken über unsere Welt angeregt habe. Wenn Ihnen das Thema gefällt, so

[1] z.B. Hawking (2010), Kap. 8

bleiben Sie doch bitte am Ball. In den Anmerkungen des Anhangs finden Sie zu jedem Kapitel zahlreiche Bücher, mit denen Sie sich in das entsprechende Thema vertiefen können. Nahezu alle sind fesselnd und unterhaltsam geschrieben, aber vor allem informativ. Manche setzen durchaus eine ganze Menge an Vorwissen voraus, aber lassen Sie sich davon nicht voreilig abschrecken. Mit der Zeit werden Sie herausfinden, welcher Stil oder welcher Autor zu Ihnen passt.

Natürlich würde ich mich auch freuen, wenn einige meiner Ideen von anderen Wissenschaftlern aufgegriffen werden und in detaillierte Modelle und Theorien umgewandelt würden. Fertige physikalische Theorien waren beim Schreiben dieses Buches nicht mein Ziel, sondern ich wollte vor allem Denkanstöße geben.

Am glücklichsten aber wäre ich, wenn ich bei manchen meiner jungen Leser das Interesse an Physik oder Astronomie als Studienfach geweckt hätte. Es ist bestimmt nicht immer einfach, aber es lohnt sich. Denn was kann spannender sein, als mehr über die Welt herauszufinden, in die man hineingeboren wurde? Ich jedenfalls bin auch heute noch von dieser niemals aufhörenden Suche fasziniert und infiziert, obwohl ich schon lange die aktive Forschung hinter mir gelassen habe. Schließlich benötigt die Wissenschaft zu allen Zeiten junge, unverbrauchte und unkonventionelle Köpfe, die wie immer frischen Wind in das etablierte Gebälk der Institute blasen.

Zu guter Letzt möchte ich noch die Fragen hervorheben, die ich für die drängendsten in der Physik und Astronomie halte:

- Wie sieht die überfällige Vereinigung von Quantentheorie und allgemeiner Relativitätstheorie zu einer Weltformel aus?
- Wie ist der genaue Zusammenhang zwischen Bits und Elementarteilchen und welche Teilchen sind wirklich elementar?
- Gibt es die Dunkle Materie und die Dunkle Energie?
- Lässt sich der Prozess genauer beschreiben, in dem Naturgesetze und Naturkonstanten beim Urknall entstanden sind?
- Gibt es außerirdisches Leben in unserem Universum?

Ich hoffe sehr, dass ich während meines Lebens noch viele interessante Antworten zu diesen faszinierenden Fragestellungen erhalten werde.

Anhang

Größenvergleiche

In diesem Kapitel habe ich nochmals die wichtigsten Vergleiche zusammengestellt. Alle Größenangaben bezeichnen den Durchmesser der jeweiligen Objekte.

Die Wellenlänge von sichtbarem Licht ($380–780\times10^{-9}$m) ist etwa 200-mal kleiner als ein menschliches Kopfhaar (0,12 mm) oder etwa 20-mal kleiner als eine Zelle ($1–30\times10^{-6}$ m).

Atome ($60–450\times10^{-12}$ m) sind etwa 1000-mal kleiner als die Wellenlänge von sichtbarem Licht.

Ein großes Atom (450×10^{-12} m) verhält sich zu einem Apfel (8 cm) so wie der Apfel zur gesamten Erde (12 700 km).

Ein Liter Wasser enthält so viele Atome (10^{26}) wie die Anzahl von Sandkörnern (0,4 mm), die die Landoberfläche der Erde mit 40 m Sand bedecken.

Ein Atomkern ($1{,}5–10\times10^{-15}$ m) ist 10 000 bis 100 000-mal kleiner als ein Atom. Dies entspricht einer Kirsche (2 cm) oder einem Stecknadelkopf (2 mm) im Vergleich zu einem zu einem Fußballstadion (200 m).

Ein Proton hat einen Durchmesser von $1{,}5\times10^{-15}$ m, während ein Elektron wahrscheinlich punktförmig, zumindest aber kleiner als 10^{-19} m ist.

Ist die Erde so groß wie ein Apfel, dann ist die Sonne so groß wie ein Einfamilienhaus (9m ≅ $1{,}4\times10^{6}$ km). Sie befindet sich in diesem Maßstab 1 km von der Erde entfernt (≅ 150×10^{6} km).

Der nächste Stern, Proxima Centauri, ist 270 000 km von dieser Modellsonne entfernt, etwa 70% der echten Entfernung zum Mond (380 000 km). Unser Nachbarstern ist in Wirklichkeit 4,2 Lichtjahre weit weg, wobei ein Lichtjahr $9{,}5\times10^{15}$ m beträgt.

Unsere Milchstraße hat eine Größe von 100 000 Lichtjahren und die Form eines flachen Diskus. Sie besteht aus ca. 100–200 Milliarden Sternen. Geben wir ihr die Größe Diskus aus der Leichtathletik (22 cm), so beträgt die Entfernung zwischen der Sonne und ihrem nächsten Nachbarn in diesem Modell nur 0,01 mm, zehnmal dünner als ein Haar.

Die nächste größere Galaxis, die Andromedagalaxie, ist 5,5 m vom Diskus unserer Galaxis entfernt, in Wirklichkeit aber $2{,}5\times10^{6}$ Lichtjahre.

Der beobachtbare Rand unseres Universums ist in diesem Maßstab 100 km (≅ 45×10^{9} Lichtjahre) weit von uns weg. Innerhalb dieses Raums befinden sich mindestens 50 Milliarden Galaxien.

Theorien

Dieses Kapitel gibt Ihnen einen Überblick über die wichtigsten vorgestellten Theorien.

Klassische Mechanik:
Das Geschehen im Universum ist im Vorhinein in allen Einzelheiten festgelegt. Von diesem Ablauf gibt es keine Abweichungen. Als Hintergrund dient eine unveränderliche Bühne aus Raum und Zeit.

Spezielle Relativitätstheorie:
Das Geschehen im Universum ist im Vorhinein in allen Einzelheiten festgelegt. Von diesem Ablauf gibt es keine Abweichungen. Die Bühne aus Raum und Zeit, aber auch die Gegenstände darauf, werden gestreckt und gestaucht, je nachdem, wie sich ein Beobachter bewegt. Ereignisse, die Ursache und Wirkung darstellen, finden immer in der richtigen Reihenfolge statt. Voneinander unabhängige Ereignisse jedoch haben eine Abfolge, die vom Bewegungszustand des Beobachters abhängt. Bewegte Uhren gehen langsamer, bewegte Maßstäbe sind kürzer, und bewegte Massen sind schwerer. Masse und Energie sind gleichberechtigt.

Allgemeine Relativitätstheorie:
Das Geschehen im Universum ist im Vorhinein in allen Einzelheiten festgelegt. Von diesem Ablauf gibt es keine Abweichungen. Die Bühne aus Raum und Zeit wird durch alle Körper mitgestaltet, die sich auf ihr befinden. Je massiver ein Körper ist, desto stärker krümmt er den Raum und bremst den Ablauf der Zeit. Die Gravitation wird nicht mehr als Kraft, sondern als Raum-Zeit-Geometrie gedeutet. Die Bühne verliert ihre Starrheit und wird so zu einem aktiven Teil des Schauspiels. Ansonsten gelten auch alle Effekte der speziellen Relativitätstheorie.

Quantentheorie:
Das Geschehen im Universum ist im Vorhinein überhaupt nicht festgelegt. Lediglich Wahrscheinlichkeiten für bestimmte Ereignisse sind bekannt. Alle Ereignisse werden durch Würfeln mithilfe eines Regelwerks bestimmt, das nach jedem Wurfergebnis wieder angepasst werden muss. Manche Paare von Größen sind wechselseitig nur bis zu einem bestimmten Grad festgelegt. Einfache Teilchen lassen sich nicht voneinander unterscheiden und verbinden sich bei einer Wechselwirkung zu einer gemeinsam wirkenden Einheit. Ansonsten gelten auch alle Effekte der speziellen Relativitätstheorie.

Glossar

absoluter Nullpunkt
siehe Temperaturnullpunkt

allgemeine Relativitätstheorie
Theorie der Geometrie von Raum, Zeit und Gravitation; Haupteigenschaften: Krümmung von Raum und Zeit durch Masse oder Energie, Geometrie ersetzt die Gravitation, Relativität der Gleichzeitigkeit, Längenverkürzung, Massenzunahme, Äquivalenz von Masse und Energie

anthropisches Prinzip (2 Ausführungen)
schwaches anthrop. Pr.: Das Universum muss so beschaffen sein, dass es uns gibt.
starkes anthrop. Pr.: Das Universum wurde so geschaffen, dass es uns geben wird.

Antiteilchen
Teilchen mit entgegengesetzter elektrischer Ladung; zerstrahlt mit seinem Partnerteilchen zu Energie

Äquivalenzprinzip
Forderung nach Gleichheit von schwerer und träger Masse; Ununterscheidbarkeit von beschleunigter Bewegung und Gravitation

Austauschteilchen
auch Boson: Teilchen mit ganzzahligem Spin; Überträger von Kräften; unterliegen nicht dem Pauli-Prinzip

Baryon
Teilchen, das aus 3 Quarks oder 3 Antiquarks zusammengesetzt ist; nur das Proton ist stabil

Bit
kleinste Informationseinheit; Antwort auf eine Ja-Nein-Frage

Blauer Riese
sehr heißer und großer Stern mit 10–50 Sonnenmassen

Boson
siehe Austauschteilchen

Brauner Zwerg
Objekt zwischen Planet und Stern mit 1,2–8% Sonnenmasse; nur eingeschränkte Kernfusion

Byte
acht Bit

Celsiusskala
Temperaturskala, die ihren Nullpunkt beim Gefrierpunkt von Wasser hat; 0 Grad Celsius = 273 Grad Kelvin

CERN
europäisches Zentrum für Teilchenphysik bei Genf

Chaos
genauer deterministisches Chaos: unvorhersagbares, aber streng festgelegtes Verhalten von Systemen

Dekohärenz
Zerfall von Überlagerungszuständen, Entstehung von beobachtbaren Größen

Dekohärenzzeit
Zeit, innerhalb derer eine Dekohärenz stattfindet

Doppelspaltversuch
bekanntester Versuch der Quantentheorie; Teilchen verursachen hinter zwei Spalten ein Interferenzmuster

Dopplereffekt
Verschiebung der Tonhöhe oder Lichtwellenlänge wegen einer relativen Geschwindigkeit zwischen Quelle und Empfänger

Drehimpuls
Impuls, der in einer Drehbewegung steckt; ist immer erhalten

Dunkle Energie
Energieform, die die beschleunigte Ausdehnung des Universums erklären soll

Dunkle Materie
Materie, die nicht mit Strahlung wechselwirkt; besteht nicht aus Quarks; wird benötigt, um Bewegungen von Sternen und Galaxien in Einklang mit der allgemeinen Relativitätstheorie zu bringen

Dynamischer-Kollaps-Theorie
Theorie, die einen realen Kollaps der Wellenfunktion beschreibt

Elektrische Ladung
Ladung der elektromagnetischen Wechselwirkung; ist immer erhalten

elektromagnetische Wechselwirkung
auch elektromagnetische Kraft: Austauschteilchen ist das Photon; wirkt auf alle elektrisch geladenen Teilchen; unendliche Reichweite

Elektron
leichtestes elektrisch geladenes Elementarteilchen

elektroschwache Wechselwirkung
Vereinigung aus elektromagnetischer und schwacher Wechselwirkung

Element
Atome mit gleicher Anzahl von Protonen im Kern; unterschiedliche Neutronenzahl möglich

Elementarladung
kleinste gemessene Ladung; Ladung eines Elektrons oder Protons

Elementarteilchen
fundamentales Teilchen; ohne räumliche Ausdehnung; punktförmig; nicht zusammengesetzt; nicht teilbar

Energie
ermöglicht es, etwas zu tun; hat verschiedene Formen; ist immer erhalten

entartete Materie
Materiezustand mit einer höheren Temperatur als nach den Gesetzen der Wärmelehre; entsteht, weil Teilchen sich wegen des Pauli-Prinzips schneller als normal bewegen müssen
Entartungsdruck
Druck, der in einem Materiezustand herrscht, weil er entartetet ist
Entropie
Maß für die Wahrscheinlichkeit eines Zustands; Maß für den Informationsinhalt eines Objekts; wächst bei allen Prozessen oder bleibt zumindest gleich
Ereignishorizont
Grenze um ein Schwarzen Lochs, von der aus es kein Entrinnen gibt; Fluchtgeschwindigkeit = Informationsgeschwindigkeit = Lichtgeschwindigkeit
Erhaltungssatz
beschreibt die Erhaltung einer physikalischen Größe; erfordert eine Symmetrie
Existenzprinzip
Die Wirklichkeit besteht ausschließlich aus Informationen über die Wirklichkeit.
Faktum
beobachtbare Tatsache; entsteht durch einen quantentheoretischen Entscheidungsprozess
falsches Vakuum
hypothetischer instabiler Zustand des Vakuums; verursacht eine ungeheure Raumausdehnung in sehr kurzer Zeit
Farbladung
Ladung der starken Wechselwirkung; Quarks und Gluonen tragen eine Farbladung
Feld
gibt die räumliche Verteilung einer Kraftwirkung an; wird durch virtuelle Austauschteilchen aufgebaut
Feinabstimmung
auch Feinabstimmung der Naturkonstanten: Rätsel oder Problem, das darauf hinweist, dass das Leben in unserem Universum von vielen Naturkonstanten empfindlich abhängt
Fermi-Paradoxon
Warum haben sich noch keine Außerirdischen bei uns gemeldet?
Fermion
siehe Materieteilchen
Fernwirkung
Kraftwirkung, die sich mit unendlicher Geschwindigkeit ausbreitet
Fluchtgeschwindigkeit
Mindestgeschwindigkeit zum Entweichen aus einem Schwerefeld
Galaxie
spiralförmiges oder elliptisches System mit 10^{11}–10^{12} Sternen; gravitativ gebunden
Galaxienhaufen
Haufen mit 1000–10 000 von Galaxien; gravitativ gebunden
Generation
Gruppierung von Elementarteilchen; es gibt drei Generationen

Gluon
Austauschteilchen der starken Wechselwirkung; trägt eine Kombination von Farbladungen

Gravitation
auch Gravitationskraft, Schwerkraft oder Massenanziehung: wird nach der allgemeinen Relativitätstheorie über die Krümmung des Raum und der Zeit vermittelt; hypothetisches Austauschteilchen ist das Graviton; unendliche Reichweite

Gravitationskonstante
bestimmt die Stärke der Gravitation gegenüber den anderen Wechselwirkungen

Graviton
hypothetisches Austauschteilchen der Gravitation; masselos

Größenordnung
Unterschied um einen Faktor 10 oder eine Zehnerpotenz

große vereinheitlichte Theorie
hypothetische Theorie, die die elektroschwache und starke Wechselwirkung einschließt; gültig oberhalb einer Energie von 2×10^{18} mal der Elektronenmasse

Halbwertszeit
Zeit, nachdem die Hälfte einer Menge von Teilchen oder Atomkernen zufällig zerfallen ist

Hadron
Teilchen, die aus Quarks bestehen; Zusammenfassung aus Baryonen und Mesonen

Hawking Strahlung
hypothetische Wärmestrahlung, die zum Verdampfen eines Schwarzen Lochs führt

Higgs-Teilchen
hypothetisches Elementarteilchen, das verantwortlich für alle Massen sein soll

Hintergrundstrahlung
auch kosmische Hintergrundstrahlung: fast gleichförmige Mikrowellenstrahlung mit einer Temperatur von 3 Grad über dem Temperaturnullpunkt; wurde 400 000 Jahre nach dem Urknall von einem heißen Plasma ausgesandt; sehr stark rotverschoben

holografisches Prinzip
Die Information innerhalb eines Volumens ist auf dessen Oberfläche codiert.

Hubble-Konstante
beschreibt die derzeitige Ausdehnung des Universums; Wert 22 km/s pro 1 Millionen Lichtjahre

Impuls
Produkt aus Masse mal Geschwindigkeit; ist immer erhalten

Inflation
hypothetische Phase kurz nach dem Urknall mit sehr starker Ausdehnung des Universums

Information
Menge von Bits; Mitteilung über ein Faktum; wird übertragen oder gespeichert

Informationsgeschwindigkeit
maximale Geschwindigkeit, mit der Informationen übermittelt werden können; ist gleich der Lichtgeschwindigkeit; Vorbedingung für einen Ablauf der Zeit

Interferenzmuster
Überlagerungsmuster; entsteht beispielsweise beim Doppelspaltversuch

Isotop
Atom mit einer bestimmten Anzahl von Protonen und Neutronen im Kern

Kelvinskala
Temperaturskala ab dem absoluten Nullpunkt; 0 Grad Celsius = 273 Grad Kelvin

Kernfusion
Verschmelzung von Atomkernen; findet nur bei sehr hohen Temperaturen statt

klassische Theorie
Weltbild ohne Zufall und Unbestimmtheit; erfordert unendlich viel Information

Kollaps der Wellenfunktion
sprunghafte Änderung der Wellenfunktion durch den Erwerb von neuem Wissen bei einer Beobachtung

Kopenhagener Deutung
Standardinterpretation der Quantentheorie, die auf Niels Bohr zurückgeht

kosmologische Konstante
Konstante in der allgemeinen Relativitätstheorie; wird meist mit der Dunklen Energie gleichgesetzt

kosmologisches Prinzip
Alle Orte und alle Richtungen im Universum sind gleichberechtigt.

kosmologisches Standardmodell
basiert auf der allgemeinen Relativitätstheorie und dem kosmologischen Prinzip; enthält Dunkle Materie und Dunkle Energie

Kraft
bewirkt die Beschleunigung einer Masse; die 4 Grundkräfte werden auch Wechselwirkungen genannt

Lepton
Materieteilchen; elementar; meistens leicht; 6 verschiedene; besteht nicht aus Quarks; nur das Elektron und die Neutrinos sind stabil

LHC
Large Hadron Collider am CERN; stärkster Proton-Proton-Beschleuniger

Licht
elektromagnetische Strahlung; besteht aus Photonen

Lichtgeschwindigkeit
Geschwindigkeit des Lichts im Vakuum; Wert 300 000 km/s; siehe Informationsgeschwindigkeit

Lichtjahr
Strecke, die das Licht in einem Jahr zurücklegt; Wert $9{,}5 \times 10^{15}$ m

M-Theorie
hypothetische endgültige Form der Stringtheorie

Masse
Eigenschaft, die einen Körper oder Teilchen schwer und träge macht; äquivalent zur Energie; verursacht durch das Higgs-Teilchen?

Materieteilchen
auch Fermion: Teilchen, die einen halbzahligen Spin besitzen; gehorchen dem Pauli-Prinzip

Meson
Teilchen, das aus einem Quark und einem Antiquark zusammengesetzt ist; alle instabil

Messproblem
Forderung nach einer genauen Erklärung, wie das Resultat einer Messung in der Quantentheorie zustande kommt

Multiversum
hypothetische Struktur aus vielen einzelnen Universen

Neutrino
leichteste Leptonen; 3 verschiedene; können sich ineinander umwandeln; tragen wahrscheinlich eine sehr geringe Masse

Neutron
elektrisch neutraler Kernbaustein; besteht aus einem Up- und zwei Down-Quarks; 0,14% schwerer als ein Proton; zerfällt mit einer Halbwertszeit von 15 Minuten

Neutronenstern
Endstadium eines Sternenkerns zwischen 1,4 und 3 Sonnenmassen; besteht nur aus Neutronen; stabilisiert durch Entartungsdruck

Nichtlokalität, nicht lokal
Eigenschaft von Quantensystemen; synchronisiert das Verhalten von Teilchen über große Distanzen ohne direkte Wechselwirkung

olberssches Paradoxon
stellt und erklärt die Frage: Warum ist es nachts dunkel?

Parameter
auch freier P.: Größe, die nicht berechnet oder hergeleitet werden kann, sondern gemessen werden muss

Pauli-Prinzip
verbietet Teilchen, sich beliebig dicht beieinander aufzuhalten; gilt nur für Materieteilchen

Phasenübergang
Übergang, bei dem sich Aussehen und Verhalten von Materie stark verändern; z.B. Schmelzen von Eis zu Wasser

Photon
auch Lichtteilchen: Austauschteilchen der elektromagnetischen Wechselwirkung; masselos

Planck-Einheiten
natürliche Größen, die aus einer Kombination der Gravitationskonstante, der Lichtgeschwindigkeit und dem Wirkungsquantum gebildet werden

Planet
Körper, der einen Stern umkreist; ohne Kernfusionsprozesse in seinem Inneren

Plasma
sehr heißes Gas, bei dem die Atome ihre Elektronen ganz oder teilweise abgegeben haben

Polarisation
Messgröße, die sehr eng mit dem Spin verknüpft ist; kann bei Licht bestimmt werden

Positron
Anti-Elektron; Antiteilchen zum Elektron

Proton
positiv geladener Kernbaustein; leichtestes Baryon; besteht aus zwei Up- und einem Down-Quark; 1836-mal schwerer als ein Elektron; stabil

Quantenbit, Qubit
korrekte Beschreibung für 1 Bit in der Quantentheorie, z.B. der Spin eines Elektrons

Quantendarwinismus
beschreibt, wie Zustände in einer Umwelt überleben und beobachtbare Größen herausbilden

Quantengravitation
Theorie, die Quantentheorie und die allgemeine Relativitätstheorie miteinander vereint; bisher nicht gefunden, siehe Weltformel

Quantenmechanik
älterer Name für Quantentheorie

Quantentheorie
Theorie über die Entstehung von Fakten und die zeitliche Entwicklung von Möglichkeiten; Haupteigenschaften: Bestimmtheit der Möglichkeiten, Zufälligkeit bei der Entstehung von Fakten und Begrenztheit der Fakten durch die Unbestimmtheitsrelationen

Quantenzahl
Größe in der Quantentheorie, die nur ganzzahlige Werte annehmen kann

Quark
massives elementares Materieteilchen; trägt eine elektrische Ladung und eine Farbladung; unterliegt allen Wechselwirkungen; 6 verschiedene; nur Up- und Down-Quark sind stabil

Quarkmischung
Identitätsverschiebung zwischen den Quarksorten unter dem unterschiedlichen Blickwinkel der verschiedenen Wechselwirkungen

Quintessenz
hypothetische veränderliche Form der Dunklen Energie

Relativitätsprinzip
Physikalische Gesetze haben für alle Beobachter dieselbe Form und sind unabhängig von dessen Bewegungszustand.

Roter Riese
Zwischenstadium eines alten Sterns, kühl und stark aufgebläht

Roter Zwerg
kleiner und kühler Stern; Masse zwischen 8 und 60% der Sonnenmasse

Rotverschiebung
Verschiebung einer Lichtwellenlänge zu größeren Wellenlängen hin; kosmologische R.: verursacht durch Raumausdehnung; gravitative R: verursacht durch ein Gravitationsfeld; Dopplereffekt: verursacht durch die Geschwindigkeit eines Beobachters durch den Raum

Ruhemasse
Masse, die ein Körper besitzt, wenn er sich in Ruhe befindet

Schleifenquantengravitation
hypothetische Theorie der Quantengravitation, nach der die Welt aus einem Netzwerk aus Spins besteht

Schrödingergleichung
fundamentale Gleichung der Quantentheorie, beschreibt die Entwicklung eines Zustands

Schrödingers Katze
berühmtestes Gedankenexperiment der Quantentheorie

schwache Wechselwirkung
auch schwache Kraft: Austauschteilchen sind die W- und Z-Teilchen; wirkt auf Quarks und Leptonen; kurze effektive Reichweite

schwarzer Körper
Körper, der keine Strahlung reflektiert, aber Strahlung aussenden kann; z.B. die Sonne oder ein glühendes Stück Eisen

Schwarzes Loch
Endstadium eines Sternenkerns mit mehr als 3 Sonnenmassen, Singularität mit Ereignishorizont; Eigenschaften: Masse, Drehimpuls, elektrische Ladung, Körper mit maximaler Entropie und Informationsinhalt

Schwerkraft
siehe Gravitation

Singularität
Unendlichkeit in einer Theorie, die sich mathematisch nicht beseitigen lässt; Hinweis auf das Versagen der Theorie bei diesem Zustand

Spektrum
auch Lichtspektrum: Zerlegung von Licht in seine verschiedenen Wellenlängen, z. B. mit einem Prisma

spezielle Relativitätstheorie
Einschränkung der allgemeinen Relativitätstheorie auf kräftefreie und damit gleichförmige Bewegungen; Hauptcharakteristika: Relativität der Gleichzeitigkeit; Längenverkürzung, Massenzunahmen, Äquivalenz von Masse und Energie

Spin
quantenmechanische Größe von Teilchen mit der Einheit eines Drehimpulses; repräsentiert die Antwortalternativen auf eine oder wenige einfache Fragen

Standardmodell der Elementarteilchen
auch kurz Standardmodell: einheitliches Modell aller Elementarteilchen und aller Wechselwirkungen außer der Gravitation; kann nur vorläufigen Charakter haben; besitzt zu viele freie Parameter

starke Wechselwirkung
auch starke Kraft: Austauschteilchen ist das Gluon; wirkt auf Quarks und Gluonen; verantwortlich für den Zusammenhalt aller Hadronen (=bestehen aus Quarks), insbesondere von Proton, Neutron und allen Atomkernen; kurze effektive Reichweite

Stern
Kugel aus Plasma mit Kernfusionsprozessen im Inneren

Stringtheorie
hypothetische Theorie der Quantengravitation, nach der die Welt aus winzigen schwingenden Saiten besteht

Superhaufen
Haufen von Hunderten von Galaxienhaufen; unterliegen der kosmischen Raumausdehnung

Supernova
Sternenexplosion, die zu einem Neutronenstern oder Schwarzen Loch führt

Superpositionsprinzip
Eine Addition von verschiedenen Lösungen der Schrödingergleichung ist wieder eine Lösung.

Supersymmetrie
hypothetische Symmetrie zwischen Materie- und Austauschteilchen; erfordert doppelt so viele Elementarteilchen, wie heute bekannt sind

Symmetrie
liegt vor, wenn Objekte sich unter einer bestimmten Transformation (=Änderungsoperation) nicht verändern; sind gleichbedeutend mit einem physikalischen Erhaltungssatz

Temperatur
makroskopische Größe; bestimmt durch die zufällige Bewegung der beteiligten Teilchen

Temperaturnullpunkt
tiefste mögliche Temperatur; 0 Grad Kelvin = -273 Grad Celsius

Theorie
einheitliche Beschreibung vieler Sachverhalte mit großer Erklärungskraft; hergeleitet aus allgemeinen Prinzipien

Unbestimmtheitsrelation
auch heisenbergsche Unbestimmtheitsrelation: Gruppe von Beziehungen zwischen jeweils zwei Größen, bei der die Kenntnis der einen die genauere Bestimmtheit der anderen ausschließt; verschiedene Größen teilen sich die gleichen Bits; begrenzt die Anzahl der Fakten im Universum; Vorbedingung für ein vollständiges Verständnis des Universums

Unschärferelation
auch heisenbergsche Unschärferelation: anderer Name für Unbestimmtheitsrelation

Urknall
Beginn des Universums; was vor diesem Zeitpunkt war, ist unbekannt

Vakuum
leerer Raum; angefüllt mit Feldern oder virtuellen Teilchen, die die Felder repräsentieren

Vektor
Größe, die eine Richtung besitzt; z. B. Geschwindigkeit; Gegenteil: eine Größe ohne Richtung ist ein Skalar, z. B. Temperatur

verborgene Parameter
Parameter, die nicht in der Quantentheorie vorkommen, die aber das Verhalten von Teilchen ohne einen Zufall erklären; sind durch Experimente weitestgehend ausgeschlossen

Verschränkung
nicht-lokale Synchronisation von Teilchen über große Entfernungen; bewirkt den Verlust der Individualität von Teilchen; ermöglicht die Kopplung von Prozessen bei der Informationsentstehung

Viele-Welten-Interpretation
Interpretation der Quantentheorie; die Welt spaltet sich bei *jedem* Quantenereignis auf

W-Teilchen
schweres elektrisch geladenes Austauschteilchen der schwachen Wechselwirkung

Wahrscheinlichkeitswelle
anschauliches Bild für die Wellenfunktion in der Quantentheorie

Wechselwirkung
allgemeinere Bezeichnung für die 4 Grundkräfte: schwache, starke und elektromagnetische Wechselwirkung und Gravitation

Weißer Zwerg
Endstadium eines Sterns mit weniger als 1,4 Sonnenmassen

Wellenfunktion
mathematische Formel für einen quantentheoretischen Zustand

Weltformel
hypothetische Theorie, die alle Wechselwirkungen einschließt; gültig ab der Planck-Energie; Kandidaten: Schleifenquantengravitation, Stringtheorie; siehe Quantengravitation

Wirkungsquantum
auch plancksches Wirkungsquantum: Naturkonstante der Quantentheorie; tritt in der Unbestimmtheitsrelation als begrenzende Größe auf

Z-Teilchen
schweres elektrisch neutrales Austauschteilchen der schwachen Wechselwirkung

Zeigerzustand
Stabiler Zustand, der die Beobachtung einer Größe erlaubt

zeilingersches Urprinzip
auch Urprinzip: Das elementarste System trägt die Information von 1 Bit.

Zeit
vergeht, weil Fakten entstehen und sich somit Veränderungen ergeben; bietet die Möglichkeit, etwas zu tun

Zustand
quantentheoretische Beschreibung eines Teilchens oder Systems von Teilchen mit Wahrscheinlichkeiten für Messergebnisse

Literatur

Die hier aufgeführte Literatur erhebt keinerlei Anspruch auf Vollständigkeit, sondern umfasst lediglich die Quellen, die ich für die Fertigstellung dieses Buches verwendet habe.

Als Jahreszahl habe ich bevorzugt das Erscheinungsjahr der ersten Auflage angegeben. Nur im Falle von stark aktualisierten Auflagen habe ich das Jahr der neusten Auflage verwendet. Eine verfügbare Taschenbuchausgabe habe ich mit dem Kürzel TB gelistet. Bei nicht deutschsprachigen Originalen habe ich zusätzlich deren Titel, Erscheinungsjahr und Verlag mit aufgeführt.

Alonso, M.; Finn, E. (2000), Physik, Oldenbourg

Alonso, M.; Finn, E. (2005), Quantenphysik und Statistische Physik, Oldenbourg

Assimov, I. (1984) Die Erforschung der Erde und des Himmels, Kiepenheuer & Witsch, Köln; TB: (1992) dtv, München; Original: Exploring the Earth and the Cosmos (1982) Nightfall, New York

Baeyer, H. C. v. (2005) Das informative Universum, C. H. Beck, München; Original: Information. The New Language of Science (2003) Weidenfeld & Nicolson / The Orion Publishing Group, London

Baker, J. (2009) 50 Schlüsselideen Physik, Spektrum Akademischer Verlag, Heidelberg; Original: 50 Physics Idesas You Really Need To Know (2007) Querus Publishing PLC, UK

Barrow, J. D. (2006) Einmal Unendlichkeit und zurück, Campus, Frankfurt/Main; TB: (2008) rororo, Reinbek; Original: The Infinite Book (2005) Jonathan Cape, London

Baschek, B.; Unsöld, A. (2006) Der neue Kosmos, Springer, Berlin

Börner, G. (2006) Schöpfung ohne Schöpfer?, Deutsche Verlags-Anstalt, München; TB: neuer Titel: Das neue Bild des Universums (2009) Pantheon, München

Bojowald, M. (2009) Zurück vor den Urknall, S. Fischer, Frankfurt am Main

Briggs, J.; Peat, F. D. (1990) Die Entdeckung des Chaos, Carl Hanser, Münche; TB: (1993) dtv, München; Original: Turbulent Mirrow, Harper & Row, New York

Close, F. (2009) Das Nichts verstehen, Spektrum Akademischer Verlag, Heidelberg; Original: The Void (2007) Oxford University Press

Davies, P. (1987) Die Urkraft, Rasch und Röhring, Hamburg; TB: (1990) dtv, München; Original: Superforce (1984) Simon and Schuster, New York

Davies, P. (1989) Superstrings, Birkhäuser, Basel; TB: (1992) dtv, München; Original: Superforce (1988) Cambridge University Press

Davies, P. (1996) Die letzten drei Minuten, Bertelsmann, München; TB: (1998) Goldmann, München; Original: The Last Three Minutes (1994) Basic Books, New York

Davies, P. (2008) Der kosmische Volltreffer, Campus, Frankfurt/Main; Original: The Goldilocks enigma: why is the universe just right for life? (2006), The Penguin Press

Dawkins, R. (2008) Geschichten vom Ursprung des Lebens, Ullstein; TB: (2009) Ullstein; Orig: The Ancestor's Tale (2004) Weidenfeld & Nicolson, London

Ditfurth, H. v. (1972) Im Anfang war der Wasserstoff, Hoffmann und Campe, Hamburg; TB: (2007) dtv, München

Ditfurth, H. v. (1976) Der Geist fiel nicht vom Himmel, Hoffmann und Campe, Hamburg

Ditfurth, H. v. (1981) Wir sind nicht nur von dieser Welt, Hoffmann und Campe, Hamburg

Ellwanger, U. (2009) vom Universum zu den Elementarteilchen, Springer, Berlin

Feynman, R. P. (1988) QED. Die seltsame Theorie des Lichts und der Materie, Piper, München; Original: QED - The Strange Theory of Light and Matter (1985) Princeton University Press

Froböse, R. (2008) Die geheime Physik des Zufalls, Books on Demand, Norderstedt

Gerthsen, C.; Meschede, D. (2006) Physik, Springer, Berlin

Gisin, N. et al. (2008) Testing the speed of ›spooky action at a distance‹, Nature 454, 861-864, http://www.nature.com/nature/journal/v454/n7206/abs/nature07121.html

Görnitz, T. (2006) Quanten sind anders, Spektrum Akademischer Verlag, Heidelberg

Görnitz, T. und B. (2007) Der kreative Kosmos, Spektrum Akademischer Verlag, Heidelberg

Goswami, A. (1997) Das bewußte Universum, Lüchow Verlag, Stuttgart; Original: The Self-Aware Universe (1993) Penguin Group (USA) Inc.

Greene, B. (2000) Das elegante Universum, Siedler, München; TB: (2006) Goldmann, München; Original: The Elegant Universe (1999), W. W. Norton & Company, New York

Greene, B. (2004) Der Stoff, aus dem der Kosmos ist, Siedler, München; TB: (2008) Goldmann, München; Original: The Fabric of the Cosmos (2004), Alfred A. Knopf, New York

Gribbin, J. (1987) Auf der Suche nach Schrödingers Katze, Piper, München; Original: In the Search of Schrödinger's Cat (1984), Wildwood House, London

Haber, H. (1959) Lebendiges Weltall, Bertelsmann

Haber, H. (1970) Brüder im All, Deutsche Verlags-Anstalt, Stuttgart; TB: (1972) rororo, Reinbek

Haken, H.; Wolf, H.C. (2004) Atom- und Quantenphysik, Springer, Berlin

Hasinger, G. (2007) Das Schicksal des Universums, C. H. Beck, München; TB: (2009) Goldmann, München

Hawking, S. (1988) Eine kurze Geschichte der Zeit, Rowohlt, Reinbek; Original: A Brief History of Time (1988) Bantam Books, New York

Hawking, S.; Penrose, R. (1996) The Nature of Space and Time, Princeton University Press

Hawking, S.; Mlodinow, L. (2010) Der große Entwurf, Rowohlt, Hamburg; Original: The Grand Design (2010), Bantam Books, New York

Heisenberg, W. (1930) Physikalische Prinzipien der Quantentheorie, Hirzel, Stuttgart, unveränderter Nachdruck (2008)

Heisenberg, W. (1969) Der Teil und das Ganze, Piper, München; TB: (2002) Piper, München

Heisenberg, W. (1979) Quantentheorie und Philosophie, Reclam, Stuttgart

Hofstadter, D. R. (2007) Gödel, Escher, Bach, dtv, München; Original: Gödel, Escher, Bach (1979) Basic Books, New York

Hooper, D. (2009) Dunkle Materie, Spektrum Akademischer Verlag, Heidelberg; Original: Dark Cosmos (2006) Smithsonian Books

Hürter, T.; Rauner, M. (2009) Die verrückte Welt der Paralleluniversen, Piper, München

Kiefer, C. (2008) Der Quantenkosmos, S. Fischer, Frankfurt am Main

Kleinknecht, K. (2005) Detektoren für Teilchenstrahlung, Vieweg+Teubner

Kumar, M. (2009) Quanten, Berlin Verlag, Berlin; Original: Quantum (2008) Icon Books, Cambridge

Laughlin, R. B. (2007) Abschied von der Weltformel, Piper, München; TB: (2010) Piper, München; Original: A Different Universe (2005) Basic Books, New York

Lesch, H. (1998-2007) alpha-Centauri, http://www.br-online.de/br-alpha/alpha-centauri/index.xml

Lesch, H.; Müller, J. (2003) Big Bang, zweiter Akt, C. Bertelsmann, München; TB: (2005) Goldmann, München

Lesch, H.; Müller, J. (2006) Kosmologie für helle Köpfe, Goldmann, München

Lesch, H. (2007) Quantenmechanik für die Westentasche, Piper, München

Lesch, H.; Zaun, H. (2008) Die kürzeste Geschichte allen Lebens, Piper, München

Liddle, A. (2009) Einführung in die moderne Kosmologie, Wiley-VCH, Weinheim; Original: An Indroduction to Modern Cosmology (2003) John Wiley and Sons

Lincoln, D. (2011) Die Weltmaschine, Spektrum Akademischer Verlag, Heidelberg; Original: The Quantum Frontier - The Large Hadron Collider (2009) The John Hopkins University Press

Lloyd, S. (2006) Programming the Universe, Vintage Books, New York

Lohrmann, E. (2005) Hochenergiephysik, Vieweg+Teubner

Lyre, H. (2002) Informationstheorie, Wilhelm Fink Verlag, München

Mayer-Kuckuk, T. (2002) Kernphysik, Vieweg+Teubner

Messer, J. (2007) Realismus, Quantenmechanik und Dekohärenz, MV Wissenschaft

Morrison P. (1984) Zehn hoch, Spektrum der Wissenschaft-Verlagsgesellschaft, Heidelberg; Original: The Powers of Ten (1982) W. H. Freeman, San Francisco; bei youtube als Video

Oberhummer, H. (2008) Kann Das Alles Zufall Sein? Ecowin, Salzburg

Peitgen, H.-O.; Richter P. H. (1986) The Beauty of Fractals, Springer, Berlin

Peitgen, H.-O.; Jürgens, H.; Saupe, D. (1998) Chaos: Bausteine der Ordnung, rororo, Reinbek; Original: Fractals for the Classroom, Part 2 (1992) Springer, New York

Penrose, R. (2002a) Computerdenken, Spektrum Akademischer Verlag, Heidelberg; Original: The Emperor's New Mind (1989) Oxford University Press

Penrose, R. (2002b) Das Große, das Kleine und der menschliche Geist, Spektrum Akademischer Verlag, Heidelberg; Original: Shadows of the Mind (1994) Vintage Books, London

Penrose, R. (2004) The Road to Reality, Vintage Books; teilweise übersetzt: Der Weg zur Wirklichkeit (2010) Spektrum Akademischer Verlag, Heidelberg

Penrose, R. (2011) Zyklen der Zeit, Spektrum Akademischer Verlag,, Heidelberg; Original: Cycles of Time (2010) The Bodley Head, London

Perkins, D. H. (1991) Hochenergiephysik, Addison-Wesley, Bonn; Original: Introduction to high energy physics (2000) Addison-Wesley

Povh, B.; Rith, K.; Scholz, C.; Zetsche, F. (2009) Teilchen und Kerne, Springer, Berlin

Radecke, H.-D.; Teufel, L. (2010) Was zu Beweifeln war, Drömer, München

Randall, L. (2006) Verborgene Universen, S. Fischer, Frankfurt am Main; Warped Passages (2005) Eco, Harper Collins Publishers, New York

Rees, M. (2003) Das Rätsel unseres Universums, C. H. Beck, München; TB: (2006) dtv, München; Original: Our Cosmic Habitat (2001) Princeton University Press

Rößler, W. (2007), Eine kleine Nachtphysik, Birkhäuser, Basel, Schweiz; TB: (2009) rororo, Reinbek

Scarani, V. (2007) Physik in Quanten, Spektrum Akademischer Verlag, Heidelberg; Original: Initiation à la physique quantique (2003) Librairie VUIBERT, Paris

Scheibe, E. (2007) Die Philosophie der Physiker, C.H. Beck, München

Schlosshauer, M. (2007) Decoherence, Springer, Berlin

Schwabl, F. (2007) Quantenmechanik, Springer, Berlin

Seife, C. (2006) Decoding the Universe, Penguin Books

Selleri, F. (1984) Die Debatte um die Quantentheorie, Vieweg, Branschweig

Smolin, L. (2009) Die Zukunft der Physik, Deutsche Verlangs-Anstalt, München; Original: The Trouble with Physics, Houghton Mifflin Company, Boston / New York

Susskind, L. (2008) The Black Hole War, Little, Brown and Company, New York; TB: (2009) Little, Brown and Company, New York; deutsch: Der Krieg um das Schwarze Loch (2010), Suhrkamp

Unzicker, A. (2010) Vom Urknall zum Durchknall, Springer, Heidelberg

Vaas, R. (2008) Hawkings neues Universum, Franck-Kosmos, Stuttgart, TB: (2010) Piper, München

Vilenkin, A. (2008) Kosmische Doppelgänger, Springer, Berlin; Original: Many Worlds in One (2006), Hill and Wang, New York

Weigert, A.; Wendker, H. J.; Wisotzki, L. (2010) Astronomie und Astrophysik, Wiley-VCH, Weinheim

Weinberg, S. (1977) Die ersten drei Minuten, Piper, München; TB: (1980) dtv, München; Original: The First Three Minutes (1977) Basic Books, New York

Weizsäcker, C. F. v. (1971) Die Einheit der Natur, Carl Hanser, München, Wien; TB: (1974) dtv, München

Weizsäcker, C. F. v. (1985) Aufbau der Physik, Carl Hanser, München, Wien; TB: (1988) dtv, München

Weizsäcker, C. F. v. (1992) Zeit und Wissen, Carl Hanser, München, Wien; TB: (1995) dtv, München

Wickert, J. (1972) Albert Einstein, rororo, Reinbek

Woronzow-Weljaminow, B. A. (1976) Das Weltall, Urania, Leipzig; russ. Original: Очеркй о Вселенной (dt.: Skizzen vom Weltall) (1969) Nauka, Moskau

Yogeshwar, R. (2009) Sonst noch Fragen? Kiepenheuer & Witsch, Köln

Zeh, H. D. (2005) Entropie, S. Fischer, Frankfurt am Main

Zeh, H. D. (2010) The Physical Basis of the Direction of Time, Springer, Berlin

Zeilinger, Anton (1999) A Foundation Principle for Quantum Mechanics, Foundations of Physics, Vol 29, No. 4, 631-643

Zeilinger, A. (2003) Einsteins Schleier, C. H. Beck, München; TB: (2005) Goldmann, München

Zeilinger, A. (2005) Einsteins Spuk, Bertelsmann, München; TB: (2007) Goldmann, München

Anmerkungen und Quellen

In diesen Erläuterungen habe ich meine Quellen für die jeweiligen Kapitel zusammengetragen. Sie bestehen aus einer Mischung aus Literatur, Webseiten und wissenschaftlichen Veröffentlichungen. Der größte Teil ist auf Deutsch erschienen, aber manche fortgeschrittene Themen sind nur auf Englisch veröffentlicht. Meine Auswahl ist naturgemäß subjektiv und unvollständig. Aus Gründen der Ehrlichkeit werde ich aber nur auf etwas verweisen, was mir einerseits vorliegt und was ich andererseits in aller Regel auch komplett gelesen habe.

Bei manchen Kapiteln ist es mir schwergefallen, direkt eine Quelle anzugeben. Dies liegt daran, dass mein allgemeines Physikwissen aus meiner Studienzeit, d. h. aus den Vorlesungen und den damaligen Fachbüchern stammt. Diese sind zwar keineswegs veraltet, aber sind sie auch heute noch empfehlenswert? Statt nur dieser älteren Literatur habe ich Ihnen zusätzlich immer die wichtigsten Wikipedia-Seiten aufgelistet, die ich sehr häufig zur Auffrischung meines Wissens verwendet habe.

Die Reihenfolge meiner Angaben orientiert sich bei Büchern an ihrer Wichtigkeit und bei den Wikipedia-Seiten am Aufbau des jeweiligen Kapitels. Der Übergang zwischen Fachbüchern und populärwissenschaftlicher Literatur ist eher fließend als festgelegt.

1 Warum Physik?

Während meiner Schulzeit haben mich die Bücher von Hoimar von Ditfurth und Heinz Haber geprägt, insbesondere ›Im Anfang war der Wasserstoff‹. Wesentlich aktueller und handlicher ist dagegen Lesch und Zauns ›Die kürzestes Geschichte allen Lebens‹. Einen umfassenden Überblick über viele astronomische, aber auch viele physikalische Phänomene gibt Ihnen Harald Leschs Fernsehreihe ›alpha Centauri‹ (1998-2007).

Populärwissenschaftliche Literatur: Lesch (2008), Yogeshwar (2009), Baker (2009), Dithfurth (1972, 1976 und 1981), Haber (1959 und 1970), Wickert (1972), Barrow (2006), Froböse (2008), Asimov (1984)

2 Naturgesetze und Theorien

Populärwissenschaftliche Literatur: Rößler (2007), Weizsäcker (1985), Scheibe (2007)

Wikipedia: Physikalisches Gesetz, Theorie, Phlogiston, Geozentrisches Weltbild, Tycho Brahe, Johannes Kepler, Heliozentrisches Weltbild, Kontinentaldrift, Plattentektonik, Alfred Wegener

3 Zahlen

Wikipedia: Zahl, Anzahl, Zahlzeichen, Größenordnung, Maßeinheit, Vorsätze für Maßeinheiten

4 Mechanik und Schwerkraft

Fachbücher Mechanik: Gerthsen (2006), Alonso (2000)

Populärwissenschaftliche Literatur: Briggs (1990), Peitgen (1986 und 1998)

Wikipedia: Klassische Mechanik, Newtonsche Gesetze, Isaac Newton, Galileo Galilei, Impuls, Drehimpuls, Dreikörperproblem, Chaosforschung

5 Elektrizität und Magnetismus

Die elektrische Kraft, die zwischen den Bausteinen der Materie, einem Proton und einem Elektron wirkt, ist $2{,}27 \times 10^{39}$ mal so groß wie die Gravitationskraft zwischen ihnen. Dieser Unterschied ist nicht vom Abstand der Teilchen abhängig.

Für den Jahresverbrauch eines Einfamilienhauses an elektrischem Strom habe ich 2600 kWh angesetzt. Ein durchschnittlicher Blitz hat eine Spannung von 10^7 V (Volt), eine Stromstärke von 2×10^4 A (Ampere) und eine Dauer von 0,004 s.

Der Stromstoß einer Nervenzelle hat eine Länge von 0,002 s bei einer Spannungsdifferenz von 110 mV.

Die Suche nach magnetischen Ladungen, den magnetischen Monopolen, blieb bisher erfolglos, obwohl es sie nach theoretischen Überlegungen geben müsste.

Fachbücher: Gerthsen (2006), Alonso (2000)

Wikipedia: Elektrizität, Magnetismus, Coulombsches Gesetz, Lorentzkraft, Gewitter, Blitz, Gehirn, Magnet, Magnetischer Monopol, Maxwellsche Gleichungen, James Clerk Maxwell

6 Licht

Pro Sekunde erhält jeder Quadratmeter der Erde eine Lichtleistung von 1364 W (Watt). Das ergibt für die gesamte Erde $6{,}91 \times 10^{17}$ W und für ein ganzes Jahr ein Energieangebot von $2{,}18 \times 10^{25}$ J (Joule). Unser Verbrauch beläuft sich allerdings bisher nur auf $3{,}85 \times 10^{20}$ J, etwa 56 000-fach weniger.

Eine hermetisch abgeschlossene Höhle mit einer bisher unbekannten Nahrungskette ist beispielsweise die Höhle von Movile (Wikipedia: Höhle von Movile, http://www.spiegel.de/spiegel/print/d-9121975.html).

Der Zusammenhang zwischen der Energie eines Photons *E*, seiner Schwingungsfrequenz *f* und seiner Wellenlänge λ wird über das Plancksche Wirkungsquantum *h* und die Lichtgeschwindigkeit *c* hergestellt: $E = h \cdot f = h \cdot c / \lambda$. Es gilt natürlich auch $c = f \cdot \lambda$.

Fachbücher: Gerthsen (2006), Alonso (2000, 2005)

Wikipedia: Licht, Elektromagnetisches Spektrum, Biolumineszenz, Fermatsches Prinzip, Regenbogen, Doppelspaltexperiment, Photoelektrischer Effekt, Thomas Young, Albert Einstein

7 Wärme, Energie und Entropie

Zur Kritik des Aristoteles am leeren Raum siehe Weizsäcker (1985) Kapitel 6 d.

Die Formel für ein ideales Gas mit dem Druck p, dem Volumen V und der Temperatur T lautet: $p \cdot V/T = \mathit{Konstante}$.

Die Formel für den Zusammenhang zwischen Luftdruck p und der mittleren Geschwindigkeit v der Teilchen lautet: $p = \ m \cdot v^2$. Beim Umgebungsdruck von 1013 hPa ergibt sich $v = 485$ m/s.

Um einen Liter Wasser zum Kochen zu bringen, benötigt man $4{,}18 \times 10^6$ J. Wenn man dieselbe Energie in die Beschleunigung einer 1-kg-Kugel steckt, so fliegt sie mit 914 m/s.

Fachbücher: Gerthsen (2006), Alonso (2005), Zeh (2005)

Populärwissenschaftliche Literatur: Penrose (2004): Ch. 27

Wikipedia: Demokrit, Atom, Vakuum, Aristoteles, Luft, Molare Masse, Mittlere freie Weglänge, Temperatur, Wärme, Energie, Thermodynamik, Entropie (Thermodynamik), Entropie (Informationstheorie), Weltbevölkerung, Julius Robert von Mayer,

8 Spezielle Relativitätstheorie

Über die Wikipedia-Seite ›Spezielle Relativitätstheorie‹ erreichen Sie auch Einsteins Originalartikel ›Zur Elektrodynamik bewegter Körper‹: http://users.physik.fu-berlin.de/~kleinert/files/1905_17_891-921.pdf

Zu der Unmöglichkeit einer objektiven Weltsicht ohne Glaubensannahmen siehe Radecke (2010).

Fachbücher: Gerthsen (2006), Alonso (2000)

Wikipedia: Spezielle Relativitätstheorie, Äther (Physik), Albert Einstein, Relativitätsprinzip, Relativistisches Additionstheorem für Geschwindigkeiten, Zeitdilatation

9 Information: Zerlegung in Bits

Wikipedia: Computer, Bit, Byte, Datenspeicher

10 Atome

Bei einer Tüte mit 200 Gramm Gummibärchen zählte ich 87 Stück. Eine Bowlingkugel wiegt zwischen 2,7 und 7,2 kg.

Mittlerweile gibt es Bilder von Atomen, die mit Rastertunnelmikroskopen angefertigt wurden. Unter http://commons.wikimedia.org/wiki/Category:Scanning_tunneling_microscope_images finden Sie eine kleine Auswahl.

Fachbücher: Haken (2004), Alonso (2005)

Wikipedia: Atom, Niels Bohr, Elementarladung, Millikan-Versuch, Emission (Physik), Max Planck, Plancksches Wirkungsquantum, Schwarzer Körper, Werner Heisenberg, Erwin Schrödinger, Elektron, Proton

11 Quantentheorie

Zur Geschichte der Quantentheorie empfehle ich Ihnen Kumars ›Quanten‹.

Fachbücher: Schwabl (2007), Haken (2004), Alonso (2005)

Wikipedia: Quantenmechanik, Max Born, Heisenbergsche Unschärferelation, Energie-Zeit-Unschärferelation, Ununterscheidbare Teilchen, Fermion, Boson, Spin, Photon, Stern-Gerlach-Versuch, Spin-Statistik-Theorem, Pauli-Prinzip, Wolfgang Pauli

12 Atomkerne und Kernkräfte

Ein Klassiker zur Frühgeschichte des Universums und zur Heliumerzeugung ist ›Die ersten drei Minuten‹ von Weinberg.

Die Sprengkraft der Hiroshima-Bombe betrug 12 500 Tonnen TNT (Trinitrotoluol). Für eine atomare Explosion setzt man den Energieinhalt von 1 Kilogramm TNT zu 4,18 Megajoule an.

Fachbücher: Povh (2009), Mayer-Kuckuk (2002), Perkins (1991)

Wikipedia: Atomkern, Nukleosynthese, Sonne, Bindungsenergie, Starke Wechselwirkung, Betastrahlung, Neutrino, Halbwertszeit, Schwache Wechselwirkung, Radioaktivität, Alphastrahlung, Gammastrahlung, Kernspaltung, Atombombenabwürfe auf Hiroshima und Nagasaki

13 Teilchen und Beschleuniger

Die wesentlichen Parameter des LHC lassen sich aus dem Design Report entnehmen: https://ab-div.web.cern.ch/ab-div/publications/LHC-DesignReport.html

Fachbücher: Povh (2009), Lohrmann (2005), Kleinknecht (2005), Perkins (1991)

Populärwissenschaftliche Literatur: Lincoln (2011)

Wikipedia: Elementarteilchen, Teilchenbeschleuniger, CERN, Large Hadron Collider, Deutsches Elektronen-Synchrotron, Antiteilchen, Positron, Antiproton, ATLAS (Detektor), Starke Wechselwirkung, Quark (Physik), Gluon, Schwache Wechselwirkung

14 Standardmodell und LHC

Fachbücher: Povh (2009), Lohrmann (2005), Kleinknecht (2005), Perkins (1991)

Populärwissenschaftliche Literatur: Lincoln (2011)

Wikipedia: Standardmodell, Standard Model (engl.), Grundkräfte der Physik, Higgs-Boson, Peter Higgs, Elektroschwache Wechselwirkung, Große vereinheitlichte Theorie, Tevatron, TESLA, International Linear Collider, CKM-Matrix

15 Sonnensystem

Das Massenverhältnis von Helium zu Wasserstoff ist 25:75; das Verhältnis der Anzahl der Atome beträgt 8:92.

Fachbücher: Weigert (2010), Baschek (2006)

Wikipedia: Erde, Erdoberfläche, Erdatmosphäre, Sonne, Polarlicht, Mond, Entstehung des Mondes, Gezeiten, Erdrotation, Sonnensystem, Kuipergürtel, Oortsche Wolke, Proxima Centauri

16 Sterne

Fachbücher: Weigert (2010), Baschek (2006)

Wikipedia: Sternentstehungsgebiet, Dunkelwolke, Interstellare Materie, Protostern, Sonne, Stern, Planetesimal, Protoplanet, Roter Riese, Weißer Zwerg, Schwarzer Zwerg, Brauner Zwerg, Roter Zwerg, Hauptreihe, Blauer Riese, Supernova, Neutronenstern, Schwarzes Loch, Nukleosynthese

17 Allgemeine Relativitätstheorie

Auf der Wikipedia-Seite ›Allgemeine Relativitätstheorie‹ gibt es zahlreiche Links zu den Originalartikeln von Einstein.

Der indirekte Nachweis von Gravitationswellen gelang mit dem Doppelpulsar PSR 1931+16.

Fachbücher: Penrose (2004), Hawking (1996)

Populärwissenschaftliche Literatur: Kiefer(2008), Greene(2004)

Wikipedia: Allgemeine Relativitätstheorie, Relativitätstheorie, Äquivalenzprinzip (Physik), Apsidendrehung, Rotverschiebung, Gravitationslinseneffekt, Gravitationswelle, PSR 1913+16

18 Schwarze Löcher

Fachbücher: Hawking (1996)

Populärwissenschaftliche Literatur: Susskind (2008), Hawking(1988), Penrose (2004)

Wikipedia: Schwarzes Loch, Kosmische Geschwindigkeiten, Ereignishorizont, Akkretionsscheibe, Hawking-Strahlung, Stephen Hawking

19 Galaxien

Fachbücher: Weigert (2010), Baschek (2006)

Wikipedia: Galaxie, Milchstraße, Andromedagalaxie, Kugelsternhaufen, Galaktisches Zentrum, Sagittarius A*, Quasar, Rotationskurve, Dunkle Materie, Glaxienhaufen, Superhaufen, Lokale Gruppe, Virgo-Galaxienhaufen, Virgo-Superhaufen

20 Universum

Ich verwende in meinem Buch eine Hubble-Konstante von 21,5 km/s/Mly(Millionen Lichtjahre) (Datensatz WMAP5+Alle aus Liddle (2009), Tab. F6.1). Das entspricht 70 km/s/Mpc(Megaparsec).

Die Entfernung des Beobachtungshorizonts basiert auf dem kosmologischen Standardmodell mit 30% Materie (inclusive Dunkler Materie) und 70% Dunkler Energie (siehe Kap. 30).

Zur Beeinflussung von Beobachtungen durch Theorien siehe Radecke (2010).

Fachbücher: Weigert (2010), Baschek (2006), Liddle (2009), Ellwanger (2009)

Wikipedia: Entfernungsbestimmung, Parallaxe, Cepheiden, Edwin Hubble, Dopplereffekt, Rotverschiebung, Hubble-Konstante, Universum, Expansion des Universums, Filament (Kosmologie), Void (Astronomie), Hubble Deep Field, Sloan Digital Sky Survey, Sloan Great Wall, 2dF Galaxy Redshift Survey (engl.), Millennium Simulation, Primordiale Nkleosynthese, Urknall, Parsec, Entfernungsmaß, Beobachtbares Universum, Hintergrundstrahlung, Olberssches Paradoxon, Heinrich Olbers

21 Beruf oder Berufung?

Wikipedia: Carl-Friedrich von Weizsäcker, CERN, Large Electron-Positron Collider, Large Hadron Collider

22 Veränderungen

Erst nach dem Fertigstellen der letzten Kapitel habe ich erfahren, dass die Gleichsetzung von Zeit und Veränderung schon von Aristoteles und dem heiligen Augustinus, dem Bischof von Hippo, gefordert wurde.

Wikipedia: Symmetrie (Physik), Richard Feynman

23 Hier fliegt nichts

Für ein weitergehendes Studium von Quanteneffekten empfehle ich Ihnen Greenes ›Der Stoff, aus dem der Kosmos ist‹ (Kap. 4 und 7) und die Bücher von Zeilinger.

Die Experimente mit Molekülen wurden unter anderem in der Gruppe von Anton Zeilinger in Wien vorgenommen, siehe Zeilinger (2003) und Schlosshauer (2007).

Fachbücher: Schwabl (2007), Schlosshauer (2007)

Populärwissenschaftliche Literatur: Greene (2004), Zeilinger(2003 und 2005), Kiefer (2008)

Wikipedia: Doppelspaltexperiment, Anton Zeilinger

24 Einzelne Bits

Den Originalartikel von EPR und die Erwiderung von Niels Bohr finden sie unter http://prola.aps.org/abstract/PR/v47/i10/p777_1 bzw. http://prola.aps.org/abstract/PR/v48/i8/p696_1.

Zur Geschichte der Quantentheorie und der jahrelangen Debatte zwischen Einstein und Bohr empfehle ich Ihnen Kumars ›Quanten‹.

Meine Darstellung der Versuche mit verschränkten Photonen folgt im Wesentlichen dem Buch ›Einsteins Spuk‹ von Anton Zeilinger.

Im September 2011 wurden Messergebnisse zur Geschwindigkeit von Neutrinos veröffentlicht, wonach sich diese mit knapp über Lichtgeschwindigkeit bewegen (http://arxiv.org/abs/1109.4897). Wenn dies stimmen sollte, wäre das eine handfeste Sensation, die sicherlich einen Nobelpreis nach sich zieht. Allerdings wird es etwa 2 Jahre dauern, bis ein anderes Experiment dieses Resultat überprüft hat.

Fachbücher: Schwabl (2007), Schlosshauer (2007)

Populärwissenschaftliche Literatur: Zeilinger(2003 und 2005), Greene (2004), Kiefer (2008), Scarani (2007)

Wikipedia: EPR-Effekt, Alain Aspect, John Stewart Bell, Polarisation, Polarisator, Bellsche Ungleichung, Nicolas Gisin, Quantenverschränkung, Quantenmechanik, Quantenmechanische Messung, Zustand (Quantenmechanik), Lokalität (Physik), Überlichtgeschwindigkeit

25 Entstehung der klassischen Welt

Dieses Kapitel ist im Wesentlichen eine Zusammenfassung von Schlosshauers Buch ›Decoherence‹ (2007), insbesondere der Kapitel 1, 2 und 8. Beispiele für Dekohärenzzeiten finden sich dort in Tabelle 3.2. Diese Tabelle listet *berechnete* Dekohärenzzeiten auf, die auf realistischen Umweltmodellen beruhen, welche mit einem Quantenobjekt wechselwirken. Dabei betrachtet man ein Staubkorn von einem hundertstel Millimeter Größe (10^{-5} m) und ein großes Molekül mit einer Ausdehnung von 10 Nanometern (10^{-8} m). Diese beiden Objekte sollen sich zunächst jeweils in einem Überlagerungszustand mit sich selbst befinden. Der Abstand der Überlagerung soll dabei genauso groß sein, wie das Objekt selbst, also beim Staubkorn ebenfalls 10^{-5} m. Für verschiedene Umweltbedingungen ergeben sich dann folgende Zeiten.

Umwelt	**Staubkorn** 10^{-5} m	**Großes Molekül** 10^{-8} m
Kosmische Hintergrundstrahlung	1 s	10^{24} s
Wärmestrahlung bei Raumtemperatur	10^{-18} s	10^{6} s
Bestes Laborvakuum	10^{-14} s	10^{-2} s
Luft bei normalem Druck	10^{-31} s	10^{-19} s

Die meisten dieser Dekohärenzzeiten sind ausgesprochen kurz und weit jenseits unserer Messgenauigkeiten. Für die Versuche, die jedoch durchgeführt werden konnten, wie den im Kapitel zitierten Doppelspaltversuch mit einem geringen Luftdruck stimmen die berechneten Dekohärenzzeiten mit den gemessenen gut überein.

Fachbücher: Schlosshauer (2007)

Populärwissenschaftliche Literatur: Kiefer (2008), Penrose (2004)

Wikipedia: Schrödingergleichung, Zustand (Quantenmechanik), Schrödingers Katze, Dieter Zeh, Dekohärenz, Quantendarwinismus

26 Interpretationen der Quantentheorie

Fachbücher: Schlosshauer (2007)

Populärwissenschaftliche Literatur: Penrose (2004), Kiefer (2008), Zeilinger (2003 und 2005), Weizsäcker (1981, 1985, 1992)

Websites: www.zeh-hd.de (Heinz-Dieter Zeh): insbesondere ›Wozu braucht man »Viele Welten« in der Quantentheorie?‹, ›Dekohärenz und andere Quantenmißverständnisse‹, ›Physik ohne Realität: Tiefsinn oder Wahnsinn?‹

Wikipedia: Landé-Faktor, Interpretationen der Quantenmechanik, Kopenhagener Deutung, Viele-Welten-Interpretation, Parallelwelt, Roger Penrose

27 Fundament der Wirklichkeit

Der zweite und dritte Abschnitt dieses Kapitels lehnt sich stark an Kapitel V aus Zeilingers ›Einsteins Schleier‹ an. Hieraus habe ich auch wichtige Argumente für die formelhaften Feststellungen übernommen.

Populärwissenschaftliche Literatur: Penrose (2004), Kiefer (2008), Zeilinger (2003 und 2005), Weizsäcker (1981, 1985, 1992)

Websites: http://www.quantum.at/zeilinger: insbesondere ›On the Interpretation and Philosophical Foundation of Quantum Mechanis‹ und ›A Foundational Principle for Quantum Mechanics‹

Wikipedia: Interpretationen der Quantenmechanik, Anton Zeilinger, Qubit, Philosophie des Geistes

28 Information: Entstehung und Ausbreitung

Zu diesem Kapitel hat mich Carl Friedrich von Weizsäcker angeregt, der in seinen Büchern stets sorgfältig analysiert, wie Erfahrung überhaupt zustande kommt und welche Vorbedingungen dafür nötig sind.

29 Einheiten und Bits

Für die Planck-Einheiten verwende ich die Konvention $h/2\pi = G = c = 1$. Die Planck-Länge ist dann definiert als die Wurzel aus $(h/2\pi)\cdot G/c^3$.

Der Vorfaktor für das Beispiel mit dem Photon und dem Schwarzen Loch ergibt sich zu $16\pi^2$, wenn man als Wellenlänge der Photons den Durchmesser $D=4GM/c^2$ des Schwarzen Lochs annimmt. Eine genaue Rechnung bei t'Hooft (http://arxiv.org/abs/hep-th/0003004) führt auf eine Fläche von $4\cdot ln2$ *Planck-Längen*^{2} pro Bit, wobei *ln* der natürliche Logarithmus oder der Logarithmus zur Basis *e* ist.

Der Zusammenhang zwischen der Masse eines Teilchens und einer Wellenlänge ergibt sich durch seine sogenannte Compton-Wellenlänge $\lambda=h/mc$.

Fachbücher: Weigert (2010), Baschek (2006),

Populärwissenschaftliche Literatur: Susskind (2008), Penrose (2004), Görnitz (2007)

Wikipedia: Planck-Einheiten, Schwarzes Loch, Schwarzschildradius, Ereignishorizont, Holografisches Prinzip, Gerardus 't Hooft, Leonard Susskind, Hawking-Strahlung, Entropie (Informationstheorie)

30 Dunkle Materie und Dunkle Energie

Fachbücher: Weigert (2010), Liddle (2009), Baschek (2006)

Populärwissenschaftliche Literatur: Lesch (2006), Hooper (2009), Rees(2003), Hasinger (2007)

Wikipedia: Dunkle Materie, MACHO, Primordiale Nukleosynthese, Millenium-Simulation, WIMP, Supersymmetrie, Leichtestes sypersymmetrisches Teilchen, Dunkle Energie

31 Wege aus dem dunklen Dilemma

Als kosmologisches Standardmodell verwende ich den Datensatz WMAP5+Alle aus Liddle (2009), Tabelle F6.1.

Für die Variationen der Hintergrundstrahlung wird oft der Bruchteil 10-5 angegeben. Laut den Daten des Satelliten WMAP betragen sie aber rund 10-4, 2·10-6 Grad bei einer Temperatur von 2,7 Grad über dem absoluten Nullpunkt (http://wmap.gsfc.nasa.gov/media/101080).

Fachbücher: Weigert (2010), Liddle (2009), Baschek (2006)

Populärwissenschaftliche Literatur: Lesch (2006), Hooper (2009), Rees(2003), Hasinger (2007)

Wikipedia: Dunkle Materie, Dunkle Energie, Lambda-CDM-Modell, Modifizierte Newtonsche Dynamik, Tensor-Vektor-Skalar-Gravitationstheorie, Pioneer-Anomalie, Fly-by-Anomalie

32 Urknall

Fachbücher: Liddle (2009), Weigert (2010), Baschek (2006), Povh (2009)

Populärwissenschaftliche Literatur: Lesch (2006), Vaas(2008), Rees(2003), Hasinger (2007), Oberhummer (2008)

Wikipedia: Urknall, Primordiale Nukleosynthese, Planck-Einheiten, Noether-Theorem, Baryonenasymmetrie, Baryogenese, Antimaterie, Paritätsverletzung, CP-Verletzung, CPT-Theorem, Hintergrundstrahlung, Inflation (Kosmologie), Alan Guth

33 Zeit

Fachbücher: Zeh (2010)

Populärwissenschaftliche Literatur: Kiefer (2008), Penrose (2004), Vaas(2008)

Wikipedia: Zeit, Zeitpfeil, Zeitreise, Hintergrundstrahlung

34 Lebensbedingungen

Populärwissenschaftliche Literatur: Lesch (2003 und 2008), Rees (2003), Oberhummer (2008), Davies (2008), Hürter (2009)

Wikipedia: Feinabstimmung der Naturkonstanten, Standardmodell, Lambda-CDM-Modell, Multiversum

35 Weltformel

Eine umfassende und fundierte Kritik der Stringtheorie und eine Bestandsaufnahme der Physik finden sie bei Smolin (2009).

Populärwissenschaftliche Literatur: Bojowald (2009), Greene (2000 und 2004), Smolin (2009), Randall (2006), Laughlin (2007), Penrose (2004), Kiefer (2008)

Wikipedia: Stringtheorie, Edward Witten, M-Theorie, Schleifenquantengravitation, Abhay Ashtekar, Weltformel, Emergenz

36 Weltmodelle

Fachbücher: Weigert (2010)

Populärwissenschaftliche Literatur: Davies(2008), Lesch (2006), Hürter (2009), Barrow (2006), Bojowald (2009), Greene (2000 und 2004), Randall (2006), Vilenkin (2008), Penrose (2011), Hawking (2010), Vaas (2008)

Wikipedia: Big Rip, Multiversum, Beobachtbares Universum, Alexander Vilenkin, Max Tegmark (engl.), Lee Smolin, Nikolaus Kopernikus, Martin Bojowald

37 Information: Existenz und Wissen

Auf zentralen Artikel von John Archibald Wheeler zum partizipatorischen oder selbst erklärenden Universum wurde ich erst beim Schreiben dieses Kapitels aufmerksam. Er heißt ›Law without Law‹; sie finden ihn mit Hilfe von Google: wheeler law without law.

Populärwissenschaftliche Literatur: Davies (2008), Weizsäcker (1992 und 1985), Goswami (1997), Dawkins (2008)

Wikipedia: René Descartes, Cogito ergo sum, Leben, Genom, Kambrische Explosion, Gehirn, John Archibald Wheeler

38 Leben

Fachbücher: Weigert (2010)

Populärwissenschaftliche Literatur: Lesch (2003 und 2008), Dawkins (2008)

Wikipedia: Planet, Fermi-Paradoxon, Enrico Fermi, Dampfmaschine

39 Schlussbemerkungen

Wikipedia: John Archibald Wheeler

Bildnachweis

So weit nicht anders angegeben stammen alle Abbildungen und Einzelbilder vom Autor. Das Datum bezieht sich auf den Download der entsprechenden Datei.

Umschlagfoto Vorderseite: Montage unter Verwendung einer Aufnahme der Sombrerogalaxie = M104 = NGC 4594 von ›NASA/ESA and The Hubble Heritage Team (STScI/AURA)‹, Wikimedia, 29.08.2011,
http://commons.wikimedia.org/wiki/File:M104_ngc4594_sombrero_galaxy_hi-res.jpg

Umschlagfoto Rückseite: Gabriella Langer

3 Mond: NASA, Wikimedia, 01.07.2010,
http://commons.wikimedia.org/wiki/File:Full_moon.jpeg

5 Blitz: United States Federal Goverment, Wikimedia, 02.07.2010,
http://commons.wikimedia.org/wiki/File:Lightning3.jpg;
Nervenzelle: Wikimedia, User:Methoxyroxy, 02.07.2010,
http://commons.wikimedia.org/wiki/File:Pyramidal_hippocampal_neuron_40x.jpg

6 Wikimedia, User:Geek3, 06.07.2010,
http://commons.wikimedia.org/wiki/File:VFPt_cylindrical_magnet_big.svg

8 Wikimedia, User:Tatoute und User:Phrood, 14.07.2010,
http://commons.wikimedia.org/wiki/File:Spectre-sRGB.svg,
mit zuätzlicher Beschriftung durch den Autor

15 Computer: Wikimedia, User:Everaldo Coelho und User:Yellowicon, 28.07.2010,
http://commons.wikimedia.org/wiki/File:Computer_n_screen.svg

16 Wikimedia, User:Szdori und User:OrangeDog, 01.08.2010,
http://commons.wikimedia.org/wiki/File:Hydrogen_transitions.svg,
Beschriftung durch den Autor gelöscht

17 Wikimedia, User:PoorLeno, 05.08.2010,
http://commons.wikimedia.org/wiki/File:Hydrogen_Density_Plots.png

18 Wikimedia, User:Cweiske, 08.09.2010,
http://commons.wikimedia.org/wiki/File:Atom-schematic_de.svg

19 Wikimedia, User:Burkhard HF, 11.08.2010,
http://commons.wikimedia.org/wiki/File:Alphastrahlung.jpg
http://commons.wikimedia.org/wiki/File:Betastrahlung.jpg
http://commons.wikimedia.org/wiki/File:Gammastrahlung.jpg

20 Wikimedia, User: Stephan-Xp, 12.08.2010,
http://commons.wikimedia.org/wiki/File:Kernspaltung.png

21 Wikimedia, User: Mpfiz, 12.08.2010,
http://commons.wikimedia.org/wiki/File:AlphaDecay.svg

22 Wikimedia, Arpad Horvath (User:Harp), 30.08.2010,
http://commons.wikimedia.org/wiki/File:LHC.svg

23 Wikimedia, User:Andrius.v, 30.08.2010,
http://commons.wikimedia.org/wiki/File:Large_Hadron_Collider_dipole_magnets_IMG_0955.jpg,
Zuschnitt durch den Autor

24 beide Teilbilder: Wikimedia, Arpad Horvath (User:Harp), 30.08.2010,
http://commons.wikimedia.org/wiki/File:Quark_structure_proton.svg,
http://commons.wikimedia.org/wiki/File:Quark_structure_neutron.svg

25 Wikimedia, User:WarX, 30.08.2010,
http://commons.wikimedia.org/wiki/File:Beta_decay_artistic.svg,
mit Ergänzungen durch den Autor

26 CERN, Joao Pequenao, CERN-GE-0803012 02, 31.08.2010,
http://cdsweb.cern.ch/record/1095924

27 Wikimedia, NASA, 09.08.2010,
http://commons.wikimedia.org/wiki/File:Solar_system_scale-2.jpg

28 Wikimedia, User:Wereon, 12.08.2010,
http://commons.wikimedia.org/wiki/File:Wpdms_physics_proton_proton_chain_1.jpg

29 Wikimedia, User:Dave Jarvis, 09.08.2010,
http://commons.wikimedia.org/wiki/File:Star-sizes.jpg

30 Wikimedia, User:Tablizer und User:Ribald, 20.08.2010,
http://commons.wikimedia.org/wiki/File:Sun_Life_DE.png

31 Wikimedia, unbekannter Autor, 09.08.2010,
http://commons.wikimedia.org/wiki/File:Sternentwicklung.png

32 Wikimedia, User:Pbroks13 und Markus Pössel (User:Mapos), 25.08.2010,
http://commons.wikimedia.org/wiki/File:Elevator_gravity.svg

33 Wikimedia, User:AllenMcC., 25.08.2010,
http://commons.wikimedia.org/wiki/File:Flamm.jpg,
mit Ergänzungen des Autors

34 Wikipedia, Benutzer:Horst Frank, 24.08.2010,
http://de.wikipedia.org/w/index.php?title=Datei:Gravitationslinse.gif

35 NASA, Wikimedia, 25.08.2010,
http://commons.wikimedia.org/wiki/File:Black_hole.jpg,
mit Ergänzungen des Autors

36 Milchstraße: Wikimedia, Nick Risinger (User:Nrisinger),
http://commons.wikimedia.org/wiki/File:Milky_Way_Galaxy.jpg, 17.08.2010.
Die Positionsangabe der Sonne wurde vom Autor unter Verwendung von http://en.wikipedia.org/wiki/File:236084main_MilkyWay-full-annotated.jpg (19.08.2010) hinzugefügt.
Andromedagalaxie: Wikimedia, User:Boris Štromar, User:Vedran V,
http://commons.wikimedia.org/wiki/File:M31bobo.jpg

37 Wikimedia, Ville Koistinen (fi:User:Vzb83), 19.08.2010,
http://commons.wikimedia.org/wiki/File:Hubble_sequence_photo.png

38 Wikimedia, User:jpp, User:PhilHibbs, 19.08.2010,
http://commons.wikimedia.org/wiki/File:GalacticRotation2_de.svg,
Beschriftung durch den Autor

39 NASA, N. Benitez (JHU), T. Broadhurst (Racah Institute of Physics/The Hebrew University), H. Ford (JHU), M. Clampin (STScI),G. Hartig (STScI), G. Illingworth (UCO/Lick Observatory), the ACS Science Team and ESA, Wikimedia, 19.08.2010,
http://commons.wikimedia.org/wiki/File:Gravitationell-lins-4.jpg

40 Wikimedia, User: Timothy Rias, 23.08.2010,
http://commons.wikimedia.org/wiki/File:Redshift_horizontal.png,
mit zusätzlicher Beschriftung durch den Autor

41 Wikimedia, User:Leibnizkeks, 20.08.2010,
http://commons.wikimedia.org/wiki/File:Universe_expansion-de.png

42 Willem Schaap (Kapteyn Institute, Universität Groningen) et al., 2dF Galaxy Redshift Survey, Wikimedia, 23.08.2010,
http://commons.wikimedia.org/wiki/File:2dfdtfe.gif

43 Millenium Simulation, http://www.pparc.ac.uk/Nw/millennium_sim.asp und www.mpa-garching.mpg.de/galform/press, 24.08.2010,
http://www.mpa-garching.mpg.de/galform/millennium/seqD_063a.jpg

47 NASA / WMAP Science Team, 23.12.2010,
http://wmap.gsfc.nasa.gov/media/101080/101080_7yrFullSky_WMAP_1280W.png

50 NASA / WMAP Science Team, 23.12.2010,
http://lambda.gsfc.nasa.gov/product/map/dr1/map_images/pub_images/DipoleMaps/QVW_DipoleRGB_m.jpg

Aufmunterung und Dank

Dieses Buch ist vor allem deshalb entstanden, weil ich fest daran geglaubt und nicht locker gelassen habe, und zwar gegen alles Stirnrunzeln und Schulterzucken. Mit dieser Bemerkung möchte ich all jenen Mut machen, die ebenfalls ein Buchprojekt im Kopf haben, sich aber nicht so recht trauen. Falls Sie wirklich von Ihrem Buch überzeugt sind, dann geben Sie sich einen Ruck und schreiben es! Es lohnt sich in jeden Fall, denn Sie schreiben es vor allem für sich selbst. Und diese Erfahrung kann Ihnen hinterher niemand mehr nehmen. Doch Vorsicht: Wie jedes Projekt dauert es länger als man denkt, auch wenn man vorher bedenkt, dass es länger dauern wird.

Mein Buch enthielte ohne die Hilfe der unermüdlichen Artikelschreiber bei Wikipedia längst nicht diese Fülle an Informationen und Zahlenwerten. Ich halte dieses einzigartige Online-Lexikon im naturwissenschaftlichen Teil für sehr fundiert, übersichtlich und ausgesprochen vollständig. Meinen Glückwunsch und weiter so! Nur leider bleiben die deutschen Artikel oft hinter den englischen zurück, und zwar im Umfang, bei den Verweisen und bei den Abbildungen. Mit einer automatisierten Übersetzung könnte hier eines Tages Abhilfe geschaffen werden.

Ohne ausgesprochen fleißige Korrekturleser kann ein Buch wie dieses unmöglich einen akzeptablen Qualitätsstandard erreichen, denn als Autor wird man zwangsläufig irgendwann betriebsblind. Für die Beseitigung einiger fachlicher Fehler, für das Klarstellen von Ungereimtheiten, für manch kritischen Einwand, aber auch für sprachliche Verbesserungen sowie das Ausmerzen von Tippfehlern danke ich ganz herzlich Dr. Ursula Becker, Dr. Christian Fuchs, Wolfgang Horsinka und Dr. Vera Schubert-Kling. Ohne Eure anregende Kritik hätte ich ziemlich sicher mittendrin aufgehört zu schreiben. Zum Stil der einleitenden Kapitel hat zusätzlich Michaela Dworatzek beigetragen. Aber auch die zahlreichen Anmerkungen meiner Mutter und meiner Frau sind in dieses Buch mit eingeflossen. Ausdrücklich möchte ich mich auch für die Tipps und Korrekturen von Frau Kathrin Nühse bedanken, die mich als freiberufliche Lektorin in ihrer Freizeit beraten hat.

Meine Familie hat ganz erheblich unter meinem Engagement für dieses Buch gelitten, denn natürlich fehlte diese Zeit an anderen Ecken und Enden. Für ihre Geduld und die Hilfe bei meinem Vorhaben bedanke ich mich von ganzem Herzen bei meiner Frau. Aber auch meinem kleinen Sohn möchte ich für die vielen unvergesslichen Momente in seinem noch so jungen Leben danken. Ich hoffe, dass auch er diese Zeilen in ein paar Jahren liest und dann unsere Welt etwas besser versteht.

Register